AF453119

FLORE

JURASSIENNE.

FLORE
JURASSIENNE,

ou

DESCRIPTION DES PLANTES

CROISSANT NATURELLEMENT

DANS LES MONTAGNES DU JURA
ET LES PLAINES QUI SONT AU PIED,

RÉUNIES PAR FAMILLES NATURELLES, ET DISPOSÉES SUIVANT LA MÉTHODE
DE DE CANDOLLE,

AVEC L'INDICATION DES PROPRIÉTÉS
ET DES USAGES DES ESPÈCES LE PLUS GÉNÉRALEMENT EMPLOYÉES
EN MÉDECINE ET DANS LES ARTS;

SUIVIE D'UN TABLEAU DES GENRES,
D'APRÈS LE SYSTÈME SEXUEL DE LINNÉ.

PAR C.-M. PHILIBERT BABEY,

ÉLÈVE DE L'ÉCOLE NORMALE, DOCTEUR ÈS-SCIENCES, DE L'ACADÉMIE DES SCIENCES
DE TOULOUSE, DE LA SOCIÉTÉ D'ÉMULATION DU JURA, ETC.,
ANCIEN PROFESSEUR DE MATHÉMATIQUES DES COLLÉGES ROYAUX DE TOULOUSE,
DE BESANÇON, ETC.

TOME TROISIÈME.

PARIS.
AUDOT, LIBRAIRE-EDITEUR,
RUE DU PAON, 8, ÉCOLE-DE-MÉDECINE.

1845.

FLORE

JURASSIENNE.

FAMILLE LXII.

Campanulacées. Juss.

CALICE adhérent à l'ovaire, à limbe divisé en 5 lobes ; corolle monopétale, insérée sur le calice, à 5 lobes réguliers, rarement irréguliers ; étamines 5, insérées sur l'ovaire, à la base de la corolle, et alternes avec ses lobes ; anthères biloculaires, libres, ou soudées quelquefois entre elles par la base ; ovaire à 3—5 loges à plusieurs ovules ; placentas centraux ; style 1 ; stigmates 2—5 ; fruit (capsule) à 2—5 loges polyspermes. Embryon droit dans le centre du périsperme ; radicule tournée vers l'ombilic. — Feuilles alternes.

α. Anthères soudées entre elles par la base.

1. JASIONE. — *JASIONE.* Linn.

Corolle à tube court, à limbe à 5 divisions linéaires d'abord soudées en tube, se séparant ensuite de la base au sommet ; filets des étamines subulés ; anthères adhérentes entre elles ; capsule biloculaire, s'ouvrant par un trou au sommet. — Fleurs en têtes terminales.

1. J. de montagne. — *J. montana.*

Linn. Sp. 1317. — DC. Fl. fr. n. 2872. — Duby, Bot. gall. p. 311. — Gaud. Fl. helv. 2. p. 185. — Koch, Syn. p. 463. — *J. undulata.* Lam. Ency. 3. p. 245.

J. Saint-Hil. Pl. fr. tab. 935. — Lam. illust. tab. 724. fig. 1.
— Moris. sect. 5. tab. 5. fig. 48. — J. Bauh. Hist. 3. p.
1. p. 12. fig. 4. — Tabern. ic. p. 162. fig. 2. — Dalech.
Hist. p. 1110. fig. 3. — Dod. pempt. p. 122. fig. 2. (*ead.*).
— Lob. ic. p. 536. fig. 2. (*ead.*).

Racine dure, fusiforme; tiges hautes d'environ 2—3 décim., quelquefois simples, ordinairement rameuses, plus ou
moins hérissées de poils épars, raides, blanchâtres, à rameaux très ouverts, ascendants, feuillés, ainsi que la tige,
à leur partie inférieure, nus dans le haut, terminés par une
seule tête de fleurs; feuilles éparses, étroites, nombreuses,
lancéolées-linéaires, obtuses, rétrécies à la base, quelquefois ondulées-crépues, rarement crénelées, plus ou moins
hérissées de poils blanchâtres semblables à ceux de la tige;
fleurs d'un beau bleu, pédicellées, réunies en têtes solitaires,
terminales, assez grosses, longuement pédonculées, entourées d'un involucre de 8—12 folioles ovales-elliptiques, appliquées, plus courtes que les fleurs; calice à 5 divisions
étroites, linéaires-subulées, plus courtes que la corolle. ②
(Juillet, août).

Les collines incultes, les bruyères, les lieux sablonneux : bord de
la forêt de Chaux, entre Dole et la Grande-Loye ; bord du bois à côté de
l'étang de Chavanne, près de Sellière. — Aux environs de Nyon, autour
de Bière (Gaud.). — Genève, au bord du Rhône, sous Aïre ; à la campagne d'Yvernois ; au bois de Bay, près de Penex ; entre Étrembière et
Mornex (Reut.). — Neuchâtel, sur les coteaux de Saint-Aubin (L.
Benoît, cat.). — Aux environs de Bâle (Hagenb.).

β. *Glabra*. Hagenb. Fl. basil. 1. p. 224. — Tige et feuilles
glabres ou presque glabres.

Sur un tertre, près du bord de l'étang de Vaudrey ; au bord du bois
près de Chavanne. — Aux environs de Bâle (Hagenb.).

β. *Anthères libres.*

2. RAIPONCE. — *PHYTEUMA*. Linn.

Corolle à tube court, à limbe à 5 divisions linéaires d'a-
bord soudées en tube, se séparant ensuite de la base au
sommet; filets des étamines dilatés à la base; anthères

libres ; capsule à 2—3 loges , s'ouvrant latéralement par des trous. — Fleurs en tête ou en épi terminal.

§ 1. *Fleurs en tête globuleuse.*

1. R. orbiculaire. — *P. orbiculare.*

Linn. Sp. 242. — DC. Fl. fr. n. 2861. — Duby, Bot. gall. p. 312. — Gaud. Fl. helv. 2. p. 174. — Poir. Ency. 6. p. 73. — Koch, Syn. p. 464.

Barr. ic. fig. 525. — Moris. sect. 5. tab. 5. fig. 47. (*feré ead.*).

Racine fusiforme ; tige simple, dressée, glabre, cylindrique, feuillée, haute de 3—4 décim.; feuilles oblongues-lancéolées, crénelées-dentées, glabres, un peu ciliées, obtuses : les radicales un peu en cœur ou rétrécies à la base, longuement pétiolées : les caulinaires plus étroites et plus petites, allant en diminuant de grandeur vers le sommet de la tige : les supérieures sessiles , linéaires-lancéolées, dressées, demi-embrassantes; fleurs nombreuses, en tête terminale compacte, munies de bractées entières, ovales-lancéolées, ciliées à la base, plus courtes que les fleurs ; corolle un peu courbée en arc avant l'épanouissement, d'un bleu foncé; capsule sillonnée , s'ouvrant par des trous latéraux ; graines luisantes, ovoïdes-aiguës. ⅃ (Juin—août).

Commune dans les prés et les pâturages des montagnes : Salins, dans les prés en montant de Mont-Servant à la Chaux , et dans ceux de Remeton ; à Ivory ; Cernans ; Sainte-Anne ; Levier ; Boujaille ; Pontarlier ; Beure, près de Besançon ; sur la Dôle ; la chaîne du Colombier ; le Creux-du-Vent ; le Chasseral ; les montagnes du canton de Bâle ; autour de Longirod , etc.

§ 2. *Fleurs en épi d'abord ovoïde, puis cylindrique.*

2. R. en épi. — *P. spicatum.*

Linn. Sp. 242. — DC. Fl. fr. n. 2867. — Duby, Bot. gall. p. 312. — Gaud. Fl. helv. 2. p. 182. — Poir. Ency. 6. p. 70. — Koch, Syn. p. 466.

J. Saint-Hil. Pl. fr. tab. 861. — Lam. illust. tab. 124. fig. 1.
— Barr. ic. fig. 892. — J. Bauh. Hist. 2. p. 809. fig. 2.
et 3. — Clus. Hist. 2. p. 171. fig. 2. (*ic. Dod.*). — Tabern.
ic. p. 411. fig. 1. — Dalech. Hist. p. 644. fig. 2. — Dod.
pempt p. 165. fig. 2. — Lob. ic. p. 329 fig. 1. (*ead.*).

Racine épaisse, charnue, fusiforme, blanchâtre; tige
simple, dressée, striée, feuillée, presque glabre, haute de
3—6 décim.; feuilles inférieures en cœur, aiguës, dentées
en scie, souvent tachées de brun au centre, glabres ou légèrement pubescentes, portées sur de longs pétioles glabres :
les intermédiaires ovales-lancéolées, diminuant de grandeur
en montant, ainsi que les pétioles : les supérieures lancéolées-linéaires, sessiles; fleurs blanches, rarement bleues,
disposées en épi d'abord ovoïde, puis cylindrique, munies à
la base de bractées linéaires, aiguës, plus longues que les
fleurs. ♃ (Juin, juillet).

Commune dans les prés, et dans les bois de la plaine et des montagnes. — Jeunes pousses et racine alimentaires.

β. *Flore cæruleo.* Fleurs bleues.

Sur le Petit-Salève; au bord de l'Arve, près de Veirier (Reut.). —
Aux environs de Montbéliard (Lachenal).

3. CAMPANULE. — *CAMPANULA.* Linn.

Calice adhérent à l'ovaire, à limbe à 5 lobes; corolle en
cloche ou en roue, à 5 lobes plus ou moins profonds, fermée
au fond par les filets des étamines dilatées-conniventes à la
base et recouvrant le disque épigyne; anthères libres; capsule à 3, rarement 5 loges polyspermes, s'ouvrant par des
trous latéraux.

§ 1. *Sinus des divisions du calice munis d'appendices
réfléchis sur l'ovaire.*

1. C. carillon. — *C. medium.*

Linn. Sp. 236. — DC. Fl. fr. n. 2853. — Duby, Bot. gall.
p. 313. — Lam. Ency. 1. p. 586.

J. Saint-Hil. Pl. fr. tab. 72. — Moris. sect. 5. tab. 3. fig.
30. — Clus. Hist. 2. p. 172. fig. 2. — Tabern. ic. p. 413.
fig. 1. — Dalech. Hist. p. 825. fig. 1. — Dod. pempt. p.
163. fig. 1. — Lob. ic. p. 324. fig. 1.

Tige dressée, feuillée, rameuse, velue, rude, un peu
anguleuse, haute d'environ 6 décim.; feuilles oblongues-
lancéolées, crénelées, velues, ciliées, rudes : les radicales
rétrécies en pétiole : les caulinaires sessiles; fleurs grandes,
un peu ventrues, pédonculées, non pendantes, de couleur
bleue, rarement blanches, à 5 lobes ovales, courts; calice
à lobes lancéolés, à sinus munis d'appendices ovales-arrondis, garnis de cils raides, blanchâtres, réfléchis et recouvrant l'ovaire. ② (Mai, juin). Vulg. *Campanule-ca-
rillon.*

Cette plante du midi de la France est assez généralement cultivée
dans les jardins comme plante d'ornement.

§ 2. *Sinus des divisions du calice dépourvus d'appendices.*

* *Lobes du calice ovales ou lancéolés.*

a. Fleurs toutes sessiles, disposées en tête ou en épi.

2. C. en thyrse. — *C. thyrsoïdea.*

Linn. Sp. 235. — DC. Fl. fr. n. 2847. — Duby, Bot. gall.
p. 313. — Gaud. Fl. helv. 2. p. 162. — Lam. Ency. 1.
p. 584. — Koch, Syn. p. 471.
Moris. sect. 5. tab. 4. fig. 45. — J. Bauh. Hist. 2. p. 809.
fig. 1. — Dalech. Hist. p. 1106. fig. 3.

Racine épaisse, charnue, lactescente, fusiforme; tige
simple, épaisse, sillonnée, souvent rougeâtre, très feuillée,
plus ou moins hérissée de poils blancs un peu rudes, haute de
15—30 centim.; feuilles molles, plus ou moins garnies, particulièrement en dessous, sur les nervures et les bords, de
longs poils blanchâtres, semblables à ceux de la tige, presque
entières, légèrement dentelées : les radicales linéaires-ob-

longues, obtuses, rétrécies à la base en pétiole ailé : les caulinaires sessiles, éparses, nombreuses, occupant toute la tige, plus étroites, linéaires-lancéolées ; fleurs d'un blanc jaunâtre, sessiles, très nombreuses, disposées en épi terminal dense, épais, oblong ou cylindrique, de 8—16 centim. de longueur, munies chacune de 3 bractées ovales-lancéolées, l'extérieure largement embrassante, plus longue que la fleur, les deux autres beaucoup plus petites, ne dépassant pas le calice dont les lobes sont ovales-lancéolés, hérissés, ainsi que les bractées, de poils rudes, blanchâtres ; corolle barbue, à lobes élargis, triangulaires ; stigmates roulés en dehors. ② (Juillet, août).

Parmi les rochers et dans les lieux rocailleux des hautes sommités du Jura : sur le Reculet ; le Colombier ; la Dôle ; le Montendre ; et sur le Noirmont, en face des Rousses, en plus grande quantité.

3. C. Cervicaire. — *C. Cervicaria.*

Linn. Sp. 235. — DC. Fl. fr. n. 2846. — Duby, Bot. gall. p. 313. — Gaud. Fl. helv. 2. p. 161. — Lam. Ency. 1. p. 584. — Koch, Syn. p. 471.
Moris. sect. 5. tab 4. fig. 42 (*ex Bauh.*). — J. Bauh. Hist. 2. p. 801. fig. 3.
Racine épaisse, blanchâtre, fusiforme ; tige et toute la plante hérissées de longs poils blanchâtres, raides, subulés, qui la rendent rude au toucher, haute de 6—12 décim., simple, quelquefois un peu rameuse au sommet, dressée, feuillée, striée-anguleuse ; feuilles radicales et les inférieures très longues, lancéolées, obtuses, longuement rétrécies en pétiole ailé, dentées-crénelées, hérissées de poils semblables à ceux de la tige : les caulinaires éparses, sessiles, plus étroites, linéaires-lancéolées, allant en diminuant de grandeur vers le sommet de la plante ; fleurs médiocres, de couleur bleue souvent pâle, ou blanchâtre, un peu barbues, disposées en têtes terminales et axilaires. ② Gaud. ♃ Koch. (Juillet, août).

Les bois, les buissons des collines incultes : Salins, dans les bois de Bovard et de Chaudreux. — Au-dessus de Nyon (Ducros). — Bâle.

dans les bois entre Olsberg et Rheinfelden (Nees.). — Genève, dans les bois de la Bâtie et de Crevin (Reut.). — Et dans le bois de Veirier (Rapin).

4. C. agglomérée. — *C. glomerata.*

Linn. Sp. 235. — DC. Fl. fr. n. 2845. — Duby, Bot. gall.
    p. 313. — Gaud. Fl. helv. 2. p. 159. — Lam. Ency. 1.
    p. 583. — Koch, Syn. p. 471.
Barr. ic. fig. 523. n. 3. — J. Bauh. Hist. 2. p. 801. fig. 1.
    — Clus. Hist. 2. p. 171. fig. 1. — Dalech. Hist. p. 830.
    fig. 1. — Dod. pempt. p. 164. fig. 2. (*ic. Clus.*). — Lob.
    ic. p. 326. fig. 2. (*ead.*).

Racine blanchâtre, un peu rameuse; tige simple, médiocrement velue, un peu rude et anguleuse, feuillée, haute d'environ 3 décim.; feuilles radicales et les inférieures oblongues ou ovales-lancéolées, obtuses, rétrécies en pétiole, quelquefois arrondies ou un peu en cœur à la base, toutes plus ou moins velues et un peu rudes, légèrement crénelées : les supérieures sessiles, lancéolées ou ovales-lancéolées, demi-embrassantes; fleurs médiocres, sessiles, réunies au nombre de 3—7 en tête terminale, entourée de bractées ovales-lancéolées, aiguës, un peu concaves à la base, ordinairement plus courtes que les fleurs, souvent accompagnées de fleurs latérales axilaires, réunies au nombre de 1—3; calice divisé profondément en 5 lanières étroites, lancéolées-linéaires, ciliées sur les bords et la carène; corolle d'un bleu violet, rarement blanche, à 5 lobes lancéolées; style ne dépassant pas la corolle, à stigmate à 3 lobes roulés en dehors. ♃ (Juin, juillet).

Commune le long des chemins, dans les prés arides, sur les collines de la plaine et des montagnes.

β. *Aggregata.* Gaud. Syn. p. 182. — Feuilles radicales en cœur à la base : les caulinaires petites, embrassantes, rétrécies en pétiole dans le bas de la plante; fleurs petites, tubuleuses, réunies en fascicules terminaux et axilaires, presque en épi.

Salins, au pied de Poupet, au-dessus d'Ivrey. — Genève, à Veirier (Rapin.). — Près de Peney et de Saint-Georges (Reut.).

γ. Ramosa. Tige rameuse, haute de 3—4 décim., à rameaux axilaires feuillés, munis de fascicules de fleurs terminaux et sonvent de quelques-uns axilaires.

Salins, dans un champ inculte, à Poupet, où je l'ai récoltée aussi à fleurs blanches.

δ. Elliptica. Gaud. Syn. p. 182. — Koch, Syn. l. c. — Feuilles oblongues, elliptiques, rétrécies en pétiole, ou arrondies, mais non en cœur à la base, ni embrassantes.

Salins, dans les pâturages, à Ivory.

ε. Nana. Tige haute de 4—8 centim., à 1—3 fleurs terminales.

Salins, dans les prés arides.

b. Fleurs solitaires pédonculées, disposées en grappe ou panicule.

5. C. gantelée. — *C. trachelium.*

Linn. Sp. 235. — **DC.** Fl. fr. n. 2844. — Duby, Bot. gall. p. 313. — Gaud. Fl. helv. 2. p. 156. — Lam. Ency. 1. p. 582. — Koch, Syn. p. 470.

J. Saint-Hil. Pl. fr. tab. 417. — Bull. Herb. tab. 319. — Moris. sect. 5. tab. 3. fig. 28. — J. Bauh. Hist. 2. p. 805. fig. 2. — Clus. Hist. 2. p. 170. fig. 2. — Dalech. Hist. p. 829. fig. 2. — Dod. pempt. p. 164. fig. 1. (*ic. Clus.*). — Lob. ic. p. 326. fig. 1. (*ead.*).

Racine épaisse, rameuse, blanchâtre; tige haute de 6—9 décim., presque simple, quelquefois rameuse, presque cylindrique, ou anguleuse, plus ou moins hérissée de poils blanchâtres subulés, souvent réfléchis; feuilles ovales ou ovales-lancéolées, plus ou moins garnies, ainsi que les pétioles, de poils rudes semblables à ceux de la tige, grossièrement et presque 2 fois dentées en scie : les inférieures en cœur à la base, portées sur de longs pétioles qui vont en diminuant de longueur vers le sommet de la tige : les supérieures sessiles ou presque sessiles, arrondies ou en coin à la base ; fleurs assez grandes, au nombre de 1—3 sur des pédoncules courts, axilaires, hérissés, ainsi que le calice, de poils blanchâtres, subulés ; corolle d'un bleu violet, rarement blanche, divisée sur le tiers de sa longueur en 5 lobes ovales, un peu barbus ; calice divisé jusqu'au milieu en 5 lobes ovales-lancéolés. ♃ (Juillet, août).

Commune dans les bois et parmi les buissons de la plaine et des montagnes.

β. *Urticæfolia.* *C. urticifolia.* Schmidt, Bohem. n. 173. — Gaud. Fl. helv. 2. p. 157. — DC. Fl. fr. n. 2842. — Poir. Ency. supp. 2. p. 61. — Tige très anguleuse ; feuilles caulinaires plus allongées, acuminées ; pédoncule presque uniflore ; calice un peu hérissé.

Salins, dans le bois de Poupet, etc.; au Creux-du-Vent (aussi à fleurs blanches). — A Salève (Reut.). — Les montagnes de Bâle (Hagenb.).

6. C. à larges feuilles. — *C. latifolia.*

Linn. Sp. 233. — DC. Fl. fr. n. 2841. — Duby, Bot. gall. p. 313. — Gaud. Fl. helv. 2. p. 154. — Lam. Ency. 1. p. 182. — Koch. Syn. p. 470.

Moris. sect. 5. tab. 3. fig. 27. — J. Bauh. Hist. 2. p. 807. fig. 2. — Clus. Hist. 2. p. 172. fig. 1. — Lob. ic. 2. p. 278. fig. 2.

Racine rameuse ; tige simple, dressée, légèrement anguleuse, lisse, presque glabre, feuillée, haute de 6—9 décim. ; feuilles éparses, ovales-lancéolées, acuminées, parsemées de poils courts qui les rendent un peu rudes, grossièrement et doublement dentées en scie : les radicales courtement pétiolées et un peu en cœur à la base : les inférieures à pétiole plus court, ailé : les supérieures presque sessiles : les florales plus petites, sessiles, lancéolées, allongées ; fleurs grandes, bleues, quelquefois blanches, portées sur des pédoncules axilaires courts, uniflores, glabres, ainsi que le calice dont les lobes sont presque dressés, largement lancéolés, entiers, légèrement ciliés ; corolle oblongue, double de la longueur du calice, divisée, presque jusqu'au tiers de sa longueur, en 5 lobes lancéolés, barbus sur les bords ; capsule penchée. ♃ (Juillet, août).

Les bois des montagnes : au Creux-du-Vent (Chaillet). — A la combe de Valanvron et au Cul-des-Prés, comté de Neuchâtel (Gaud.). Au-dessus de Bonmont et des Rouges (Rapin). — Dans la forêt de Doubs, près de Pontarlier (Girod-Chant.).

7. C. Fausse-Raiponce. — *C. rapunculoïdes.*

Linn. Sp. 234. — DC. Fl. fr. n. 2843. — Duby, Bot. gall. p. 514. — Gaud. Fl. helv. 2. p. 155. — Lam. Ency. 1. p. 582. — Koch, Syn. p. 470.

J. Saint-Hil. Pl. fr. tab. 74. — Moris. sect. 5. tab. 3. fig. 52. — J. Bauh. Hist. 2. p. 807. fig. 1. (*pessima*).

Racine blanchâtre, rampante ; tige simple, ou un peu rameuse, dressée, cylindrique, légèrement anguleuse, feuillée dans toute sa longueur, glabre ou pubescente, souvent rougeâtre, haute de 4—6 décim. ; feuilles un peu velues, rudes, inégalement dentées en scie : les radicales ovales en cœur à la base, longuement pétiolées : les inférieures ovales-lancéolées, arrondies ou un peu en coin à la base, portées sur de courts pétioles : les supérieures sessiles, lancéolées, acuminées ; fleurs d'un bleu foncé un peu rougeâtre, nombreuses, de grandeur médiocre, toutes penchées ou pendantes, portées sur des pédoncules courts, axilaires dans les feuilles supérieures qui deviennent des bractées, disposées en grappe unilatérale allongée, quelquefois rameuse à la base et formant alors une sorte de panicule ; calice presque glabre ou pubescent, à 5 lobes étroits, linéaires-lancéolées, étalés, n'atteignant pas la moitié de la corolle : celle-ci est à 5 lobes lancéolés, un peu barbus sur les bords, étalés, atteignant le tiers de sa longueur ; lobes du stigmate roulés en dehors. ♃ (Juillet, août).

Commune le long des chemins, au bord des champs, dans les haies
et les buissons.

8. C. à feuilles de Pêcher. — *C. persicifolia.*

Linn. Sp. 232. — DC. Fl. fr. n. 2838. — Duby, Bot. gall.
  p. 314. — Gaud. Fl. helv. 2. p. 153. — Lam. Ency. 1. p.
  579. — Koch, Syn. p. 470.
Bull. Herb. tab. 367. — Moris. sect. 5. tab. 1. fig. 2. —
  J. Bauh. Hist. 2. p. 803. fig. 2. et 3. (*pessima*). — Clus.
  Hist. 2. p. 171. fig. 3. (*ic. Dod.*). — Tabern. ic. p. 317.
  fig. 2. — Dalech. Hist. p. 827. fig. 1. — Dod. pempt. p.
  166. fig. 1. — Lob. ic. p. 327. fig. 1. (*ead.*).

Racine fusiforme, blanchâtre, souvent divisée; tige
simple, dressée, lisse, glabre, feuillée à sa partie inférieure,
presque nue au sommet, haute de 6—9 décim.; feuilles
radicales glabres, oblongues-obovales, dentelées-crénelées,
à dentelures écartées et calleuses au sommet, rétrécies à la
base en un long pétiole ailé : les caulinaires étroites, allongées, sessiles, linéaires-lancéolées, allant en diminuant de
grandeur vers le sommet de la tige : les supérieures linéaires-acuminées, beaucoup plus petites; fleurs écartées,
peu nombreuses, grandes, d'un beau bleu, rarement blanches, au nombre de 2—5 en grappe lâche, portées sur des
pédoncules axilaires un peu allongés; calice glabre, à lobes
entiers, lancéolés, étalés; corolle bleue, rarement blanche,
un tiers plus longue que le calice, à lobes courts, élargis,
ovales-triangulaires, atteignant à peine le quart de sa longueur. ⁇ (Juin, juillet).

Les coteaux incultes parmi les buissons, le bord des bois : aux environs de Salins, commune, les variétés plus rares; de Besançon; de
Poligny; de Thoirette, etc. — Genève, au bois de la Bâtie; des Frères;
au Petit-Salève (Reut.). — Neuchâtel; Nyon, au pied de la Côte;
entre Trélex et Saint-Cergue (Gaud.). — Aux environs de Bâle (Hagenbach).

β. *Uniflora.* Gaud. Fl. helv. 2. l. c. — Tige grêle, à une
seule fleur terminale plus grande.

γ. *Exaltata*. Gaud. Fl. helv. 2. 1. c. — Tige paniculée au sommet, à fleurs grandes, plus nombreuses; feuilles radicales courtement pétiolées.

9. C. étalée. — *C. patula*.

Linn. Sp. 232. — DC. Fl. fr. n. 2836. — Duby, Bot. gall. p. 314. — Gaud. Fl. helv. 2. p. 152. — Lam. Ency. 1. p. 579. — Koch, Syn. p. 469.

Cette espèce ressemble beaucoup à la *C. Rapunculus*, dont elle diffère par sa tige moins élevée, souvent un peu couchée à la base, à rameaux et pédoncules étalés, et surtout par les lobes du calice également très allongés, mais plus larges et dentelés à la base. Racine grêle, blanchâtre, souvent divisée; tige haute de 3—5 décim., dressée ou ascendante, anguleuse, pubescente, un peu rude sur les angles, rameuse dans le haut, à rameaux divergents, étalés; feuilles presque glabres, crénelées : les radicales oblongues-obovales, rétrécies en pétiole : les caulinaires plus petites, sessiles, linéaires-lancéoléss; fleurs bleues, rarement blanches, dressées, un peu plus grandes que celles de la *C. Rapunculus*, formant une panicule étalée, presque corymbiforme; lobes du calice très longs, lancéolés-subulés, dentelés à la base, à peine plus courts que la corolle à 5 lobes atteignant presque le milieu de sa longueur. ② (Juin—août).

Les haies, les buissons : au bord de la route entre Orbe et Balaigue. — Au-dessus de Grandson; près de Vaugondry et de Villers-Bourquin (DC.). — Commune aux environs de Nyon; autour de Gingins; Cheserex et Crans, etc.; entre Gimel et Bière (Gaud.). — Genève, dans les lieux ombragés et les haies, entre Vernier et Meyrin; à Salève, près de Pommier; entre Bossey et Divonne, etc. (Reut.). — Rare aux environs de Bâle (Hagenb.).

10. C. pyramidale. — *C. pyramidalis*.

Linn. Sp. 233. — DC. Fl. fr. n. 2839. — Mill. Dict. 2. p. 110. n. 1. — Lam. Ency. 1. p. 580. — Koch, Syn. p. 470.

J. Saint-Hil. Pl. fr. tab. 416. — Moris. sect 5. tab. 1. fig. 1.
— J. Bauh. Hist. 2. p. 808. fig. 3. — Clus. Hist. 2. p.
172. fig. 3. (*ic. Dod.*). — Dalech. Hist. p. 642. fig. 1.
— Dod. pempt. p. 165. fig. 1. — Lob. ic. p. 327. fig. 2.
(*ead.*).

Cette plante est remarquable par la longueur de sa tige
et par le nombre de ses fleurs disposées en grappes formant
une pyramide allongée. Tige simple, dressée, raide,
glabre comme toutes les autres parties de la plante, très
élevée, très rameuse-paniculée; feuilles radicales lisses,
ovales en cœur, dentées crénelées, longuement pétiolées :
les caulinaires oblongues, les supérieures lancéolées; fleurs
nombreuses, de grandeur médiocre, d'un beau bleu, rarement blanches, disposées en grappes axilaires, dressées,
serrées contre la tige, formant une panicule terminale en
pyramide allongée. ② (Juillet, août).

Cette plante est naturalisée à Besançon, où elle croît sur les vieux
murs (Girod-Chantrans) : je la vois, en effet, depuis plusieurs années,
au-dessus de la fontaine qui fait l'angle de la rue Ronchaux avec la rue
Saint-Vincent, croissant dans les joints des pierres. Elle se trouve sur
les coteaux et dans les prés montueux des provinces méridionales : on
la cultive comme plante d'ornement.

**** Lobes du calice très étroits, linéaires-subulés.**

11. C. rhomboïdale. — *C. rhomboïdalis.*

Linn. Sp. 235. — DC. Fl. fr. n. 2840. — Duby, Bot. gall.
p. 314. — Gaud. Fl. helv. 2. p. 149. — Lam. Ency. 1.
p. 581. — Koch, Syn. p. 468.
Barr. ic. fig. 567.— Moris. sect. 5. tab. 2. fig. 15.— J. Bauh.
Hist. 2. p. 798. fig. 1.

Racine rampante, tige dressée, simple, anguleuse, souvent grêle, lisse, feuillée dans toute sa longueur, glabre ou
un peu poilue, haute de 3—5 décim., feuilles toutes sessiles, ou les inférieures légèrement pétiolées, éparses, nombreuses, ovales-aiguës ou ovales-lancéolées, dentées en scie,

glabres ou garnies de quelques poils, particulièrement sur
les bords et les nervures; fleurs médiocres, bleues, rarement blanches, portées sur des pédoncules filiformes, disposées en grappe ou en panicule terminale, presque nue,
souvent unilatérale, à rameaux courts, grêles, un peu lâches; calice glabre, à lobes étroits, allongés, linéaires-subulés, écartés à la base; corolle à 5 lobes courts, étalés. ⚥
(Juillet, août).

Les bois, les buissons des pâturages du haut Jura : les bois autour de
la Faucille; sur le Colombier; la Dôle; le Montendre; à la Chapelle-
des-Bois; sur la Dent-de-Vaulion; le Chasseron; le Creux-du-Vent, etc.
— A Salève, entre la Croisette et les Pitons (Reut.).

β. *Pusilla*. Gaud. Syn. p. 179. var. γ. — Tige grêle,
haute de 12—16 centim., à 1—2 fleurs terminales.

12. C. Raiponce. — *C. Rapunculus.*

Linn. Sp. 232. — DC. Fl. fr. n. 2837. — Duby, Bot. gall.
p. 514. — Gaud. Fl. helv. 2. p. 148. — Lam. Ency. 1.
p. 579. — Koch, Syn. p. 469.

Moris. sect. 5. tab. 2. fig. 13. (*mala*). — J. Bauh. Hist. 2.
p. 795. fig. 1. (*pessima*). — Tabern. ic. p. 409. fig. 1.
— Dalech. Hist. p. 611. fig. 1. (*cad. ac Bauh.*). —
Dod. pempt. p. 165. fig. 1. — Lob. ic. p. 528. fig. 2.
(*ead.*).

Racine épaisse, blanchâtre, fusiforme; tige dressée,
haute de 6—9 décim., sillonnée-anguleuse, un peu rude,
garnie de poils épars, feuillée, presque nue au sommet,
rameuse-paniculée; feuilles crénelées : les radicales oblongues-obovales, molles, un peu velues, rétrécies en pétiole :
les caulinaires sessiles, linéaires-lancéolées, aiguës, un peu
écartées; fleurs bleues, rarement blanches, de grandeur
médiocre, portées sur des pédoncules inégaux, à 1—3 fleurs,
disposées en panicule terminale oblongue, dressée, resserrée; calice glabre, à lobes étroits, allongés, linéaires-
subulés, un peu raides et dressés, dépassant peu le milieu

de la corolle à lobes un peu étalés, atteignant le tiers de sa longueur. ② (Mai—juillet).

Les prés secs, le bord des bois, les haies et buissons des collines arides.

β. *Hirsuta*. Hagenb. Fl. basil. 1. p. 191. — Tige et feuilles hérissées de poils blanchâtres.

Avec la variété α. — La Raiponce est apéritive et rafraîchissante : sa racine et ses jeunes feuilles sont alimentaires en salade.

13. C. à feuilles radicales arrondies. — *C. rotundifolia*.

Linn. Sp. 232. — DC. Fl. fr. n. 2832. — Duby, Bot. gall. p. 314. — Gaud. Fl. helv. 2. p. 144. — Lam. Ency. 1. p. 578. — Koch, Syn. p. 468.

J. Saint-Hil. Pl. fr. tab. 418. — Moris. sect. 5. tab. 2. fig. 17. — J. Bauh. Hist. 2. p. 796. fig. 1. — Clus. Hist. 2. p. 173. fig. 1. (*ic. Dod.*). — Tabern. ic. p. 409. fig. 2. (*mala*). — Dalech. Hist. p. 827. fig. 2. — Dod. pempt. p. 167. fig. 1. (*ead.*). — Lob. ic. p. 528. fig. 1. (*ead.*).

Plante ordinairement glabre. Racine dure, presque ligneuse ; tiges dressées ou ascendantes, grêles, hautes de 3—4 décim., cylindriques, un peu rameuses dans le haut ; feuilles radicales portées sur de longs pétioles grêles, filiformes, arrondies, en cœur ou réniformes, dentées-anguleuses ou crénelées, disparaissant ordinairement avant la fleuraison : les caulinaires inférieures lancéolées, dentées, courtement pétiolées : les supérieures sessiles, entières, linéaires, aiguës ; fleurs bleues, rarement blanches, de grandeur médiocre, portées sur des pédoncules grêles, uni ou pauciflores, disposées en panicule lâche ; calice à 5 lobes subulés, étalés, écartés à la base ; corolle divisée jusqu'au tiers de sa longueur en 5 lobes obtus, un peu étalés. ♃ (Juin—automne).

Commune dans les lieux secs et stériles, dans les pâturages, contre les murs et les rochers.

β. *Velutina.* DC. Fl. fr. supp. n. 2832. — Koch, Syn.
l. c. var. γ. — Gaud. Fl. helv. l. c. var. β. *pubescens.*—
Plante d'un vert cendré, entièrement recouverte de poils
courts, blanchâtres, pubescents.

A Roche-Fendue, près du Locle, comté de Neuchâtel.

γ. *Debilis.* Tige longue de 5—6 décim., faible, tombante, flexueuse, grêle, garnie de quelques rameaux allongés, pauciflores; feuilles radicales très petites, arrondies,
échancrées en cœur à la base, anguleuses, portées sur des
pétioles filiformes, à peu près de la longueur du limbe (absolument semblables à celles de la fig. 2. de Tabern. ic. p.
409.).

Salins, sur les rochers ombragés : à la Fontaine-Noire, au-dessous
de Garde-Bois, près de Chapois, etc.

δ. *Uniflora.* Tige dressée, grêle, haute de 1—2 décim.,
à une seule fleur terminale.

Les prés secs de Villers et de Boujaille.

14. C. de Scheuchzer. — *C. Scheuchzeri.*

Vill. Dauph. Prospect. p. 22. (1779). — Koch, Syn. p. 468.
— *C. linifolia.* Lam. Ency. 1. p. 579. (1783). — Duby,
Bot. gall. p. 314. — *C. Valdensis.* Gaud. Fl. helv. 2. p.
146. — *C. rotundifolia. var.* γ. Linn. Sp. 232.

Tige dressée ou ascendante, haute de 1—2 décim., un
peu rameuse au sommet, à 2—6 fleurs, rarement uniflore;
feuilles des touffes radicales ovales, en cœur, obtuses, crénelées, pétiolées : les caulinaires inférieures lancéolées,
légèrement dentées, rétrécies en pétiole à la base : les supérieures linéaires, sessiles, entières, souvent un peu courbées en faux; fleurs bleues, de grandeur médiocre, terminales et axilaires dans les feuilles supérieures; calice à 5
lobes étroits, linéaires-subulés. ♃ (Juillet, août).

α. *Glabra.* Koch, Syn. l. c. — *C. linifolia.* DC. Fl. fr.
n. 2834. — *C. Valdensis. var.* β. *Scheuchzeri.* Gaud. Fl.

helv. 2. 1. c. — Vill. Dauph. tab. 10 fig. 4. — Barr. ic. fig. 487. — Plante glabre, à feuilles lancéolées-linéaires.

Sur la Dôle; le Colombier; au Creux-du-Vent. — Presque partout dans le haut Jura (Gaud.).

β. *Hirta*. Koch, Syn. l. c. — *C. Valdensis* (All.). DC. Fl. fr. n. 2835. — Gaud. Fl. helv. 2. l. c. var. α *villosa*. — Vill. Dauph. tab. 10. fig. 1. — All. tab. 6. fig. 1. — Plante velue, à feuilles linéaires-lancéolées, un peu courbées en faux.

Sur le mont Wasserfall, entre les cantons de Bâle et de Soleure (C. B. in Hagenb.).

15. C. naine. — *C. pusilla*.

Haenk. in Jacq. coll. 2. p. 79. — DC. Fl. fr. n. 2833. — Duby, Bot. gall. p. 314. — Gaud. Fl. helv. 2. p. 145. — Koch, Syn. p. 467. — *C. cæspitosa* (Vill.). Poir. Ency. supp. 2. p. 55. — *C. rotundifolia. var. β.* Linn. Sp. 232. Moris. sect. 5. tab. 2. fig. 16. (*bene*).

Racine produisant un grand nombre de tiges grêles, gazonnantes, étalées à la base, ascendantes, presque glabres, ou légèrement pubescentes dans le bas, hautes de 1—2 décim.; feuilles des touffes radicales ovales, en cœur, dentées, glabres, longuement pétiolées : les caulinaires inférieures elliptiques, dentées, rétrécies en un court pétiole : les supérieures sessiles, linéaires, entières; fleurs d'un bleu un peu pâle, rarement blanches, au nombre de 3—6, portées sur des pédoncules axilaires, filiformes; calice à 5 lobes linéaires-subulés; corolle ovoïde-en-cloche, penchée. ♃ (Juin—août).

Salins, à la source du Lison et au Creux-Billard; à la Fontaine-Noire, près de Chapois; au Creux-du-Vent; sur le Mont-d'Or; le Suchet; le Montendre; la Dôle; le Colombier; le Salève, etc. — Girod-Chantrans cite encore, d'après de Besses, comme croissant dans le département du Doubs, la *C. Hederacea* Linn.; mais n'ayant pas d'autres renseignements sur cette plante, je ne ferai que l'indiquer ici,

4. PRISMATOCARPE. — *PRISMATOCARPUS*. L'Hérit.

Corolle en roue, à limbe aplani à 5 lobes ; capsule li-
néaire-oblongue, prismatique, à 2—3 loges s'ouvrant
latéralement vers le sommet : le reste comme dans les
Campanules.

1. P. Miroir-de-Vénus. — *P. Speculum.*

L'Hérit. Sert. anglor. p. 1. — DC. Fl. fr. n. 2856. — Duby,
Bot. gall. p. 312. — Gaud. Fl. helv. 2. p. 167. — Koch,
Syn. p. 473. — *Campanula speculum*. Linn. Sp. 258.
— Lam. Ency. 1. p. 589.

J. Saint-Hil. Pl. fr. tab. 73. — Moris. sect. 5. tab. 2. fig. 21.
— J. Bauh. Hist. 2. p. 800. fig. 1. — Tabern. ic. p. 516.
fig. 2. — Dalech. Hist. p. 490. fig. 1. — Dod. pempt. p.
168. fig. 1. — Lob. ic. p. 418. fig. 1.

Racine fusiforme, blanchâtre, souvent un peu rameuse ;
tige dressée, tétragone, rude sur les angles, très rameuse,
souvent dès la base, à rameaux feuillés, étalés : les inférieurs allongés, ascendants ; feuilles alternes, sessiles,
oblongues, obtuses, souvent ondulées, crénelées, légèrement pubescentes et rudes, particulièrement sur les bords
et les nervures : les inférieures obovales, rétrécies à la base
en un court pétiole ; fleurs violettes, axilaires et terminales,
sessiles et pédonculées, éparses, mais rarement solitaires ;
calice divisé en 5 lanières étroites, linéaires-lancéolées, de
la longueur de la corolle ou à peine plus longues ; corolle à
5 lobes ovales, étalée pendant le jour, fermée pendant la
nuit, et prenant alors la forme pentagone ; capsule allongée, prismatique, un peu amincie aux deux bouts. ☉ (Juin,
juillet).

Commun dans les moissons : Salins, dans les champs de la Grange-
Feuillet ; de Villers-Farlay ; d'Écleux ; d'Ounans ; de Cramans, etc.;
aux environs de Sellières ; de Pontarlier, etc. — Genève, à Monetier ;
près de Penex ; Collonge-sous-Monthoux, etc. (Reut.). — Commun
aux environs de Bâle (Hagenb.).

2. P. hybride. — *P. hybridus.*

L'Hérit. l. c. — DC. Fl. fr. n. 2857. — Duby, Bot. gall. p.
312. — Gaud. Fl. helv. 2. p. 168. — Koch, Syn. p. 473.
— *Campanula hybrida.* Linn. Sp. 239. — Lam. Ency.
1. p. 589.

Moris. sect. 5. tab. 2. fig. 22. — J. Bauh. Hist. 2. p. 800.
fig. 1. (*ad dextram*).

Racine grêle, fusiforme, blanchâtre, souvent un peu
rameuse; tige dressée, raide, simple ou rameuse dès la
base, rude sur les angles, à rameaux inférieurs allongés,
ascendants; feuilles oblongues, un peu rudes sur les bords
et les nervures, légèrement crénelées : les inférieures obovales, rétrécies à la base; calice à lanières oblongues-
elliptiques ou lancéolées, rudes sur les bords, dressées et
non étalées, comme dans l'espèce précédente, plus longues
que la corolle et de moitié plus courtes que l'ovaire; capsule
brusquement resserrée à la base et au sommet, ordinairement accompagnée de 2 bractées semblables aux feuilles,
mais plus petites et quelquefois insérées sur elle. ① (Juin,
juillet).

Dans les moissons, mais beaucoup plus rare que l'espèce précédente :
Salins, dans les champs du village de By; à Pupillin, près d'Arbois. —
Très rare aux environs de Bâle (Hagenb.).

FAMILLE LXIII.

Vacciniées. DC.

Calice adhérent à l'ovaire, à 4—5 dents ou entier; corolle monopétale, à 4—5 lobes ou divisions; étamines
libres, non adhérentes à la corolle, alternes avec ses lobes
ou en nombre double, insérées devant un disque épigyne;
anthères biloculaires, à 2 cornes; ovaire à 4—5 loges renfermant plusieurs ovules; placentas centraux; style 1, à

stigmate simple; fruit en baie à 4–5 loges contenant quelques graines. Embryon dans l'axe du périsperme; radicule tournée vers l'ombilic. — Feuilles alternes.

1. AIRELLE. — *VACCINIUM*. Linn.

Calice à 4–5 lobes ou dents, quelquefois presque entier; corolle à 4–5 lobes ou dents; baie globuleuse.

§ 1. *Feuilles caduques; corolle ovoïde ou globuleuse.*
— Myrtillus. Koch.

1. A. Myrtille. — *V. Myrtillus.*

Linn. Sp. 498. — DC. Fl. fr. n. 2818. — Duby, Bot. gall. p. 315. — Gaud. Fl. helv. 3. p. 19. — Lam. Ency. 1. p. 72. — Koch, Syn. p. 474.

J. Saint-Hil. Pl. fr. tab. 950. — Lam. illust. tab. 286. fig. 1. — Tabern. ic. p. 1078. fig. 2. — Dalech. Hist. p. 192. fig. 1. — Dod. pempt. p. 768. fig. 2. — Lob. ic. 2. p. 109. fig. 1. (*ead.*).

Sous-arbrisseau dressé, rameux, haut d'environ 3 décim., à rameaux nombreux, diffus, anguleux, glabres, verdâtres; feuilles petites, alternes, non persistantes, d'un vert gai, ovales, finement dentelées en scie, courtement pétiolées, veinées-réticulées; fleurs solitaires, axilaires vers l'extrémité des rameaux, portées sur des pédoncules réfléchis, uniflores, plus courts que les feuilles; calice entier, petit; corolle d'un blanc rougeâtre, en grelot, à 5 dents réfléchies; anthères munies vers le milieu de 2 appendices aigus en forme de corne; baies sphériques, d'un noir bleuâtre, recouvertes d'une poussière glauque, à 5 loges, couronnées par le calice. ♄ (Mai, juin).

Commune dans les bois des montagnes, et dans les tourbières : Salins, dans le bois Perrey; dans les bois de Monte-Oiseau, à Clucy, et du Sepois, à Ivory; dans les forêts de sapins de Levier; de Boujaille; de la Joux, etc.; dans la forêt du Rizoux; au Creux-du-Vent; sur la Dôle;

le Salève ; le Chasseron, etc.; dans les tourbières des Rousses; de Bonlieu ; d'Entre-Côtes ; de Sainte-Croix ; sur les montagnes du canton de
Bâle, etc. — Les baies du Myrtille sont acidules, comestibles, rafraîchissantes, un peu astringentes et antidyssentériques ; leur suc teint en
bleu ou en violet : on en fait de très bonnes confitures. C'est sans doute
de cette plante que Virgile a voulu parler lorsqu'il dit :

Alba Ligustra cadunt, Vaccinia nigra leguntur.

ÉGLOGUE 2.

2. A. des marais. — *V. uliginosum.*

Linn. Sp. 499. — DC. Fl. fr. n. 2819. — Duby, Bot. gall.
   p. 315. — Gaud. Fl. helv. 3. p. 20. — Lam. Ency. 1.
   p. 73. — Koch, Syn. p. 474.
Clus. Hist. 1. p. 62. fig. 1. (*non bona*). — Tabern. ic. p.
   1079. fig. 1. (*non melior*).

Sous-arbrisseau dressé, rameux et feuillé à sa partie supérieure, à rameaux d'un gris rougeâtre ou brunâtre,
cylindriques, feuillés, étalés ; feuilles obovales, très entières, obtuses et arrondies au sommet, quelquefois un
peu rétuses, glabres, vertes en dessus, cendrées-glauques
et veinées-réticulées en dessous, courtement pétiolées ;
fleurs blanches, quelquefois un peu rosées, axilaires dans
les feuilles supérieures des rameaux souvent nus à la base,
portées sur des pédoncules agrégés, courts, uniflores,
réfléchis ; calice petit, à 4—5 dents arrondies ou triangulaires ; corolle ovoïde, à 4—5 dents réfléchies ; anthères à
2 cornes, appendiculées à la base ; baies d'un noir bleuâtre,
couvertes d'une poussière glauque, comestibles, d'une saveur assez agréable. ♄ (Mai, juin).

Commune dans la plupart des tourbières du Jura : dans les tourbières de Boujaille ; de Pontarlier ; de Saint-Antoine, au pied du Mont-
d'Or ; de Noiraigne ; de la Brevine ; de Pont-Martel ; d'Entre-Côtes,
hameau de Foncine-le-Haut : de la Chapelle-des-Bois ; de Bonlieu ; de
Sainte-Croix ; de Bief-du-Four ; du Brassus et du Sentier, vallée de
Joux ; des Rousses, etc.

β. Foliis subtus pubescentibus. Feuilles finement pubescentes en dessous, et quelquefois aussi très légèrement en dessus.

Tourbières de Saint-Antoine; de Boujaille, etc.

§ 2. *Feuilles persistantes; corolle en cloche.* — Vitis-idæa. Koch.

3. A. ponctué. — *V. Vitis-idæa.*

Linn. Sp. 500. — DC. Fl. fr. n. 2820. — Duby, Bot. gall. p. 515. — Gaud. Fl. helv. 3. p. 21. — Koch Syn. p. 474. — *V. ponctatum.* Lam. Ency. 1. p. 74.

Lam. illust. tab. 286. fig. 2. — J. Bauh. Hist. 1. p. 1. p. 522. fig. 1. — Dalech. Hist. p. 195. fig. 1. — Dod. pempt. p. 770. fig. 1.

Sous-arbrisseau rameux, haut de 1—2 décim., à tiges tortueuses, ascendantes, diffuses, à rameaux grêles, feuillés, un peu anguleux, pubescents, d'un gris brunâtre; feuilles persistantes, presque semblables à celles du Buis, alternes, rapprochées, presque sessiles, obovales, obtuses, entourées d'un rebord cartilagineux blanchâtre un peu roulé en dessous, vertes et lisses en dessus, d'un vert cendré-blanchâtre et parsemées de points brunâtres sur le côté opposé, souvent un peu échancrées au sommet, avec une légère pointe calleuse qui est l'extrémité de la nervure moyenne; fleurs petites, disposées vers le sommet des rameaux en grappe courte, penchée, portées sur des pédoncules pubescents, très courts, uniflores, munis de petites bractées; calice à 4 dents arrondies, membraneuses; corolle en cloche, rougeâtre, à 4 dents étalées ou un peu réfléchies; style saillant; baies rouges, d'une saveur acidule assez agréable, rafraîchissantes : on les mange avec du sucre, comme les groseilles. ♄ (Mai, juin).

Cette espèce n'est pas rare dans les tourbières et les bois du haut Jura : dans les tourbières de Boujaille; de Pontarlier; de Bief-du-

Four ; de Noiraigue ; de Bonlieu ; dans la forêt du Rizoux ; au Creux-
du-Vent ; sur le Chasseron ; la Dôle ; le Chasseral ; le Suchet ; le Reculet ;
le Salève ; le Montendre, etc.

§ 3. *Feuilles persistantes ; corolle en roue , à 4 divisions
réfléchies. —* Oxycoccos. **Pers.**

4. A. Canneberge. — *V. Oxycoccos.*

Linn. Sp. 500. — **DC.** Fl. fr. n. 2821. — Duby, Bot. gall. p.
315. — Gaud. Fl. helv. 3. p. 22. — Lam. Ency. 1. p.
74. — Koch , Syn. p. 474.

Lam. illust. tab. 286. fig. 3. — **J. Bauh.** Hist. 1. p. 1. p.
525. fig. 2. — Dalech. Hist. p. 187. fig. 3. — Dod. pempt.
p. 770. fig. 2. (*ead.*). — Lob. ic. p. 109. fig. 2.

Sous-arbrisseau presque herbacé, à tiges grêles, rampantes, garnies de racines chevelues, à rameaux couchés,
filiformes, allongés, diffus, feuillés, d'un brun rougeâtre,
légèrement pubescents ; feuilles très petites, persistantes,
alternes, ovales, aiguës, très entières, roulées par les bords,
vertes et luisantes en dessus, glauques et blanchâtres en
dessous ; fleurs rouges, très élégantes, penchées, portées
sur des pédoncules filiformes, assez longs, terminaux, au
nombre de 1—3, uniflores, munis vers le milieu de leur
longueur de 2 petites bractées oblongues, et d'une autre à
la base, un peu plus grande, arrondie, concave et scarieuse ;
calice à 4 lobes arrondis ; corolle divisée presque jusqu'à la
base en 4, rarement 5 parties, lancéolées, obtuses,
d'abord étalées, puis entièrement réfléchies ; baies sphériques, d'un rouge écarlate, très acides en automne, persistantes pendant l'hiver et bonnes à manger au printemps.
♄ (Juillet, août).

Dans la plupart des tourbières du Jura , parmi les *Sphaignes* : dans
les tourbières de Pontarlier ; de la Brevine ; de Boujaille ; de Bief-du-
Four ; des Rousses ; du Sentier et du Brassus , vallée de Joux , etc. —
Autour de Bellelay (Hagenb.).

FAMILLE LXIV.

Éricinées. Desv.

CALICE persistant, à 4—5 lobes ou divisions; corolle monopétale, hypogyne, à 4—5 lobes ou divisions, à estivation
embriquée; étamines alternes avec les lobes de la corolle ou
en nombre double, libres, non adhérentes avec elle,
insérées devant un disque hypogyne; ovaire libre, à plusieurs loges renfermant 1—plusieurs ovules, inséré sur le
disque hypogyne; placentas centraux; style 1, à stigmate
simple; fruit capsulaire ou en baie, à graines non ailées.
Embryon dans l'axe du périsperme, à radicule tournée vers
l'ombilic. —Feuilles sans stipules.

TRIBU I. — ÉRICACÉES. DC.

Fruit en baie ou en capsule à cloisons simples, opposées
aux valves ou aux sutures.

1. ARBOUSIER. — *ARBUTUS*. Linn.

Calice à 5 divisions; corolle presque ovoïde, à limbe à 5
lobes; étamines 10; baie ou drupe à 5 loges monospermes.

1. A. des Alpes. — *A. Alpina.*

Linn. Sp. 566. — DC. Fl. fr. n. 2811. — Duby, Bot. gall.
p. 316. — Gaud. Fl. helv. 3. p. 73. — Lam. Ency. 1.
p. 228. — *Arctostaphylos Alpina.* (Spreng.). Koch,
Syn. p. 475.
J. Bauh. Hist. 1. p. 1. p. 518. et 519. fig. 1. — Clus. Hist.
1. p. 61. fig. 1. — Tabern. ic. p. 1079. fig. 2.

Sous-arbrisseau de 3—6 décim., à tige couchée, rameuse,
à rameaux très feuillés; feuilles obovales, rétrécies en un

court pétiole, glabres, veinées-réticulées, vertes en dessus, plus pâles et à veines saillantes en dessous, ordinairement un peu aiguës, inégalement dentelées en scie dans leur moitié supérieure, ciliées à la base, rapprochées vers l'extrémité de la tige et des rameaux ; fleurs blanches, petites, réunies en grappes courtes, terminales, portées sur des pédoncules courts, uniflores, munis à la base de bractées concaves, ciliées ; calice à 5 divisions étalées ; corolle resserrée à la gorge, à 5 dents réfléchies ; baie assez grosse, lisse, un peu déprimée-ombiliquée, d'un noir bleuâtre, d'une saveur un peu âpre qui n'est cependant pas désagréable. ♄ (Juin, juillet).

A la Cheneau de Cortebert et à Saint-Imier (Gagnebin).

2. A. Busserole. — *A. Uva-ursi.*

Linn. Sp. 566. — DC. Fl. fr. n. 2812. — Duby, Bot. gall. p. 316. — Gaud. Fl. helv. 3. p. 74. — Lam. Ency. 1. p. 229. — *Arctostaphylos officinalis* (Wimm. et Grab.). Koch, Syn. p. 475.

Sous-arbrisseau de 5—6 décim., à tiges faibles, ordinairement couchées, rameuses, à rameaux glabres, feuillés ; feuilles dures, coriaces, assez semblables à celles du Buis, alternes, obovales, persistantes, rétrécies à la base, courtement pétiolées, entières, obtuses, glabres, un peu velues sur les bords, surtout dans la jeunesse, luisantes, et d'un vert assez foncé en dessus, veinées-réticulées en dessous, à nervures non saillantes ; fleurs peu nombreuses, disposées en grappes terminales courtes, recourbées, portées sur des pédoncules uniflores, courts, munis à la base d'une bractée ; corolle ovoïde, d'un rouge pâle, ou rose, un peu velue intérieurement, à 5 lobes courts, réfléchis ; calice à 5 lobes arrondis ; baie rouge, sphérique, de la grosseur d'un pois, un peu déprimée-ombiliquée au sommet, acerbe, peu succulente. ♄ (Juin, juillet). Vulg. *Raisin d'ours.*

Les lieux arides et pierreux des montagnes : sur les montagnes au-dessus d'Allamogne, entre le Colombier et le Reculet, abondamment ;

sur la Dôle ; à la Faucille ; au pied de la Dent-de-Vaulion , du côté de Vallorbe ; sur le Mont-d'Or ; le Salève ; le Montendre ; le Chasseral ; sur les pentes rocailleuses , derrière le bois de la Bâtie , à Genève. — Sur le Weissenstein (Nees.). — Les feuilles de cette plante sont astringentes et diurétiques. On leur substitue quelquefois, dans les pharmacies, celles du *V. Vitis-idæa* dont il est facile de les distinguer, n'étant ni ponctuées en dessous ni roulées par les bords comme ces dernières.

2. ANDROMÈDE. — *ANDROMEDA*. Linn.

Calice très petit, à 5 divisions ; corolle ovoïde, à limbe à 5 dents réfléchies ; étamines 10, à anthères à 2 pores au sommet ; capsule à 5 loges polyspermes, à 5 valves.

1. A. à feuilles de Polium. — *A. polifolia.*

Linn. Sp. 564. — DC. Fl. fr. n. 2809. — Duby, Bot. gall.
p. 317. — Gaud. Fl. helv. 3. p. 72. — Lam. Ency. 1. p.
156. — Koch , Syn. p. 476.

J. Saint-Hil. Pl. fr. tab. 29. — J. Bauh. Hist. 1. p. 1. p.
525. fig. 1. — Linn. Fl. lapp. tab. 1. fig. 2.

Sous-arbrisseau très petit, à tige grêle, ligneuse, rameuse, haute de 1—2 décim., à racines traçantes, garnies de chevelu ; feuilles alternes, presque sessiles, lancéolées, rétrécies à la base, coriaces, persistantes, vertes, glabres et lisses en dessus, d'un blanc grisâtre ou glauque sur la face opposée, fortement roulées par les bords, ce qui les rend linéaires et sillonnées en dessous ; fleurs d'un blanc rosé, petites, au nombre de 2—7, portées sur des pédoncules uniflores, également rosés, ainsi que le calice, 3 fois plus longs que les fleurs, entourés à la base de bractées ovales, aiguës, concaves, réunis en faisceau ou presque en ombelle terminale ; calice à 5 lobes ovales, beaucoup plus court que la corolle ovoïde presque pentagone, à 5 stries longitudinales ; capsule arrondie, d'un pourpre obscur, déprimée au sommet, à 5 angles arrondis, surmontée par le style persistant. ♄ (Juin , juillet).

Commune dans la plupart des tourbières du Jura : dans les tourbières de Pontarlier ; de Villeneuve-d'Amont ; de Bief-du-Four ; de Vaux ; de Boujaille ; de Mouthe ; des Rousses ; de la Brevine ; de Pont-Martel ; de Noiraigue ; de Sainte-Croix ; de la Chapelle-des-Bois ; du Brassus et du Sentier , dans la vallée de Joux , etc. — Les tourbières autour de Bellelay (Hagenb.).

3. CALLUNE. — *CALLUNA*. Salisb.

Calice double , à 4 divisions ; corolle à 4 lobes , plus courte que le calice ; étamines 8 ; capsule à 4 loges polyspermes , à 4 valves s'ouvrant par les sutures ; cloisons adhérentes à la columelle et opposées aux sutures.

1. C. Bruyère. — *C. Erica*.

DC. Fl. fr. n. 2808. — Duby, Bot. gall. p. 318. — *C. vulgaris* (Salisb.). Koch , Syn. p. 476. — *Erica vulgaris.* Linn. Sp. 301. — Gaud. Fl. helv. 3. p. 23. — Lam. Ency. 1. p. 476.

Bull. Herb. tab. 341. — Lam. illust. tab. 287. fig. 1. — Tabern. ic. p. 1111. fig. 1. — Dalech. Hist. p. 185. fig. 1. — Dod. pempt. p. 767. fig. 1.

Sous-arbrisseau rameux , haut de 3—6 décim. , un peu tortueux , diffus , à rameaux légèrement pubescents ; feuilles très petites , un peu rudes sur les bords , épaisses , presque triangulaires-coniques , d'un beau vert , prolongées à la base en 2 appendices aigus , appliquées contre les rameaux , très rapprochées , embriquées sur 4 rangs ; fleurs petites , rougeâtres ou rosées , un peu penchées , presque sessiles , disposées en grappes terminales , unilatérales , souvent feuillées au sommet par le prolongement du rameau ; calice double , l'extérieur très petit , à 4 folioles ovales-arrondies , ciliées , l'intérieur beaucoup plus grand , presque double de la corolle , à 4 folioles colorées ovales - oblongues , obtuses , concaves , scarieuses , enveloppant la corolle d'un rouge violet , à 4 divisions oblongues , obtuses ; anthères incluses , aristées ; style saillant , à stigmate épais. ♄ (Juillet – septembre).

Commune dans les lieux arides et stériles, souvent dans les tourbières et dans les bois découverts.

ß. Albiflora. DC. Fl. fr. l. c. — Gaud. Fl. helv. 3. l. c. — Fleurs entièrement blanches.

Les tourbières de Noiraigue ; de Sainte-Croix ; de Pontarlier, etc.

TRIBU II. — RHODORACÉES. DC.

Fruit capsulaire, à cloisons doubles, formées par les bords rentrants des valves.

4. ROSAGE. — *RHODODENDRUM.* Linn.

Calice à 5 dents ; corolle en entonnoir ou en roue à 5 lobes ; étamines 10, à anthères s'ouvrant par 2 pores au sommet ; capsule à 5 valves, à 5 loges formées par les bords rentrants des valves.

1. R. ferruginenx. — *R. ferrugineum.*

Linn. Sp. 562. — DC. Fl. fr. n. 2796. — Duby. Bot. gall. p. 319. — Gaud. Fl. helv. 3. p. 71. — Poir. Ency. 6. p. 262. — Koch, Syn. p. 477.

J. Bauh. Hist. 2. p. 21. fig. 3. — Tabern. ic. p. 1052. fig. 2. (*var. foliis angustioribus*). — Dalech. Hist. p. 271. fig. 1. — Lob. ic. p. 366. fig. 2.

Sous-arbrisseau très rameux, tortueux, diffus, haut de 3—6 décim., à rameaux ligneux, feuillés seulement aux extrémités, recouverts d'une écorce grise ou brunâtre ; feuilles alternes, oblongues-lancéolées, entières, un peu roulées par les bords, courtement pétiolées, glabres, coriaces, lisses et vertes en dessus, ferrugineuses et ponctuées en dessous ; fleurs au nombre de 4—15, réunies en grappe courte, presque en ombelle au sommet des rameaux, portées sur des pédoncules un peu allongés, simples et uniflores ; calice à 5 dents courtement ovales, un peu barbues ; corolle grande, très belle, d'un beau rouge, à 5 lobes ovales,

étalés, couverte en dehors de points résineux ; capsule
oblongue, s'ouvrant par le sommet. ♄ (Juillet, août).

Cette belle plante, si commune dans les Alpes granitiques, se trouve
aussi sur les plus hautes sommités du Jura : en grande quantité, au
nord du Reculet, sur les montagnes au-dessus d'Allamogne ; sur la
Dôle ; sur le Montendre, à la Sèche des Embornats ; et au Creux-du-
Vent.

2. R. hérissé. — *R. hirsutum.*

Linn. Sp. 562. — DC. Fl. fr. n. 2797. — Duby, Bot. gall.
   p. 319. — Gaud. Fl. helv. 5. p. 71. — Poir. Ency. 6.
   p. 263. — Koch, Syn. p. 477.
J. Bauh. Hist. 2. p. 21. fig. 3. A. (*ad sinistram*). — Clus.
   Hist. 2. p. 82. fig. 1. — Tabern. ic. p. 367. fig. 1. et p.
   1069. fig. 2. — Lob. ic. p. 367. fig. 1.

Ce sous-arbrisseau a exactement le port du précédent,
mais il est un peu plus petit ; ses rameaux sont verdâtres et
poilus au sommet ; ses feuilles sont moins oblongues, elliptiques, un peu retrécies à la base, longuement ciliées, à
cils écartés, légèrement crénelées, marquées en dessous
de points résineux moins nombreux et plus distants ; corolle
un peu plus petite, d'un rouge plus pâle ; pédoncules
rudes ; dents du calice oblongues-lancéolées. ♄ (Juillet,
août).

Cette plante est fort rare dans le Jura : elle se trouve sur quelques
rochers boisés, derrière la Dôle, en descendant vers les Rousses (Reut.).
— Sur les sommités du Thoiry (Hall.).

FAMILLE LXV.

Empétrées. Nutt.

FLEURS unisexuelles. Calice à 3 divisions à estivation
embriquée ; pétales 3, alternes avec les sépales ; étamines 3,
libres, insérées avec les pétales sur le réceptacle et opposées aux sépales ; anthères biloculaires, s'ouvrant par 2

fentes; ovaire libre , placé sur un disque charnu , à 3—6 loges renfermant chacune un ovule ascendant; style 1 ; stigmate rayonnant, à rayons en même nombre que les loges de l'ovaire ; fruit charnu (*drupe*). Embryon droit dans l'axe du périsperme ; radicule tournée vers l'ombilic. — Sous-arbrisseau à feuilles persistantes, dépourvues de stipules.

1. CAMARINE. — EMPETRUM. Linn.

Fleurs dioïques. Calice à 3 divisions; corolle à 3 pétales. *Mâles :* étamines 3 , à longs filets. *Femelles :* style presque nul; stigmate à 6—9 rayons ; drupe uniloculaire, renfermant 6—9 graines.

1. C. à fruit noir. — E. nigrum.

Linn. Sp. 1450. — DC. Fl. fr. n. 2817. — Duby, Bot. gall. p. 516. — Gaud. Fl. helv. 6. p. 275. — Lam. Ency. 1. p. 567. — Koch , Syn. p. 626.

Lam. illust. tab. 803. fig. 1. — J. Bauh. Hist. 1. p. 1. p. 526. fig. 1. — Clus. Hist. 1. p. 45. fig. 2. — Dalech. Hist. p. 188. fig. 1.

Sous-arbrisseau à tiges longues d'environ 3 décim. , couchées , étalées , très rameuses, nues dans le bas, recouvertes d'une écorce brune ou rougeâtre , à rameaux redressés , garnis de feuilles éparses , nombreuses; feuilles presque sessiles , linéaires-oblongues , obtuses , lisses, glabres , dures , un peu épaisses, convexes et sillonnées sur le dos, munies au fond du sillon d'une nervure blanchâtre légèrement sillonnée , un peu rudes sur les bords, très rapprochées , presque embriquées ; fleurs petites , rougeâtres , à anthères purpurines , sessiles et axilaires vers l'extrémité des rameaux , peu apparentes , plus courtes que les feuilles; drupe noire à la maturité , de la grosseur d'une baie de *Genévrier,* donnant un suc pourpre foncé; graines oblongues , ordinairement au nombre de 9 , disposées circulairement. ♄ (Mai , juin).

Dans la tourbière des Rousses, et dans celle du Sentier dans la vallée de Joux ; dans les lieux rocailleux sur la montagne au-dessus d'Alla-mogne, au nord du Reculet, parmi les Rhododendrons ; au Creux-du-Vent. — Dans la tourbière de la Vraconne, près de Sainte-Croix (Boissier).

FAMILLE LXVI.

Pyrolacées. Koch.

Disque hypogyne nul ; graines globuleuses, très petites, renfermées dans un arille réticulé. Le reste comme dans les *Éricinées*.

1. PYROLE. — *PYROLA*. Linn.

Calice à 5 divisions ; corolle presque à 5 pétales ; étamines 10, à anthères s'ouvrant par 2 pores situés près de l'inser-tion du filet penché au sommet ; capsule à 5 loges, s'ouvrant par 5 fentes, à cloisons placées sur le milieu des valves ad-nées à la columelle par la base et le sommet.

§ 1. *Style déjeté-ascendant ou oblique.*

1. P. à feuilles rondes. — *P. rotundifolia.*

Linn. Sp. 567. — DC. Fl. fr. n. 2813. — Duby, Bot. gall. p. 317. — Gaud. Fl. helv. 3. p. 76. — Poir. Ency, 5. p. 741. — Koch, Syn. p. 478.

Lam. illust. tab. 567. fig. 1. — Moris. sect. 12. tab. 10. fig. 1. — J. Bauh. Hist. 3. p. 2. p. 535. fig. 1. — Clus. Hist. 2. p. 116. fig. 3. — Tabern. ic. p. 758. fig. 2. — Dalech. Hist. p. 841. fig. 1. — Dod. pempt. p. 136. fig. 1. — Lob. ic. p. 294. fig. 2.

Racine oblique, dure, rampante ; hampe anguleuse, presque à 3 angles, haute de 15—20 centim., garnie de

2—3 écailles lancéolées, membraneuses, écartées, terminée par une grappe de fleurs; feuilles grandes, ovales ou arrondies, fermes, très obtuses, bordées de larges crénelures peu marquées, légèrement décurrentes sur le pétiole plus long que le limbe et anguleux; fleurs grandes, blanches, d'une odeur suave, penchées, au nombre de 12—15, disposées en une longue grappe terminale un peu lâche, portées sur des pédoncules uniflores, munis à la base d'une bractée linéaire-lancéolée, brunâtre, membraneuse, plus longue que le pédoncule; calice étalé, à lobes lancéolés, aigus; pétales grands, étalés, ovales, obtus, un peu concaves; anthères d'un jaune orangé; pistil double de la longueur des étamines, déjeté-ascendant en forme de trompe; stigmate épais, à 5 dents. ♃ (Juin, juillet).

Çà et là dans les bois de taillis et dans les forêts de sapins : Salins, dans les bois de Poupet; de Bovard; de Pretin, etc.; dans les forêts de sapins de Boujaille; de Levier; de Chappois; de la Joux, etc.; sur le Mont-d'Or; au Creux-du-Vent; aux environs de Champagnole; de Pontarlier, etc. — Nyon, au bois de Prangins (Gaud.). — A Salève (Reut.) — Assez commune aux environs de Bâle (Hagenb.).

2. P. moyenne. — *P. media.*

Swartz, Vet. ac. handl. p. 257. (1804). — Gaud. Syn. p. 552. — Koch, Syn. p. 479. — Reut. cat. supp. p. 28.

Cette espèce a le port de la précédente, dont elle diffère par son style droit et ses étamines toutes courbées vers le style et conniventes; elle se rapproche aussi de la *P. minor,* mais on l'en distingue facilement à son pistil droit, oblique, plus long que l'ovaire, dont le stigmate à 5 lobes obtus est moins large que le sommet épaissi du style, lequel dépasse peu la corolle presque globuleuse, à pétales d'un blanc rosé. ♃ (Juin, juillet).

A Salève, au-dessus d'Archamp, parmi les buissons, dans la localité de l'*Atragene alpina*, en 1834 (Reut.).

§ 2. *Style droit, plus court que la capsule.*

3. P. mineure. — *P. minor.*

Linn. Sp. 567. — DC. Fl. fr. n. 2814. — Duby, Bot. gall.
p. 317. — Gaud. Fl. helv. 3. p. 78. — Poir. Ency. 5. p.
742. — Koch, Syn. p. 479.

Cette espèce a le port du *P. rotundifolia,* dont elle se
rapproche beaucoup, mais elle est ordinairement plus petite
et s'en distingue facilement à son style droit, non courbé-
ascendant, et à ses étamines conniventes. Racine rampante;
feuilles peu nombreuses, ovales ou arrondies, un peu décurrentes sur le pétiole allongé, légèrement crénelées; hampe
dressée, haute de 12—16 centim., anguleuse, garnie vers
le milieu de 1—2 écailles lancéolées, membraneuses; fleurs
blanches ou rougeâtres, en grappe terminale plus courte
et plus dense que dans le *P. rotundifolia,* au nombre de
12—16, portés sur de courts pédoncules penchés, munis à
la base d'une bractée étroite, lancéolée; calice à 5 lobes
ovales, aigus; corolle presque globuleuse, à 5 pétales
ovales, obtus, concaves, connivents; étamines courtes,
conniventes; style court, droit, terminé par un stigmate
étoilé, à 5 lobes courts, épais, le double plus large que le
sommet du style. ⚥ (Juin, juillet).

Çà et là dans les bois de taillis et dans les forêts de sapins, mais plus
rare que le *P. rotundifolia* : Salins, dans les bois de Poupet; de Pretin;
de Bovard; du Sepois, près d'Ivory; dans les forêts de sapins de
Levier; de Villers et Boujaille; de la Joux, etc. — Nyon, autour de
Longirod (Gaud.). — A Salève, au-dessus d'Archamp (Reut.) — Bâle,
près d'Olsberg; sur le mont Vogelberg, etc. (Hagenb.).

§ 3. *Style droit, plus long que la capsule.*

* *Fleurs en grappe terminale.*

4. P. unilatérale. — *P. secunda.*

Linn. Sp. 567. — DC. Fl. fr. n. 2815. — Duby, Bot. gall.
p. 317. — Gaud. Fl. helv. 3. p. 80. — Poir. Ency. 5. p.
742. — Koch, Syn. p. 479.

Moris. sect. 12. tab. 10. fig. 4. — J. Bauh. Hist. 3. p. 2. p.
536. fig. 1. — Clus. Hist. 2. p. 117. fig. 1. (*ead.*). —
Dalech. Hist. p. 1148. fig. 4.

Racine ligneuse, rampante; tige couchée, rameuse, à
rameaux ascendants, feuillée, donnant naissance à une
hampe dressée, haute de 1—2 décim., un peu anguleuse,
garnie de 2—3 écailles écartées, membraneuses, lancéolées, terminée par une grappe de fleurs; feuilles alternes,
ovales, aiguës, fermes, glabres, un peu luisantes, d'un vert
foncé, un peu plus pâle en dessous, dentelées-crénelées,
rapprochées au sommet des rameaux; fleurs petites, blanchâtres, rapprochées, disposées à la partie supérieure des
hampes en grappe unilatérale, portées sur des pédoncules
courts, étalés, à la fin réfléchis, munis à la base de bractées
lancéolées, membraneuses; calice à 5 lobes ovales, presque
triangulaires, obtus, beaucoup plus courts que les pétales
ovales, concaves, connivents; style droit, plus long que
l'ovaire, à stigmate à 5 lobes épais, peu marqués. ♃ (Juin,
juillet).

Commune dans les forêts de sapins du haut Jura, et descend quelquefois jusqu'à son pied : Salins, au pied de Poupet, vers Préron et au-
dessus de Combelle; sur le Mont-d'Or; le Suchet; la Dent-de-Vaulion;
la Dôle; le Creux-du-Vent; le Chasseral; dans la forêt du Rizoux, vers
la Chapelle-des-Bois. — Bâle, sur les monts Wasserfall, Monchenstein, etc.

** *Fleur solitaire au sommet de la hampe.*

5. P. uniflore. — *P. uniflora.*

Linn. Sp. 568. — DC. Fl. fr. n. 2816. — Duby, Bot. gall.
p. 317. — Gaud. Fl. helv. 3. p. 81. — Poir. Ency. 5. p.
743. — Koch, Syn. p. 479.

Moris. sect. 12. tab. 10. fig. 2. (*series* 2.). — J. Bauh. Hist.
3. p. 2. p. 536. fig. 3. — Clus. Hist. 2. p. 118. fig. 1.

Racine grêle, rampante; tiges courtes, tombantes, simples, anguleuses, feuillées, longues de 3—5 centim., ter-

minées par une hampe dressée, haute de 5—8 centim., à
une seule fleur terminale, grande, blanche, penchée, odorante, munie, un peu au-dessous du calice, d'une écaille
ou bractée membraneuse, ovale, concave, obtuse ; calice à
5 divisions ovales, obtuses, beaucoup plus courtes que la
corolle : celle-ci est à 5 divisions ou pétales étalés, ovales,
obtus, un peu striés ; style droit, plus long que l'ovaire,
terminé par un stigmate étoilé, à 5 rayons ou lobes aigus ;
feuilles ovales-arrondies, dentelées en scie, glabres, brusquement rétrécies en un pétiole court. ♃ (Juin, juillet).

Cette plante, rare dans le Jura, se trouve à Bâle, près d'Olsberg
(Hagenb.). — Dans une forêt de sapins, entre la fabrique du Bied et
l'embouchure de la Reuse, canton de Neuchâtel (L. Benoît et Depierre,
cat.).

FAMILLE LXVII.

Monotropées. Nutt.

CALICE persistant, à 4—5 sépales ; corolle hypogyne, à
4—5 pétales persistants, à estivation embriquée ; étamines
hypogynes, libres, en nombre double des pétales ; ovaire
libre, à 5 loges incomplètes ; style 1 ; stigmate en disque ;
capsule à 5 valves, portant sur le milieu une cloison incom-
plète, soudée à la base de la columelle pentagone ; graines
nombreuses, globuleuses, renfermées dans un arille réticulé.
— Plantes sans feuilles, à tige simple, garnie d'écailles.

1. MONOTROPE. — *MONOTROPA.* Linn.

Calice à 5 sépales aplanis ; corolle à 5 pétales gibbeux à
la base, presque éperonnés, et nectarifères.

1. M. Sucepin. — *M. Hypopitys*.

Linn. Sp. 555. — DC. Fl. fr. n. 4688. — Duby, Bot. gall.
p. 319. — Gaud. Fl. helv. 3. p. 69. — Poir. Ency. 4. p.
267. — Koch, Syn. p. 480.

J. Saint-Hil. Pl. fr. tab. 253. — Lam. illust. tab. 362. fig. 2. — Moris. sect. 12. tab. 16. fig. 20.

Plante parasite, naissant ordinairement sur les racines de hêtres et de sapins. Racine blanche, écailleuse, succulente, à écailles épaisses, embriquées; tige haute de 1—2 décim., blanchâtre, succulente, recouverte d'écailles minces, ovales-lancéolées, diaphanes, rapprochées; fleurs oblongues, jaunâtres, glabres ou poilues, courtement pédonculées, munies de bractées semblables aux écailles de la tige, et plus longues que les pédoncules, disposées en grappe terminale d'abord réfléchie, ensuite penchée, et à la fin dressée : la terminale à 10 étamines et 10 pétales, les autres à 8; étamines incluses, à filets glabres ou velus, ainsi que le style; stigmate jaunâtre et un peu spongieux, en disque barbu sur le contour, perforé dans le centre; capsule ovoïde ou globuleuse, sillonnée-anguleuse, à 4—5 loges. ⅄ (Juin, juillet).

Salins, dans les bois de Poupet; de Bovard; de Sepois, près d'Ivory; de Prelin, etc.; dans les forêts de sapins de Levier; de la Joux; de Villers et d'Arc-sous-Montenot, etc.; dans les forêts de sapins de la Dôle; du Mont-d'Or; au Creux-du-Vent, etc. — A Salève, au-dessus de Pommier et près de Saint-Cergue (Reut.). — Bâle, sur le mont Mutet; près d'Olsberg, etc. (Hagenb.).

α. *Glabra.* Koch, Syn. l. c. — Gaud. Syn. p. 331. var. β. — Plante glabre dans toutes ses parties; ovaire marqué de petits points saillants.

β. *Hirsuta.* Koch, Syn. l. c. — Gaud. Syn. l. c. var. α. — Tige pubescente entre les fleurs; bractées ciliées; fleurs velues.

SOUS-CLASSE III.

COROLLIFLORES.

CALICE libre, monosépale, ou composé de sépales plus ou moins soudés entre eux; pétales soudés en une corole monopétale hypogyne; étamines insérées sur la corolle; ovaire libre.

FAMILLE LXVIII.

Aquifoliacées. DC.

CALICE à 4—6 dents, à estivation embriquée; corolle hypogyne, régulière, à 4—6 divisions à estivation embriquée; étamines insérées sur la corolle et alternes avec ses lobes; disque nul; ovaire à 2—6 loges à un seul ovule pendant; stigmate bilobé, presque sessile; fruit drupacé, indéhiscent. Périsperme charnu; embryon droit, petit; radicule tournée vers l'ombilic. — Fleurs quelquefois unisexuelles.

1. HOUX. — *ILEX*. Linn.

Calice à 4—5 dents; corolle en roue à 4—5 divisions; stigmates 4—5, presque sessiles; drupe à 4—5 osselets.

1. H. commun. — *I. Aquifolium*.

Linn. Sp. 181. — DC. Prod. 2. p. 13. et Fl. fr. n. 4071. — Duby, Bot. gall. p. 110. — Gaud. Fl. helv. 1. p. 461. — Lam. Ency. 3. p. 145. — Koch, Syn. p. 481.

Chaum. Fl. méd. tab. 197. — Duchesne, Cult. des bois, tab. 59. — J. Saint-Hil. Pl. fr. tab. 191. — Lam. illust. tab. 87. — Tabern. ic. p. 970. fig. 2. — Dalech. Hist. p. 247. (*pro* 147.) fig. 1. — Dod. pempt. p. 758. fig. 1. — Lob. ic. 2. p. 153. fig. 2.

Arbrisseau médiocre, rameux, souvent déprimé, rarement arborescent, à bois dur, à écorce grisâtre sur le tronc, verte et lisse sur les rameaux; feuilles alternes, courtement pétiolées, persistantes, ovales, aiguës, glabres, épaisses, coriaces, luisantes en dessus, plus pâles en dessous, ondulées sur les bords, sinuées-dentées, à dents très saillantes et épineuses; fleurs petites, blanches, souvent un peu rougeâtres en dehors, aggrégées presque en ombelles sur des pédoncules rameux, axilaires, beaucoup plus courts que les feuilles ; baies arrondies, d'un beau rouge de cochenille, renfermant 4 osselets monospermes, ne tombant qu'après l'hiver. ♄ (Avril, mai). Vulg. *Poinfoue.*

Commun dans les bois, les haies et les buissons.

β. *Senescens*. Gaud. Fl. helv. 1. l. c. — Feuilles planes, entières, terminées par une pointe épineuse : état de vieillesse de la plante.

La seconde écorce du Houx, bouillie et fermentée, fournit une bonne glu pour les oiseleurs ; ses baies sont regardées comme purgatives, et ses feuilles sont employées en décoction sudorifique, ou en poudre comme fébrifuge.

FAMILLE LXIX.

Jasminées. Juss.

FLEURS hermaphrodites, quelquefois polygames (dans le *Fréne*) ; calice monosépale tubuleux à 4—5 lobes ; corolle monopétale régulière, hypogyne à 4—5 lobes à estivation tordue ou valvaire, quelquefois nulle ; étamines 2, insérées sur la corolle, à filets courts, à anthères introrses, à 2 loges ; ovaire libre, à 2 loges à 2 ovules pendants ; style 1 ; stigmate à 2 lobes ; fruit sec ou charnu, déhiscent ou indéhiscent, à 1—2 loges renfermant chacune 1—2 graines entourées d'une enveloppe membraneuse mince ou épaisse. Périsperme blanc, charnu ou presque corné, quelquefois très mince ; radicule cylindrique, tournée vers l'ombilic. — Arbres ou arbrisseaux à feuilles le plus souvent opposées ; fleurs axilaires ou en grappes terminales.

TRIBU I. — JASMINÉES. Vent.

Fruit charnu.

1. TROÉNE. — *LIGUSTRUM.* Linn.

Calice très petit, à 4 dents ; corolle en entonnoir, à tube court, à limbe étalé, à 4 lobes ; baie à 2 loges, à 2—4 graines.

1. T. commun. — *L. vulgare*.

Linn. Sp. 10. — DC. Fl. fr. n. 2472. — Duby, Bot. gall. p.
521. — Gaud. Fl. helv. 1. p. 8. — Poir. Ency. 8. p. 119.
— Koch, Syn. p. 482.

Duchesne, Cult. des bois, tab. 52. — J. Saint-Hil. Pl. fr. tab.
789. — Bull. Herb. tab. 295. — Lam. illust. tab. 7. —
J. Bauh. Hist. 1. p. 1. p. 528. fig. 2. — Tabern. ic. p.
1040. fig. 1. — Dalech. Hist. p. 252. fig. 1. — Dod.
pempt. p. 775. fig. 1. — Lob. ic. 2. p. 151. fig. 1.

Arbrisseau d'environ 2 mètres de hauteur, très rameux,
à rameaux opposés, glabres, cylindriques, étalés, flexibles,
de couleur cendrée ; feuilles opposées, courtement pétiolées,
oblongues-lancéolées, elliptiques, glabres, lisses, fermes,
un peu obtuses, mucronulées ; fleurs blanches, petites, d'une
odeur agréable, mais forte, à anthères jaunes, disposées en
grappes terminales compactes, ovoïdes, presque pyramidales,
feuillées à la base, et munies, à la naissance des rameaux et
des pédicelles, de petites bractées lancéolées, aiguës ; baies
noires, globuleuses, peu succulentes. ♄ (Juin, juillet).
Vulg. *Fresillon*.

Commun dans les bois, les haies et les buissons. — Les baies de
Troëne mûrissent en octobre ; elles sont, comme toute la plante,
amères, astringentes ; elles donnent une couleur violette. On s'en sert
quelquefois pour colorer le vin.

2. JASMIN. — *JASMINUM*. Linn.

Calice à 5 lobes ; corolle tubuleuse, à limbe aplani, à 5
lobes obliques ; étamines 2, dans le tube ; style 1 ; stigmate
bifide ; baie dure, à 2 loges à une graine oblongue munie
d'arille, ou à une seule loge par avortement.

1. J. officinal. — *J. officinale*.

Linn. Sp. 9. — DC. Fl. fr. n. 2470. — Duby, Bot. gall. p.
322. — Gaud. Fl. helv. 1. p. 9. — Lam. Ency. 3. p. 217.
— Koch, Syn. p. 488.

J. Saint-Hil. Pl. fr. tab. 203. — Bull. Herb. tab. 231. —
Lam. illust. tab. 7. fig. 1. — J. Bauh. Hist. 2. p. 101.
fig. 2. — Tabern. ic. p. 886. fig. 1. — Dalech. Hist. p.
1450. fig. 1. — Dod. pempt. p. 409. fig. 2. — Lob. ic. 2.
p. 105. fig. 2.

Arbrisseau de 15—20 décim., à tiges sarmenteuses, souples, longues, rameuses, à rameaux verts, glabres, sillonnés, grêles et flexibles; feuilles opposées, glabres, ailées,
à 5—7 folioles presque sessiles, inégales, ciliées-rudes,
ovales-acuminées, la terminale plus grande; fleurs blanches, d'une odeur suave, axilaires et terminales, disposées
en bouquets ombelliformes; calice à divisions linéaires-subulées, presque filiformes, dépassant la moitié du tube allongé de la corolle, dont le limbe est à 5 lobes ovales-acuminés; fruit ne mûrissant point dans nos climats. ♄ (Juillet,
août).

Ce joli arbrisseau, originaire de l'Inde, est cultivé depuis long-temps
dans les jardins.

2. J. arbuste. — *J. fruticans.*

Linn. Sp. 9. — DC. Fl. fr. n. 2471. — Duby, Bot. gall. p.
522. — Lam Ency. 3. p. 218.
J. Bauh. Hist. 1. p. 2. p. 574. fig. 3. — Tabern. ic. p. 530.
fig. 1. — Dalech. Hist. p. 1187. fig. 3. — Dod. pempt.
p. 571. fig. 1. — Lob. ic. 2. p. 52. fig. 1.

Arbrisseau de 10—15 décim., formé d'un grand nombre
de tiges dressées, rameuses, à rameaux anguleux, verts,
grêles, flexibles; feuilles alternes, nombreuses, ternées et
simples, surtout vers le sommet des rameaux, à folioles
oblongues, obtuses, en coin à la base, vertes, glabres,
fermes; fleurs jaunes, odorantes, disposées 2—3 ensemble
à l'extrémité des rameaux et de leurs divisions, portées sur
des pédoncules courts; calice à 5 lobes linéaires un peu ciliés,
égalant environ la moitié du tube de la corolle dont les lobes
sont ovales, obtus; baies noires, de la grosseur d'un pois. ♄
(Mai, juin).

Salins, à Château, au bord des rochers à l'extrémité de la terrasse en face de Begon ; au pied d'un rocher, sur le penchant d'Arèle du côté de la route de Besançon, au-dessus d'une vigne ; Arbois, sur les rochers au-dessus des jardins. Cultivé dans les bosquets. — Je ne pense pas 'que cette plante soit spontanée dans les lieux que nous indiquons ici.

TRIBU II. — LILACÉES. Vent.

Fruit capsulaire.

5. LILAS. — *SYRINGA*. Linn.

Calice petit, à 4 dents ; corolle tubuleuse, à limbe divisé en 4 lobes concaves ; étamines 2, dans le tube ; stigmate bifide ; capsule ovoïde ou oblongue, comprimée, acuminée, à 2 loges à 2 graines oblongues, comprimées, ailées autour, s'ouvrant au sommet en 2 valves persistantes, portant au milieu la moitié de la cloison.

1. L. commun. — *S. vulgaris*.

Linn. Sp. 11. — Gaud. Fl. helv. 1. p. 11. — Koch, Syn. p. 482. — *Lilac vulgaris*. Lam. Fl. fr. 2. p. 305. et ejusd. Ency. 3. p. 512. — DC. Fl. fr. n. 2465. — Duby, Bot. gall. p. 322.

Bull. Herb. tab. 265. — Lam. illust. tab. 7. — J. Bauh. Hist. 1. p. 2. p. 204. fig. 1. — Clus. Hist. 1. p. 56. fig. 1. — Tabern. ic. p. 1044. fig. 1. — Dalech. Hist. p. 355. fig. 2. — Dod. pempt. p. 178. fig. 1. — Lob. ic. 2. p. 101. fig. 2.

Arbrisseau très élégant, rameux, haut de 3—4 mètres, à rameaux opposés, feuillés, verts dans la jeunesse, flexibles ; feuilles vertes des deux côtés, ovales acuminées, un peu en cœur à la base, grandes, opposées, portées sur des pétioles grêles, allongés ; fleurs nombreuses, petites, d'une odeur très agréable, de couleur lilas, ou blanches, disposées en grappes ou thyrses rameux très garnis ; calice à 4 dents triangulaires, aiguës ; corolle en entonnoir, à limbe divisé

en 4 lobes un peu concave ; capsule lancéolée, comprimée ,
s'ouvrant par le sommet en 2 valves aiguës un peu courbées
en dehors à leur extrémité. ♄ (Avril , mai).

Cet arbrisseau, originaire de l'Orient , est cultivé depuis long-temps
dans les jardins et les bosquets où il s'est naturalisé , et où il se reproduit presque spontanément.

2. L. de Perse. — *S. Persica.*

Linn. Sp. 11. — *Lilac Persica.* Lam. Ency. 3. p. 513. —
DC. Fl. fr. n. 2164. — Duby, Bot. gall. p. 322.

Cette espèce est moins élevée que la précédente, plus délicate , plus finement ramifiée ; ses feuilles sont plus petites,
lancéolées , opposées , pétiolées, vertes , glabres , assez semblables à celles du *Troéne;* les fleurs sont en grappes paniculées, plus lâches , d'un lilas pâle un peu bleuâtre. On en
distingue une variété à feuilles pinnatifides. ♄ (Avril , mai).

Cette plante, originaire de Perse , est cultivée dans les jardins d'agrément ; mais elle est moins répandue que la précédente.

4. FRÊNE. — *FRAXINUS.* Linn.

Calice et corolle nuls , ou à 3—4 divisions ; étamines 2 ;
fruit (*samare*) aplani , ovale-oblong , terminé par un appendice membraneux, en forme de langue , à une seule loge
(par avortement) , renfermant à la base une seule graine. —
Fleurs polygames-dioïques.

1. F. élevé. — *F. excelsior.*

Linn. Sp. 1509. — DC. Fl. fr. n. 2465. — Duby, Bot. gall.
   p. 322. — Gaud. Fl. helv. 6. p. 330. — Lam. Ency. 2.
   p. 544. — Koch , Syn. p. 482.
J. Saint-Hil. Pl. fr. tab. 786. — Duchesne , Cult. des bois ,
   tab. 7. (*folia*). — Lam. illust. tab. 858. fig. 1. — J. Bauh.
   Hist. 1. p. 2. p. 174. fig. 1. (*pessima*). — Tabern. ic. p.
   1021. fig. 2. — Dalech. Hist. p. 83. fig. 1. — Dod. pempt.
   p. 838. fig. 1. — Lob. ic. 2. p. 107. fig. 2.(*ead.*).

Arbre élevé , à écorce unie , grisâtre , à bois blanc , à rameaux allongés , droits , opposés ; feuilles longues , pétiolées , ailées avec impaire , à folioles oblongues-lancéolées , acuminées , opposées , dentées en scie , au nombre de 9—13 , sessiles , fermes , d'un vert sombre , glabres , un peu lanugineuses le long de la nervure dorsale ; fleurs brunâtres , paraissant avant les feuilles , disposées en grappes latérales dressées, nombreuses, rapprochées en forme de panicule terminant les rameaux ; samares pendantes , pédonculées , oblongues-lancéolées , échancrées au sommet. ♄ (Avril , mai).

Commun dans les bois et les haies , particulièrement de la montagne. — Le Frêne offre un très bon bois de chauffage ; il est flexible , et les jeunes tiges sont très propres à faire d'excellents cercles de tonneaux ; comme il est susceptible de prendre un beau poli , on l'emploie dans l'ébénisterie : les nœuds surtout offrent souvent de curieux accidents dans les dessins et les nuances.

2. F. à fleurs. — *F. Ornus.*

Linn. Sp. 1510. — Koch. Syn. p. 482. — *F. florifera* (Scop.). DC. Fl. fr. n. 2466. — Duby, Bot. gall. p. 522. — Lam Ency. 2. p. 547.

J. Saint-Hil. Pl. fr. tab. 787. (*fruct. lanceolatis, acutis*).

Arbre de moyenne grandeur, dont le port est plus agréable que celui de l'espèce précédente ; feuilles ailées, à 5 —9 folioles courtement pétiolées , oblongues-lancéolées, ou elliptiques , acuminées, dentées en scie , presque égales entre elles; fleurs rarement unisexuelles, presque toujours hermaphrodites , d'une odeur douce et assez agréable , à calice petit, à 4 lobes ovales-acuminés, à 4 pétales blancs , allongés , linéaires , aigus, rétrécis en onglet à la base , disposées en panicule terminale très rameuse ; filets des étamines presque aussi longs que les pétales; samare plus petite, plus étroite et plus obtuse que dans l'espèce précédente , un peu échancrée au sommet. ♄ (Avril , mai).

Girod-Chantrans indique cette espèce dans les forêts de nos montagnes, sans désigner aucun lieu. Je ne pense pas que cet arbre se trouve ailleurs que sur les promenades et dans les bosquets, où il a été planté.

FAMILLE LXX.
Apocynées. Juss.

CALICE monopétale persistant, à 5 divisions; corolle monopétale régulière, hypogyne, caduque, à 5 lobes à estivation embriquée, très rarement valvaire; étamines 5, insérées au fond de la corolle, alternes avec ses lobes, à filets libres ou soudés; anthères à 2 loges; ovaires 2; styles 2, ordinairement très courts, très rapprochés; stigmate 1, en tête; fruit composé de 2 follicules allongés, à une seule loge, s'ouvrant en long sur le côté interne; graines nombreuses, planes, embriquées, pendantes, nues ou chevelues, insérées sur les bords du follicule. Périsperme charnu; embryon droit; radicule tournée vers l'ombilic. — Feuilles opposées, entières.

TRIBU I. — ASCLÉPIADÉES. R. Brown.

Filets des étamines ordinairement soudés; anthères à 2 loges, quelquefois presque divisées en 4 par des demi-cloisons; pollen réuni par masses, à l'époque de la fécondation, en même nombre que les loges de l'anthère, ou plus rarement rapprochées par paires solitaires, géminées ou quaternées, fixées sur les glandes du stigmate.

1. CYNANQUE. — *CYNANCHUM*. R. Brown.

Corolle presque en roue, à 5 divisions; couronne staminifère, monophylle, à 5 lobes opposés aux anthères; masses polliniques renflées, pendantes; stigmate un peu mucroné; follicules 2, lisses; graines couronnées par une houppe de poils.

1. C. Dompte-venin. — *C. Vincetoxicum.*

R. Brown., Mém. wern. soc. 1. p. 47. — Duby, Bot. gall. p. 324. — Gaud. Fl. helv. 2. p. 240. — Koch, Syn. p.

483. — *Asclepias Vincetoxicum*. Linn. Sp. 314. — DC. Fl. fr. n. 2790. — Lam. Ency. 1. p. 282.

J. Saint-Hil. Pl. fr. tab. 39. — Bull. Herb. tab. 51. — Lam. illust. tab. 175. fig. 1. — J. Bauh. Hist. 2. p. 159. fig. 1. — Tabern. ic. p. 729. fig. 1. — Dalech. Hist. p. 1144. fig. 1. et 2. — Dod. pempt. p. 407. fig. 1. — Lob. ic. p. 630. fig. 1. (*ead.*).

Racine blanchâtre, rameuse, d'une odeur nauséabonde ; tiges cylindriques, légèrement pubescentes, fistuleuses, très feuillées, hautes de 3—5 décim.; feuilles opposées, plus longues que les entre-nœuds, ovales-acuminées, plus ou moins en cœur à la base, glabres, lisses, courtement pétiolées, un peu pubescentes sur les bords et les nervures dorsales : les supérieures plus petites, plus étroites, ovales-lancéolées, acuminées ; fleurs petites, blanchâtres, disposées en petites ombelles portées sur de longs pédoncules pubescents, axilaires dans les feuilles supérieures, et terminaux ; lobes du calice lancéolés, plus courts que la corolle presque plane, ouverte en étoile, fermée à la gorge par une couronne à 5 lobes ; follicules verts, dressés, longs de 3 centim. et plus, acuminés, un peu renflés à la base ; graines couronnées par une houppe de poils soyeux d'un blanc de neige. ⚥ (Juin, juillet).

Commun dans les lieux arides, au bord des chemins et dans les pâturages. — Le Dompte-venin est une plante fortement stimulante, vénéneuse, qui demande à être employée avec circonspection. Orfila a reconnu qu'elle pouvait causer une inflammation mortelle de l'estomac . L'infusion de ses feuilles passe pour un excellent détersif des ulcères.

TRIBU II. — VINCÉES. Duby.

Filets des étamines libres ; anthères à 2 loges s'ouvrant en long ; pollen granuleux, s'appliquant immédiatement au stigmate.

2. NÉRION. — *NERIUM*. Linn.

Calice à 5 divisions ; corolle en entonnoir, à limbe divisé
en 5 lobes obtus, munie à la gorge d'une couronne formée
de 5 appendices pétaloïdes, laciniés ; anthères terminées au
sommet par un fil ; style unique ; stigmate tronqué, porté
sur un rebord annulaire ; graines chevelues.

1. N. Laurier-rose. — *N. Oleander*.

Linn. Sp. 305. — DC. Fl. fr. n. 2788. — Duby, Bot. gall.
    p. 324. — Lam. Ency. 3. p. 456.
J. Saint-Hil. Pl. fr. tab. 502. — Lam. illust. tab. 174. —
    J. Bauh. Hist. 2. p. 141. fig. 1. — Tabern. ic. p. 1050.
    fig. 2. et 1051. fig. 1. (*fl. albo*). — Dalech. Hist. p. 241.
    fig. 1. et p. 246. fig. 1. (*fl. albo*). — Dod. pempt. p.
    851. fig. 1. — Lob. ic. p. 364. fig. 2. (*ead.*).

Arbrisseau toujours vert, haut de 1—2 mètres, à écorce
grise, à rameaux redressés, grêles, allongés, feuillés aux
extrémités ; feuilles opposées, souvent ternées, lancéolées,
ou linéaires-lancéolées, aiguës, entières, glabres, raides,
coriaces, de la consistance des feuilles de *Laurier,* d'un
vert obscur, munies d'une forte nervure longitudinale,
saillante en dessous ; fleurs grandes, très belles, roses,
quelquefois blanches, disposées au sommet des rameaux en
corymbe terminal. ♄ (Tout l'été).

Ce joli arbuste de la Provence, de Nice et de Corse, est cultivé dans
tous les jardins dont il fait le principal ornement. On en a obtenu une
très belle variété à fleurs doubles très larges qui s'est promptement répandue. — Ses feuilles sont purgatives, drastiques, sternutatoires et
dangereuses.

3. PERVENCHE. — *VINCA*. Linn.

Calice à 5 divisions ; corolle en soucoupe, renflée à la
gorge, à 5 lobes obliquement tronqués, à orifice du tube
pentagone, un peu saillant ; étamines 5, à anthères barbues,

rapprochées ; style unique ; stigmate en tête, muni à la base d'un rebord annulaire ; graines nues.

1. P. à petites fleurs. — *V. minor*.

Linn. Sp. 304. — DC. Fl. fr. n. 2786. — Duby, Bot. gall. p. 324. — Gaud. Fl. helv. 2. p. 237. — Poir. Ency. 5. p. 199. — Koch, Syn. p. 484.

Lam. illust. tab. 172. fig. 2. — J. Bauh. Hist. 2. p. 131. fig. 1. — Tabern. ic. p. 880. fig. 1. — Dalech. Hist. p. 832. fig. 1. — Dod. pempt. p. 405. fig. 2. — Lob. ic. p. 635. fig. 2. (*ead.*).

Tiges grêles, presque ligneuses, glabres, flexibles, couchées, rampantes, souvent radicantes, à rameaux florifères dressés, hauts de 8—12 centim. ; feuilles opposées, persistantes, très glabres, lisses, luisantes, d'un vert foncé, plus pâles en dessous, courtement pétiolées, oblongues-lancéolées, elliptiques, entières, fermes ; fleurs bleues, assez grandes, axilaires sur les pousses de l'année, solitaires, portées sur des pédoncules souvent plus longs que les feuilles ; calice court, à 5 lobes lancéolés, glabres, beaucoup plus court que le tube de la corolle, dont le limbe est à 5 divisions cunéiformes, obtuses, tronquées obliquement. ♃ (Avril, mai).

Commune dans les bois, parmi les buissons et le long des haies : on en cultive une variété à fleurs doubles.

β. *Velutino-purpurea*. Gaud. Fl. helv. 2. l. c. — Fleurs d'un pourpre violet, à lobes de la corolle recouverts de papilles veloutées.

Salins, le long des haies, au bord de quelques vignes, rare. — Cette variété, que l'on cultive dans les jardins, à fleurs doubles, se trouve aussi à Nyon, et autour de Trélex (Gaud.).

γ. *Alba*. Gaud. Fl. helv. 2. l. c. — Fleurs blanches.

Dans le canton de Vaud, rare (Gaud.).

2. P. à grandes fleurs. — *V. major*.

Linn. Sp. 304. — DC. Fl. fr. n. 2787. — Duby, Bot. gall.
  p. 324. — Gaud. Fl. helv. 2. p. 258. — Poir. Ency. 5. p.
  198. — Koch, Syn. p. 484.
J. Saint-Hil. Pl. fr. tab. 295. — Lam. illust. tab. 172. fig. 1.
  Clus. Hist. 1. p. 121. fig. 1. — J. Bauh. Hist. 2. p. 132.
  fig. 1. — Moris. sect. 15. tab. 2. fig. 1. — Dalech. Hist.
  p. 833. fig. 1. — Dod. pempt. p. 406. fig. 1. — Lob. ic.
  p. 656. fig. 1.

Tiges allongées, couchées, radicantes, les florifères dressées, hautes de 3—4 décim., simples, feuillées, plus
épaisses et plus herbacées que dans l'espèce précédente ;
feuilles persistantes, lisses, opposées, ovales, aiguës, glabres, un peu en cœur, grandes, légèrement ciliées sur les
bords, à pétioles longs de 7—11 millim.; fleurs grandes,
d'un beau bleu, portées sur des pédoncules axilaires, dressés,
plus courts que les feuilles; divisions du calice allongées,
linéaires-acuminées, ciliées, presque de la longueur du tube
de la corolle. ⚇ (Avril, mai).

Nyon, sur la colline où était l'ancien cimetière, abondamment, et
sur les bords de la promenade (Gaud.). — Genève, abondamment
dans le chemin qui conduit de Châtelaine à Aïre (Reut.). — Cultivée
dans les jardins.

FAMILLE LXXI.

Gentianées. Juss.

CALICE monosépale divisé, persistant ; corolle monopétale
régulière, hypogyne, marcescente, à limbe divisé en 4—8
lobes, ordinairement 5, égaux entre eux, à estivation embriquée ; étamines insérées sur la corolle, en même nombre
que ses lobes et alternes avec eux ; ovaire 1 ; styles 2, soudés
entre eux ou seulement en partie ; capsule polysperme, à
une seule loges à 2 valves séminifères sur les bords, ou à 2

loges formées par les bords rentrants des valves, à placentas
centraux. Embryon droit, au centre d'un périsperme
charnu; radicule tournée vers l'ombilic. — Herbes glabres,
amères, à feuilles sessiles, ordinairement opposées et entières.

TRIBU 1. — MÉNYANTHÉES. Koch.

Ovaire inséré sur un disque hypogyne, ou muni de glandes
à la base. — Feuilles alternes.

1. MÉNYANTHE. — *MENYANTHES*. Linn.

Calice à 5 divisions; corolle en entonnoir, à 5 lobes étalés,
barbus en dessus; étamines 5; styles 1; stigmate en tête,
échancré; capsule à une seule loge polysperme, à 2 valves
portant les graines au milieu.

1. M. Trèfle d'eau. — *M. trifoliata.*

Linn. Sp. 208. — DC. Fl. fr. n. 2757. — Duby, Bot. gall.
    p. 325. — Gaud. Fl. helv. 2. p. 78. — Desrouss. in Ency.
    4. p. 92. — Koch, Syn. p. 485.
J. Saint-Hil. Pl. fr. tab. 239. — Bull. Herb. tab. 131. —
    Chaum. Fl. méd. tab. 232. — Lam. illust. tab. 100. fig.
    1. — Moris. sect. 15. tab. 2. fig. 1. (*series* 2.). — Tabern.
    ic. p. 520. fig. 2. et p. 521. fig. 1. — Dalech. Hist. p.
    1020. fig. 1. et 2. — Dod. pempt. p. 580. fig. 1. — Lob.
    ic. 2. p. 33. fig. 2. (*ead.*).
Souche épaisse, articulée, longuement rampante, cylindrique, portant aux articulations les restes des gaînes des
feuilles anciennes, produisant des jets ascendants, munis de
2—3 feuilles : celles-ci sont alternes, dressées, portées sur
de longs pétioles élargis à la base, membraneux sur les
bords et embrassants, à 3 folioles grandes, ovales, obtuses,
en coin à la base, sessiles, glabres, ainsi que les autres parties de la plante, lisses, d'un beau vert, entières ou à larges

III.   4

crénelures peu marquées ; hampe axilaire dressée, haute
d'environ 2—3 décim., terminée par une grappe de fleurs
blanches ou rosées, portées sur des pédoncules simples,
uniflores, munis à la base d'une bractée lancéolée, obtuse ;
corolle à 5 lobes ovales-lancéolés, aigus, réfléchis, très
élégamment garnis en dessus de poils barbus ; calice à 5
lobes ovales-oblongs, un peu obtus, de moitié plus court
que le tube de la corolle ; style allongé ; stigmate spongieux,
bifide ; capsule ovoïde-globuleuse ; graines d'un roux clair,
luisantes, un peu comprimées. ♃ (Avril, mai).

Commune dans les lieux marécageux, et dans la plupart des tourbières du Jura : Salins, dans les prés marécageux de Raty, près
d'Ivory ; dans les tourbières d'Andelot ; de Boujaille ; de Bief-du-Four ;
du Grand-Chalême ; d'Entre-Côtes ; de Pontarlier ; de la Chapelle-des-
Bois ; des Ponts ; de la Brevine, près du lac ; au bord de la Reuse, dans
le Val-Travers ; dans le marais de Saône, près de Besançon, etc. —
Nyon, près de Duilliers et de Coinsins (Gaud.). — Genève, au marais
de Sionet ; de Troënex ; du Jonc, derrière le Petit-Sacconex, etc.,
(Reut.). — Bâle, à Michelfeld (Hagenb.). — Le Trèfle-d'eau est re-
gardé comme un très bon fébrifuge ; il est fondant, antiscorbutique et
stomachique : on se sert ordinairement de son extrait. On emploie quelquefois en Allemagne ses feuilles séchées à l'air au lieu de *Houblon* dans
la fabrication de la bière ; 30 grammes équivalent, dit-on, à 240 de
cette dernière plante.

2. VILLARSIE. — *VILLARSIA*. Gmel.

Calice à 5 divisions, corolle en roue, à tube court, à
limbe étalé, à 5 lobes ciliés sur les bords, barbu à la gorge ;
étamines 5, avec 5 glandes alternes ; styles 1 ; stigmate à 2
lobes ; capsule polysperme, à une seule loge, à 2 valves,
portant 2 rangs de graines sur les sutures.

1. V. Faux-Nénuphar. -- *V. nymphoïdes*.

Vent. Choix. n. 9. p. 2. — DC. Fl. fr. n. 2758. — Duby,
Bot. gall. p. 325. — Gaud. Fl. helv. 2. p. 80. — Koch,
Syn. p. 485. — *Menyanthes nymphoïdes*. Linn. Sp. 207.
— Desrouss. in Ency. 4. p. 90.

J. Saint-Hil. Pl. fr. tab. 392. — Lam. illust. tab. 100. fig. 2.
— J. Bauh. Hist. 3. p. 2. p. 772. fig. 1. et 2. — Tabern.
ic. p. 742. fig. 2. — Dalech. Hist. p. 1040. fig. 2. —
Dod. pempt. p. 586. fig. 1. — Lob. ic. p. 595. fig. 2.

Racine rampante; tiges allongées, cylindriques, tachetées
de noir, submergées, rameuses, radicantes aux articulations, garnies de feuilles et de fleurs au sommet des rameaux; feuilles opposées, flottantes, arrondies, profondément échancrées en cœur à la base, entières, un peu ondulées
sur le contour, glabres sur les deux faces, d'un vert gai en
dessus, parsemées en dessous de points nombreux, rudes et
glanduleux, portées sur de longs pétioles également ponc-
tués-glanduleux, ainsi que les pédoncules, élargis et embrassants à la base; fleurs jaunes, réunies plusieurs ensemble
presque en ombelle sessile, axilaire, portées sur des
pédoncules uniflores, inégaux, enveloppés à la base par le
rélargissement des pétioles; calice à 5 divisions étroites,
lancéolées, allongées; corolle assez grande, jaune, à lobes
ovales-oblongs, obtus, ciliés, barbue dans l'intérieur du
tube; capsule ovoïde-lancéolée, terminée par le style;
graines ovales-aplanies, ciliées, membraneuses sur les bords.
♃ (Juin—août).

Dans les eaux mortes, au bord de l'Ognon (Girod-Chant.). — Bâle,
à Michelfeld, très rare (Hagenb.).

TRIBU II. — GENTIANÉES VRAIES. Koch.

Disque hypogyne nul. — Feuilles opposées.

α. *Capsule à une seule loge.*

3. CHLORE.. — *CHLORA*. Linn.

Calice à 8 divisions; corolle en soucoupe, à tube court,
à limbe à 8 divisions; étamines 8, très courtes, insérées à
l'entrée du tube; style 1; stigmate à 2 lobes légèrement
échancrés; capsule à une seule loge, à 2 valves portant les
graines sur les bords infléchis.

1. C. perfoliée. — *C. perfoliata.*

Linn. Mant. 10. — DC. Fl. fr. n. 2759. — Duby, Bot. gall.
p. 525. — Gaud. Fl. helv. 3. p. 17. — Lam. Ency. 1. p.
738. — Koch, Syn. p. 485. — *Gentiana perfoliata.* Linn.
Sp. 335.
J. Saint-Hil. Pl. fr. tab. 88. — Lam. illust. tab. 296. fig. 1.
— Barr. ic. fig. 515. et 516. — Moris. sect. 5. tab. 26.
fig. 1. et 2. — J. Bauh. Hist. 5. p. 2. p. 355. fig. 1. —
Clus. Hist. 2. p. 180. fig. 1.—Dalech. Hist. p. 1290. fig. 1.
Racine rameuse ; tige dressée, cylindrique, simple dans
le bas, plus ou moins rameuse-dichotome dans le haut,
feuillée, haute de 3—5 décim. ; feuilles d'un vert glauque,
très glabres, ainsi que les autres parties de la plante,
demi-ovales, beaucoup plus courtes que les entre-nœuds,
opposées, soudées à la base : les radicales étalées en rosette, petites, ovales, sessiles ; fleurs solitaires, pédonculées, d'un jaune doré, disposées en corymbe dichotome
terminal, muni à toutes les bifurcations de folioles ou bractées lancéolées, acuminées; divisions du calice libres jusqu'à
la base, allongées, linéaires-subulées, plus courtes que la
corolle à tube membraneux, presque cylindrique, à lobes
étalés, ovales-lancéolés; capsule ovoïde, légèrement tétragone. ⊙ (Juin—août).

Les terres argileuses et humides : Salins, le long du chemin de Baud,
dans les vignes de Prémoureau. — Aux environs d'Arbois, rare (Dumont). — Nyon, le long de la route au-dessus de Promenthou et
ailleurs ; à Morges; près de Versoix et de Thoiry (Gaud.). — Genève,
à Sous-Terre; au bois des Frères, etc. (Reut.). — Bâle, dans les prés
humides de Michelfeld et ailleurs (Hagenbach).

2. C. tardive. — *C. serotina.*

Koch, ap. Reichenb. et Syn. p. 485. — *C. perfoliata. var.*
β. minor. DC. Fl. fr. n. 2759. — Gaud. Fl. helv. 3. p.
18. *var. β. pusilla.* — Lam. Ency. 1. p. 738. var. β.
Reichenb. Cent. 3. fig. 350.

Tige moins élevée, simple ou peu rameuse, ne portant quelquefois que 1—2 fleurs; feuilles caulinaires ovales ou ovales-lancéolées, un peu arrondies à la base, connées; calice profondément divisé en 8 lanières lancéolées-subulées, à 3 nervures peu marquées sur le sec, presque de la longueur de la corolle à lobes un peu aigus ou acuminés. ⓵ (Août — octobre).

Le long de la route, sur la colline au-dessous de Trélex et près du pont de l'Asse (Gaud.). — Dans les lieux humides et incultes au bord de la route, entre le bois des Frères et Vernier; au bord de l'Arve, entre Gaillard et Étrambières, etc. (Reut.).

4. SWERTIE. — *SWERTIA*. Linn.

Calice presque à 5 divisions; corolle en roue, à tube très court, à limbe aplani à 5 divisions lancéolées, munies à leur base de 2 glandes frangées; étamines 5; stigmates 2, sessiles; capsule à une loge, à 2 valves portant les graines sur leurs bords.

1. S. vivace. — *S. perennis.*

Linn. Sp. 328. — DC. Fl. fr. n. 2760. — Duby, Bot. gall. p. 326. — Gaud. Fl. helv. 2. p. 266. — Poir. Ency. 7. p. 491. — Koch, Syn. p. 486.
Lam. illust. tab. 109. — Barr. ic. fig. 91. — Moris. sect. 12. tab. 5. fig. 11. — J. Bauh. Hist. 3. p. 1. p. 519 fig. 1. — Clus. Hist. 1. p. 316. fig. 2. —Ta ern. ic. p. 727. fig. 1.

Racine oblique, noirâtre, très amère, garnie de fibres; tige dressée, haute de 3—5 décim., simple, glabre, feuillée, fistuleuse, légèrement tétragone, quelquefois un peu rameuse au sommet; feuilles glabres, lisses : les inférieures ovales ou oblongues, rétrécies à la base en un long pétiole ailé, très entières, marquées de nervures longitudinales : les caulinaires plus petites, sessiles ou presque sessiles, oblongues ou ovales-lancéolées, rétrécies et un peu connées à la base, écartées, plus courtes que les entre-nœuds; fleurs assez grandes, d'un bleu noirâtre, ponctuées, portées sur des pédoncules axilaires, opposés, dressés, simples ou rameux, formant une grappe terminale, souvent un peu rameuse à la base, et comme paniculée ; divisions du calice lancéolées-acuminées, un peu plus courtes que la corolle à 5 divisions ovales-acuminées ; anthères à 2 lobes au sommet, fixées latéralement à un filet comprimé ; capsule oblongue, renflée, rétrécie aux deux bouts, polysperme, à graines très petites, aplanies, ailées-membraneuses. ⚥ (Juillet, août).

Les prés fangeux et les tourbières du haut Jura : dans les prés entre Vaux et Sainte-Marie ; dans les tourbières de Pontarlier ; d'Entre-Côtes ; de Bélieu ; de la Chapelle-des-Bois ; de la Brevine ; des Rousses ; de Sainte-Croix ; le long de l'Orbe, au-dessus du Brassus, dans la vallée de Joux, etc.— Aux Pontins ; à l'Échelette ; à l'envers de Renens ; à la Varode (Gaud.). — Au marais de Trélasse ; au-dessous de Boumont (Vaucher).

5. GENTIANE. — *GENTIANA*. Linn.

Calice à 4—9 lobes ou divisions, ou fendu latéralement en forme de spathe ; tube de la corolle cylindrique ou en cloche ; limbe à 4—9 lobes entiers ou frangés-ciliés, entre lesquels se trouvent quelquefois de petits appendices distincts ; étamines 4—9, insérées sur le tube de la corolle, à anthères libres, ou soudées entre elles dans quelques espèces ; styles 2, ou 1 divisé en 2 parties ou stigmates ; disque hypogyne nul ; capsule à une loge, à 2 valves portant les graines sur leurs bords infléchis.

§ 1. *Corolle en cloche ou en roue, nue à la gorge, à lobes non ciliés.*

* *Fleurs jaunes.*

1. G. jaune. — *G. lutea.*

Linn. Sp. 329. — DC. Fl. fr. n. 2761. — Duby, Bot. gall. p. 326. — Gaud. Fl. helv. 2. p. 270. — Lam. Ency. 2. p. 635. — Koch, Syn. p. 486.
Lam. illust. tab. 109. fig. 1. — Chaum. Fl. méd. tab. 181. — Barr. ic. fig. 63. — Moris. sect. 12. tab. 4. fig. 1. — J. Bauh. Hist. 3. p. 2. p. 520. fig. 1. — Clus. Hist. 1. p.

311. fig. 1. (*ic. Dod.*). — Dalech. Hist. p. 1259. fig. 1. —
Dod. pempt. p. 342. fig. 1.—Lob. ic. p. 308. fig. 2. (*ead.*).

Racine longue, épaisse, cylindrique, ridée, noirâtre en
dehors, jaunâtre en dedans, d'une saveur extrêmement
amère; tige simple, dressée, très glabre, cylindrique,
également feuillée dans toute sa longueur, haute de 9—12
décim. et plus; feuilles opposées, comme dans toutes les
espèces de ce genre, connées et un peu engaînantes à la
base, ovales, très grandes, munies de nervures longitudinales saillantes, convergentes au sommet : les florales plus
petites, concaves : les radicales plus grandes, rétrécies en
pétiole à la base; fleurs nombreuses, disposées par verticilles épais et compactes dans l'axe des feuilles supérieures,
un peu écartés dans le bas, très rapprochés au sommet, portées sur des pédoncules simples, uniflores; calice membraneux, fendu latéralement en forme de spathe; corolle
jaune, en roue, à 5—6 divisions lancéolées, aiguës, étalées,
3 fois au moins plus longues que le tube; anthères libres,
sagittées, très longues, dressées; capsule courte, renflée-
acuminée. ⚥ (Juillet, août).

Très commune dans les pâturages de nos montagnes. — La racine
de cette plante est un puissant tonique, stomachique et fébrifuge. On
l'a surtout vantée dans les fièvres intermittentes, les scrophules, le
scorbut et les affections vermineuses. Coupée en morceaux et macérée
dans l'eau à une température convenable, elle éprouve la fermentation
alcoholique, et donne par la distillation une eau-de-vie qui conserve
l'odeur et le goût de la Gentiane. On en fabrique sur différents points
du Jura, notamment dans le village des Charbonniers, près du lac de ce
nom. On se sert souvent des feuilles de cette plante pour envelopper le
beurre que l'on apporte sur nos marchés.

*** Fleurs bleues.*

a. Anthères libres.

2. G. Croisette. — *G. cruciata.*

Linn. Sp. 334. — DC. Fl. fr. n. 2767. — Duby, Bot. gall.
p. 326. — Gaud. Fl. helv. 2. p. 275. — Lam. Ency. 2.
p. 644. — Koch, Syn. p. 487.

J. Saint-Hil. Pl. fr. tab. 163. — Barr. ic. fig. 65. — Moris.
sect. 12. tab. 5. fig. 16. — J. Bauh. Hist. 3. p. 2. p. 522.
fig. 1. — Clus. Hist. 1. p. 313. fig. 1. — Tabern. ic. p.
727. fig. 2. — Dalech. Hist. p. 1259. fig. 1. — Dod.
pempt. p. 343. fig. 1. — Lob. ic. p. 309. fig. 1.

Racine grêle, allongée ; tiges simples, ascendantes, hautes
de 1—2 décim., très feuillées, amincies à la base ; feuilles
oblongues-lancéolées, obtuses, à 3 nervures, opposées,
soudées-engaînantes à la base, à paires croisées, allant en
diminuant de grandeur dans le bas de la tige où elles sont
plus rapprochées, à gaines plus longues, dilatées au sommet
et se recouvrant souvent en partie ; fleurs en cloche tubulée,
sessiles et axilaires dans les feuilles supérieures, plus nombreuses et en verticilles rapprochés presque en tête, au
sommet ; calice tubuleux, blanchâtre, mince, membraneux, à 4 dents lancéolées, aiguës, séparées par des sinus
arrondis ; corolle à 4 lobes, 3 fois plus longue que le calice,
d'un bleu azuré en dedans et verdâtre en dehors, à sinus
munis d'appendices simples, échancrés ou trifides ; étamines
4, incluses, à anthères libres, portées sur des filets élargis
à la base et soudés avec la corolle. ♃ (Juillet-septembre).

Commune dans les lieux arides, sur les collines incultes et dans les
pâturages des montagnes : aux environs de Salins ; de Besançon ; de
Poligny ; de Nozeroy ; de Bâle ; de Genève ; sur le Suchet ; le Salève, etc.

b. Anthères soudées.

3. G. Asclépiade. — *G. asclepiadea.*

Linn. Sp. 329. — DC. Fl. fr. n. 2768 — Duby, Bot. gall.
p. 326. — Gaud. Fl. helv. 2. p. 276. — Lam. Ency. 2.
p. 636. — Koch, Syn. p. 487.
Lam. illust. tab. 109. fig. 3. — Barr. ic. fig. 70. —
J. Bauh. Hist. 3. p. 2. p. 523. fig. 1. — Clus. Hist. 1. p.
312. fig. 2. — Tabern. ic. p. 726. fig. 2. (*ead.*).

Racine rameuse, épaisse, noueuse ; tige dressée, presque
cylindrique, très feuillée, simple, haute d'environ 3 décim. ; feuilles ovales-lancéolées, acuminées, sessiles, ar-

rondies à la base, un peu connées, à 3 nervures, rudes sur les bords, plus longues que les entre-nœuds ; fleurs assez grandes, sessiles ou presque sessiles, axilaires, opposées ; calice tubuleux, un peu rétréci à la base, obconique, beaucoup plus court que la corolle, à 5 dents écartées, subulées ; corolle bleue, en tube allongé, rétréci dans le bas et dilaté au sommet, souvent ponctué, à limbe à 5 lobes courts, triangulaires, aigus, à sinus munis d'appendices réfléchis. ⚥ (Août, septembre).

Bâle, dans les pâturages montagneux un peu élevés, particulièrement sur le mont Vogelberg (Hagenb.). — Besançon (Mut.)?

4. G. à feuilles étroites. — *G. Pneumonanthe.*

Linn. Sp. 350. — DC. Fl. fr. n. 2769. — Duby, Bot. gall. p. 326. — Gaud. Fl. helv. 2. p. 278. — Lam. Ency. 2. p. 636. — Koch, Syn. p. 487.

J. Saint-Hil. Pl. fr. tab. 161. — Lam. illust. tab. 109. fig. 2. — Barr. ic. fig. 51. et 52. — Clus. Hist. 1. p. 313. fig. 2. — Moris. sect. 12. tab. 5. fig. 12. — Dalech. Hist. p. 1259. fig. 2. — Dod. pempt. p. 168. fig. 2. — Lob. ic. p. 509. fig. 2.

Racine rameuse ; tige haute de 3—5 décim., dressée, grêle, rougeâtre, très simple ; feuilles opposées, connées à la base, plus longues que les entre-nœuds, étroites, linéaires-lancéolées, obtuses, à une seule nervure, roulées en dessous par les bords ; fleurs d'un beau bleu, dressées, peu nombreuses, axilaires et terminales, portées sur des pédoncules courts, ordinairement opposés, à 1, quelquefois 2 fleurs ; calice tubuleux, à 5 lobes étroits, linéaires, aigus, un peu écartés, presque de la longueur du tube ; corolle en cloche, allongée, rétrécie en cône à la base, un peu dilatée au sommet, à 5 lobes courts, triangulaires, à sinus munis d'appendices réfléchis. ⚥ (Août, septembre).

Les prés humides et tourbeux des montagnes : aux environs de Champagnole ; de Morillon ; au bord du lac à Yverdon ; à l'embouchure de la Reuse. — Près de Linières; de Nods; de Mathod; au marais de Duilliers (Gaud.). — Au marais de Divonne, en assez grande quantité; au-dessous de Bonmont, et près de Saint-Georges (Reut.). — Bâle, dans les prés humides de Michelfeld, et dans les lieux marécageux autour de Bellelay et de Delémont (Hagenb.). — Au pied du Mont-d'Or (Girod-Chant.).

β. Uniflora. Gaud. Fl. helv. 2. l. c. — Tige uniflore.

Au bord du lac à Yverdon. — Dans le marais au-dessous de Bonmont (Gaud.).

γ. Latifolia. Lam. Ency. 2. l. c. var. *β.* — Feuilles plus larges, oblongues-lancéolées ou lancéolées.

Au bord du lac à Yverdon.

5. G. à tige courte. — *G. acaulis.*

Linn. Sp. 330. — DC. Fl. fr. n. 2770. — Duby, Bot. gall. p. 326. — Gaud. Fl. helv. 2. p. 279. — Koch, Syn. p. 488. — *G. grandiflora.* Lam. Ency. 2. p. 637.

Barr. ic. fig. 47. — Moris. sect. 12. tab. 5. fig. 14. — J. Bauh. Hist. 3. p. 2. p. 523. fig. 2. — Clus. Hist. 1. p. 314. fig. 1. — Dalech. Hist. p. 828. fig. 2.

Racine dure, presque ligneuse, allongée, blanchâtre, garnie de grosses fibres, produisant ordinairement une seule tige courte, haute de 3—6 centim., oblique, ascendante, uniflore, garnie d'une seule paire de feuilles, rarement 2; feuilles radicales étalées en rosette, fermes, un peu épaisses, oblongues-elliptiques, un peu obtuses, à 3 nervures, à paires croisées, rapprochées : les caulinaires plus petites, lancéolées; fleur grande, terminale, en cloche, un peu ventrue, d'un bleu foncé, conique à la base, ponctuée, à limbe à 5 lobes courts, élargis, ovales-arrondis, séparés par des appendices obtus, plissés; lobes du calice ovales-lancéolés, aigus, beaucoup plus courts que le tube, à sinus tronqués, membraneux, diaphanes. ♃ (Avril, mai).

Les pâturages des montagnes : à Boujaille; à Levier; à la Chaux-des-Crotenais; à Pontarlier; sur le Reculet; le Noirmont; la Dôle; le

Suchet ; le Chasseron ; le Mont-d'Or ; le Creux-du-Vent ; le Montendre ; le Chasseral, etc.

β. *Angustifolia.* Gaud. Fl. helv. 2. l. c. — Barr. ic. fig. 110. n. 1. — Feuilles étroitement lancéolées, à nervures peu apparentes, surtout les latérales qui sont souvent nulles.

Les pâturages des montagnes du canton de Bâle (Hagenb.).

γ. *Caulescens.* Gaud. Fl. helv. 2. l. c. — DC. Fl. fr. l. c. var. ♂. — Barr. ic. fig. 106. — Tige plus longue que la fleur ; stigmate plus profondément crénelé.

Boujaille, avec la variété α. , mais plus rare.

§ 2. *Corolle en entonnoir ou en soucoupe, nue à la gorge,*
à lobes non ciliés.

* *Tige simple, à une seule fleur.*

6. G. printanière. — *G. verna.*

Linn. Sp. 331. — DC. Fl. fr. n. 2771. — Duby, Bot. gall.
   p. 327. — Gaud. Fl. helv. 2. p. 281. — Lam. Ency. 2.
   p. 639. — — Koch, Syn. p. 489.
Barr. ic. fig. 98. et fig. 109. n. 1. — Moris. sect. 12. tab. 5.
   fig. 13. (*ead.*). — J. Bauh. Hist. 3. p. 2. p. 527. fig. 3.
   (*ead.*). — Clus. Hist. 1. p. 315. fig. 1. (*ead.*). — Tabern.
   ic. p. 728. fig. 2. (*ead.*). — Lob. ic. p. 510. fig. 2. (*ead.*).

Racine grêle, donnant naissance à des jets nus, filiformes, terminés par des rosettes de feuilles étalées sur la terre, gazonnantes, la plupart fertiles ; tige simple, uniflore, haute de 2—4 centim., ordinairement plus courte que la fleur, s'allongeant après la fleuraison, dressée ou ascendante, glabre, ainsi que les autres parties de la plante, munie de 1—3 paires de feuilles croisées : les radicales ovales-ellip-tiques ou lancéolées, aiguës ou un peu obtuses, étalées en rosette, vertes, fermes et lisses, plus grandes que celles de la tige ; fleur assez grande, terminale, d'un beau bleu azuré ; calice à 5 angles un peu ailés, à 5 lobes lancéolés, acuminés ; corolle à tube presque cylindrique, d'un blanc jaunâtre, plus long que le calice, à limbe étalé, divisé en 5 lobes entiers, ovales, aigus, souvent un peu crénelés ou rongés sur les bords, à appendices des sinus courts, blanchâtres à la base, à 2 lobes aigus ; stigmate en disque un peu frangé. ♃ (Mars, avril ; plus tard sur les hautes montagnes, immédiatement après la fonte des neiges : elle refleurit souvent sur la fin de l'été).

Les pâturages des montagnes : à Boujaille ; à la Chapelle-des-Bois ; à Levier, sur la Côte ; à Pontarlier ; sur le Mont-d'Or ; le Suchet ; la Dôle ; le Montendre ; le Noirmont ; le Creux-du-Vent ; la chaîne du Colombier ; les sommités au-dessus de Foncine-le-Haut ; à Salève, etc. — Autour de Longirod (Gaud.) — Bâle, sur les monts Wasserfall ; Vogelberg ; Ramstein, etc. (Hagenb.).

β. *Elongata*. Gaud. Fl. helv. 2. l. c. var. δ. — DC. Fl. fr. l. c. var. γ. — Tige plus longue que la fleur, et atteignant 8—12 centim. de hauteur à l'époque de la fructification.

** Tige rameuse, à plusieurs fleurs.

7. G. à calice enflé. — *G. utriculosa*.

Linn. Sp. 332. — DC. Fl. fr. n. 2774. — Duby, Bot. gall. p. 327. — Gaud. Fl. helv. 2. p. 285. — Lam. Ency. 2. p. 640. — Koch, Syn. p. 490.

Barr. ic. fig. 48. et fig. 122. n. 2. — Moris. sect. 12. tab. 5. fig. 6.

Racine grêle, blanchâtre, un peu rameuse ; tige dressée, haute de 1—2 décim., anguleuse, ordinairement rougeâtre, feuillée, rameuse dès la base, à rameaux axilaires ; feuilles radicales ovales, obtuses, marcescentes, disposées en rosette : les caulinaires oblongues, plus petites, opposées, conniventes à la base, au nombre de 3—7 paires, plus courtes que les entre-nœuds ; fleurs assez grandes, solitaires à l'extrémité de la tige et des rameaux ; calice ovoïde-oblong, enflé, plissé, à 5 angles ailés, à 5 lobes ovales-

lancéolés; corolle à tube cylindrique un peu plus long que
le calice, à limbe divisé jusqu'à la base en 5 lobes ovales-
oblongs, elliptiques, d'un bleu foncé en dessus, bleuâtres
en dessous, à appendices des sinus petits, échancrés, à 2
dents; capsule presque cylindrique. ① (Juin—août).

Dans le Jura, à Valanvron et sur le Chasseral (DC.). — Bâle, à
Michelfeld (Lachenal).

8. G. des neiges. — *G. nivalis.*

Linn. Sp. 332. — DC. Fl. fr. n. 2775. — Duby, Bot. gall.
  p. 327. — Gaud. Fl. helv. 2. p. 286. — Lam. Ency. 2.
  p. 640. — Koch, Syn. p. 490.
Hall. Helv. tab. 17. fig. 5. — Barr. ic. fig. 103. n. 5. —
  J. Bauh. Hist. 3. p. 2. p. 527. fig. 2. (*ad dextram*).

Racine grêle, blanchâtre, un peu divisée; tige haute de
5—10 centim., quelquefois presque simple, ordinairement
rameuse dès la base, souvent rougeâtre, anguleuse, feuillée,
à rameaux alternes, axilaires, uniflores, rarement opposés;
feuilles petites, les radicales ovales-arrondies, disposées en
rosette : les caulinaires plus étroites, ovales-oblongues ou
lancéolées, obtuses, opposées, connées à la base : les supérieures un peu aiguës; fleurs terminales, allongées, dressées, à calice tubuleux, à 5 angles aigus, non ailés, marqués
d'une ligne brune qui se prolonge sur la nervure dorsale
des lobes; ceux-ci sont lancéolés-acuminés, marqués sur les
bords de lignes brunes semblables à celles de la carène;
corolle à tube d'un blanc jaunâtre, plus long que le calice,
à limbe divisé en 5 lobes ovales-lancéolés, courts, ordinairement dressée, d'un beau bleu azuré en dessus, plus pâle
et verdâtre en dessous, à appendices des sinus courts, échancrés, à 2 dents, prolongés sur le tube en lignes blanchâtres,
membraneuses. ① (Juillet—septembre).

J'ai trouvé cette plante sur le sommet du Montendre en 1822, et je
l'ai revue encore dans le même lieu en 1830 : je ne pense pas qu'elle
ait été trouvée ailleurs dans le Jura.

β. *Uniflora*. Gaud. Fl. helv. 2. l. c. — Tige simple, filiforme, haute de 4 centim, à une seule fleur terminale.

Dans le même lieu avec la variété α.

§ 3. *Corolle munie à la gorge d'appendices frangés.*

9. G. des champs. — *G. campestris.*

Linn. Sp. 334. — DC. Fl. fr. n. 2777. — Duby, Bot. gall. p. 327. — Gaud. Fl. helv. 2. p. 291. — Lam. Ency. 2. p. 644. — Koch, Syn. p. 491.

Barr. ic. fig. 97. n. 2. — Moris. sect. 12. tab. 5. fig. 9.

Cette espèce ressemble beaucoup à la suivante, dont elle a le port et presque tous les caractères; mais on l'en distingue de suite à sa corolle presque toujours à 4 lobes, ainsi que le calice, mais celui-ci a 2 de ses lobes toujours plus larges que les 2 autres. Racine simple, blanchâtre, ordinairement flexueuse, ou un peu divisée; tige dressée, haute de 1 — 2 décim., ordinairement très rameuse, souvent dès la base, feuillée, à rameaux axilaires, ordinairement opposés, croisés; feuilles radicales obovales, obtuses, rétrécies en pétiole : les caulinaires plus longues, ovales-lancéolées, aiguës; fleurs assez grandes, terminales et axilaires, portées sur des pédoncules ou rameaux feuillés, à 1 — 3 fleurs; calice à 4 lobes inégaux, dont 2 un peu plus courts, linéaires-lancéolés, aigus, et 2 beaucoup plus larges, ovales-acuminés, tous finement ciliés-dentelés, ainsi que les feuilles; corolle d'un bleu violet, à tube blanchâtre, à limbe divisé en 4 lobes, quelquefois 5, ovales, obtus ou un peu aigus, munis à la base interne d'appendices laciniés-frangés. ④ (Juillet, août).

Commune dans les pâturages de nos montagnes : Salins, sur Poupet; Belin; Saint-André, etc.; à Boujaille; à Pontarlier; à la Chapelle-des-Bois; à la Faucille, et surtout le haut Jura.

β. *Albiflora*. Fleurs blanches.

Dans les pâturages de la grande tourbière de Pontarlier.

10. G. d'Allemagne. — *G. Germanica.*

Willd. Sp. 1. p. 1346. — Koch, Syn. p. 491. — DC. Fl.
fr. n. 2776. — Duby, Bot. gall. p. 327. — *G. amarella*
(Poll., non Linn.). Gaud. Fl. helv. 2. p. 288. — Lam.
Ency. 2. p. 643.
Barr. ic. fig. 102. (*bona*).

Racine grêle, blanchâtre, simple ou divisée; tige dressée,
haute de 1—2 décim., rameuse dans le haut, souvent
même dès la base, obtusément quadrangulaire, ordinairement d'un pourpre violet; feuilles ovales-lancéolées, aiguës,
à 3 nervures, rudes sur les bords, d'un vert sombre et souvent violâtre en dessus, plus pâles en dessous, élargies et
demi-embrassantes à la base : les radicales obovales, rétrécies en un court pétiole; fleurs d'un bleu violet, terminales et axilaires au sommet de la tige et des rameaux,
ordinairement opposés, portées sur des pédoncules de longueur variable; calice en cloche, divisé jusqu'au milieu en
5 lobes lancéolés, acuminés, presque égaux; corolle 3 fois
aussi longue que le calice, en cloche un peu conique à la
base, à tube blanchâtre, souvent un peu ridé en travers,
à limbe étalé, à 5 lobes lancéolés, aigus, munis à la base
interne d'appendices laciniés-frangés. ⚁ (Août, septembre).

Commune dans les pâturages et les lieux incultes de la plaine et des
montagnes.

β. *Uniflora. G. uniflora.* Willd. Sp. 1346. — Tige
simple, très grêle, haute de 5—6 centim., à une seule fleur
terminale.

Salins, dans les pâturages secs et arides.

§ 4. *Corolle nue à la gorge, à lobes frangés-ciliés.*

11. G. ciliée. — *G. ciliata.*

Linn. Sp. 334. — DC. Fl. fr. n. 2779. — Duby, Bot. gall.
p. 327. — Gaud. Fl. helv. 2. p. 284. — Lam. Ency. 2.
p. 644. — Koch, Syn. p. 492.

Moris. sect. 12. tab. 5. fig. 10. — Barr. ic. fig. 97. n. 1. —
J. Bauh. Hist. 3. p. 2. p. 525. fig. 1. (*mala*).

Racine simple, grêle, blanchâtre; tige dressée, souvent
un peu coudée à la base, ordinairement simple, à une seule
fleur, quelquefois accompagnée de 1—2 autres axilaires,
haute de 10—15 centim., feuillée, un peu anguleuse;
feuilles étroites, lancéolées-linéaires, aiguës, ordinairement
plus longues que les entre-nœuds : les inférieures plus
courtes et plus larges, lancéolées, rétrécies à la base : les
supérieures linéaires-acuminées; calice un peu lâche, en
cloche, à 4 lobes laucéolés-acuminés, à sinus membraneux;
corolle tubuleuse, presque quadrangulaire, d'un beau bleu
d'azur, profondément divisé en 4 lobes dressés, frangés-
ciliés vers le milieu des lobes. ♃, ① Koch (Août, septembre).

Çà et là dans les lieux incultes et dans les pâturages montagneux un
peu humides : aux environs de Salins; de Besançon; de Poligny, etc.
— Neuchâtel, en montant de Rochefort à la Tourne (L. Benoît, cat.).
— Près de Ferrières; de Nyon, dans les pâturages entre les routes de
Trélex et de Gingins; entre Longirod et Burtigny; près de Mathod, etc.
(Gaud.). — Genève, au bois des Frères et de la Bâtie (Reut.). — Bâle,
à Michelfeld; sur le mont Mutet; près d'Olsberg, etc., et sur tout le
Jura (Hagenb.).

β. *Multiflora*. Gaud. Fl. helv. 2. l. c. — Hagenb. Fl.
basil. 1. p. 242. var. *α. major*. — Barr. ic. fig. 121. —
Tige rameuse, à 3—8 fleurs.

Dans les mêmes lieux, mais plus rare.

β. Capsule à 2 loges.

6. ÉRITHRÉE. — *ERITHRÆA*. Rich.

Calice tubuleux, à 5 lobes; corolle en entonnoir, à tube
plus long que le limbe à 5 lobes; étamines 5, à anthères
oblongues, contournées en spirale après la fécondation; capsule à 2 valves, à 2 loges formées par les bords rentrants
des valves.

1. E. Centaurée. — *E. Centaurium.*

Pers. Syn. 1. p. 283. — Gaud. Fl. helv. 2. p. 156. — Koch, Syn. p. 492. — *Chironia Centaurium.* DC. Fl. fr. n. 2780. — Duby, Bot. gall. p. 528. var. *α*. — *Gentiana Centaurium.* Linn. Sp. 232.

J. Saint-Hil. Pl. fr. tab. 162. — Bull. Herb. tab. 253. — J. Bauh. Hist. 3. p. 2. p. 355. fig. 2. — Dalech. Hist. p. 1289. fig. 1. — Dod. pempt. p. 556. fig. 1. — Lob. ic. p. 401. fig. 1. (*ead.*).

Racine blanchâtre, simple ou divisée ; tige dressée, haute de 3—4 décim., tétragone, simple, rameuse-dichotome au sommet, quelquefois même dès la base ; feuilles glabres, ainsi que les autres parties de la plante, à 5 nervures : les radicales obovales ou oblongues, obtuses, rétrécies en un court pétiole, étalées, marcescentes : les caulinaires opposées, oblongues ou lancéolées, souvent un peu aiguës, demi-embrassantes, plus courtes que les entre-nœuds ; fleurs roses, nombreuses, courtement pédicellées, sessiles dans les dichotomies, agrégées au sommet de la tige et des rameaux, formant un corymbe terminal ; calice tubuleux, à 5 lobes lancéolés-subulés, muni à la base de folioles bractéales ; tube de la corolle une fois plus long que le calice, un peu resserré à la gorge ; limbe à 5 lobes oblongs, étalés ; capsule allongée, presque linéaire, à graines nombreuses, fines, ponctuées. ①, ② Koch (Juillet, août). Vulg. *Petite-Centaurée.*

Commune dans les clairières et au bord des bois, dans les lieux incultes et herbeux, un peu humides.

β. Albiflora. Gaud. Fl. helv. 2. l. c. —Fleurs blanches.

Salins, dans le bois de Racine ; dans la Combe-de-Barterans, rare. — La Petite-Centaurée est un excellent amer qui convient très bien dans l'atonie de l'estomac ou du système digestif ; on l'emploie avec succès dans les fièvres intermittentes simples : c'est, après la grande Gentiane (*Gentiana lutea*), le meilleur de nos fébrifuges indigènes.

2. E. élégante. — *E. pulchella.*

Fries, nov. ed. 2. p. 74. — Gaud. Fl. helv. 2. p. 137. — Koch, Syn. p. 492. — *Chironia pulchella.* DC. Fl. fr. n. 2781. — *Gentiana Centaurium, var. β.* Linn. Sp. 335. — Duby, Bot. gall. p. 528. — *G. pulchella,* et *G. palustris.* Poir. Ency. supp. 2. p. 735. (*inter sp. dub.*). Vaill. Bot. par. tab. 6. fig. 1.

Plante très variable, ayant les plus grands rapports avec l'espèce précédente. Tige dressée, haute de 5—10 centim., et quelquefois plus, ordinairement très rameuse, souvent même dès la base, tétragone, à rameaux divariqués-dichotomes; feuilles ovales, courtes, à 3—5 nervures; fleurs roses, petites, toutes pédicellées, presque solitaires, terminales et axilaires dans la bifurcation des rameaux, dépourvues de bractées; calice profondément divisé en 5 lanières étroites, linéaires subulées, presque de la longueur du tube de la corolle. ①, ② Koch (Juillet, août).

Les champs, les pâturages humides, le bord des étangs : Salins, dans les champs humides de la tuilerie de Clucy et de Saisenay; dans les champs aux environs de Villers-Farlay; de la Ferté; de Sellières; de Mont-sous-Vaudrey, etc. — Genève, dans les champs argileux après la moisson (Reut.). — Bâle, dans les pâturages humides des montagnes, et dans les champs humides après la moisson (Hagenb.).

β. *Cæspitosa.* Gaud. Fl. helv. 2. l. c. — Plante très petite, très rameuse dès la base, haute d'environ 3—5 centim., à feuilles radicales larges.

Les mêmes lieux que la variété α.

γ. *Gracilis.* Gaud. Fl. helv. 2. l. c. var. *γ. palustris.* — Plante très simple, à tige filiforme, haute de 2—4 centim., ordinairement à une seule fleur, rarement 2—3; corolle à 4—5 lobes.

Le bord des étangs de Vaudrey et des environs de Sellières. — Grandson, vers la tuilerie près du lac (Reynier). — Nyon, aux Avouillons et ailleurs (Monnard).

7. EXAQUE. — *EXACUM*. Willd.

Calice à 4 divisions; corolle à 4 lobes, à tube renflé; étamines 4; anthères non contournées en spirale après la fécondation; style 1; stigmate à 2 lobes; capsule polysperme à 2 valves et à 2 loges formées par les bords rentrants des valves sur lesquelles sont insérées les graines.

1. E. filiforme. — *E. filiforme.*

Willd. Sp. 1. p. 638. — DC. Fl. fr. n. 2784. — Duby, Bot. gall. p. 528. — *Gentiana filiformis.* Linn. Sp. 335. — Lam. Ency. 2. p. 645. — Koch, Syn. p. 490.
Vaill. Bot. par. tab. 6. fig. 3.

Tige très simple, haute de 4—8 centim., grêle, filiforme, tétragone, ordinairement à 1—2 fleurs, rarement 3, à rameaux ou pédoncules capillaires, allongés, rarement rameuse dès la base; feuilles très petites, les radicales ovales ou oblongues : les caulinaires écartées, lancéolées, plus étroites, opposées, connées à la base; fleurs petites, d'un jaune pâle, solitaires, longuement pédonculées; calice à 4 lobes courts, triangulaires, aigus; limbe de la corolle étalé; capsule ovoïde, s'ouvrant par le sommet en 2 valves; graines très menues, ovoïdes, chagrinées à une forte loupe. ⓐ (Juillet, août).

Dans les champs argileux près de la Ferté, entre le bois et la route de Mont-sous-Vaudrey, près d'Arbois. — Dole (Mut.). — Koch pense que cette espèce, séparée des *Gentianes* par Willdenow, doit leur être rendue; car elle n'en diffère que par l'insertion de ses étamines, un peu plus haute que dans la *G. glacialis* et la *G. nana*, caractère de bien peu de valeur dans un genre où cette insertion est variable dans les différentes espèces : la forme de la capsule, et la situation du placenta étant d'ailleurs exactement les mêmes que dans la *G. acaulis.*

FAMILLE LXXII.

Polémoniacées. Lind.

CALICE monosépale divisé, persistant; corolle monopétale, hypogyne, régulière, à 5 lobes à estivation embriquée; étamines 5, insérées au milieu du tube de la corolle et alternes avec ses lobes; ovaire libre; style simple, à stigmate trifide; capsule polysperme, recouverte par le calice persistant, à 5 loges, à 3 valves portant au milieu une cloison ou côte saillante; axe central à 3 angles appliqués aux cloisons ou côtes des valves. Embryon droit dans un périsperme cornée; radicule tournée vers l'ombilic.

1. POLÉMOINE. — *POLAMONIUM.* Linn.

Calice à 5 lobes; corolle en roue, à 5 lobes, à tube court, à gorge fermée par les filets des étamines élargis à la base; anthères incombantes.

1. P. bleue. — *P. cœruleum.*

Linn. Sp. 162. — DC. Fl. fr. n. 2756. — Duby, Bot. gall. p. 529. — Gaud. Fl. helv. 2. p. 140. — Poir. Ency. 5. p. 497. — Koch, Syn. p. 493.
J. Saint-Hil. Pl. fr. tab. 306. — Lam. illust. tab. 106. fig. 1. — J. Bauh. Hist. 3. p. 2. p. 212. fig. 2. — Tabern. ic. p. 166. fig. 2. — Dalech. Hist. p. 1043. fig. 2. — Dod. pempt. p. 352. fig. 1. — Lob. ic. p. 716. fig. 1.
Tige dressée, un peu anguleuse, feuillée, rameuse dans le haut, glabre, ainsi que les autres parties de la plante, fistuleuse, haute de 3—6 décim.; feuilles alternes, lisses, d'un beau vert, plus pâle en dessous, ailées avec impaire, à 6—10 paires de folioles ovales-lancéolées, très entières; fleurs bleues ou blanches, disposées en grappe terminale paniculée, dressée, portées sur des pédoncules rameux, munis de bractées à la base; calice en cloche, plus long que

le tube de la corolle, pubescent, glanduleux, ainsi que le pédoncule, à 5 lobes ovales-lancéolés, aigus; corolle assez grande, à 5 lobes arrondis; capsule polysperme, enveloppée par le calice endurci; graines anguleuses, d'un brun foncé. ♃ (Juin, juillet).

Les prés humides ou marécageux du comté de Neuchâtel : le long du ruisseau qui descend de Noirvaux à Sainte-Croix; sur le grand chemin de la Brevine à Châtagne; à Motiers, dans le Val-Travers, et le long du ruisseau entre les Buttes et Longeaigue, au-dessus de Fleurier. — A la Chaux-du-Milieu et au Cachot; au bord du Doubs, près de Morteau (Depierre, cat.) — Au bord du Doubs, près du château de Joux (Girod-Chant.). — Bâle, parmi les buissons, au bord de la Birse et du Birsec, etc. (Hagenb.).

FAMILLE LXXIII.

Convolvulacées. Juss.

CALICE persistant, à 5 lobes; corolle monopétale, hypogyne, régulière, à 5 lobes, souvent plissée; étamines 5, insérées au fond de la corolle et alternes avec ses lobes; ovaire simple, libre, inséré sur un disque hypogyne, à 2—4 loges, rarement presque à une, ordinairement à 1 – 2 ovules dressés; style simple, quelquefois divisé; capsule à 1—4 loges, à 2—4 valves ayant les bords appliqués sur les cloisons incomplètes des loges; graines fixées à la base des angles centraux. Périsperme un peu mucilagineux; embryon courbé; cotylédons ridés; radicule tournée vers l'ombilic ou nulle. — Plantes ordinairement volubiles et lactescentes; feuilles alternes, sans stipules, nulles dans la *Cuscute*.

TRIBU I. — GÉNUINÉES. Link.

Plantes pourvues de feuilles et de cotylédons.

1. LISERON. — *CONVOLVULUS*. Linn.

Calice à 5 divisions, nu ou muni de 2 bractées foliacées; corolle régulière, en cloche obconique, à 5 plis; étamines

5, incluses, souvent inégales ; style 1 ; stigmate bifide ; capsule à 2—4 loges à 2 graines.

1. L. des haies. — *C. sepium.*

Linn. Sp. 218. — DC. Fl. fr. n. 2744. — Choisy, in Duby, Bot. gall. p. 530. — Gaud. Fl. helv. 2. p. 138. — Desrouss. Ency. 3. p. 539. — Koch, Syn. p. 494.

J. Saint-Hil. Pl. fr. tab. 219. — Lam. illust. tab. 104. fig. 1. — Moris. sect. 1. tab. 3. fig. 6. — J. Bauh. Hist. 2. p. 154. fig. 1. — Tabern. ic. p. 875. fig. 2. — Dalech. Hist. p. 1423. fig. 1. — Dod. pempt. p. 392. fig. 1. — Lob. ic. p. 619. fig. 1. (*ead.*).

Racine blanche, très longue, rampante, tendre, cylindrique, semblable à une ficelle ; tiges allongées, grêles, ascendantes, glabres, volubiles, feuillées, vertes, un peu rameuses ; feuilles alternes, pétiolées, glabres, sagittées, à oreillettes tronquées ou anguleuses ; fleurs blanches, grandes, en cloche obconique, portées sur des pédoncules tétragones, axilaires, solitaires et uniflores, beaucoup plus longs que les pétioles, munis au sommet de 2 bractées opposées, foliacées, plus grandes que le calice qu'elles enveloppent ; capsule presque globuleuse, à 4 graines, quelquefois 3 par avortement. ♃ (Juillet—septembre). Vulg. *Grand Liseron.*

Commun partout dans les haies et les buissons, qu'il recouvre souvent en partie.

2. L. des champs. — *C. arvensis.*

Linn. Sp. 218. — DC. Fl. fr. n. 2745. — Choisy, in Duby, Bot. gall. p. 530. — Gaud. Fl. helv. 2. p. 159. — Desrouss. Ency. 3. p. 540. — Koch. Syn. p. 494.

J. Saint-Hil. Pl. fr. tab. 218. — Bull. Herb. tab. 269. — Moris. sect. 1. tab. 3. fig. 9. — J. Bauh. Hist. 2. p. 157. fig. 1. — Clus. Hist. 2. p. 50. fig. 1. — Tabern. ic. p.

877 fig. 1. — Dalech. Hist. p. 1424. fig. 1. — Dod. pempt.
p. 393. fig. 1. — Lob. ic. p. 619. fig. 2.

Racine rampante ; tiges couchées ou grimpantes, grêles,
faibles, anguleuses, glabres, souvent volubiles, longues de
4—6 décim. et plus, un peu rameuses; feuilles alternes,
lisses, souvent unilatérales, pétiolées, ovales ou oblongues,
obtuses, sagittées, à oreillettes entières, divergentes, un
peu aiguës ; fleurs blanches ou rosées, ordinairement purpurines sur les plis, d'une odeur très agréable, portées sur
des pédoncules axilaires, uniflores, rarement biflores,
ordinairement plus longs que les feuilles, munis à leur partie
supérieure de 2 petites bractées subulées; calice petit, à 5
divisions ovales, obtuses ; corolle beaucoup moins grande
que dans l'espèce précédente ; capsule petite, à 2 loges
renfermant ordinairement 2 graines. ♃ (Juin, juillet). Vulg.
Petit Liseron.

Commun dans les champs et les vignes; il grimpe sur les plantes voisines, et à leur défaut il reste étalé sur la terre.

3. L. tricolore. — *C. tricolor.*

Linn. Sp. 225. — DC. Fl. fr. n. 2749. — Choisy, in Duby,
Bot. gall. p. 330. — Desrouss. Ency. 3. p. 548.
J. Saint-Hil. Pl. fr. tab. 220. — Barr. ic. fig. 321. et 322.
— Moris. sect. 1. tab. 4. fig. 4.

Tiges longues de 3—5 décim., ascendantes, non volubiles,
légèrement velues, herbacées; feuilles alternes, sessiles, ob-
ovales-lancéolées, rétrécies en coin à la base, un peu velues,
particulièrement sur les bords ; fleurs médiocres, d'un beau
bleu azuré, blanches-rayonnées dans le centre et à fond
jaune, portées sur des pédoncules axilaires, ordinairement
simples, uniflores, de la longueur des feuilles et souvent
plus longs, munis dans le haut de 2 petites bractées subulées. ① (Juin — août).

Cette plante, originaire de Sicile, d'Espagne, d'Italie et de Nice,
est généralement cultivée dans les jardins sous le nom de *Belle-de-jour* :
elle plaît par la beauté de ses fleurs tricolores.

TRIBU II. — CUSCUTINÉES. Link.

Plantes dépourvues de feuilles et de cotylédons ; embryon roulé en spirale.

2. CUSCUTE. — *CUSCUTA*. Linn.

Calice à 4—5 lobes; corolle en cloche ou globuleuse en godet, à 4—5 lobes, munie d'écailles au-dessous de l'insertion des étamines au nombre de 4—5, insérées vers la base de la corolle et alternes avec ses lobes; styles 1—2; ovaire à 2 loges renfermant 2 graines; capsule s'ouvrant en travers. —Herbes à tiges filiformes, dépourvues de feuilles, devenant parasites après la germination.

1. C. d'Europe. — *C. Europœa.*

Linn. Sp. 180. — Gaud. Fl. helv. 1. p. 459. — Koch, Syn. p. 495. — *C. major.* DC. Fl. fr. n. 2754. — Choisy, in Duby, Bot. gall. p. 331.
Chaum. Fl. méd. tab. 144. — J. Bauh. Hist. 3. p. 2. p. 266. fig. 1. — Tabern. ic. p. 801. fig. 1. — Dalech. Hist. p. 1683. fig. 1. — Dod. pempt. p. 554. fig. 1. — Lob. ic. p. 427. fig. 2. (*ead.*).
Tiges grêles, filiformes, d'un jaune pâle ou un peu rougeâtre, succulentes, nombreuses, entrelacées entre elles et avec les plantes qu'elles recouvrent et qu'elles étouffent quelquefois, dépourvues de feuilles qui sont remplacées par de petites écailles écartées, s'accrochant au moyen de petits suçoirs qu'elles enfoncent sur les plantes, aux dépens desquelles elles se nourrissent ; fleurs blanches, un peu rosées, presque sessiles, disposées le long des tiges en capitules serrés, entourés de bractées ; corolle tubuleuse-ventrue, à 4 lobes courts, ovales, ordinairement presque dressés ; styles 2, inclus, distincts et divergents dès la base ; anthères saillantes ; écailles de la base interne de la corolle appliquées, palmées, presque à 6 lobes. ① (Juillet, août).

Çà et là sur les haies ; les *Orties* ; le *Chanvre* ; la *Vesce cultivée*, etc

2. C. à petites fleurs. — *C. Epithymum.*

Linn. Syst. veg. ed. Murr. p. 140. — Gaud. Fl. helv. 1. p.
460. — Koch, Syn. p. 495. — *C. minor.* DC. Fl. fr. n.
2755. — Choisy, in Duby, Bot. gall. p. 331. — *C. Europæa.* Lam. Ency. 2. p. 229. — Linn. Sp. 180. var. *β.
Epithymum.*
J. Saint-Hil. Pl. fr. tab. 957. — Lam. illust. tab. 88. —
Dalech. Hist. p. 1682. fig. 4.

Cette espèce ressemble beaucoup à la précédente, avec
laquelle on l'a souvent confondue. Elle en diffère par ses
tiges en fils plus grêles, s'élevant beaucoup moins, plus
nombreux et plus entrelacés; par ses fleurs plus petites,
sessiles, d'un blanc rosé, nombreuses, agglomérées en capitules munis de bractées; corolle en entonnoir, à 5 lobes
ovales-acuminés, étalés, à 2 styles très saillants, rapprochés
à la base, divergents-arqués au sommet; enfin par ses
écailles convergentes, presque arrondies, bifides, frangées.
⊙ (Juillet, août).

Parasite sur le *Thymus serpyllum*; le *Thesium linophyllum*; la *Lavandula vera*; le *Calluna Erica*; la *Scabiosa succisa*; les *Genistæ*; le *Lotus corniculatus*; la *Betonica officinalis*, etc.

3. C. du Lin. — *C. Epilinum.*

Weihe, Arch. des apoth. ver. 8. p. 51. — Gaud. Syn. p.
119. — Koch, Syn. p. 495. — *C. densiflora.* Willmet.

Tiges simples, tortueuses, tuberculeuses dans les sinus,
d'un vert jaunâtre, seulement un peu rougeâtres çà et là;
fleurs de la grandeur de celles de l'espèce précédente,
verdâtres, agglomérées au nombre de 5—6 en capitules
serrés, dépourvus de bractées; corolle globuleuse en godet,
à tube une fois plus long que le limbe à 5 dents aiguës,
dépassant à peine le calice; styles 2, très courts, écartés,
dressés-parallèles, arqués au sommet; écailles simples,
très petites, appliquées. ⊙ (Juin—août).

Cette espèce se trouve sur le *Linum usitatissimum.*

FAMILLE LXXIV.
Borraginées. Juss.

Calice persistant, à 5 divisions ou lobes; corolle monopétale hypogyne, à 5 lobes, ordinairement régulière, ou irrégulière (presque labiée dans la *Vipérine*, en roue dans la *Bourrache*), à gorge nue, ou fermée par des écailles, à estivation embriquée; étamines 5, insérées sur la corolle et alternes avec ses lobes; ovaires 4, libres, insérés sur un disque hypogyne, à 1—2 loges renfermant chacune un seul ovule pendant, ou ovaire unique se divisant à la maturité, en 4 noix; style 1, au centre des ovaires; noix 4, renfermées dans le calice, uniloculaires, monospermes, adhérentes au style par le côté interne. Périsperme nul; embryon droit; radicule supère; cotylédons foliacés. — Feuilles alternes, sans stipules, ordinairement rudes, hérissées sur le sec de points cornés; fleurs ordinairement disposées en grappes unilatérales roulées en crosse avant l'épanouissement.

TRIBU I. — HÉLIOTROPÉES. Koch.

Ovaire 1, à 4 sutures, portant le style au sommet, se divisant à la maturité en 4 noix planes à la base.

1. HÉLIOTROPE. — *HELIOTROPIUM*. Linn.

Calice tubuleux, à 5 lobes ou à 5 dents; corolle en soucoupe, à 5 lobes séparés par 5 petites dents, à gorge nue; style simple; stigmate bifide; noix 4, soudées par leurs bords en un seul ovaire, avant la maturité.

1. H. d'Europe. — *H. Europæum*.

Linn. Sp. 187. — DC. Fl. fr. n. 2705. — Duby, Bot. gall. p. 352. — Gaud. Fl. helv. 2. p. 30. — Lam. Ency. 3. p. 92. — Koch, Syn. p. 496.

Lam. illust. tab. 91. fig. 1. — Moris. sect. 11. tab. 31. fig.
7. — J. Bauh. Hist. 3. p. 2. p. 605. fig. 1. — Clus. Hist.
2. p. 46. fig. 2. (*ic. Dod.*). — Tabern. ic. p. 548. fig. 1.
— Dalech. Hist. p. 1350. fig. 1. — Dod. pempt p. 70.
fig. 1. — Lob. ic. p. 260. fig. 2. (*ead.*). — Bocc. Sicil.
tab. 49. D. E.

Tige rameuse, dressée, pubescente, diffuse, haute de
2—3 décim.; feuilles alternes, ovales, obtuses, très entières, molles, pubescentes, d'un vert blanchâtre, un peu
rudes au toucher, longuement pétiolées; fleurs petites,
nombreuses, disposées en grappes unilatérales, enroulées
au sommet avant la fleuraison, géminées ou ternées à l'extrémité de la tige et des rameaux, les inférieures ordinai-
nairement solitaires; corolles blanches, un peu jaunâtres à
la gorge, à 5 lobes séparés par de petites dents; style inclus, conique; stigmate bifide; calice fructifère, étalé;
fruit à 4 noix petites, ridées-tuberculeuses. ① (Juillet,
août). Vulg. *Herbe-aux-Verrues.*

Besançon, en sortant de la porte Taillée, en 1837, je ne l'y ai pas
revu les années suivantes; aux environs du village de Thoirette; au
bord de la promenade, près de la porte de Rive, à Genève. — A
Baume-les-Messieurs (Dumont). — Sur les sables à l'embouchure de
la Reuse, près de Cortaillot (L. Benoit, cat.). — Les champs pierreux
du territoire de Mathay (Girod-Chant.). — Le bord du lac Léman
(Gaud.). — Genève, sur les Tranchées; à Champel; à Saint-Julien
(Reut.). — Aux environs de Bâle (Hagenb.).

β. *Fragrans.* Gaud. Syn. p. 144. — *H. villosum.* Desf.
Ann. mus. 10. tab. 37. (1807). — Bocc. Sicil. tab. 49. A.
B. C. — Fleurs plus grandes, à odeur forte de *Jasmin.*

Aux environs de Mathod, sur la route d'Orbe à Yverdon (Hall.). —
On cultive dans les jardins l'H. du Pérou, *H. Peruvianum.* Linn. en-
voyé du Pérou en 1740, par J. de Jussieu : sa tige est ligneuse; ses
fleurs ont une odeur de vanille douce, très suave : elle fleurit presque
toute l'année.

TRIBU II. — CYNOGLOSSÉES. Koch.

Noix 4, soudées au style persistant.

2. RAPETTE. — *ASPERUGO*. Linn.

Calice à 5 lobes inégaux, dentés à la base; corolle en entonnoir, à 5 lobes, à tube court, fermé à la gorge par 5 écailles convexes, conniventes; noix 4, ovoïdes, comprimées, rudes-tuberculeuses, recouvertes par le calice accru, comprimé, figurant 2 sépales opposés, palmés-dentés, appliqués l'un contre l'autre.

1. R. couchée. — *A. procumbens.*

Linn. Sp. 198. — DC. Fl. fr. n. 2735. — Duby, Bot. gall. p. 335. — Gaud. Fl. helv. 2. p. 65. — Poir. Ency. 6. p. 69. — Koch, Syn. p. 496.

Lam. illust. tab. 94. — Moris. sect. 11. tab. 26. fig. 13. — J. Bauh. Hist. 3. p. 2. p. 604. fig. 2. — Tabern. ic. p. 788. fig. 2. — Dalech. Hist. p. 1145. fig. 2. — Dod. pempt. p. 556. fig. 1. — Lob. ic. p. 803. fig. 1.

Tige grêle, faible, allongée, anguleuse, rameuse, couchée ou ascendante, à rameaux diffus, garnie de petits aiguillons dirigés en arrière; feuilles alternes, oblongues, obtuses, rétrécies en pétiole à la base, presque en spatule, hérissées de soies un peu rudes, ciliées : les supérieures sessiles, opposées; fleurs d'un bleu violet, petites, axilaires, presque solitaires, courtement pédicellées, réfléchies; calice se développant avec le fruit, comprimé, formé de 2 lames nerveuses-réticulées, planes, ciliées, à 5—7 dents inégales; noix brunes, chagrinées, comprimées-coniques. ① (Mai, juin).

Dans les champs et le long des chemins (Girod-Chant.). — Sur la montagne de la Tourne (L. Benoît, cat.). — Vers la Tourne (Depierre, cat.). — Parmi les rocailles et les décombres à Salève, à l'endroit où l'on a tiré les pierres pour le pont de Carouge, sous les voûtes, etc. (Reut.). — Bâle (Hagenb.)?

5. ÉCHINOSPERME. — *ECHINOSPERMUM.* Swartz.

Calice à 5 divisions ; corolle en soucoupe , fermée par des écailles à la gorge ; noix 4 , oblongues, trigones, rudes-tuberculeuses , bordées sur les angles de 2 rangs d'aiguillons , fixées latéralement au style très court , à stigmate entier.

1. E. Bardane. — *E. Lappula.*

Lehm. Asperif. 121. — Gaud. Fl. helv. 2. p. 59. — Koch , Syn. p. 496. — *Myosotis Lappula.* Linn].Sp. 189. — DC. Fl. fr. n. 2727. — Duby, Bot. gall. p. 535. — Lam. Ency. 4. p. 400.

Lam. illust. tab. 91. — Barr. ic. fig. 1246? — Moris. sect. 11. tab. 30. fig. 10. — J. Bauh. Hist. 3. p. 2. p. 600. fig. 1. — Clus. Hist. 2. p. 165. fig. 1. — Tabern. ic. p. 549. fig. 2. — Dalech. Hist. p. 1240. fig. 2. — Lob. ic. p. 581. fig. 1.

Racine grêle, tortueuse ; tige dressée , dure , un peu anguleuse, raide, mollement velue-blanchâtre , rameuse dans le haut, à rameaux florifères ordinairement dressés , haute de 2—3 décim. ; feuilles sessiles, linéaires-lancéolées, un peu obtuses, alternes, rudes, hérissées de poils tuberculeux à la base , ciliées ; fleurs petites , bleues, munies de bractées, à limbe concave , à gorge jaunâtre ou blanchâtre , au nombre de 15—30 , portées sur des pédicelles dressés , plus courts que le calice, disposées en épis allongés, presque dressés , un peu enroulés au sommet, formant une panicule fastigiée , lâche, feuillée ; calice hérissé, à 5 divisions linéaires-lancéolées, à la fin étalées , égalant le tube de la corolle ; noix assez grosses, trigones, rudes-tuberculeuses sur les faces , bordées sur les angles d'une double série de pointes terminées par un double crochet en hameçon. ②
(Juillet , août).

Les lieux arides et incultes : à Thoirette , le long du chemin , sur la droite de l'Ain , près du village. — Neuchâtel , entre Cornaux et Saint-

Blaise (L. Benoit). — Les bois des montagnes, près de Passavant (Girod-Chant.). — Nyon, rare (Gaud.). — Les lieux pierreux et les décombres au pied de Salève, près du Pas-de-l'Échelle ; au pont d'Étrembières, etc. (Reut.).

4. CYNOGLOSSE. — *CYNOGLOSSUM*. Linn.

Calice à 5 divisions ; corolle en entonnoir, à limbe concave à 5 lobes, à tube fermé à la gorge par 5 écailles convexes, conniventes ; noix 4, déprimées, hérissées d'aiguillons étoilés-crochus au sommet, fixées latéralement au style persistant, très court, à stigmate en tête.

1. C. officinale. — *C. officinale.*

Linn. Sp. 192. — DC. Fl. fr. n. 2736. — Duby, Bot. gall. p. 336. — Gaud. Fl. helv. 2. p. 62. — Lam. Ency. 2. p. 237. — Koch, Syn. p. 497.

J. Saint-Hil. Pl. fr. tab. 948. — Chaum. Fl. méd. tab. 146. — Moris. sect. 11. tab. 30. fig. 1. et 2. — J. Bauh. Hist. 3. p. 2. p. 598. fig. 1. — Tabern. ic. p. 737. fig. 1. — Dalech. Hist. p. 1263. fig. 1. — Dod. pempt. p. 54. fig. 1. et 2. — Lob. ic. p. 580. fig. 1. et 2. (*ead.*).

Racine épaisse, fusiforme, blanche en dedans, noirâtre en dehors ; tige dressée, épaisse, rameuse-paniculée à sa partie supérieure, herbacée, velue, très feuillée, haute de 5—6 décim. ; feuilles molles, blanchâtres, finement pubescentes, douces au toucher sur les deux faces : les inférieures oblongues-elliptiques, rétrécies en long pétiole : les caulinaires lancéolées ou linéaires-lancéolées, aiguës, sessiles : les supérieures demi-embrassantes ; fleurs d'un rouge foncé terne, rarement blanches, portées sur des pédoncules courts, disposées en grappes nombreuses, axilaires, d'abord courtes et un peu roulées en crosse à leur extrémité, puis allongées, raides, dressées, à la fin terminales : la supérieure géminée ; calice cotonneux, à 5 divisions ovales-oblongues, obtuses ; noix assez grosses, déprimées, entourées d'un rebord un peu épais, proéminent, hérissées de pointes dures, terminées par 4—5 petites dents étoilées, crochues en hameçon. ② (Mai—juillet). Vulg. *Langue de chien.*

Les lieux arides et incultes, le bord des chemins et des routes : Salins ; le long de la route vers Saint-Joseph ; à Nans ; aux Arsures ; à Château, etc.; aux environs de Besançon ; entre Sainte-Croix et Vittebœuf; au Brot et dans le Val-Travers, etc. — Genève, au pied de Salève ; dans les bois au bord du Rhône, près d'Aïre (Reut.). — Aux environs de Bâle (Hagenb.). — Cette plante est peu usitée : on lui attribue des propriétés narcotiques et calmantes, ses feuilles appliquées extérieurement, sont émollientes et résolutives.

2. C. de montagne. — *C. montanum.*

Lam. Fl. fr. 2. p. 277. et ejusd. Ency. 2. p. 237. — DC. Fl. fr. n. 2737. — Duby, Bot. gall. p. 336. — Gaud. Fl. helv. 2. p. 63. — Koch, Syn. p. 49. — *C. officinale. γ.* Linn. Sp. 193. — *C. sylvaticum.* Jacq. coll. 2. p. 77.

Cette espèce est verte et non cendrée ou blanchâtre comme la précédente. Sa tige est plus grêle, moins rameuse, moins feuillée, striée, garnie de poils épars blanchâtres, longs et très fins ; ses feuilles sont minces, vertes, lisses, presque glabres en dessus, garnies en dessous de poils épars, semblables à ceux de la tige, qui les rendent un peu rudes : les inférieures elliptiques, rétrécies en pétiole : les intermédiaires un peu rétrécies à la base, presque spatulées : les supérieures sessiles, oblongues, aiguës, demi-embrassantes et un peu en cœur à la base ; ses fleurs sont violettes ou d'un bleu sale, disposées en grappes simples, axilaires, à la fin terminales, la supérieure géminée ; lobes du calice ovales-oblongs, très obtus, un peu velus et ciliés ; noix hérissées de pointes coniques terminées par 4—5 petites dents étoilées, crochues en hameçon. ② (Juin, juillet).

Les bois des montagnes : au Locle, près du moulin au Cul-des-Roches ; au Creux-du-Vent. — A la Combe-Grède ; à la Combe-de-la-Rancenière (Gaud.). — Sur le Suchet (Monnard). — A Salève, dans les bois (Rapin). — Et dans un chable (couloir où l'on descend les sapins), près de Pommier (Boissier). — A Salève au-dessus d'Archamp, au pied des roches verticales (Reut.). — Bâle, près de Rothenfluh, et devant la grotte de Neubrunen (Hagenb.). — M. Reuter a trouvé le *C. pictum*. Ait. au bord de la route, près de Nyon, en face du château de Crans : cette plante s'y trouvait-elle accidentellement?

5. OMPHALODE. — *OMPHALODES*. Tournef.

Calice à 5 divisions; corolle en roue, fermée à la gorge par des écailles; noix 4, lisses, déprimées, à bords membraneux, dentés ou ciliés, contractés et infléchis en forme de corbeilles, fixées latéralement au style.

1. O. printanière. — *O. verna*.

Mœnch. Méth. 420. — Koch, Syn. p. 497. — *Cynoglossum omphalodes*. Linn. Sp. 192. — DC. Fl. fr. n. 2741. — Duby, Bot. gall. p. 336. — Lam. Ency. 2. p. 239. J. Saint-Hil. Pl. fr. tab. 115. — Bull. Herb. tab. 309. — Scop. Carn. ed. 2. tab. 3. — Moris. sect. 11. tab. 26. fig. 3. — J. Bauh. Hist. 3. p. 2. p. 597. fig. 2. — Dalech. Hist. p. 581. fig. 2. — Dod. pempt. p. 627. fig. 2. — Lob. ic. p. 577. fig. 1. (*ead.*).

Racine traçante, fibreuse; tiges grêles, feuillées, hautes de 8—16 centim., les unes stériles, les autres fertiles; feuilles presque glabres ou légèrement pubescentes : les radicales ovales en cœur, aiguës, longuement pétiolées : les supérieures ovales-lancéolées, aiguës, plus petites, portées sur des pétioles beaucoup plus courts; fleurs d'un bleu vif intérieurement, avec quelques raies blanchâtres à la gorge, à tube court, à limbe étalé, à lobes arrondis, disposées en grappes terminales géminées, pauciflores, portées sur des pédoncules plus longs que le calice à 5 divisions lancéolées, garnies de quelques poils soyeux, blanchâtres, appliqués; noix lisses, non hérissées de pointes. ♃ (Avril, mai).

Bord des bois, près de Besançon (Mutet) : sans doute échappée de la culture. Cultivée dans les jardins pour l'agrément de ses fleurs d'un beau bleu vif qui paraissent à une époque où il y en a encore peu d'autres.

TRIBU III. — ANCHUSÉES. Koch.

Noix 4, insérées sur une disque hypogyne, entourées à la base d'un anneau épais, strié, creux au milieu ; style libre.

6. BOURRACHE. — *BORAGO*. Linn.

Calice à 5 divisions ; corolle en roue à 5 lobes étalés, fermée à la gorge par 5 écailles courtes, obtuses, échancrées ; filets des étamines bifides, à branche intérieure anthérifère ; noix 4, libres, ridées, creusées à la base, et munies d'un rebord épais, strié-plissé.

1. B. officinale. — *B. officinalis*.

Linn. Sp. 197. — DC. Fl. fr. n. 2743. — Duby, Bot. gall. p. 335. — Gaud. Fl. helv. 2. p. 42. — Lam. Ency. 1. p. 455. — Koch, Syn. p. 498.

J. Saint-Hil. Pl. fr. tab. 58. — Chaum. Fl. méd. tab. 76. — Moris. sect. 11. tab. 26. fig. 1. — J. Bauh. Hist. 3. p. 2. p. 574. fig. 1. — Tabern. ic. p. 417. fig. 1. — Dalech. Hist. p. 578. fig. 1. — Dod. pempt. p. 627. fig. 1. — Lob. ic. p. 575. fig. 1.

Racine tendre, épaisse, blanchâtre, garnie de fibres ; tige dressée, rameuse, cylindrique, fistuleuse, succulente, très hérissée de soies raides, ainsi que les autres parties de la plante, haute de 3—4 décim. ; feuilles alternes, ovales-elliptiques, larges, obtuses, d'un vert foncé, rudes et hérissées de soies semblables à celles de la tige : les inférieures et les radicales rétrécies en pétiole : les supérieures sessiles, plus étroites, demi-embrassantes ; fleurs d'abord rouges, puis bleues dans leur entier développement, quelquefois blanches ou couleur de chair, portées sur des pédoncules rameux assez longs, formant à la partie supérieure de la tige et des rameaux des grappes feuillées, unilatérales ;

un peu courbées ; calice très hérissé , divisé jusqu'à la base
en 5 lanières linéaires-lancéolées , obtuses ; corolle à 5 lobes
étalés , aplanis, ovales-acuminés ; anthères noirâtres , mucronées au sommet et conniventes ; noix assez grosses ,
ovoïdes-coniques , ridées , creusées à la base et munies d'un
rebord épais. ① (Juin , juillet).

Dans les lieux cultivés, les jardins et les décombres, où elle se reproduit spontanément : cette plante est originaire d'Orient. — La Bourrache est mucilagineuse , adoucissante , légèrement diurétique : ses
fleurs sont pectorales et un peu sudorifiques, on en décore les salades.
Ses feuilles se mangent en friture.

7. BUGLOSSE. — *ANCHUSA*. Linn.

Calice à 5 divisions ; corolle en entonnoir à 5 lobes , à
tube droit , à écailles de la gorge ovales , obtuses, conniventes ; noix 4, libres , ridées , creusées à la base et munies
d'un rebord épais strié-plissé.

1. B. d'Italie. — *A. Italica.*

Retz. Obs. 1. p. 12. — DC. Fl. fr. n. 2729. — Duby, Bot.
gall. p. 354. — Gaud. Fl. helv. 2. p. 46. — Poir. Ency.
supp. 1. p. 735. — Koch , Syn. p. 498. — *A. officinalis.*
Lam. Ency. 1. p. 502.
Lam. illust. tab. 92. — Moris. sect. 11. tab. 26. fig. 1 *bis.*
— Tabern. ic. p. 419. fig. 2.

Plante très hérissée sur toutes ses parties de poils raides
et blanchâtres. Tige feuillée, rameuse-paniculée au sommet,
haute de 3—4 décim.; feuilles oblongues, rétrécies aux
deux bouts, un peu luisantes , ondulées sur les bords , hérissées de soies blanchâtres , raides , tuberculeuses à la base :
les caulinaires supérieures lancéolées ; bractées courtes ,
linéaires-lancéolées; fleurs grandes , d'un beau bleu d'azur,
disposées au sommet de la tige et des rameaux en grappes
unilatérales, courbées au sommet, géminées , à la fin dressées , allongées ; calice très hérissé , divisé jusqu'à la base en

5 lanières linéaires-subulées, de la longueur du tube de la corolle à 5 lobes arrondis, garnie à la gorge de 5 écailles barbues en pinceau ; noix assez grosses, luisantes, sillonnées et anguleuses. ①, ② Koch (Mai—juillet).

Aux environs de Besançon (Mut.). — De Nyon, autour de Clarens et de Pontfarbé (Gaud.). — Çà et là dans les lieux cultivés et parmi les décombres : à Thoiry; Monetier, etc. (Reut.).

2. B. officinale. — *A. officinalis.*

Linn. Sp. 191. — Koch, Syn. p. 498. — *A. angustifolia.* DC. Fl. fr. et supp. n. 2730. (*ex Koch*). — Duby, Bot. gall. p. 334.
J. Saint-Hil. Pl. fr. tab. 62. — Dalech. Hist. p. 579. fig. 1. — Dod. pempt. p. 629. fig. 1. — Lob. ic. p. 576. fig. 1.

Tige dressée, hérissée de poils rudes, rameuse-paniculée au sommet, haute de 3—4 décim. ; feuilles lancéolées, également hérissées : les radicales rétrécies en un court pétiole : les caulinaires allant en diminuant de grandeur vers le sommet de la plante, sessiles, embrassantes et un peu élargies à la base, très aiguës; fleurs d'abord rouges, ensuite d'un violet foncé, disposées au sommet de la tige et des rameaux en grappes ou en épis médiocres, très denses et embriqués à l'époque de la fleuraison, courbés en crosse, ordinairement géminés, munis de bractées ovales-lancéolées; calice à 5 lobes profonds, lancéolés, aigus; corolle à lobes arrondis, à écailles ovales, veloutées (Koch). ②, quelquefois ⚥ (Juin—septembre).

Genève, au bord de la route, entre Versoix et Coppet (Reut.). — La Buglosse est, comme la Bourrache, pectorale et légèrement sudorifique.

8. LYCOPSIDE. — *LYCOPSIS.* Linn.

Calice à 5 divisions; corolle en entonnoir, à tube courbé, à limbe oblique divisé en 5 lobes, à écailles obtuses, conniventes; stigmate échancré; noix 4, libres, ridées, creusées à la base et munies d'un rebord épais, strié-plissé.

1. L. des champs. — *L. arvensis.*

Linn. Sp. 199. — DC. Fl. fr. n. 2734. — Duby, Bot. gall.
p. 334. — Gaud. Fl. helv. 2. p. 43. — Desrouss.. Ency.
3. p. 656. — Koch , Syn. p. 499.
J. Saint-Hil. Pl. fr. tab. 718. — Lam. illust. tab. 92. —
J. Bauh. Hist. 3. p. 2. p. 581. fig. 1. — Moris. sect. 11.
tab. 26. fig. 8. — Dalech. Hist. p. 1106. fig. 2. — Dod.
pempt. p. 628. fig. 2.

Racine grêle, fusiforme ; tige dressée, simple ou rameuse,
haute d'environ 3 décim., très hérissée, ainsi que toutes les
autres parties de la plante, de poils raides, blanchâtres,
qui la rendent très rude au toucher; feuilles alternes, sessiles, étroites, allongées, linéaires-lancéolées, très rudes,
un peu épaisses, ondulées sur les bords, quelquefois légèrement sinuées : les inférieures rétrécies en pétiole : les supérieures demi-embrassantes; fleurs bleues, rarement blanches, petites, portées sur des pédoncules presque de la
longueur du calice, disposées en grappes ou en épis unilatéraux, axilaires et terminaux, courbés au sommet; calice
plus court que le tube de la corolle, à 5 divisions lancéolées,
aiguës; corolle bleue, à 5 lobes arrondis, à tube courbé au
milieu, blanchâtre, ainsi que les écailles; noix ridées-chagrinées, noirâtres, tronquées et creusées à la base, munies
d'un rebord épais, ridé. ① (Juin—automne). Vulg. *Petite
Buglosse, Grippe des champs.*

En montant de Noiraigne au Creux-du-Vent, dans les champs au bord
du bois. — Les champs des bords de l'Ognon (Guérin). — Genève,
dans les lieux cultivés et les champs (Reut.). — Neuchâtel, dans les
terres cultivées et au bord des chemins (L. Benoît, cat.). — Dans les
vignes pierreuses, et dans les champs aux environs de Bâle, d'Huningue
et de Saint-Louis (Hagenb.). — Montbéliard, dans les moissons, près
de Courcelles (J. Bauh.).

9. CONSOUDE. — *SYMPHITUM.* Linn.

Calice à 5 divisions; corolle tubuleuse-en cloche, à 5
lobes courts, à 5 écailles subulées, conniventes; noix 4,

libres, lisses, creusées à la base et munies d'un rebord
épais, strié-plissé.

1. C. officinale. — *S. officinale.*

Linn. Sp. 195. — DC. Fl. fr. n. 2722. — Duby, Bot. gall.
p. 334. — Gaud. Fl. helv. 2. p. 39. — Lam. Ency. 2. p.
97. — Koch, Syn. p. 499.

J. Saint-Hil. Pl. fr. tab. 103. — Chaum. Fl. méd. tab. 130.
— Moris. sect. 11. tab. 29. fig. 1. — J. Bauh. Hist. 3. p.
2. p. 593. fig. 1. — Tabern. ic. p. 559. fig. 1. et 2. —
Dalech. Hist. p. 1074. fig. 2. — Dod. pempt. p. 134. fig.
1. — Lob. ic. p. 583. fig. 2. (*ead.*).

Racine épaisse, charnue, noirâtre en dehors; tige haute
de 3—4 décim., dressée, ailée, hérissée de poils rudes,
ainsi que les autres parties de la plante; feuilles alternes,
entières, décurrentes : les radicales et les inférieures
ovales-lancéolées, rétrécies en pétiole à la base : les supérieures et les florales lancéolées, aiguës; fleurs d'un blanc
jaunâtre, courtement pédicellées, disposées au sommet de
la tige et des rameaux en épis lâches, unilatéraux, un peu
courbés en crosse avant le développement des fleurs; calice
hérissé, profondément divisé en 5 lobes lancéolés, acuminés;
corolle tubuleuse, renflée à sa partie supérieure, à 5 dents
recourbées; anthères doubles de la longueur des filets;
pistils saillants. ♃ (Mai, juin).

Les prés humides, le bord des ruisseaux : à Myon, près de Salins;
au marais de Vaucy, près d'Arbois; aux environs de Besançon; de
Couvet, Val-Travers; au bord du lac à Yverdon ; de la Birse et du Rhin,
à Bâle.

β. *Purpureum*. Gaud. Fl. helv. 2. 1. c. — Fleurs d'un
pourpre violet.

Bâle, au bord de la Birse et du Rhin. — La racine de Consoude est
mucilagineuse, émolliente et adoucissante.

TRIBU IV. — LITHOSPERMÉES. Koch.

Noix 2—4, insérées sur un disque hypogyne, non creusées à la base, fixées par une surface plane ou convexe; style libre.

α. Deux noix.

10. MÉLINET. — *CERINTHE.* Linn.

Calice à 5 divisions inégales; corolle tubuleuse, un peu renflée, à 5 lobes, à gorge nue; anthères sagittées, cohérentes à la base; noix 2, libres, biloculaires, à base plane, demi-circulaire.

1. M. glabre. — *C. glabra.*

Gaud. Fl. helv. 2. p. 28. (*non Mill., ex Koch*). — DC. Fl. fr. n. 2702. — Duby, Bot. gall. 2. p. 1031. (*in addend.*). — Poir. Ency. supp. 3. p. 649. — *C. Alpina* (Kit.). Koch, Syn. p. 501.

Tige simple, dressée, un peu rameuse au sommet, haute de 3—6 décim.; feuilles minces, glabres, lisses, non ciliées ni velues, couvertes, surtout en dessus, de petits tubercules cornés, d'abord peu apparents, mais à la fin blancs et très visibles : les radicales allongées, oblongues, obtuses, rétrécies en pétiole ailé : les caulinaires beaucoup plus petites, ovales ou oblongues, obtuses, échancrées en cœur et embrassantes, à oreillettes arrondies; fleurs unilatérales, en grappes terminales et axilaires; calice à 5 divisions planes, glabres, inégales, à peine ciliées-rudes sur les bords; corolle plus longue que le calice, jaune verdâtre, tubuleuse, un peu renflée et marquée au milieu d'une zone purpurine, divisée sur le tiers de sa longueur en 5 lobes ovales presque triangulaires, un peu aigus et recourbés au sommet, marquée, au-dessous des sinus jusqu'au milieu, de 5 plis purpurescents; anthères presque sessiles, 4 fois plus longues que le filet; noix lisses, luisantes, d'un brun grisâtre. ♃ (Juin—août).

Nyon, à la Sèche-des-Embornats, au-dessus de Saint-Georges (Gaud.).
— Au-dessus de Pont-Martel ; à la Plature ; à Valanvron (L. Benoit,
cat.). — A la Joux ; au Crosot ; aux Bulles, près de la Chaux-de-Fonds ;
aux côtes de Noiraigne et à la Chaux-du-Milieu (Depierre, cat.). —
— C'est sous le nom de *C. major*. Linn. que MM. L. Benoit, de Pont-
Martel, et Depierre, médecin au Locle, indiquent l'espèce ci-dessus
dans les catalogues des plantes du comté de Neuchâtel qu'ils ont bien
voulu m'envoyer ; mais d'après un échantillon que j'ai cueilli au
Locle, dans le jardin de ce dernier, provenant d'une des localités indi-
quées, il est évident que c'est à cette espèce que se rapportent toutes
celles de ces diverses localités.

β. *Quatre noix*.

11. VIPÉRINE. — *ECHIUM*. Linn.

Calice à 5 divisions ; corolle irrégulière, en tube évasé,
tronqué obliquement, à gorge nue, à 5 lobes inégaux ; anthères ovoïdes, libres ; stigmate bifide ; noix 4, tuberculeuses,
libres, planes-triangulaires à la base.

1. V. commune. — *E. vulgare*.

Linn. Sp. 200. — DC. Fl. fr. n. 2707. — Duby, Bot. gall.
  p. 332. — Gaud. Fl. helv. 2. p. 31. — Poir. Ency. 8.
  p. 667. — Koch, Syn. p. 502.
J. Saint-Hil. Pl. fr. tab. 398. — Lam. illust. tab. 94. fig. 1.
  — Moris. sect. 11. tab. 27. fig. 1. (*series* 3.). — J. Bauh.
  Hist. 3. p. 2. p. 586. fig. 1. — Clus. Hist. 2. p. 163. fig.
  1. (*ic. Dod.*). — Tabern. ic. p. 418. fig. 2. — Dalech.
  Hist. p. 1105. fig. 1. — Dod. pempt. p. 631. fig. 1. —
  Lob. ic. p. 579. fig. 2. (*ead.*).

Racine simple, longue, épaisse, noirâtre ; tige simple,
dressée, dure, haute d'environ 6 décim., velue et hérissée
en outre de soies raides, allongées, portées sur des tubercules d'un pourpre noirâtre ; feuilles épaisses, étroites, lancéolées, hérissées de poils étalés, la plupart munis à la base
de tubercules blanchâtres : les radicales et les inférieures

rétrécies en pétiole ailé : les caulinaires sessiles; fleurs
bleues, rarement roses ou blanches, presque sessiles, rouges
avant l'épanouissement, à tube plus court que le calice,
disposées en épis latéraux axilaires, courts, recourbés, quelquefois géminés, formant une grappe ou panicule terminale
allongée, feuillée; calice divisé jusqu'à la base en 5 lobes
lancéolés, hérissés de poils subulés blanchâtres; étamines
saillantes, glabres, arquées-défléchies sur le limbe de la
corolle; style poilu, de la longueur des étamines ou un peu
plus long; stigmate bifide. ② (Juin—septembre) Vulg.
Vipérine ou *Herbe-aux-vipères.*

Commune le long des chemins et des routes, sur les murs et au bord
des champs.

12. PULMONAIRE. — *PULMONARIA.* Linn.

Calice en cloche à 5 angles, à 5 lobes; corolle en entonnoir, à 5 lobes courts, peu étalés, à gorge poilue, dépourvue
d'écailles; stigmate obtus, échancré; noix 4, lisses, libres,
à base plane.

1. P. officinale. — *P. officinalis.*

Linn. Sp. 194. — DC. Fl. fr. n. 2719. — Duby, Bot. gall.
    p. 333. — Gaud. Fl. helv. 2. p. 33. — Poir. Ency. 5. p.
    734. — Koch, Syn. p. 503.
Moris. sect. 11. tab. 29. fig. 8. — J. Bauh. Hist. 3. p. 2. p.
    595. fig. 1. (*mala*). — Clus. Hist. 2. p. 169. fig. 1. (*ic.
    Dod.*). — Tabern. ic. p. 557. fig. 2. et 558. fig. 1. —
    Dalech. Hist. p. 1327. fig. 2. — Dod. pempt. p. 135.
    fig. 1. — Lob. ic. p. 586. fig. 1. (*ead.*).
Racine dure, fibreuse, produisant des jets stériles couchés
à la base; tige florifère dressée, simple, hérissée de poils
dont quelques-uns sont articulés, glandulifères, un peu
anguleuse, haute de 2—3 décim.; feuilles d'un beau vert,
parsemées de poils couchés, brillants, courts, subulés, qui
les rendent un peu rudes, souvent marquées de taches blan-

châtres : les radicales larges, ovales, aiguës ou acuminées, échancrées en cœur à la base et un peu décurrentes sur le pétiole qui est très long, ce qui les rend faibles et tombantes : les caulinaires plus petites, plus étroites, ovales ou oblongues, aiguës, sessiles ; fleurs d'abord purpurines, puis bleues dans leur entier développement, portées sur des pédoncules courts, à la fin plus longs que le calice, disposées en corymbe terminal, à ramifications courtes, un peu lâches ; calice à 5 lobes lancéolés-triangulaires, aigus ; gorge de la corolle presque entièrement glabre ; noix coniques, comprimées, carénées, d'un brun marron, luisantes, un peu poilues, à poils caducs, à la fin parfaitement glabres, munies à la base d'un rebord annulaire. ♃ (Avril, mai).

Assez commune aux environs de Salins, dans les bois, et quelquefois dans les buissons et le long des haies. — Genève, au bois de la Bâtie ; des Frères; au pied de Salève, près de la fontaine dite de *Jules-César*, etc. (Reut.). — Commune dans les forêts et les bois de taillis des environs de Bâle (Hagenb.). — Cette plante, ainsi que la suivante, est pectorale, émolliente, diurétique, mais peu usitée.

2. P. à feuilles étroites. — *P. angustifolia.*

Linn. Sp. 194. — DC. Fl. fr. n. 2720. — Duby. Bot. gall.
   p. 333. — Gaud. Fl. helv. 2. p. 34. — Poir. Ency. 5.
   p. 735. — Koch, Syn. p. 503.
J. Saint-Hil. Pl. fr. tab. 313.

Cette espèce ressemble beaucoup à la précédente, mais elle s'élève souvent un peu plus; sa tige est également hérissée de poils dont quelques-uns sont articulés, glandulifères ; ses feuilles sont plus étroites, moins rudes, d'un vert moins pâle, parsemées de poils moins brillants : les radicales sont allongées, elliptiques-lancéolées ou lancéolées, aiguës, rétrécies en pétiole à la base et jamais en cœur : les caulinaires sont plus courtes, sessiles, elliptiques-lancéolées : les supérieures ovales ou oblongues, acuminées, plus élargies et un peu en cœur à la base, embrassantes ; tube de la corolle un peu velu à la gorge, égal ou presque égal au calice un peu renflé à l'époque de la maturité, et divisé, presque jusqu'au milieu, en 5 lobes lancéolés, aigus. ♃ (Mars, avril).

Commune dans les bois, le long des chemins, au pied des haies et parmi les buissons.

β. *Uniflora*. Tige haute de 8—10 centim., feuillée, terminée par une seule fleur très grande, 2—3 fois plus large que dans l'espèce ordinaire.

J'ai trouvé cette singulière variété dans le bois de Château, près de Salins.

γ. *Oblonga*. Gaud. Fl. helv. 2. l. c. var. β. — Koch, Syn. l. c. — Feuilles ovales-oblongues, elliptiques : les inférieures longuement pétiolées : les supérieures ovales-aiguës ou acuminées, un peu en cœur et embrassantes à la base.

Commune dans les bois de taillis, les haies et les buissons.

13. GREMIL. — *LITHOSPERMUM*. Linn.

Calice à 5 divisions; corolle en entonnoir à 5 lobes, à 5 plis ou bosselures à la gorge; anthères oblongues, incluses; stigmate bifide; noix 4, libres, à base plane, lisses, luisantes, ou ridées.

1. G. violet. — *L. purpureo-cœruleum*.

Linn. Sp. 190. — DC. Fl. fr. n. 2715. — Duby, Bot. gall. p. 333. — Gaud. Fl. helv. 2. p. 37. — Lam. Ency. 3. p. 29. — Koch, Syn. p. 504.
Moris. sect. 11. tab. 31. fig. 2. — Clus. Hist. 2. p. 163. fig. 2. — Dalech. Hist. p. 1328. fig. 1. — Lob. ic. p. 458. fig. 1. — Bocc. Sicil. tab. 40. fig. 4. et tab. 41. fig. A. et B.

Racine noirâtre ; tiges stériles couchées, radicantes : les florifères dressées, simples, divisées en 2—3 petits rameaux au sommet, feuillées, cylindriques, fistuleuses, rudes, un peu hérissées, hautes de 2—4 décim. ; feuilles éparses, sessiles, lancéolées, aiguës, entières, hispides, à une seule nervure, rétrécies à la base : les inférieures plus petites ; fleurs axilaires assez grandes, passant du pourpre au violet, puis au bleu azuré, portées sur de courts pédoncules, et disposées en 2—3 épis courts, terminaux, courbés ; calice hispide, à divisions linéaires, un peu aiguës, presque de la longueur du tube de la corolle pubescente en dehors ; noix ovoïdes, lisses, blanchâtres, luisantes. ⚥ (Mai, juin).

Çà et là le long des chemins, au pied des haies et dans les buissons : Salins, au bord de la route de Saisenay, près de la Grange-David ; au pied de la cascade, à Saint-Joseph ; au pied de Roche-Pourrie ; et çà et là le long des haies dans quelques chemins des vignes ; aux environs d'Arbois et de Mainay ; de Besançon, près d'Arcier. — Genève, au bois de la Bâtie ; des Frères ; à Sous-Terre, etc. (Reut.). — Bâle, le long du chemin qui conduit à Mutenz ; entre Schanzlein et le pont de la Birse ; près de Dornach ; de Delémont ; d'Olsberg, etc. (Hagenb.).

2. G. officinale. — *L. officinale.*

Linn. Sp. 189. — DC. Fl. fr. n. 2712. — Duby, Bot. gall. p. 333. — Gaud. Fl. helv. 2. p. 55. — Lam. Ency. 3. p. 28. — Koch, Syn. p. 504.

Lam. illust. tab. 91. — Moris. sect. 11. tab. 31. fig. 1. — J. Bauh. Hist. 3. p. 2. p. 590. fig. 2. (*mala*). — Tabern. ic. p. 850. fig. 1. — Dalech. Hist. p. 1176. et p. 1177. fig. 2. — Dod. pempt. p. 83. fig. 2. — Lob. ic. p. 457. fig. 2.

Tige haute de 3—6 décim., dressée, cylindrique, dure, fistuleuse, rude, à poils couchés, ordinairement très rameuse, à rameaux dressés ; feuilles lancéolées, aiguës, à nervures latérales divergentes, sessiles, éparses, entières, un peu fermes, très rudes, à poils couchés, tuberculeux à la base ; fleurs blanchâtres, petites, courtement pédicellées, axilaires à la partie supérieure de la tige et des rameaux, formant insensiblement des épis allongés ; calice hérissé, à divisions linéaires, obtuses, presque égales à la corolle ;

noix ovoïdes , très dures , blanches , lisses et luisantes. ♃
(Mai , juin). Vulg. *Herbe-aux-perles*.

Commun le long des haies, au bord des chemins et des routes, dans les terres incultes.

3. G. des champs. — *L. arvense*.

Linn. Sp. 190. — DC. Fl. fr. n. 2712. — Duby, Bot. gall.
   p. 333. — Gaud. Fl. helv. 2. p. 36. — Lam. Ency. 3.
   p. 29. — Koch, Syn. p. 504.
Moris. sect. 11. tab. 31. fig. 7. — Tabern. ic. p. 849. fig. 2.
   — Dalech. Hist. p. 1177. fig. 3. — Lob. ic. p. 459. fig. 1.

Tige dressée , rude , recouverte de poils couchés , cylindrique , fistuleuse , rameuse dans le haut , simple ou munie
de quelques rameaux à la base , haute de 2—3 décim. ;
feuilles sessiles , alternes ou éparses , lancéolées , obtuses ,
rudes , hérissées de poils couchés , dépourvues de nervures
latérales , ou étant peu apparentes : les inférieures oblongues , obtuses , rétrécies en pétiole à la base ; fleurs
petites , blanches , presque sessiles , terminales et axilaires
à la partie supérieure de la tige et des rameaux , formant
insensiblement des épis allongés ; calice fructifère hérissé, à
divisions allongées , linéaires , aiguës ; noix ovoïdes-coniques
ou pyriformes , brunâtres , ridées-tuberculeuses , lisses , non
luisantes. ④ (Mai , juin).

Commun dans les champs et les lieux cultivés.

14. MYOSOTE. — *MYOSOTIS*. Linn.

Calice en cloche , à 5 divisions ou lobes ; corolle en soucoupe , aplanie ou plus ou moins concave , à 5 lobes , à
tube court , fermé à la gorge par 5 petites écailles glabres ,
convexes ; noix 4 , lisses , distinctes , convexes en dehors ,
obtusément carénées du côté opposé , fixées par une surface
ponctiforme située latéralement vers la base de la noix.

§ 1. *Corolle dépassant de beaucoup le calice, à limbe aplani.*

* *Poils du calice tous appliqués, non crochus au sommet.*

1. M. des marais. — *M. palustris.*

Withering, arrang. of Brit. pl. 2. 225. — Poir. Ency. 4.
p. 398. — Gaud. Fl. helv. 2. p. 47. — Koch. Syn. p. 504.
— *M. perennis. var. α. palustris.* DC. Fl. fr. n. 2725.
— Duby, Bot. gall. p. 335. — *M. scorpioïdes. β. palus-*
tris. Linn. Sp. 188.

J. Saint-Hil. Pl. fr. tab. 265. — Barr. ic. fig. 404. — Moris.
sect. 11. tab. 31. fig. 4. — Tabern. ic. p. 198. fig. 1. —
Dalech. Hist. p. 1343. fig. 1. (*mala*).

Racine brune, horizontale, rampante, fibreuse, ordinairement stolonifère ; tige anguleuse, ascendante, souvent un
peu couchée à la base, feuillée, garnie de poils mous, étalés,
haute de 15—30 centim., rameuse dans le haut, à rameaux
dressés à poils appliqués; feuilles alternes, molles, sessiles,
oblongues, obtuses, rétrécies à la base, à 3 nervures longitudinales, les 2 latérales près des bords, hérissées de
poils appliqués, ciliées à leur partie inférieure, d'un vert
gai : les radicales presque en spatule : les supérieures plus
étroites, lancéolées, aiguës ; fleurs en épis géminés, roulés
en crosse au sommet, nus, très lâches, droits à la maturité,
portées sur des pédoncules étalés, de la longueur du calice
et ensuite plus longs; calice en cloche, à 5 dents larges,
ouvertes à la maturité, garni de poils appliqués; corolle
rose avant son développement, puis d'un bleu vif, à gorge
d'un jaune doré, à tube court, de la longueur du calice, à
limbe assez grand, à 5 lobes arrondis, entiers ou un peu
échancrés ; style presque de la longueur du calice; noix
d'un brun noirâtre, lisses, ovoïdes, luisantes. ♃ (Mai,
juin). Vulg. *Ne m'oubliez pas, Plus je vous vois, plus je*
vous aime.

Commune dans les lieux humides, au bord des fossés et dans les prés marécageux.

β. *Albiflora.* Gaud. Fl. helv. 2. l. c. — Fleurs blanches.

Les mêmes lieux que la variété α., mais plus rare.

2. M. gazonnante. — *M. Cœspitosa.*

Schultz. Fl. starg. supp. 11. — Gaud. Fl. helv. 2. p. 48. — Koch, Syn. p. 505. — *M. lingulata.* Roem. et Sch. Syst. veg. 4. p. 780. (*in annot.*).

Racine fibreuse; tiges presque dressées, cylindriques, gazonnantes, grêles, ordinairement rameuses, à rameaux diffus, ascendants, garnis de poils épars, courts et appliqués, hautés de 1—3 décim., souvent rougeâtres dans le bas; feuilles alternes, d'un vert gai, légèrement diaphanes, à 3 nervures, un peu veinées, linéaires-oblongues, obtuses, légèrement hérissées de poils appliqués, ciliées, à cils couchés : les radicales plus petites, marcescentes, obovales, rétrécies à la base en un court pétiole; fleurs petites, portées sur des pédoncules étalés, un peu épaissis au sommet, de la longueur du calice ou un peu plus long, disposées en 2—5 épis simples ou géminés, grêles, lâches, feuillés à la base, courbés au sommet, occupant souvent la moitié de la tige; calice en cloche, très ouvert, divisé jusqu'au milieu en 5 lobes lancéolés, garnis de quelques poils appliqués; corolle d'un bleu plus clair et beaucoup plus petite que dans l'espèce précédente, à limbe aplani, à 5 lobes entiers ou un peu échancrés, à tube un peu plus court que le calice. ♃ Gaud., ② Koch (Mai—juillet).

Les prés et les fossés humides, rare : dans les prés humides du pied de Poupet, au-dessus de Combelle et ailleurs. — Nyon, aux environs de Promenthou, abondamment (Gaud.).

β. *Grandiflora.* Gaud. Fl. helv. 2. l. c. — Tige souvent un peu violette; feuilles plus fermes et plus nerveuses; corolle beaucoup plus grande que le calice.

Salins. — Nyon, dans les environs de Promenthou (Gaud.).

*** Poils de la base du calice étalés, crochus au sommet.*

3. M. des Alpes. — *M. alpestris.*

Schmidt, Bohem. 3. p. 26. — Gaud. Fl. helv. 2. p. 49. —
M. odorata. Poir. Ency. supp. 4. p. 44. — *M. perennis.*
γ. alpestris. DC. Fl. fr. n. 2725. — *M. sylvatica. var.*
β. alpestris. Koch, Syn. p. 505.

Racine oblique, noirâtre, garnie de longues fibres; tige
haute de 6—12 centim., un peu épaisse, dressée, garnie
de poils étalés souvent courbés, appliqués sur les rameaux;
feuilles d'un vert gai, molles, lancéolées, demi-embrassantes, poilues sur les deux faces, longuement ciliées vers
la base, un peu obtuses : les radicales obovales-oblongues,
rétrécies en pétiole; fleurs assez grandes, en épis denses,
un peu courts, roulés en crosse, à 10—12 fleurs très belles,
le terminal géminé, accompagné de 1—2 autres latéraux
axilaires; pédoncules fermes, à peu près de la longueur du
calice, demi-dressés, à la fin presque étalés; calice à 5 divisions profondes, un peu inégales, linéaires-lancéolées, aiguës, étalées après la fleuraison, à la fin fermées-conni-
ventes, garnies, particulièrement sur les bords, de soies
dressées, argentées, étalées-ascendantes et un peu crochues
au sommet sur le tube; corolle grande, d'un beau bleu, à
lobes arrondis, entiers ou un peu échancrés. ♃ Gaud,
② Koch (Juillet, août).

Sur la Dôle; le Colombier; le Reculet; le Mont-d'Or, — Sur le
Chasseron (Lequer.).

β. Elatior. Gaud. Fl. helv. 2. l. c. — Tige haute de
2—3 décim.; calice garni de poils argentés; corolle double
de la longueur du calice, d'un bleu vif, blanche-étoilée à
la gorge.

Sur le Colombier. — Au-dessus de Sainte-Croix (Reynier).

4. M. des bois. — *M. sylvatica.*

Ehrh. Herb. 31. — Gaud. Fl. helv. 2. p. 52. — Koch, Syn.
p. 505. var. *α.* — Poir. Ency, supp. 4. p. 47. (*inter sp.
minus cogn.*). — *M. perennis. var. β. sylvatica.* DC. Fl.
fr. n. 2725.

Racine oblique, rampante, brune, presque ligneuse,
produisant une ou plusieurs tiges dressées ou ascendantes,
hautes de 15—30 centim., anguleuses, ordinairement rameuses, hérissées, ainsi que les feuilles, de longs poils
étalés ; feuilles d'un vert foncé un peu sombre, longuement
ciliées, à 3 nervures plus ou moins apparentes : les radicales
pétiolées, obovales-oblongues, obtuses, spatulées : les caulinaires demi-dressées, oblongues-lancéolées, obtuses ou un
peu aiguës, demi-embrassantes; rameaux allongés, à poils
appliqués; fleurs en épis d'abord courts et roulés en crosse,
se développant insensiblement et devenant lâches, à la fin
allongés : ces épis sont simples, axilaires, le terminal géminé,
à 15—20 fleurs portées sur des pédoncules filiformes, demi-
étalés, à peu près de la longueur du calice ou peu plus longs
à l'époque de la maturité; calice en cloche, d'un blanc grisâtre, à 5 divisions un peu inégales, presque linéaires, aiguës, hérissé de poils nombreux, couchés sur les lobes,
étalés et crochus sur le tube; corolle assez grande, d'un
beau bleu, à tube de la longueur du calice, à limbe aplani,
ayant ses lobes entiers, arrondis. ♃ Gaud., ② Koch (Mai—
juillet).

Commune dans les bois des montagnes : aux environs de Salins. —
De Bâle (Hagenb.). — De Genève, à Salève, près de Collonge, et au-
tour des Pitons, etc. (Reut.). — Autour de Saint-Cergue et sur le
Warne, près de la Dôle, partout (Ducros et Monnard).

β. *Albiflora.* Fleurs blanches.

Salins, dans le bois de Racine, plus rare que la variété *α*.

§ 2. *Corolle petite , à limbe un peu concave ; poils de la base du calice étalés , crochus au sommet.*

5. M. des champs. — *M. intermedia.*

Link. En. 4. Berol. 1. p. 164. — Koch , Syn. p. 505. — *M. arvensis.* Gaud. Fl. helv. 2. p. 53. — Poir. Ency. 4. p. 399. — *M. annua.* DC. Fl. fr. n. 2724. — Duby, Bot. gall. p. 335. — *M. scorpioïdes. α. arvensis.* Linn. Sp. 188.

Bull. Herb. tab. 355. fig. B. — Moris. sect. 11. tab. 31. fig. 1. (*series* 2.). — Tabern. ic. p. 197. fig. 2. — Dod. pempt. p. 72. fig. 1. — Lob. ic. p. 461. fig. 2.

Racine grêle, fibreuse ; tige dressée ou ascendante, un peu anguleuse, rameuse, rarement simple , hérissée, ainsi que les feuilles, de poils blanchâtres un peu mous , étalés , presque appliqués sur les rameaux, haute d'environ 3 décim. ; feuilles d'un vert grisâtre , molles , un peu épaisses et rudes au toucher, oblongues lancéolées, sessiles, alternes, ordinairement obtuses : les radicales rétrécies en pétiole à la base, obovales-oblongues ; fleurs petites, à limbe concave , rouges avant leur développement, d'un beau bleu , à gorge jaune, à tube égalant à peine le calice , disposées en épis terminaux et axilaires , courbés au sommet , allongés , lâches et nus à la maturité , le supérieur géminé ; calice à 5 divisions profondes , hérissé à la base de poils étalés-recourbés , crochus au sommet, fermé à la maturité, à la fin une fois plus court que le pédoncule ; style très court. ②. (Mai — juillet).

Commune dans les champs, les vignes, les lieux cultivés.

6. M. des collines. — *M. hispida.*

Schlechtend , Mag. Berl. 8. p. 229. — Koch , Syn. p. 506. — *M. collina.* Gaud. Fl. helv. 2. p. 54. — Poir. Ency.

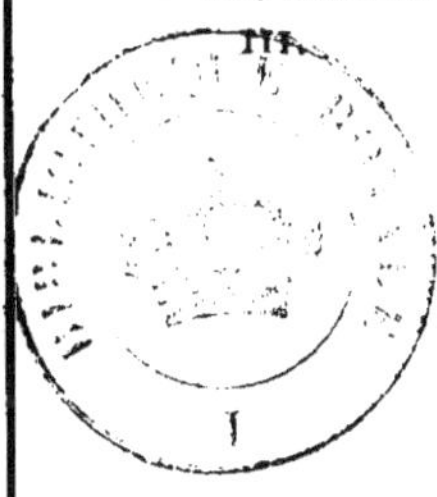

supp. 4. p. 44. n. 3. — *M. annua. var. ß. collina.* DC.
Fl. fr. n. 2724.
Bull. Herb. tab. 355. A.

Cette plante se rapproche de la précédente, mais elle
est beaucoup plus petite et plus grêle. Tige simple, ou rameuse dès la base, à rameaux très grêles diffus, haute de
10 – 15 centim., velue, à poils étalés, appliqués sur les rameaux ; feuilles oblongues, obtuses : les inférieures rétrécies en pétiole à la base ; fleurs très petites, bleues, d'un
jaune très pâle à la gorge, à tube renfermé dans le calice,
disposées en épis grêles, allongés, nus, occupant souvent la
plus grande partie de la tige, portées sur des pédoncules
courts, à la fin étalés et atteignant la longueur du calice
ouvert, hérissé à la base de poils étalés-récourbés, crochus
au sommet ; style très court. ☉ (Mai, juin).

Sur les collines sèches et arides, dans les champs et le long des chemins : Genève, dans les champs maigres et sablonneux, près de Pénex
et d'Aïre ; au bois de la Bâtie, dans la petite plaine du milieu, etc. (Reut.).
— Bâle, commune dans les champs autour d'Auggen, etc. (Hagenb.).

7. M. changeante. — *M. versicolor.*

Pers. Syn. 1. p. 156. — Gaud. Fl. helv. 2. p. 56. — Hagenb. Fl. basil. 2. append. p. 490. — Poir. Ency. 4. p. 47.
(*inter sp. minus cognit.*) — Koch, Syn. p. 506. — *M.
scorpioïdes. γ.* Linn. Sp. 189. (*ex Gaud.*).

Cette espèce est très voisine de la précédente, dont elle
diffère par son style allongé, et par le tube de la corolle
double du calice à la fin fermé. Tige haute de 2—3 décim.,
ascendante, grêle, peu feuillée, raide, plus ou moins rameuse, hérissée, à rameaux presque dressés ; feuilles sessiles, rudes, hispides, longuement ciliées : les radicales
plus petites, spatulées, disposées en rosette : les caulinaires
linéaires - oblongues, aiguës ; fleurs petites, mais plus
grandes que dans l'espèce précédente, d'abord jaunes avec
un anneau orangé à la gorge, puis bleues avec l'anneau
pourpre, portées sur des pédicelles demi-dressés plus

courts que le calice, disposées en épis allongés, grêles, lâches, nus, à poils appliqués ; calice fermé à la maturité, égalant la moitié du tube de la corolle, hérissé à la base de poils étalés-recourbés, crochus au sommet ; style grêle, allongé, caduc peu après la corolle. ① (Mai—août).

Les champs maigres et graveleux : aux environs de Salins. — Près de Bière et de Ballens (Reynier). — Genève, près de Pénex, et dans les champs au bord du Rhône, sous Aïre, mélangée avec la précédente (Reut.). Bâle, commune dans les champs maigres (Hagenb.).

β. *Humilis.* Gaud. Syn. p. 150. — Tige presque simple, haute de 8—16 centim.

Autour de Bière et de Ballens, avec la variété α. (Gaud.).

FAMILLE LXXV.
Solanées. Juss.

Calice à 5 lobes ou divisions persistantes, quelquefois caduques et se séparant circulairement près de la base persistante ; corolle monopétale, hypogyne, régulière ou un peu inégale, caduque, à 5 lobes à estivation plissée ou embriquée ; étamines 5, insérées à la base de la corolle et alternes avec ses lobes, à anthères biloculaires, fixées au sommet aigu des filets ; ovaire libre, biloculaire, à plusieurs ovules ; placentas épais, soudés sur le milieu de la cloison ; style 1 ; stigmate simple ; fruit capsulaire ou baie. Périsperme charnu ; embryon en anneau ou en spirale ; radicule dirigée vers l'ombilic. — Herbes, ou rarement sous-arbrisseaux ; feuilles alternes, simples ou lobées : les supérieures souvent géminées, dont une plus petite ; fleurs solitaires, agrégées ou en cyme, souvent situées hors des aisselles des feuilles.

α. *Fruit en baie.*

1. LYCIET. — *LYCIUM.* Linn.

Calice court, tubuleux-en cloche, à 2—5 lobes ; corolle en entonnoir, à tube court, à 5 lobes ; étamines 5, à filets velus à la base ; stigmate sillonné ou à 2 lobes ; baie à 2 loges.

1. L. de Barbarie. — *L. Barbarum.*

Linn. Sp. 192. — DC. Fl. fr. n. 2700. — Duby, Bot. gall. p. 357. — Lam. Ency. 3. p. 509.

J. Saint-Hil. Pl. fr. tab. 226. — Duham. Arb. tab. 121. fig. 4.

Arbrisseau peu épineux, à tiges faibles, à rameaux nombreux, grêles, flexibles, anguleux, arqués-pendants, à écorce blanchâtre ; feuilles alternes, courtement pétiolées, oblongues-lancéolées, aiguës, elliptiques, glabres, entières ; fleurs lilas en dedans, solitaires, géminées ou fasciculées dans l'aisselle des feuilles, longuement pédonculées ; calice à 2 lèvres, entières ou bidentées ; étamines saillantes ; baies ovoïdes-oblongues, d'un rouge orangé à la maturité. ♄ (Mai, juin).

Cette plante, naturalisée dans plusieurs parties de la France, est cultivée dans les bosquets et les jardins sous le nom de *Jasminoïde*. On s'en sert pour couvrir les tonnelles et pour former des haies et des palissades ; on la confond souvent avec le *L. Europæum* , Linn. qui est également cultivé, mais elle en diffère par ses rameaux pendants, moins épineux ; par sa fleur lilas et non violette veinée de blanc ; par son calice à 2 lèvres et non à 5 dents ; enfin, par ses baies ellipsoïdes et non presque globuleuses.

2. PIMENT. — *CAPSICUM.* Linn.

Calice à 5 lobes ; corolle en roue, à tube très court, à limbe étalé à 5 lobes ; étamines 5, dressées, à anthères conniventes, s'ouvrant en long ; baie sèche, à 2—3 loges.

1. P. annuel. — *C. annuum.*

Linn. Sp. 270. — DC. Fl. fr. n. 2698. — Duby, Bot. gall. p. 357. — Poir. Ency. 5. p. 324.

Lam. illust. tab. 116. fig. 1. — Moris. sect. 13. tab. 2. fig. 1. (*series* 2.) — J. Bauh. Hist. 2. p. 943. fig. 1. — — Tabern. ic. p. 859. fig. 1. — Dalech. Hist. p. 652. fig. 1. — Dod. pempt. p. 716. fig. 2. — Lob. ic. p. 316. fig. 2. (*ead.*).

Tige herbacée, haute de 3—4 décim., simple ou un peu rameuse à sa partie supérieure; feuilles alternes, pétiolées, géminées, ovales-elliptiques, aiguës, très entières, à pétiole allongé; fleurs latérales, blanches, solitaires, extra-axilaires, penchées; calice très ouvert; corolle à 5 lobes aigus, étalés en étoile; baie pendante, très lisse, d'un rouge vif, de forme très variable, s'approchant toujours de la forme conique, rarement sphéroïde. ⨀ (Juin, août).

On cultive plusieurs variétés de cette plante sous les noms de *Poivre-long*, *Poivre-d'Espagne*, *Corail-des-jardins*, soit comme plante curieuse, soit pour l'usage culinaire; ses baies, d'une saveur âcre et brûlante, confites dans le vinaigre, sont employées comme assaisonnement. Elle est originaire de l'Amérique méridionale.

3. MORELLE. — *SOLANUM*. Linn.

Calice persistant, à 5 divisions; corolle en roue, à tube court, à limbe étalé à 5 lobes; étamines 5, à anthères oblongues, rapprochées-conniventes, s'ouvrant au sommet par 2 pores; baie arrondie, à 2 loges polyspermes.

§ 1. *Feuilles entières, sinuées ou anguleuses.*

1. M. noire. — *S. nigrum.*

Linn. Sp. 266. var. *α*. — DC. Fl. fr. n. 2693. — Duby, Bot. gall. p. 338. — Gaud. Fl. helv. 2. p. 130. var. *α*. — Poir. Ency. 4. p. 288. — Koch, Syn. p. 508.

J. Saint-Hil. Pl. fr. tab. 256. — Chaum. Fl. méd. tab. 239. — Bull. Herb. tab. 67. — Moris. sect. 13. tab. 1. fig. 1. — J. Bauh. Hist. 3. p. 2. p. 608. fig. 1. (*mala*). — Tabern. ic. p. 577. fig. 2. — Dalech. Hist. p. 597. fig. 1. —

Dod. pempt. p. 454. fig. 1. — Lob. ic. p. 262.. fig. 1.
(*ead.*).

Tige haute de 3—4 décim., herbacée, anguleuse, presque
glabre, rameuse, à rameaux étalés, à angles rudes-tuberculeux ; feuilles solitaires ou géminées, molles, pétiolées,
ovales, aiguës, élargies à la base, presque deltoïdes,
sinuées-anguleuses, à grosses dents larges, obtuses, peu
profondes, presque glabres, comme les autres parties de
la plante, décurrentes sur le pétiole ; fleurs blanches, disposées le long des rameaux en cymes ou corymbes extra-
axilaires, à pédicelles fructifères défléchis, épaissis au sommet ; baies de la grosseur d'un grain de *Cassis*, arrondies,
noires à la maturité. ⚀ (Juillet—septembre).

Çà et là le long des chemins, au pied des murs, autour des fumiers
dans les villages, parmi les décombres et quelquefois dans les lieux
cultivés. — La Morelle est employée en médecine comme calmante,
émolliente, un peu narcotique ; on en fait des cataplasmes, et l'on s'en
sert en lotions ou en fomentation contre les douleurs locales, les cuis-
sons, les démangeaisons, etc.

2. M. humble. — *S. humile.*

Bernh. in Willd. En. hort. Berol. 1. p. 236. — Dunal, Monog. 156. — DC. Fl. fr. supp. n. 2693ᵦ. — Duby, Bot.
gall. p. 338. — Koch, Syn. p. 508. — *S. nigrum. var.*
δ. humile. Gaud. Fl. helv. 2. p. 130.

Cette espèce diffère de la précédente par sa tige moins
élevée, étalée, glabre ou presque glabre, à angles des
rameaux moins marqués, légèrement rudes-tuberculeux ;
par ses feuilles moins grandes, ovales, presque rhomboïdes, sinuées-dentées, presque glabres, plus étroitement
décurrentes ; enfin par ses fleurs blanchâtres, en cymes
latérales extra-axilaires, à pédicelles fructifères défléchis,
un peu épaissis au sommet, et ses baies d'un jaune verdâtre.
⚀ (Juillet—automne).

Le long des chemins, dans les lieux cultivés et au pied des murs, çà
et là : à Sanson, route de Salins à Besançon ; au bord du Doubs à
Besançon. — Aux environs de Nyon (Gaud.).

3. M. écarlate. — *S. miniatum*.

Bernh. in Willd. En. hort. Berol 1. p. 236. — DC. Fl. fr.
supp. n. 2695ᵃ. — Duby, Bot. gall. p. 338. — Dunal , Monog. 156. — Koch, Syn. p. 507.

Plante diffuse, répandant ordinairement une odeur de
musc. Tige velue, à poils étalés, à rameaux anguleux,
rudes-tuberculeux ; feuilles ovales-rhomboïdales, presque
deltoïdes, un peu glauques, sinuées-anguleuses, presque
glabres ; fleurs en cymes extra-axilaires, à pédicelles fructifères défléchis, épaissis au sommet ; baie d'un vermillon
clair, ou écarlate, de la grosseur d'un pois. ☉ (Juillet—
automne).

Çà et là le long des chemins, au pied des murs : autour de Ferrière
(Hall.). — Genève, au bord du chemin qui conduit aux bains d'Arve,
depuis Plainpalais (Reut.).

4. M. velue. — *S. villosum*.

Lam. illust. n. 2338. — DC. Fl. fr. n. 2694. — Duby, Bot.
gall. p. 337. — Poir. Ency. 4. p. 289. — Koch, Syn. p.
507. — *S. nigrum. var. γ. villosum*. Linn. Sp. 266. —
Gaud. Fl. helv. 2. p. 131. var. ε. *villosum*.

Tige plus élevée, cylindrique, rameuse, haute de 4—5
décim., velue, à poils grisâtres, à angles des rameaux peu
marqués et légèrement rudes ; feuilles ovales, aiguës,
sinuées-anguleuses, velues, particulièrement sur les nervures et le pétiole, un peu décurrentes à la base ; fleurs
blanchâtres, en cymes latérales extra-axilaires ; baies d'un
jaune orangé, à la fin brunâtres, portées sur des pédicelles
défléchis, épaissis au sommet, garnis, comme les rameaux,
de poils grisâtres. ☉ (Juillet—automne).

Çà et là le long des chemins, dans les décombres : aux environs de
Ferrière (Hall.). — Bâle, près de la porte Saint-Pierre (Hagenb.). —
Les trois espèces précédentes sont très voisines du S. *nigrum*, et sont
regardées, par plusieurs botanistes, comme des variétés de cette
plante.

5. M. Douce-amère. — *S. Dulcamara.*

Linn. Sp. 264. — DC. Fl. fr. n. 2692. — Duby, Bot. gall.
p. 338. — Gaud. Fl. helv. 2. p. 128. — Poir. Ency. 4.
p. 284. — Koch, Syn. p. 508.

J. Saint-Hil. Pl. fr. tab. 234. — Bull. Herb. tab. 23. —
J. Bauh. Hist. 2. p. 109. fig. 2. — Tabern. ic. p. 893.
fig. 1. — Dalech. Hist. p. 1413. fig. 1. — Dod. pempt. p.
402. fig. 2. — Lob. ic. p. 266. fig. 1. (*ead.*).

Sous-arbrisseau à tiges rameuses, flexueuses, hautes de
1—2 mètres, non épineuses, grimpantes, sarmenteuses, à
rameaux un peu anguleux; feuilles glabres, d'un vert
foncé, ovales en cœur, aiguës, entières, pétiolées : les supérieures ovales-lancéolées, tronquées à la base et souvent
munies d'oreillettes lancéolées qui les rendent hastées;
fleurs violettes, disposées en corymbes latéraux opposés ou
presque opposés aux feuilles, nus, dichotomes, longuement
pédonculés; calice à 5 dents larges, obtuses; corolle à 5
divisions allongées, souvent réfléchies, marquées à la base
de 2 taches vertes, bordées de blanc; anthères d'un jaune
doré; baies ovoïdes, rouges à la maturité. ♄ (Juin—août).
Vulg. *Vigne vierge, Vigne de Judée.*

Çà et là dans les haies et les buissons, le long des chemins, au bord
des bois. — La décoction des tiges de la Douce-amère est employée en
médecine, dans les maladies cutanées, comme sudorifique, détersive et
résolutive : on emploie aussi les feuilles en cataplasmes comme anodines
et calmantes; les baies sont vénéneuses.

§ 2. *Feuilles ailées-pinnatifides.*

6. M. tubéreuse. — *S. tuberosum.*

Linn. Sp. 265. — DC. Fl. fr. n. 2695. — Duby, Bot. gall.
p. 388. — Gaud. Fl. helv. 2. p. 129. — Poir. Ency. 4.
p. 285. — Koch, Syn. p. 508.

Chaum. Fl. méd. tab. 280. — Moris. sect. 13. tab. 1. fig. 19.
— J. Bauh. Hist. 3. p. 2. p. 622. — Clus. Hist. 2. p. 79.

Racines fibreuses, allongées, munies çà et là de gros tubercules oblongs ou arrondis; tige herbacée, anguleuse, tendre, fistuleuse, rameuse, haute de 3—6 décim. ; feuilles ailées, à folioles ovales, un peu velues en dessous, à paires séparées par d'autres folioles beaucoup plus petites; fleurs blanchâtres ou violettes, disposées en corymbe bifide, portées sur des pédoncules velus, dressés, rameux, allongés. ① (Juin, juillet).

β. *Tuberculis axilaribus*. Tiges portant de petits tubercules dans l'axe des feuilles.

J'ai trouvé cette singulière variété dans un champ à Ivory, près de Salins, où les Pommes-de-terre avaient été plantées après la Navette.

Obs. Cette plante, qui offre aujourd'hui plus de cent variétés, est généralement cultivée dans toute l'Europe et même sur toute la surface du globe; elle a été apportée du Pérou en Angleterre, vers 1586, par l'amiral *Walter Raleigh*, et ce furent les efforts du vénérable philanthrope *Parmentier* qui la firent adopter en France, en luttant avec persévérance contre les préjugés qui s'opposaient à l'extension de sa culture. Les tubercules de cette plante sont alimentaires pour l'homme et pour tous les animaux domestiques; on en retire de la fécule, de l'alcohol et du sucre; sa pulpe cuite est employée contre la brûlure et pour nettoyer les étoffes et le linge. La Pomme-de-terre est la plus belle conquête que l'homme ait faite jusqu'ici sur le règne végétal. On a calculé qu'un arpent de terre peut rapporter environ 25,000 pesant de tubercules, qui peuvent nourrir vingt-quatre personnes pendant un an.

4. TOMATE. — *LYCOPERSICUM*. Tournef.

Calice persistant à 5—6 divisions; corolle en roue à 5—6 lobes; étamines 5—6, à anthères rapprochées en cône, prolongées-soudées au sommet par une membrane, s'ouvrant en dedans par une fente longitudinale; graines velues.

1. T. comestible. — *L. esculentum*.

Dunal, Monog. Sol. p. 115. — Duby, Bot. gall. p. 538. — *Solanum Lycopersicum*. Linn. Sp. 265. — DC. Fl. fr. n. 2696. — Poir. Ency. 4. p. 287.

J. Saint-Hil. Pl. fr. tab. 257. — Lam. illust. tab. 115. fig. 2.
— Moris. sect. 13. tab. 1. fig. 7. — J. Bauh. Hist. 3. p.
2. p. 620. fig. 2. — Tabern. ic. p. 785. fig. 2. — Dalech.
Hist. p. 628. fig. 1. — Dod. pempt. p. 458. fig. 1. — Lob.
ic. p. 270. fig. 1. (*ead.*).

Cette plante ressemble un peu par son port à la Pomme-
de-terre. Tige haute de 5—6 décim., faible, rameuse, anguleuse, ascendante, herbacée, poilue-visqueuse; feuilles
inégalement ailées, à folioles ovales ou oblongues, courtement pétiolées, d'un vert sombre, irrégulièrement incisées,
séparées par d'autres folioles beaucoup plus petites; fleurs
jaunes, disposées en corymbes latéraux extra-axilaires,
penchés, nus, bi ou trifides; baies rouges ou jaunâtres,
grosses, déprimées, sillonnées sur leur contour en lobes
arrondis, molles, succulentes, d'une saveur un peu acide
et agréable. ① (Juillet, août). Vulg. *Tomate*, *Pomme-
d'amour*.

Cette plante, originaire de l'Amérique méridionale, est cultivée dans
les jardins potagers pour le suc de ses baies employé comme condiment
dans les sauces et les ragoûts.

5. COQUERET. — *PHYSALIS*. Linn.

Calice à 5 lobes; corolle en roue à 5 lobes; étamines 5,
à anthères oblongues, dressées-conniventes, s'ouvrant longitudinalement; baie globuleuse, à 2 loges, renfermée dans
le calice à la fin renflé en vessie.

1. C. Alkékenge. — *P. Alkekengi.*

Linn. Sp. 262. — DC. Fl. fr. n. 2691. — Duby, Bot. gall.
p. 338. — Gaud. Fl. helv. 2. p. 132. — Lam. Ency. 2.
p. 100. — Koch, Syn. p. 508.
J. Saint-Hil. Pl. fr. tab. 672. — Chaum. Fl. méd. tab. 16.
— Lam. illust. tab. 116. fig. 1. — Moris. sect. 13. tab.
5. fig. 16. — J. Bauh. Hist. 3. p. 2. p. 609. fig. 1. —
Dalech. Hist. p. 597. fig. 2. — Dod. pempt. p. 454. fig.
2. — Lob. ic. p. 262. fig. 2. (*ead.*).

Racine rampante ; tige dressée, anguleuse, herbacée, rameuse dès la base, velue, haute de 3—4 décim. ; feuilles géminées, unilatérales, ovales, aiguës, entières, pubescentes, décurrentes à la base sur de longs pétioles velus ; fleurs blanchâtres, axilaires, solitaires, penchées, portées sur des pédoncules velus, souvent plus courts que les pétioles ; baie d'un beau rouge, semblable à une *Cerise*, renfermée dans le calice persistant considérablement développé et renflé-vésiculeux, ovoïde, veiné-réticulé, d'un beau rouge orangé, terminé par les dents aiguës, conniventes. ♃ (Juin, juillet). Vulg. *Alkékenge, Herbe-à-cloques*.

Çà et là au bord des vignes, le long des haies et au bord des bois : Salins, çà et là le long des chemins de vignes ; au moulin d'Ivrey, abondamment, et près de la source du Lison à Nans, le long du bois au bord du chemin, etc. — Aux environs de Novilars, dans un petit bois de taillis, au-dessus du moulin de la Cude (Girod-Chant.). — Nyon, près de Promenthou, de Crans, d'Avenex (Gaud.). — Aux environs de Bâle (Hagenb.). — Genève, au chemin des Grands-Philosophes, au bord de l'Arve, près de Pinchat, etc. (Reut.). — Les baies d'Alkékenge sont regardées comme un puissant diurétique rafraîchissant et un peu calmant. On les mange en Allemagne, en Espagne, etc., où on les sert sur les tables au dessert : elles sont légèrement aigrelettes.

6. ATROPE. — *ATROPA*. Linn.

Calice en cloche à 5 lobes ; corolle en cloche régulière, double de la longueur du calice, à 5 lobes ; étamines 5, inégales, à filets filiformes ; baie globuleuse, à 2 loges.

1. A. Belladone. — *A. Belladona*.

Linn. Sp. 260. — DC. Fl. fr. n. 2690. — Duby, Bot. gall. p. 339. — Gaud. Fl. helv. 2. p. 133. — Lam. Ency. 1. p. 396. — Koch, Syn. p. 508.
J. Saint-Hil. Pl. fr. tab. 48. — Bull. Herb. tab. 29. — Lam. illust. tab. 114. fig. 1. — Moris. sect. 13. tab. 5. fig. 4. — J. Bauh. Hist. 3. p. 2. p. 611. — Clus. Hist. 2. p.

86. fig. 1. — Dalech. Hist. p. 1721. fig. 1. — Dod.
pempt. p. 456. fig. 1. — Lob. ic. p.263. fig. 1. (*ead.*).

Racine blanchâtre, longue, épaisse, rameuse; tige herbacée, haute de 1—2 mètres, pubescente, un peu anguleuse, feuillée, très rameuse à sa partie supérieure, à
rameaux étalés; feuilles alternes, pétiolées, ovales, entières,
aiguës, inégales, souvent géminées, molles, d'un vert
obscur, légèrement pubescentes; fleurs d'un pourpre noir
livide, portées sur des pédoncules axilaires, uniflores, solitaires, étalés ou penchés, plus longs que les pétioles; calice
profondément divisé en 5 lobes ovales-acuminés; corolle en
cloche, presque cylindrique, à 5 dents courtes, ovales,
élargies à la base; baies noires, luisantes, succulentes, à 2
loges polyspermes, de la grosseur d'une *Cerise*, d'une saveur douceâtre. ♃ (Juin—août).

Cette plante dangereuse se trouve çà et là dans les bois, particulièrement dans les forêts de sapins de Levier; de Villers et Boujaille; de la
Joux; de Chapois; de Champagnole, etc.; au bord du bois, en suivant
le Lison de Nans au moulin Chipré. — Au pied de Salève, près de la
cascade des Moulins, et près du couvent de Pommier (Reut.). — Nyon,
commune dans les bois des montagnes (Gaud.). — Bâle, sur les monts
Mutet; Diétisberg, etc. (Hagenb.). — Les baies de cette plante sont
un violent narcotique qui cause le délire avec vertiges et hallucinations,
puis l'assoupissement et la mort. La Belladone est stupéfiante et antispasmodique, calmante à l'extérieur; on l'emploie en poudre ou en
extrait, à très petite dose, dans les toux convulsives, la coqueluche, et
comme préservatif de la scarlatine, etc.; l'extrait de Belladone, appli-
qué sur les yeux, dilate la pupille d'une manière remarquable, et calme
les irritations oculaires en opérant une paralysie passagère. On remé-
die à l'action délétère que produisent les baies de cette plante, par le
vomissement, au moyen de l'émétique à haute dose (à cause de l'insen-
sibilité de l'estomac), ou par l'emploi de boissons acidulées, s'il y a
plus de 15—20 heures que les baies aient été ingérées; on donne, en
outre, les délayants, les huileux et le lait.

ß. *Fruit capsulaire.*

7. DATURA. — *DATURA.* Linn.

Calice grand, tubuleux, ventru, prismatique-anguleux,
caduc, à 5 lobes, se séparant de la base orbiculaire persi-

stante; corolle très grande, en entonnoir, à limbe plissé, à 5 angles, à 5 dents acuminées; étamines 5; stigmate à 2 lamelles; capsule ovoïde, lisse ou mollement épineuse, à 4 valves, à 4 loges divisées en 2 autres incomplètes, à plusieurs graines.

1. D. Stramoine. — *D. Stramonium.*

Linn. Sp. 255. — DC. Fl. fr. n. 2688. — Duby, Bot. gall.
p. 339. — Gaud. Fl. helv. 2. p. 111. — Poir. Ency. 7.
p. 459. — Koch, Syn. p. 510.

J. Saint-Hil. Pl. fr. tab. 118. — Chaum. Fl. méd. tab. 332.
— Bull. Herb. tab. 13. — Lam. illust. tab. 113. — J. Bauh.
Hist. 3. p. 2. p. 624. fig. 3.

Tige glabre, épaisse, dressée, fistuleuse, cylindrique, rameuse, haute de 9—12 décim., à rameaux étalés; feuilles alternes, assez grandes, glabres, ovales, pétiolées, irrégulièrement sinuées-lobées, à dents ou lobes aigus ou acuminés; fleurs blanches, rarement violettes, très grandes, axilaires, courtement pédonculées, à corolle plissée, à 5 dents courtes, élargies à la base, acuminées; capsule ovoïde, dressée, verte, assez grosse, mollement épineuse. ⨁ (Juillet, août). Vulg. *Pomme-épineuse.*

Les décombres, le bord des chemins, les lieux cultivés : à Champagnole; à Thoirette; à Busy, route de Salins à Besançon; au bord du lac à Yverdon; Genève, à Saint-Genis, autour des fumiers. — Au bord du lac, près de Genthod (à fleurs violettes) (Reut.). — Bâle, autour des fumiers et dans les décombres (Hagenb.). — Cette plante est originaire de l'Amérique. — La Pomme-épineuse est une plante narcotique et dangereuse; ses feuilles répandent une odeur nauséabonde et vireuse. On s'en sert à l'extérieur en lotion et en fomentation, comme anodine et résolutive; les graines, ainsi que l'extrait des feuilles, à la dose de 1—4 grains, sont employées dans les affections nerveuses, les spasmes, les convulsions, etc.

8. TABAC. — *NICOTIANA.* Linn.

Calice en cloche, persistant, à 5 lobes; corolle en entonnoir, beaucoup plus longue que le calice, à limbe régulier, plissé, à 5 lobes; étamines 5; stigmate échancré; capsule à 2—4 loges, s'ouvrant au sommet par 4 valves; graines très nombreuses.

1. T. rustique. — *N. rustica.*

Linn. Sp. 258. — DC. Fl. fr. n. 2687. — Duby, Bot. gall. p. 359. — Gaud. Fl. helv. 2. p. 114. — Poir. Ency. 4. p. 479. — Koch, Syn. p. 509.

Bull. Herb. tab. 289. — Moris. sect. 5. tab. 11. fig. 4. — J. Bauh. Hist. 3. p. 2. p. 630. fig. 3. — Tabern. ic. p. 576. fig. 2. —Dalech. Hist. p. 1717. fig. 2. —Dod. pempt. p. 450. fig. 2. — Lob. ic. p. 269. fig. 2. (*ead.*).

Tige haute de 6—9 décim., rameuse au sommet, feuillée, cylindrique, ferme, dressée; feuilles alternes, ovales, obtuses, entières, assez longuement pétiolées; fleurs d'un jaune verdâtre, disposées à l'extrémité de la tige en panicule terminale, portées sur des pédoncules rameux, axilaires dans les feuilles supérieures beaucoup plus petites et sessiles, munis de bractées; calice en cloche, à 5 dents triangulaires; corolle à tube large, double de la longueur du calice, à lobes du limbe courts, obtus; capsule presque globuleuse, contenant un grand nombre de graines brunes, luisantes, chagrinées, très petites. ① (Juillet, août).

Salins, dans une vigne où cette plante avait sans doute été cultivée, et où il s'en trouvait un grand nombre de pieds épars (Th. Babey). — Les décombres autour de Nyon (Gaud.). — Cette plante, originaire d'Amérique, se reproduit souvent spontanément.

9. JUSQUIAME. — *HYOSCYAMUS.* Linn.

Calice tubuleux-en cloche, persistant, à 5 lobes; corolle en entonnoir, à limbe à 5 lobes obtus, inégaux; étamines 5; stigmate en tête; capsule ovoïde, un peu comprimée, marquée d'un double sillon, à 2 loges, s'ouvrant transversalement au sommet par une sorte d'opercule.

1. J. noire. — *H. niger*.

Linn. Sp. 257. — DC. Fl. fr. n. 2685. — Duby, Bot. gall.
p. 359. — Gaud. Fl. helv. 2. p. 112. — Lam. Ency. 3. p.
327. — Koch, Syn. p. 509.

Bull. Herb. tab. 93. — Chaum. Fl. méd. tab. 211. — Moris.
sect. 5. tab. 11. fig. 1. (*series* 2.). — J. Bauh. Hist. 3. p.
2. p. 627. fig. 1. (*mala*). — Clus. Hist. 2. p. 83. fig. 1.
— Tabern. ic. p. 575. fig. 2. — Dalech. Hist. p. 1716.
fig. 1. — Dod. pempt. p. 450. fig. 1. — Lob. ic. p. 268.
fig. 1. (*ead.*).

Plante visqueuse-lanugineuse, d'une odeur fétide. Racine
épaisse, blanchâtre, fusiforme ; tige dressée, haute de 3—5
décim., feuillée, cylindrique, fistuleuse, velue-lanugineuse,
rameuse, à rameaux ouverts ; feuilles alternes, très molles,
un peu épaisses et lanugineuses, oblongues, sinuées-pinnatifides, à lobes aigus : les inférieures pétiolées : les caulinaires demi-embrassantes : les florales plus petites, à 1—2
dents de chaque côté ; fleurs presque sessiles, axilaires,
nombreuses, assez grandes, unilatérales, disposées le long
des rameaux en épis terminaux feuillés, d'abord courts, à
la fin très allongés ; corolle d'un blanc sale, jaunâtre, d'un
pourpre noirâtre livide au centre, veinée-réticulée par des
lignes de même couleur ; calice accru à l'époque de la fructification, velu-lanugineux, dur, raide, en cloche resserrée
au milieu, nerveux, à 5 lobes courts, triangulaires, aigus,
presque piquants ; capsule ovoïde, obtuse, glabre, renfermée dans le calice persistant et plus courte que lui ; graines
très nombreuses, brunâtres, chagrinées. ② (Juin, juillet).

Les lieux incultes, les décombres et le bord des chemins, çà et là :
Salins, à Ivory ; à Pagnoz ; sur les cimetières de Montigny ; d'Éternoz ;
aux environs de Besançon, en sortant des portes d'Arènes et de Char-
mont ; de Pontarlier ; au village de la Loye, au bord de la forêt de
Chaux. — Au village de Thoiry (Reut.). — Bâle, sur les cimetières,
au bord des chemins (Hagenb.). — Cette plante n'est pas commune. —
Les feuilles de Jusquiame sont employées en cataplasme, comme calmantes et résolutives ; son extrait est narcotique ; sa racine est vomi-
tive. Elle est délétère comme le *Datura Stramonium*.

FAMILLE LXXVI.

Verbascées. Koch.

COROLLE inégale ou irrégulière ; étamines 4—5, à anthéres uniloculaires, attachées en travers ou obliquement au sommet élargi du filet : les autres caractères comme dans les Solanées.

1. MOLÈNE. — *VERBASCUM.* Linn.

Calice à 5 divisions ; corolle en roue à 5 lobes un peu inégaux ; étamines 5, inégales, à filets inclinés, ordinairement barbus ; capsule ovoïde ou globuleuse, à 2 valves, à 2 loges polyspermes.

§ 1. *Feuilles supérieures entièremennt décurrentes,*
ou en partie.

1. M. de Schrader. — *V. Schraderi.*

Mey. chlor. Hanov. p. 326. — Koch, Syn. p. 510. — *V. Thapsus* (Schrad.). DC. Fl. fr. n. 2668. (*non Linn.*). — Duby, Bot. gall. p. 340. — Gaud. Fl. helv. 2. p. 115. — Lam. Ency. 4. p. 215.

Chaum. Fl. méd. tab. 74. — Moris. sect. 5. tab. 9. fig. 1. — Tabern. ic. p. 563. fig. 1. — Dalech. Hist. p. 1298. fig. 1. — Dod. pempt. p. 143. fig. 1. — Lob. ic. p. 561. fig. 2. (*ead.*).

Racine longue, épaisse, rameuse ; tige haute de 9—15 décim., épaisse, ordinairement simple, dressée, raide, très feuillée, couverte, comme toutes les autres parties de la plante, d'un duvet épais, cotonneux, à poils rameux-étoilés ; feuilles amples, d'un vert cendré un peu jaunâtre, presque entières, légèrement crénelées, molles, épaisses, drapées : les radicales étalées, oblongues, obtuses, rétrécies en pétiole à la base : les caulinaires ovales-lancéolées, aiguës, entièrement décurrentes, allant en diminuant de grandeur vers le sommet de la tige ; fleurs jaunes, assez grandes, réunies par groupes de 3—5 presque sessiles, à pédicelles plus courts que le calice, munis à la base de bractées ovales lancéolées, disposées en un long épi terminal raide, compacte, souvent un peu interrompu dans le bas ; calice cotonneux, plus long que le tube de la corolle, à 5 lobes lancéolés ; corolle en entonnoir, à 5 lobes oblongs, un peu inégaux, pubescente en dehors, demi-étalée ; étamines 5, les 3 supérieures à filets barbus, à poils blanchâtres, les 2 inférieures un peu plus longues, à filets glabres, ou légèrement poilus dans le haut, 4 fois plus longs que les anthères courtement décurrentes ; stigmate petit, en tête ; capsule pulvérulente, de la longueur du calice. ② (Juillet, août). Vulg. *Bouillon blanc.*

Les lieux arides et sablonneux : Salins, le long de la route de Besançon, vers le village de Chilley ; les graviers de la Loue, à Villers-Farlay ; à Chamblay, etc.; sur les places des fourneaux à charbon dans les bois de taillis ; aux environs de Thoirette ; dans le vallon d'Ardran, près du Reculet. — Dans la vallée de Joux, et aux environs de Nyon, rare (Gaud.). — Commun aux environs de Bâle (Hagenb.). — Les fleurs de cette plante et de la suivante sont employées comme émollientes, adoucissantes, pectorales et béchiques.

2. M. à grandes fleurs. — *V. Thapsus.*

Linn. Suec. 69. — Koch, Syn. p. 510. — *V. thapsiforme* (Schrad.). DC. Fl. fr. supp. n. 2668a. — Duby, Bot. gall. p. 340. — Gaud. Fl. helv. 2. p. 117.

J. Bauh. Hist. 3. p. 2. p. 874. fig. 1. — Fuchs, Hist. p. 848. (*ead.*).

Tige simple, dressée, cylindrique, épaisse, très feuillée, haute de 1—2 mètres, couverte, comme toutes les autres parties de la plante, d'un duvet épais, cotonneux, à poils rameux-étoilés ; feuilles ovales oblongues, évidemment crénelées, cotonneuses, molles, épaisses, d'un vert cendré un peu plus foncé que dans l'espèce précédente : les radicales rétrécies à la base, les autres entièrement décurrentes : les

supérieures petites , ovales-lancéolées, brusquement acuminées ; fleurs jaunes , très grandes , réunies par groupes de
3—6 presque sessiles, à pédicelles plus courts que le calice , disposées en un ou plusieurs épis terminaux raides,
compactes , quelquefois un peu interrompus à la base ; calice
cotonneux, en cloche , à 5 lobes carénés ; corolle en roue ,
pubescente en dehors, à 5 lobes étalés , arrondis , un peu
inégaux ; étamines 5, les 3 supérieures à filets barbus , à
poils blanchâtres , les 2 inférieures plus longues, à filets
glabres , ou légèrement poilus dans le haut, une fois et
demi ou 2 fois plus longs que les anthères longuement décurrentes ; stigmate en massue ; capsule ovoïde , cotonneuse.
② (Juillet , août).

Les mêmes lieux que l'espèce précédente : les graviers de la Loue ;
les environs de Besançon ; de Thoirette ; de Genève ; de Nyon ; de
Bâle, etc. — Cette espèce se distingue de suite de la précédente, à sa
corolle plus grande et aplanie.

β. *Thapso-nigrum*. Gaud. Fl. helv. 3. l. c. var. γ. —
Feuilles courtement décurrentes, à côte d'un pourpre noirâtre ; fleurs en épi un peu lâche ; filets des étamines barbus ,
à poils lilas : les 2 inférieurs plus longs, nus au sommet.

Dans la vallée de Moutier-Grandval , entre Correndelin et Moutier
(Gaud.).

3. M. de montagne. — *V. montanum*.

Schrad. Hort. gott. fasc. 2. p. 18. — Koch , Syn. p. 511. —
V. crassifolium (Schleich.). Gaud. Fl. helv. 2. p. 119.
(*non* DC. , *nec* Duby, *quod filamentis glabris præditum
est*). — *V. grandiflorum*. Poir. Ency. supp. 3. p. 715.
(*excl. var. α.*).
J. Bauh. Hist. 3. p. 2. p. 872. fig. 4. — Dalech. Hist. p.
1301. fig. 1. (*ead.*). — Dod. pempt. p. 143. fig. 2.
(*ead.*).

Tige très simple, dressée , haute de 4—6 décim. , cylindrique dans le bas , plus ou moins anguleuse dans le haut;

feuilles presque nues en dessus, recouvertes en dessous d'un
coton jaunâtre, épais, floconneux : les radicales plus petites,
oblongues-elliptiques, crénelées, brusquement rétrécies en
pétiole : les inférieures également pétiolées : les supérieures
petites, demi-décurrentes, ovales, entières, brusquement
acuminées ; fleurs jaunes, solitaires et fasciculées, en épi
allongé, raide, compacte, surtout au sommet, souvent
interrompu à la base ; étamines à filets tous barbus, à poils
blanchâtres : les 2 inférieures plus longues, à filets glabres
au sommet, à anthères courtement décurrentes. ② (Juillet,
août).

Sur le mont Marchairuz et aux environs de Promenthou (Gaud.). —
Entre Rolle et la pointe d'Allaman, sur les graviers au bord du lac
(Rapin).

§ 2. *Feuilles non décurrentes ; fleurs fasciculées.*

* *Filets des étamines à barbe blanchâtre.*

4. M. Lychnite. — *V. Lychnitis.*

Linn. Sp. 253. — DC. Fl. fr. n. 2672. — Duby, Bot. gall.
  p. 341. —Gaud. Fl. helv. 2. p. 120. — Lam. Ency. 4. p.
  218. — Koch, Syn. p. 513.
J. Saint-Hil. Pl. fr. tab. 249. (*malè*). — Tabern. ic. p.
  565. fig. 2. — Dod. pempt. p. 143. fig. 2.

Tige haute de 6—9 décim., dressée, feuillée, anguleuse,
pulvérulente, rameuse-paniculée au sommet; feuilles éparses,
crénelées, presque glabres et d'un vert cendré en dessus,
pulvérulentes-cotonneuses en dessous, noircissant ordinairement en herbier : les inférieures oblongues-elliptiques, rétrécies en pétiole, souvent un peu aiguës au sommet : les
autres ovales-oblongues, aiguës, presque sessiles : celles du
sommet ovales-acuminées ; fleurs petites, d'un jaune pâle,
cotonneuses-pulvérulentes, disposées en épis axilaires plus
ou moins allongés, formant une longue panicule pyramidale,
dressée, terminale, munies de bractées lancéolées-acumi-

nées; filets des étamines tous barbus, à barbe blanchâtre. ② (Juillet, août).

Commune le long des chemins et des routes, dans les lieux incultes et arides.

β. *Album*. Koch, Syn. l. c. — Gaud. Fl. helv. 2. l. c. — *V. album*. Mill. Dict. n. 3. — Moris. sect. 5. tab. 9. fig. 4. — J. Bauh. Hist. 3. p. 2. p. 863. fig. 2. — Tabern. ic. p. 564. fig. 1. — Dalech. Hist. p. 1300. fig. 3. — Fleurs blanches.

Salins, au-dessus des Angoulirons, et en descendant à Mainay; Yverdon, le long de la promenade; en montant d'Orbe à Balaigue, au bord de la route. — Près de Mont; de Longirod, etc. (Gaud.). — Aux environs de Bâle (Hagenb.).

5. M. incanescente. — *V. incanum.*

Gaud. Fl. helv. 2. p. 121. et ejusd. Syn. p. 171. — *V. mixtum*. Thom. exsic. — *V. Schottianum*. Schrad. Monog. p. 13. tab. 3. fig. 2. (*ex Mut., sed non ex Koch qui filamentis purpureo-lanatis, dicit*).

Plante de 9—12 décim., acquérant dans la plaine jusqu'à près de 3 mètres de hauteur, pyramidale, à tige cylindrique, striée à sa partie supérieure, robuste, très feuillée, blanche-pubescente inégalement, à poils très courts; feuilles minces, très grandes, noircissant par la dessication, oblongues-elliptiques, ordinairement aiguës, largement crénelées, glabres en dessus, blanches-pubescentes en dessous, à poils rayonnants, cotonneuses-pubescentes dans la jeunesse: les inférieures rétrécies à la base en pétiole court et épais: les supérieures presque sessiles, ovales-acuminées, allant en diminuant de grandeur vers le sommet de la tige; fleurs d'un jaune doré, plus grandes que dans l'espèce précédente, réunies par fascicules en grappes nombreuses, un peu rameuses, formant une panicule terminale très rameuse, feuillée à la base, çà et là interrompue dans le haut, portées, au nombre de 3—4, sur des pédoncules allongés, recouverts, ainsi que les calices, d'un coton très blanc; bractées ovales-lancéolées, acuminées, entières, plus longues que les fleurs, les supérieures plus étroites, linéaires; filets des étamines tous barbus en dedans, à poils d'un blanc jaunâtre, nus et colorés en dehors; style allongé en massue. ② (Juillet, août).

Entre Rolle et Nyon, le long du chemin, près de la campagne dite la Linière (Gaud.).

6. M. floconneuse. — *V. floccosum.*

Waldst. et Kit. Pl. rar. Hung. 1. p. 81. — Koch, Syn. p. 515. — *V. pulverulentum.* Gaud. Fl. helv. 2. p. 124. (*non Vill., ex Koch*). — DC. Fl. fr. n. 2673. — Duby, Bot. gall. p. 341. — *V. pulvinatum.* Thuil. Fl. par. ed. 2. p. 109.

Moris. sect. 5. tab. 9. fig. 3. — J. Bauh. Hist. 3. p. 2. p. 873. fig. 1.

Cette plante se reconnaît de suite aux flocons blancs, cotonneux-pulvérulents, qui la recouvrent et qui s'enlèvent facilement par le frottement. Tige dressée, cylindrique ou légèrement anguleuse, rameuse-paniculée à sa partie supérieure, à rameaux cylindriques, haute de 6—9 décim. : feuilles molles, un peu épaisses, recouvertes d'un duvet blanc qui devient floconneux et caduc, comme celui de la tige, légèrement crénelées, souvent presque nues en dessus : les radicales oblongues-elliptiques, rétrécies en pétiole à la base : les caulinaires sessiles, ovales-aiguës : les supérieures en cœur, demi-embrassantes, acuminées; fleurs jaunes, en panicule terminale très rameuse, presque pyramidale, à rameaux allongés, grêles, formant des épis interrompus, composés de fleurs agglomérées, presque cachées dans les flocons du duvet cotonneux qui les recouvre ; filets des étamines tous garnis de poils barbus blanchâtres, les 2 inférieurs un peu plus longs; anthères à pollen couleur de minium. ② (Juillet, août).

Aux environs de Thoirette]; de Thoiry ; à Yverdon, le long de la promenade. — Autour de Nyon, près du lac ; de Promenthou (Gaud.). — Genève, commun sur les remparts ; les Tranchées, etc. (Reut.). — Près de Frontenex (Monnard). — Aux environs de Bâle (Hagenb.).

β. *Hybridum*. Gaud. Fl. helv. 2. l. c. — Feuilles radicales courtement pétiolées : les supérieures un peu décurrentes ; fleurs en épis un peu lâches ; filets des étamines tous barbus, les 2 inférieures à barbe lilas.

Nyon, au bord du lac, avec la variété α. (Gaud.).

** *Filets des étamines à barbe violette.*

7. M. mélangée. — *V. mixtum*.

Ram. in DC. Fl. fr. n. 2674. (*excl. Syn. Smith.*). — Gaud. Fl. helv. 2. p. 125. — Poir. Ency. supp. 3. p. 718. — *V. pulverulentum. var. γ. mixtum*. Gaud. Syn. p. 171.

Tige dressée, un peu anguleuse, couverte d'un duvet court, blanchâtre, haute d'environ 1 mètre, rameuse-paniculée à sa partie supérieure ; feuilles molles, très cotonneuses et floconneuses, oblongues, aiguës, crénelées, les inférieures pétiolées, les supérieures sessiles embrassantes ; fleurs fasciculées, à corolle jaune, avec une tache purpurine à la base des lobes (Rapin), à barbe des étamines violette, disposées en grappes lâches, les latérales plus courtes, ascendantes. ② (Juillet, août).

Les lieux stériles : çà et là aux environs de Nyon (Monnard). — Cette espèce est très voisine de la précédente, et n'en est sans doute qu'une variété, car elle n'en diffère que par sa tige un peu anguleuse, et ses fleurs un peu plus petites, à barbe des étamines violette.

8. M. noire. — *V. nigrum*.

Linn. Sp. 253. — DC. Fl. fr. n. 2675. — Duby, Bot. gall. p. 341. — Gaud. Fl. helv. 2. p. 124. — Lam. Ency. 4. p. 219. — Koch, Syn. p. 514.

Moris. sect. 5. tab. 9. fig. 5. (*series* 2.). — J. Bauh. Hist.
3. p. 2. p. 873. fig. 3. — Dalech. Hist. p. 1299. fig. 1.
— Dod. pempt. p. 144. fig. 1. — Lob. ic. p. 562. fig. 2.

Tige dressée, raide, anguleuse, ordinairement simple et
d'un pourpre noirâtre, un peu velue, haute de 6—9 décim.;
feuilles ovales oblongues, aiguës, crénelées, presque glabres et d'un vert sombre en dessus, grisâtres et cotonneuses
en dessous, à nervures et pétiole d'un pourpre noirâtre : les
radicales et les inférieures longuement pétiolées, échancrées
en cœur à la base : les supérieures ovales-lancéolées, presque
sessiles, allant en diminuant de grandeur vers le sommet
de la tige ; fleurs petites, portées sur des pédoncules une
fois plus longs que le calice, réunies par groupes de 5—8
dans l'axe des bractées lancéolées-linéaires, et disposées en
un long épi terminal ordinairement simple; corolle jaune,
rarement blanche, marquée à la gorge de taches purpurines;
filets des étamines à barbe purpurine. ② (Juin—août).

Commune le long des chemins, particulièrement dans le voisinage
des villages, surtout dans la montagne : Salins, à Ivory et au Pont-
d'Héry ; à Cernans ; à Levier, etc.; aux environs de Pontarlier ; de
Saint-Sulpice, au Val-Travers ; au Brot ; à Saint-Cergue ; à Gex ; aux
environs de Bâle , etc., etc.

β. *Parisiense*. DC. Fl. fr. l. c. — *V. Parisiense*. Thuill.
Fl. par. ed. 2. p. 110. — Fleurs en épi terminal plus ou
moins rameux à la base , à rameaux dressés.

Dans les mêmes lieux, mais plus rare.

γ. *Gymnostemon*. DC. Fl. fr. supp. n. 2675. — Gaud.
Fl. helv. 2. l. c. —Filets des étamines entièrement glabres.

Aux environs de Neuchâtel (Chaillet).

§ 3. *Feuilles non décurrentes ; fleurs solitaires ou géminées, en grappe terminale grêle, allongée.*

9. M. Blattaire. — *V. Blattaria*.

Linn. Sp. 254. — DC. Fl. fr. n. 2678. — Duby, Bot. gall.
p. 641. — Gaud. Fl. helv. 2. p. 126. — Lam. Ency. 4. p.
224. — Koch, Syn. p. 515.

J. Saint-Hil. Pl. fr. tab. 469. — Moris. sect. 5. tab. 10. fig.
6. — J. Bauh. Hist. 3. p. 2. p. 874. — Dalech. Hist. p.
1305. fig. 1. — Dod. pempt. p. 145. fig. 1. — Lob. ic.
p. 564. fig. 2. (*ead.*).

Plante glabre sur toutes ses parties, si l'on en excepte le
sommet de la tige, les pédoncules et le calice, qui sont plus
ou moins garnis de poils courts, très fins, glanduleux au
sommet. Racine blanchâtre, épaisse, fusiforme ; tige ordinairement simple, quelquefois rameuse dans le haut, dressée, ferme, cylindrique, à peine anguleuse, feuillée, haute
de 6—10 décim. ; feuilles assez nombreuses, alternes,
minces, d'un vert gai, glabres et lisses : les radicales et les
inférieures sinuées-dentées ou anguleuses, oblongues, rétrécies en pétiole à la base : les caulinaires oblongues, aiguës, sessiles, crénelées : les supérieures ovales-acuminées,
presque en cœur et demi-embrassantes à la base ; fleurs
jaunes, en grappe terminale dressée, poilue-glanduleuse,
à poils courts et très fins, ordinairement simple, lâche,
très allongée, portées sur des pédoncules alternes, solitaires,
doubles ou presque doubles de la longueur des bractées, à
l'époque de la fructification ; filets des étamines à barbe
purpurine, les 2 inférieurs plus longs ; pollen d'abord d'un
jaune doré, à la fin pâle. ② (Juin, juillet). Vulg. *Herbe-
aux-Mites.*

Les lieux arides, le bord des chemins et des routes : Salins, à Saint-
Joseph ; entre Pagnoz et Mouchard ; à la saline d'Arc ; à Villers-Farlay ;
à Chamblay ; à Mont-sous-Vaudrey ; entre les villages de Renne et des
Arsures, etc.; aux environs de Besançon ; de Dole ; de Genève ; de
Nyon ; d'Yverdon ; de Bâle, etc.

10. M. Fausse-Blattaire. — *V. blatarioïdes.*

Lam. Ency. 4. p. 225. — DC. Fl. fr. n. 2679. — Duby, Bot.
gall. p. 344. — Gaud. Fl. helv. 2. p. 127. — *V. rubi-
ginosum* (Waldst. et Kit.). Koch. Syn. p. 514. (*ad
calcem*).

Cette espèce diffère de la précédente, avec laquelle elle a
les plus grands rapports, par sa tige haute de 9—12 décim.,

un peu anguleuse, garnie, ainsi que toutes les autres parties de la plante, de poils fins, courts, subulés, non glanduleux, ordinairement divisée au sommet en rameaux effilés; par ses fleurs plus nombreuses, disposées en grappe terminale grêle, moins lâche, portées sur des pédoncules inégaux, un peu plus courts, géminés, ternés ou quaternés, rarement solitaires; par son calice à lobes verts, lancéolés, sa corolle plus grande, son pollen safrané; feuilles légèrement pubescentes en dessous : les inférieures oblongues, grossièrement crénelées ou sinuées, rétrécies en un court pétiole : celles de la tige oblongues-ovales, aiguës, presque en cœur, demi-embrassantes. ② (Juin, juillet).

Nyon, dans les champs au voisinage du bois Bougis (Gaud.).

2. SCROPHULAIRE. — *SCROPHULARIA*. Linn.

Calice monosépale à 5 lobes; corolle presque globuleuse, à limbe à 2 lèvres, la supérieure plus longue, à 2 lobes, ordinairement munie en dedans d'une écaille qui est le rudiment d'une cinquième étamine, l'inférieure à 3 lobes, le moyen réfléchi; étamines 4, didynames; stigmate unique; capsule ovoïde, aiguë, à 2 loges, à valves infléchies à la base sur un placenta épais.

§ 1. *Écaille de la lèvre supérieure arrondie, ou réniforme, ou à 2 lobes.*

1. S. noueuse. — *S. nodosa.*

Linn. Sp. 863. — DC. Fl. fr. n. 2625. — Duby, Bot. gall. p. 347. — Gaud. Fl. helv. 4. p. 160. — Poir. Ency. 7. p. 28. — Koch, Syn. p. 515.

Chaum. Fl. méd. tab. 321. — Lam. illust. tab. 533. fig. 1. — Moris. sect. 5. tab. 8. fig. 3. — J. Bauh. Hist. 3. p. 2. p. 424. fig. 1. — Tabern. ic. p. 542. fig. 2. — Dalech. Hist. p. 1085. fig. 2. — Dod. pempt. p. 50. fig. 1. — Lob. ic. p. 533. fig. 2. (*ead.*).

Racine transversale, noueuse-tuberculeuse; tige dressée, glabre, d'un vert sombre, à 4 angles aigus, rameuse-paniculée au sommet, haute de 6—9 décim.; feuilles opposées, grandes, d'un vert foncé, glabres, ovales ou oblongues, aiguës, un peu en cœur à la base, inégalement dentées en scie, pétiolées : les supérieures lancéolées; fleurs petites, d'un pourpre olivâtre, souvent verdâtres à la base, portées sur des pédoncules grêles, assez longs, disposées en panicule terminale oblongue, à rameaux opposés, trichotomes, pubescents-glanduleux, munis de bractées à la base; lobes du calice ovales, obtus, étroitement scarieux sur les bords; écaille de la lèvre supérieure oblongue transversalement, un peu échancrée; capsule ovoïde-acuminée. ♃ (Juin, juillet).

Commune le long des fossés, au bord des chemins, dans les lieux humides. — La Scrophulaire est une plante amère et nauséeuse; sa décoction guérit la gale, en lavant les pustules pendant plusieurs jours : on l'a beaucoup vantée autrefois dans la guérison des scrophules, ce qui lui a fait donner le nom de Scrophulaire.

2. S. aquatique. — *S. aquatica.*

Linn. Sp. 864. — Koch, Syn. p. 515. — Mert. et Koch, Deuts. Fl. 2. p. 405.
Lam. illust. tab. 533. fig. 2. — Tabern. ic. p. 542. fig. 2.

Racine fibreuse, à fibres capillaires; tige dressée, glabre, tétragone, ailée sur les angles, rameuse-paniculée au sommet, haute de 6—12 décim.; feuilles opposées, molles, pétiolées, ovales-oblongues ou ovales, un peu obtuses, à peine en cœur à la base, dentées en scie, d'un vert gai, plus pâles en dessous, glabres sur les deux faces, à pétiole ailé; fleurs d'un pourpre noirâtre, disposées en panicule terminale dressée, nue, allongée, composée de grappes latérales opposées, rameuses-trichotomes, pubescentes-glanduleuses, un peu écartées, munies de bractées étroites, lancéolées ou subulées; lobes du calice ovales-arrondis, largement scarieux sur les bords; corolle d'un pourpre

brun sur le dos, verdâtre sur le tube et la lèvre inférieure ;
écaille de la lèvre supérieure bilobée, à lobes divergents ;
capsule globuleuse. ♃ (Juin—août). Vulg. *Bétoine d'eau*,
Herbe du siége.

Commune au bord des eaux, dans les lieux humides, le long des
rivières et des ruisseaux : Salins, le long du ruisseau du bois de Racine ;
le long de la Furieuse, etc. — Genève, au bord de l'étang, près de la
fontaine avant d'arriver à Satigny ; au bord des ruiseeaux, près de
Thoiry. — Le nom d'*Herbe du Siége* qu'on lui a donné vient, dit-on,
de ce qu'elle fut employée comme vulnéraire pour la guérison des plaies
au siége de la Rochelle, en 1627.

3. S. de Balbis. — *S. Balbisii*.

Hornem. Hort. Hafn. 2. p. 577. — Koch, Syn. p. 515. —
   S. aquatica. DC. Fl. fr. n. 2627 ? — Duby, Bot. gall. p.
   346 ? — Gaud. Fl. helv. 4. p. 161 ? — Poir. Ency. 7. p. 29 ?
J. Saint-Hil. Pl. fr. tab. 348. — Moris. sect. 5. tab. 8. fig. 4.
   (*series* 3.). — Dalech. Hist. p. 1356. fig. 2. — Dod. pempt.
   p. 50. fig. 2. (*ead.*). — Lob. ic. p. 533. fig. 1. (*ead.*).
Cette espèce se distingue de la précédente, avec laquelle
on la confond ordinairement, par sa tige plus élevée, moins
rameuse, également ailée sur les angles et les pétioles ; par
ses feuilles d'un vert foncé, oblongues, en cœur à la base,
obtuses et arrondies au sommet, obtusément crénelées et
non dentées en scie, souvent munies, au moins les inférieures, de 2 petites folioles ou oreillettes au sommet du
pétiole, pubescentes en dessus (dans mes échantillons) ; enfin par ses fleurs plus grandes, d'un pourpre brunâtre, à
écaille de la lèvre supérieure réniforme, entière ou obscurément échancrée. Toute la plante a une odeur plus forte que
la précédente. ♃ (Juin, juillet).

Salins, le long de la Furieuse, à la Chapelle ; au bord du ruisseau
des Doigts, au-dessus du Gout-de-Conche, etc. — Genève, le long des
ruisseaux, près d'Étrembières ; au moulin d'Aigue-Belle, au pied du
petit Salève (Reut.). — Cette espèce ayant été confondue avec la précédente, sa synonimie est douteuse et très difficile à établir : j'y ai
rapporté les figures des anciens, à feuilles auriculées à la base.

§ 2. *Écaille de la lèvre supérieure linéaire ou lancéolée ,
aiguë , ou nulle.*

4 . S. canine. — *S. canina.*

Linn. Sp. 865. — DC. Fl. fr. n. 2652. — Duby, Bot. gall.
p. 347. — Gaud. Fl. helv. 4. p. 163. — Poir. Ency. 7.
p. 33. — Koch, Syn. p. 516.

Moris. sect. 5. tab. 9. fig. 8. — J. Bauh. Hist. 3. p. 2. p.
423. fig. 2. (*mala*). — Clus. Hist. 2. p. 209. fig. 1. (*ic.
Lob.*). — Tabern. ic. p. 156. fig. 2. — Dalech. Hist. p.
973. fig. 3. — Lob. ic. 2. p. 55. fig. 1. (*ead.*).

Racine un peu rameuse, rampante ; tige dressée , obtusément quadrangulaire , souvent d'un pourpre noirâtre ,
glabre , comme toutes les autres parties de la plante , feuillée,
rameuse , dichotome au sommet, haute de 3—6 décim. ;
feuilles glabres : les inférieures pétiolées, oblongues, incisées ou pinnatifides : les autres ailées-pinnatifides , à lanières
incisées-dentées en scie , confluentes au sommet : les supérieures plus finement découpées ; fleurs d'un pourpre noirâtre , pédicellées, disposées en grappe paniculée terminale ,
allongée , presque nue , glanduleuse , à glandes presque
sessiles , à rameaux ou pédoncules alternes , dichotomes ,
ayant souvent une fleur dans la dichotomie , les inférieurs
axilaires , les supérieurs munis de bractées linéaires-subulées ; lobes du calice arrondis , membraneux et très blancs
sur les bords ; corolle à lèvre supérieure 3 fois plus petite
que le tube , à écaille lancéolée , aiguë , ou nulle ; étamines
et pistils saillants ; capsule globuleuse , mucronée , plus
grande que le calice. ♃ (Juin—août).

Dans les lieux graveleux, arides ou sablonneux : aux environs de
Thoirette ; dans les lieux incultes aux environs de Thoiry, et au bord
de la route de Lyon, entre ce dernier village et Saint-Genis ; au bord
du lac de Joux. — Au bord du lac, près de Genthod ; au bois de la
Bâtie (Reut.). — Près de Coppet ; de Nyon, à l'embouchure du Boiron ;
de Promenthou, etc. (Gaud.). — Bâle, près de Saint-Louis et d'Huningue ; au bord de la Birse et du Birsec (Hagenb.).

β. Montana. Gaud. Fl. helv. 4. l. c.? — Feuilles 2 fois ailées-pinnatifides, à lanières étroites, linéaires, à 1—3 lobes lancéolés; panicule glanduleuse, à glandes presque sessiles.

Salins, sur le penchant rocailleux au pied des rochers, en suivant le Lison de Nans au moulin Chipré; au-dessus des Planches, près d'Arbois. — Au pied du rocher de la Dôle; au Mont-d'Or, près de Vallorbes (Gaud.).

5. S. de Hoppe. — *S. Hoppii.*

Koch, Syn. p. 516. — *S. canina.* Hopp. cent. 4. — DC. Fl. fr. n. 2632. var. *β.* et *γ.* — Gaud. Fl. helv. 4. p. 163. var. *γ. nana.* — *S. Juratensis.* Schleich. exsic.

Cette espèce, que plusieurs botanistes réunissent à la précédente comme variété, s'en distingue par sa tige plus courte, haute seulement de 1—2 décim., toujours simple, terminée par une grappe de fleurs courte et resserrée; par ses feuilles 2 fois ailées-pinnatifides, à lanières étroites, incisées et dentées, semblables à celles de la var. *β.* de l'espèce précédente; enfin par ses fleurs plus grandes, dont la lèvre supérieure est de moitié plus petite que le tube, portées sur des pédicelles poilus-glanduleux, à poils égalant presque le diamètre des pédicelles dont la longueur égale celle de la capsule plus grosse. ② Koch (Juillet, août).

Parmi les rocailles, sur les hautes sommités de la chaîne du Colombier, et près du châlet du Reculet, au-dessus du vallon d'Ardran. — Se trouve aussi dans les rocailles au-dessous de la Dôle (Reut.).

FAMILLE LXXVII.

Antirrhinées. Juss.

CALICE persistant, à 4—5 divisions; corolle monopétale hypogyne, irrégulière ou inégale, ordinairement à 2 lèvres ou en gueule, caduque; étamines 4 didynames, ou 2, insérées sur la corolle; ovaire libre; style 1; stigmate simple ou à 2 lobes ; capsule à 2 loges, à plusieurs graines ; placentas fixés sur le milieu de la cloison. Embryon droit, renfermé dans un périsperme charnu ; radicule tournée vers l'ombilic. — Herbes à feuilles opposées, au moins les inférieures.

α. Étamines 4, didynames.

1. GRATIOLE. — *GRATIOLA*. Linn.

Calice à 5 divisions, muni de 2 bractées à la base ; corolle tubuleuse, légèrement tétragone, à 2 lèvres peu marquées, la supérieure échancrée, l'inférieure à 3 lobes ; étamines 4–5, insérées sur le tube, dont 2 fertiles ; anthères pendantes, s'ouvrant par 2 fentes ; capsule ovoïde, à 2 loges, a cloison simple.

1. G. officinale. — *G. officinalis.*

Linn. Sp. 24. — DC. Fl. fr. n. 2666. — Duby, Bot. gall. p. 342. — Gaud. Fl. helv. 1. p.43. — Lam. Ency. 3. p. 26. — Koch, Syn. p. 517.

J. Saint-Hil. Pl. fr. tab. 176. — Bull. Herb. tab. 130. — Chaum. Fl. méd. tab. 187. — Lam. illust. tab. 16. fig. 1. — Moris. sect. 5. tab. 8. fig. 7. — J. Bauh. Hist. 3. p. 2. p. 435. fig. 1. — Tabern. ic. p. 367. fig. 1. — Dalech. Hist. p. 1085. fig. 1. — Dod. pempt. p. 362. fig. 1. — Lob. ic. p. 433. fig. 2. (*ead.*).

Racine rampante, articulée ; tige dressée, ordinairement simple, ou un peu rameuse, glabre, fistuleuse, noueuse, cylindrique, tétragone à sa partie supérieure, haute de 2—3 décim. ; feuilles opposées, nombreuses, rapprochées, sessiles, lancéolées, dentées en scie, entières à la base, à 3—5 nervures, glabres, ponctuées ; fleurs rosées ou blanches, jaunâtres et barbues à la gorge, portées sur de longs pédoncules filiformes, dressés, axilaires, uniflores, plus courts que les feuilles ; calice à 5 divisions lancéolées, muni à la base de 2 bractées linéaires, aiguës, plus longues que lui ;

corolle à 2 lèvres peu marquées, la supérieure plus grande,
échancrée, l'inférieure à 3 lobes, à tube un peu courbé;
filets des étamines fertiles barbus, les stériles grêles, plus
courts; capsule globuleuse-conique, acuminée, à 2 valves.
♃ (Juin—août). Vulg. *Herbe au pauvre homme.*

Les prés humides : Salins, entre la Grange-de-Vaivre et l'embouchure de la Furieuse, rare; aux environs d'Arbois; de Besançon, dans
le marais de Saône; au bord du lac à Yverdon. — A Boudry; à Colombier et Aneth, comté de Neuchâtel; à Eysins, près de Nyon (Gaud.).
— Genève, dans les marais à Sionet; à Choulez, etc. (Reut.). — Bâle,
à Michelfeld (C. B. : *hodiè desideratur,* Hagenb.). — Cette plante est
un violent purgatif qui devient très utile lorsqu'il est employé avec
méthode et à petite dose : vénéneux à haute dose.

2. DIGITALE. — *DIGITALIS.* Linn.

Calice à 5 divisions inégales; corolle tubuleuse-en cloche,
ou ventrue en avant; à limbe oblique à 4 lobes inégaux, le
supérieur échancré; étamines 4, didynames, fertiles, insérées au fond de la corolle, à loges des anthères divariquées;
stigmate simple ou bilobé; capsule ovorde, aiguë, à 2 loges
formées par les bords rentrants des valves; placenta libre à
sa partie supérieure.

1. D. pourpre. — *D. purpurea.*

Linn. Sp. 866. — DC. Fl. fr. n. 2661. — Duby, Bot. gall.
  p. 342. — Gaud. Fl. helv. 4. p. 164. — Lam. Ency. 2.
  p. 278. — Koch, Syn. p. 518.
J. Saint-Hil. Pl. fr. tab. 125. — Chaum. Fl. méd. tab. 151.
  — Bull. Herb. tab. 21. — Lam. illust. tab. 525. fig. 1. —
  J. Bauh. Hist. 2. p. 812. fig. 3. — Tabern. ic. p. 568.
  fig. 1. — Dalech. Hist. p. 831. fig. 1. — Dod. pempt. p.
  169. fig. 1. — Lob. ic. p. 572. fig. 1. (*ead.*).

Tige dressée, ordinairement simple, cylindrique, pubescente, haute de 6—9 décim.; feuilles alternes, ovales-lancéolées, dentées-crénelées, molles, pubescentes, vertes et

un peu ridées en dessus , un peu blanchâtres et cotonneuses
en dessous : les inférieures pétiolées, rétrécies aux deux
bouts , décurrentes sur le pétiole : les supérieures sessiles,
un peu embrassantes ; fleurs grandes, purpurines, penchées,
disposées en grappe unilatérale allongée , terminale , portées sur des pédoncules uniflores , cotonneux, munis à la
base d'une bractée ovale-lancéolée, acuminée ; divisions du
calice ovales , aiguës, pubescentes, à 5 nervures ; corolle
élargie en cloche , glabre en dehors , ventrue en avant , barbue intérieurement et marquée de points d'un pourpre plus
foncé entourés d'une ligne blanche, à 4 lobes peu marqués,
le supérieur très obtus , entier ou un peu échancré , les inférieurs courtement ovales-arrondis ; capsule pubescente
ovoïde-conique. ② (Juin—août).

Aux environs de Beure, près de Besançon ; sur le territoire d'Ornans
et ailleurs (Girod-Chant.). — Autour de Neuchâtel (d'Yvernois)? —
Au-dessus de Bienne (Gaud.)? — Bâle, autour de Ferrette (Hagenb.).
— Cultivé dans les jardins comme plante d'ornement. — La Digitale
est une plante amère, nauséeuse, très active, vénéneuse ; prise à haute
dose , elle peut causer les plus graves accidents. On l'emploie en
poudre, et en extrait à la dose de 1—2 grains , ou en teinture alcoholique donnée par gouttes, dans quelques maladies , pour modérer la
circulation ; c'est aussi un puissant diurétique : on a employé avec avan-
tage la décoction des feuilles dans les engorgements squirreux des glandes.

2. D. à grandes fleurs. — *D. grandiflora.*

Lam. Fl. fr. 2. p. 352. et ejusd. Ency. 2. p. 279. — DC. Fl.
 fr. n. 2663. — Duby, Bot. gall. p. 342. — Gaud. Fl. helv.
 4. p. 165. — Koch , Syn. p. 518.
Moris. sect. 5. tab. 8. fig. 4. — J. Bauh. Hist. 2. p. 813.
 fig. 1. — Tabern. ic. p. 567. fig. 2. — Dalech. Hist. p.
 831. fig. 3. — Fuchs. Hist. 894.
Racine épaisse , rameuse ; tige dressée, simple , un peu
velue , surtout à sa partie supérieure , à poils articulés , ainsi
que ceux des autres parties de la plante , très feuillée , cylindrique , haute de 3—5 décim. ; feuilles oblongues-lancéolées,
aiguës, dentelées en scie , demi embrassantes , glabres en

dessus, velues sur les bords et les nervures dorsales : les inférieures rétrécies en pétiole : les supérieures ovales, aiguës; fleurs grandes, au nombre de 10—15, alternes, penchées, disposées en grappe terminale un peu lâche, unilatérale, courbée au sommet, portées sur des pédoncules plus courts que les bractées lancéolées, acuminées, lesquelles vont en diminuant de grandeur vers le sommet de la grappe; calice velu glanduleux, ainsi que les pédoncules et les bractées, à lobes lancéolés, aigus; corolle élargie en cloche, ventrue en avant, pubescente-glanduleuse en dehors, d'un blanc sale ou jaunâtre, barbue en dedans, marquée de points et de veines roussâtres, à 4 lobes peu profonds, le supérieur très obtus, échancré, ou un peu dentelé, les 3 inférieurs triangulaires, obtus, le moyen plus large et un peu plus allongé; capsule velue, à 4 sillons; graines petites, anguleuses. ♃ (Juin, juillet).

Cette plante n'est pas rare dans les pâturages et les lieux incultes des montagnes : Salins, sur la côte de Saint-André ; sur Poupet; Belin ; au-dessus du mont de Remeton, etc.; sur la Dôle; le Thoiry; le Salève, au-dessus d'Archamp ; sur les montagnes autour de Besançon ; de Poligny ; de Thoirette ; au Creux-du-Vent ; aux environs de Bâle, sur le mont Mutet, etc.

3. D. intermédiaire. — *D. media.*

Roth. Catal. bot. 2. p. 60. — Gaud. Fl. helv. 4. p. 168. — Koch, Syn. p. 518. — *D. intermedia.* Pers. Syn. 2. p. 167. — *D. ambiguo-lutea.* Mey. Chlor. Hanov. p. 525.

Cette espèce tient le milieu entre la précédente et la suivante dont elle paraît être une hybride. Tige haute d'environ 6 décim., presque glabre ou un peu pubescente-glanduleuse dans le haut; feuilles oblongues-lancéolées, dentées en scie, glabres, ciliées : les inférieures rétrécies en pétiole : les supérieures sessiles, ovales à la base; fleurs d'un jaune pâle, un peu plus grandes que celles de l'espèce suivante; divisions du calice lancéolées, à une seule nervure, aiguës, pubescentes-glanduleuses sur les bords, ainsi que le pédoncule; corolle tubuleuse-en cloche, un peu ventrue, pubes-

cente-glanduleuse en dehors, marquée de points furrugineux
à l'insertion des étamines, et légèrement réticulée intérieurement par des lignes brunâtres, à 4 lobes, le supérieur
obtus, échancré en 2 lobes aigus, les 3 autres inégaux, le
moyen plus grand, ovale, obtus, réfléchi, les 2 latéraux
triangulaires, aigus ; capsule à 4 sillons. ② (Juin—août).

A la côte de Saint-Cergue, mêlée avec l'espèce suivante et la précédente (Ducros).

4. D. à petites fleurs. — *D. lutca.*

Linn. Sp. 867. — Gaud. Fl. helv. 4. p. 167. — *D. parvi-*
flora. Lam. Ency. 2. p. 279. — DC. Fl. fr. n. 2664. —
Duby, Bot. gall. p. 342. — Koch, Syn. p. 519.
J. Saint-Hil. Pl. fr. tab. 124. — Moris. sect. 5. tab. 8. fig.
5. — J. Bauh. Hist. 2. p. 814. fig. 1. —Lob. ic. p. 573.
fig. 2.
Tige simple, dressée, glabre, cylindrique, très feuillée,
haute de 3—6 décim. ; feuilles d'un vert obscur, assez
fermes, glabres, sessiles, demi-embrassantes, oblongues-
lancéolées, dentées en scie : les supérieures ovales-lancéolées, aiguës : les inférieures rétrécies en pétiole, souvent
un peu ciliées-barbues vers la base ; fleurs d'un jaune pâle,
petites, très nombreuses, en grappe unilatérale terminale,
à la fin très allongée, rapprochées, portées sur des pédoncules glabres, courts, munis de bractées lancéolées-acuminées qui vont en diminuant de grandeur vers le sommet de
la grappe ; divisions du calice lancéolées, aiguës, courtement
ciliées-glanduleuses, ainsi que les bractées ; corolle tubuleuse, un peu ventrue en avant, glabre en dehors, ou légèrement pubérulente-glanduleuse, à 4 lobes courts, le supérieur échancré en 2 lobes aigus, les 3 autres ovales, les
latéraux aigus, le moyen plus large, barbu à la base, un
peu obtus et réfléchi au sommet ; capsule ovoïde, pubescente-
glanduleuse, à 2 sillons, terminée par le style. ② (Juin—
août).

Cette espèce, plus commune que la *D. grandiflora*, se trouve dans
les mêmes lieux.

3. MUFLIER. — *ANTIRRHINUM*. Linn.

Calice à 5 divisions; corolle à tube renflé, gibbeux à la base, à limbe en gueule, à 2 lèvres, la supérieure bifide ou bipartite, l'inférieure trifide, renflée-saillante au milieu et fermant la gorge; étamines 4, didynames; capsule oblique à la base, s'ouvrant au sommet par 3 trous.

1. M. à grandes fleurs. — *A. majus.*

Linn. Sp. 859. (*excl. var. α.*). — DC. Fl. fr. n. 2655. — Duby, Bot. gall. p. 343. — Gaud. Fl. helv. 4. p. 156. — Ventenat, Ency. 4. p. 564. — Koch, Syn. p. 520.
J. Saint-Hil. Pl. fr. tab. 260. — Bull. Herb. tab. 277. — Lam. illust. tab. 531. fig. 1.— Moris. sect. 5. tab. 14. fig. 2. — Tabern. ic. p. 851. fig. 1. — Dalech. Hist. p. 1340. fig. 2. — Dod. pempt. p. 182. fig. 1. — Lob. ic. p. 404. fig. 2. (*ead.*).

Racine blanchâtre, rameuse; tige dressée, cylindrique, lisse, pubescente-glanduleuse, ou velue à sa partie supérieure, raide, simple, ou rameuse dès la base, haute de 3—5 décim.; feuilles lancéolées, ou linéaires-lancéolées, obtuses, rétrécies aux deux bouts, entières, glabres, la plupart alternes ou éparses, les inférieures opposées; fleurs grandes, très belles, alternes, portées sur des pédoncules courts, pubescents-glanduleux, ainsi que le calice et la corolle, munis à la base d'une bractée ovale à peu près de même longueur, disposées en grappe terminale dressée, à la fin allongée; calice court, à lobes ovales, obtus; corolle d'un pourpre foncé, rose, ou blanche, à palais ordinairement d'un beau jaune, exactement fermée, mais s'ouvrant lorsqu'on la presse latéralement : lèvre supérieure grande, à 2 lobes obtus, redressés, l'inférieure réfléchie, à 3 lobes obtus, convexes; palais velu intérieurement, à 2 saillies; capsule ovoïde, gibbeuse à la base, s'ouvrant au sommet par 3 trous qui lui donnent l'apparence d'une tête de singe. ♃ (Juin — septembre). Vulg. *Mufle-de-veau*, *Gueule-de-loup*.

Les remparts, les vieux murs : Salins, contre les remparts de la ville; Besançon, contre les murs de revêtement du fort Griffon; Bâle, contre les vieux murs et les remparts de la ville. — Neuchâtel, contre les murs du vieux château et dans la ville même (Depierre, cat.). — Genève, sur les terrasses, près de la Treille (Reut.). — Nyon, contre les murs de la promenade (Gaud.). — Cultivé dans les jardins, où l'on en voit une très belle variété à fleurs blanches, à lèvre pourpre, et palais jaune.

2. M. rougeâtre. — *A. Orontium*.

Linn. Sp. 860. — DC. Fl. fr. n. 2656. — Duby, Bot. gall. p. 343. — Gaud. Fl. helv. 4. p. 157. — Ventenat, Ency. 4. p. 365. — Koch, Syn. p. 520.

J. Saint-Hil. Pl. fr. tab. 261. — Lam. illust. tab. 531. fig. 2. — Moris. sect. 5. tab. 14. fig. 5. — Barr. ic. fig. 651. et 652. — J. Bauh. Hist. 3. p. 2. p. 464. fig. 1. (*malè*). — Tabern. ic. p. 852. fig. 2. — Dalech. Hist. p. 1341. fig. 3. — Dod. pempt. p. 182. fig. 2. — Lob. ic. p. 405. fig. 2. (*ead.*).

Racine blanchâtre, ordinairement rameuse et tortueuse; tige simple ou rameuse, dressée, cylindrique, plus ou moins velue, particulièrement dans le haut, feuillée dans toute sa longueur, haute de 2—4 décim.; feuilles étroites, lancéolées-linéaires, un peu obtuses, rétrécies en un court pétiole, glabres, ou un peu poilues à la base, la plupart alternes, les inférieures opposées; fleurs rougeâtres, rarement blanches, axilaires, écartées le long de la tige et des rameaux, solitaires, presque sessiles, de grandeur médiocre, dressées, formant une sorte d'épi feuillé lâche, allongé; calice à 5 divisions linéaires-lancéolées, inégales, poilues, plus longues que la corolle; capsule velue, ovoïde, un peu gibbeuse à la base, plus courte que le calice; graines oblongues, d'abord blanches, puis brunes, difficiles à décrire, ressemblant à un petit insecte coléoptère dépourvu de tête

et de corselet, et dont il ne resterait que les élytres convexes, débordant légèrement l'abdomen un peu déprimé en
dessous, avec les pates repliées sur les côtés. ① (Juin—
août).

Les champs, les lieux cultivés après la moisson : Salins, dans les
champs de Cramans ; de Villers-Farlay ; d'Écleux, commun ; de Chamblay ; de la Loye, etc. — Dans les champs aux environs de Genève
(Reut.). — De Nyon (Gaud.). — De Bâle, etc. (Hagenb.).

4. LINAIRE. — *LINARIA*. Tournef.

Calice à 5 divisions, les 2 inférieures écartées ; corolle à
tube renflé, éperonné à la base, à limbe en gueule à 2 lèvres, la supérieure bifide, réfléchie, l'inférieure trifide,
renflée et saillante au milieu, fermant plus ou moins la
gorge ; étamines 4, didynames ; capsule ovoïde ou globuleuse, à 2 loges, s'ouvrant au sommet par 2 trous bordés
de dents ; graine marginée.

§ 1. *Fleurs solitaires, axilaires le long des rameaux.*

* *Tige couchée; feuilles larges, pétiolées, anguleuses.*

1. L. Cymbalaire. — *L. Cymbalaria.*

Mill. Dict. 4. p. 455. n. 17. — DC. Fl. fr. n. 2654. — Duby,
Bot. gall. p. 344. — Koch, Syn. p. 520. — *Antirrhinum
Cymbalaria.* Linn. Sp. 851. — Gaud. Fl. helv. 4. p. 146.
— Ventenat, Ency. 4. p. 348.
J. Saint-Hil. Pl. fr. tab. 215 — Bull. Herb. tab. 505. —
Moris. sect. 5. tab. 14. fig. 30. — J. Bauh. Hist. 5. p. 2.
p. 685. fig. 2. — Dalech. Hist. p. 1322. fig. 3. — Lob.
ic. p. 615. fig. 1.
Plante très glabre, à tiges grêles, allongées, rampantes,
très rameuses, à rameaux diffus, entrelacés, gazonnants,
longues de 2—3 décim. ; feuilles d'un vert gai, la plupart
alternes, arrondies-réniformes, glabres, en cœur à la base,

à 5—7 lobes ou angles arrondis plus ou moins marqués, un peu mucronés, épaisses, souvent rougeâtres en dessous, longuement pétiolées; fleurs petites, axilaires, solitaires, portées sur des pédoncules filiformes, souvent plus longs que les feuilles; lobes du calice linéaires-lancéolés; corolle d'un violet clair, à palais jaune, blanc à la base, à lèvre supérieure à 2 lobes arrondis, l'inférieure à 3; éperon droit, court, obtus; capsule presque globuleuse; graines ridées. ⚥ (Juin—septembre).

Les fentes des rochers et des vieux murs : Besançon, commune sur les remparts et les murs de terrasse; à Dole; à Orbe; à Montbéliard; à Bâle. — Genève, sur les vieux murs à Mornex (Reut.).

2. L. Élatine. — *L. Elatine.*

Mill. Dict. 4. p. 452. n. 16. — DC. Fl. fr. n. 2656. — Duby, Bot. gall. p. 544. — Koch, Syn. p. 521. — *Antirrhinum Elatine.* Linn. Sp. 851. — Gaud. Fl. helv. 4. p. 147. — Ventenat, Ency. 4. p. 349.

Bull. Herb. tab. 245. — Moris. sect. 5. tab. 14. fig. 28. — J. Bauh. Hist. 3. p. 2. p. 572. fig. 2. — Tabern. ic. p. 715. fig. 2. — Dalech. Hist. p. 1258. fig. 2. — Dod. pempt. p. 42. fig. 2. — Lob. ic. p. 470. fig. 2. (*ead.*).

Racine grêle, fibreuse, produisant plusieurs tiges rameuses, étalées sur la terre, velues, filiformes, à rameaux diffus, longues de 2—4 décim.; feuilles alternes, velues, courtement pétiolées, ovales-hastées, allant en diminuant de grandeur vers le sommet de la tige et des rameaux où elles sont très petites : les inférieures ovales, entières, opposées, souvent un peu anguleuses ou dentées; fleurs solitaires, petites, axilaires, portées sur de longs pédoncules glabres, filiformes, plus longs que les feuilles, très étalés; calice velu, à divisions lancéolées, très aiguës; corolle jaune, à lèvre supérieure petite, dressée, d'un pourpre noirâtre, à 2 lobes obtus, l'inférieure jaune, plus grande, à 3 lobes un peu réfléchis; éperon subulé, très aigu, souvent un peu arqué, un peu plus court que la corolle; capsule glabre,

globuleuse ; graines brunes, profondément ridées-chagrinées. ① (Juillet—septembre).

Les champs, les terres cultivées, après la moisson : les champs de la
Vilette, près d'Arbois; de Grozon; de l'Abergement; de Chavanne,
près de Sellières; de Mont-sous-Vaudrey; de Thoirette; de Besançon;
de Genève; de Bâle, etc.

5. L. bâtarde. — *L. spuria.*

Mill. Dict. 4. p. 452. n. 15. — DC. Fl. fr. n. 2657. — Duby,
   Bot. gall. p. 544. — Koch, Syn. p. 521. — *Antirrhinum
   spurium.* Linn. Sp. 851. — Gaud. Fl. helv. 4. p. 148.
   — Ventenat, Ency. 4. p. 349.
Moris. sect. 5. tab. 14. fig. 27. — J. Bauh. Hist. 3. p. 2.
   p. 372. fig. 1. — Tabern. ic. p. 715 fig. 1. — Dalech.
   Hist. p. 1240. fig. 3. et p. 1303. fig. 3. (*ead.*). *et etiam*
   p. 1050. fig. 2. (*ead.*). — Dod. pempt. p. 42. fig. 1. —
   Lob. ic. p. 470. fig. 1.

Racine grêle, fibreuse, produisant plusieurs tiges velues,
rameuses, couchées sur la terre, longues de 2—4 décim.;
feuilles ovales-arrondies, alternes, velues, souvent un peu
dentées vers la base, pétiolées, les inférieures plus grandes;
fleurs axilaires, solitaires, portées sur de longs pédoncules velus, filiformes, ordinairement plus courts que les
feuilles; calice velu, à divisions ovales-lancéolées; corolle
jaune, à lèvre supérieure d'un pourpre noirâtre; éperon
allongé; capsule glabre; graines profondément ridées-chagrinées. ④ (Juillet—septembre). Vulg. *Velvote.*

Commune dans les lieux cultivés, dans les champs après la moisson.

β. *Peloria.* DC. Fl. fr. l. c. — Gaud. Fl. helv. 4. l. c. —
Calice souvent à 6 divisions; corolle à peu près régulière, à
5—6 divisions, à 3—5 éperons (12 dans un de mes échantillons); étamines 5—7, se changeant quelquefois en pétales; style tuméfié, formant une colonne terminée par une
couronne de stigmates; fruit avorté.

Salins, le long d'un sentier dans les champs, à Badoz.

γ. *Multiflora.* Pédoncules inférieurs rameux, à 5—8 fleurs portées sur des pédicelles munis à la base d'une petite foliole bractéale ovale, accompagnés d'une fleur solitaire, axilaire, à pédicelle simple, filiforme. Ces pédoncules rameux seraient-ils des rameaux avortés, accompagnés d'une fleur axilaire ?

Même lieu que la variété β.

** *Tige dressée ; feuilles étroites, lancéolées-linéaires.*

4. L. naine. — *L. minor.*

Desf. Fl. atl. 2. p. 46. — DC. Fl. fr. n. 2652. — Duby, Bot. gall. p. 344. — Koch, Syn. p. 521. — *Antirrhinum minus.* Linn. Sp. 852. — Gaud. Fl. helv. 4. p. 152. — Ventenat, Ency, 4. p 560.

J. Bauh. Hist. 3. p. 2. p. 465. fig. 1. — Dalech. Hist. p. 1340. fig. 3.

Plante pubescente - glanduleuse, un peu visqueuse sur toutes ses parties, à tige dressée, très rameuse, diffuse, un peu anguleuse, haute de 1—2 décim.; feuilles étroitement lancéolées, obtuses, rétrécies aux deux bouts, alternes : les inférieures oblongues, opposées, rétrécies en pétiole; fleurs petites, nombreuses, solitaires, axilaires, portées sur de longs pédoncules filiformes, 5 fois plus longs que le calice à 5 divisions inégales, linéaires, plus développées et un peu spatulées à l'époque de la maturité; corolle d'un violet pâle, à palais jaunâtre, barbu, à lèvre inférieure blanchâtre, à éperon court, obtus, à peine courbé, égalant à peu près la longueur du calice; capsule ovoïde, lisse, légèrement pubescente; graines ovoïdes, brunes à la maturité, sillonnées longitudinalement. ① (Juillet—septembre.

Les champs et les lieux graveleux : aux environs de Salins; de Besançon ; de Pontalier ; d'Arbois ; de Sellières ; de Thoirette ; de Genève ; de Montbéliard ; de Bâle, etc.

§ 2. *Fleurs en grappe, ou en épi terminal.*

* *Feuilles étroites, les inférieures opposées, ou verticillées.*

5. L. des Alpes. — *L. Alpina.*

Mill. Dict. 4. p. 450. n. 4. — DC. Fl. fr. n. 2650. — Duby,
Bot. gall. p. 346. — Koch, Syn. p. 521. — *Antirrhinum
Alpinum*. Linn. Sp. 856. — Gaud Fl. helv. 4. p. 151. —
Ventenat, Ency. 4. p. 358.

Moris. sect. 5. tab. 13. fig. 19. — J. Bauh. Hist. 3. p. 2. p.
460. fig. 2. — Clus. Hist. 1. p. 322. fig. 2. — Tabern.
ic. p. 824. fig. 2. — Dalech. Hist. p. 1151. fig. 4. —
Lob. ic. p. 410. fig. 1.

Racine presque simple, fibreuse, produisant plusieurs
tiges glabres, ainsi que toutes les autres parties de la plante,
longues de 8—16 centim., étalées-ascendantes ou redressées,
glauques, diffuses, souvent un peu purpurines à leur partie
inférieure; feuilles linéaires, épaisses, d'un vert glauque,
sessiles, ordinairement verticillées par 4, souvent déjetées
d'un seul côté : les inférieures linéaires-oblongues, rétrécies
à la base; fleurs assez grandes, très belles, rapprochées en
grappe terminale courte, serrée, portées sur des pédoncules
uniflores, assez longs, munis de petites bractées semblables
aux feuilles supérieures; calice à divisions linéaires, aiguës,
presque de la longueur de la capsule; corolle de couleur
violette très vive, à palais d'un jaune de safran velouté, à
lèvre supérieure à 2 lobes oblongs, dressés, l'inférieure à 3
lobes égaux, arrondis; éperon droit, de la longueur de la
corolle, insensiblement aminci, aigu; capsule globuleuse;
graines lisses, comprimées, d'un brun foncé, entourées d'un
rebord mince. ⚊? (Juillet—septembre).

Au pied des rochers, sous le sommet du Reculet du côté de Thoiry,
et au-dessous dans le petit vallon d'Ardran, au bord du chemin ; sur le
bord du lac de Joux, entre les villages de l'Abbaye et des Charbonniers,
abondamment ; au Creux-du-Vent. — Sur le Chasseral (Hall.).

6. L. rayée. — *L. striata.*

DC. Fl. fr. n. 2641. — Duby, Bot. gall. p. 346. — Koch,
Syn. p. 522. — *Antirrhinum Monspesulanum.* Linn.
Sp. 854. — *Ant. striatum.* Ventenat, Ency. 4. p. 351. —
Gaud. Fl. helv. 4. p. 149.

J. Bauh. Hist. 3. p. 2. p. 459. fig. 1.

Plante d'un port très variable, glabre, d'un vert glauque,
à racine allongée, rameuse, rampante ; tige ordinairement
rameuse, souvent simple, un peu couchée à la base, dressée, cylindrique, feuillée, haute de 3—5 décim.; feuilles
étroitement lancéolées ou linéaires, aiguës, à une seule
nervure saillante en dessous, ou à 3 nervures, les latérales
sur les bords peu marquées : les inférieures verticillées,
rapprochées : les supérieures alternes ou éparses, plus
écartées : celles des jets stériles plus courtes et plus larges,
étalées, au nombre de 3—5 par verticille ; fleurs médiocres,
portées sur des pédoncules plus longs que le calice,
munis à la base d'une petite bractée linéaire-lancéolée
plus courte que le pédoncule, disposées au sommet de
la tige et des rameaux en grappes terminales un peu
lâches ; divisions du calice lancéolées, aiguës, plus courtes
que la capsule ; corolle fermée, d'un blanc cendré, marquée de veines ou stries d'un violet foncé, à lèvre supérieure à 2 lobes ovales, l'inférieure blanchâtre, à 3 lobes,
à palais jaune, barbu ; éperon conique, droit, un peu obtus,
de la longueur du calice ; capsule glabre, globuleuse, à 2
sillons ; graines d'un brun foncé à la maturité, trigones,
lisses sur les angles, ridées-chagrinées sur les faces. ⁊
(Juillet, août).

Les lieux arides et pierreux, quelquefois sur les murs : commune aux
environs de Salins. — Autour de Duillers (Gaud.).

β. *Galioïdes. Antirrhinum galioïdes.* Ventenat, Ency.
4. p. 351. — Plante simple, ou peu rameuse au sommet ;

feuilles verticillées par 4—6, à verticilles tantôt écartés,
tantôt rapprochés.

Aux environs de Salins.

γ. *Caule basi ramoso.* Tige haute de 2—3 décim.,
très rameuse dès la base, à rameaux diffus, étalés-ascendants; feuilles plus courtes, lancéolées-linéaires, aiguës,
rétrécies aux deux bouts.

Salins, le long d'un chemin de vignes, dans un terrain graveleux.

δ. *Unicolor.* Tige rameuse au sommet; fleurs blanchâtres, non striées de lignes violettes, à palais d'un jaune
doré, barbu.

Salins, le long de la route de Besançon, près du chemin d'Onay.

7. L. intermédiaire. — *L. intermedia.*

Cette espèce tient exactement le milieu entre la **L.**
striata et la **L.** *vulgaris*, et n'est vraisemblablement qu'une
hybride provenant de la première de ces deux espèces,
fécondée par la seconde. Elle a le port, la tige et les feuilles
de la **L.** *striata,* mais elle est d'un vert assez foncé et non
glauque, comme cette dernière; ses fleurs sont moins
grandes que dans la **L.** *vulgaris*, mais un peu plus que
dans la **L.** *striata* et disposées comme dans cette dernière
en épi lâche, terminal; sa corolle est d'un jaune pâle, à
lèvre supérieure légèrement striée jusqu'à l'éperon de lignes
lilas, à palais d'un jaune orangé, très barbu, à barbe jaune
dans le centre, lilas sur les côtés; l'éperon est allongé,
grêle, subulé, à peine courbé, double de la longueur du
calice, comme dans la **L.** *vulgaris*, et non droit, conique,
obtus et seulement de la longueur du calice, comme dans la
L. *striata;* graines trigones, lisses sur les angles et ridées-
chagrinées sur les faces. ♃ (Juillet — septembre).

Salins, le long du chemin d'Ivrey, un peu au-dessus du bois de
Racine, et au bord de la route de Besançon, un peu avant d'arriver au
village de Chilley, etc.

*** Feuilles toutes alternes ou éparses.*

8. L. commune. — *L. vulgaris.*

Mill. Dict. 4. p. 449. n. 1. — DC. Fl. fr. n. 2654. — Duby, Bot. gall. p. 346. — Gaud. Fl. helv. 4. p. 155. — Ventenat, Ency. 4. p. 362. — Koch, Syn. p. 525. — *Antirrhinum Linaria.* Linn. Sp. 858.

J. Saint-Hil. Pl. fr. tab. 214. — Bull. Herb. tab. 264. — Lam. illust. tab. 531. fig. 3. — Moris. sect. 5. tab. 12. fig. 10. — J. Bauh. Hist. 3. p. 2. p. 456. fig. 2. — Tabern. ic. p. 826. fig. 2. — Dalech. Hist. p. 1332. fig. 1. — Dod. pempt. p. 183. fig. 1. — Lob. ic. p. 406. fig. 2. (*ead.*).

Plante glabre, légèrement pubescente-glanduleuse au sommet, un peu glauque, à tige dressée, ordinairement simple, ou rameuse dès la base, haute de 5—6 décim. ; feuilles éparses, nombreuses, rapprochées, linéaires, aiguës, ou linéaires-lancéolées, étroites, allongées, à une seule nervure longitudinale : les inférieures à 3, les latérales sur les bords et peu apparentes; fleurs grandes, jaunes, dressées, presque embriquées, formant une grappe dense, terminale ; divisions du calice ovales-lancéolées, aiguës, à 3 nervures, plus courtes que la capsule; corolle jaune, à palais barbu, orangé ou couleur de safran, à éperon allongé, conique-subulé, légèrement courbé, **2—3** fois plus long que le calice; capsule ovoïde-oblongue; graines noires, comprimées-aplanies, ponctuées-ridées, entourées d'un rebord membraneux. ⚥ (Juillet—septembre).

Commune dans les lieux incultes, au bord des champs, le long des chemins.

5. ANARRHINE. — *ANARRHINUM.* Desf.

Calice à 5 divisions; corolle à tube presque cylindrique, à limbe aplani, oblique, à 2 lèvres, à gorge ouverte sans palais, à éperon très court, ascendant, rarement nul; lèvre supérieure à 2 lobes, l'inférieure à 5, arrondis ; capsule globuleuse, à 2 loges, s'ouvrant au sommet par 2 trous.

1. A. à feuilles de Paquerette. — *A. bellidifolium.*

Desf. Fl. att. 2. p. 25. — DC. Fl. fr. n. 2660. — Duby,
  Bot. gall. p. 343. — Koch, Syn. p. 524. — *Antirrhinum
  bellidifolium.* Linn. Sp. 860. — Gaud. Fl. helv. 4. p.
  158. — Ventenat, Ency. 4. p. 363.
Moris. sect. 5. tab. 12. fig. 20. — J. Bauh. Hist. 3. p. 2. p.
  459. fig. 2. — Clus. Hist. 1. p. 320. fig. 1. — Dalech.
  Hist. p. 1151. fig. 5. (*ead.*). — Tabern. ic. p. 827. fig.
  2. (*ead.*). — Dod. pempt. p. 184. fig. 1.(*ead.*). — Lob.
  ic. p. 407. fig. 1. (*ead.*).

Racine dure, fusiforme, produisant ordinairement plusieurs tiges dressées, feuillées, glabres, un peu glauques, ainsi que les autres parties de la plante, ordinairement rameuse-paniculée, haute de 3—5 décim. ; feuilles radicales obovales-oblongues, obtuses, rétrécies en pétiole, incisées-dentées, munie d'une forte nervure dorsale rameuse : les caulinaires palmées, presque digitées, à 5—7 divisions linéaires très entières ; fleurs d'un violet pâle, petites, à divisions du calice presque égales, subulées, à corolle munie d'un éperon grêle, ascendant, plus court que le calice, disposées en grappe terminale grêle, allongée, portées sur des pédoncules courts, munis à la base de bractées plus petites que les feuilles caulinaires, digitées à la base de l'épi et ordinairement simples au sommet ; capsule globuleuse plus longue que le calice ; graines ridées-chagrinées. ♃ (Juillet, août).

Abondamment dans les champs arides et sablonneux entre Penex et le bois de Bay, aux environs de Genève (Reut.). — Les champs de Thory (L. Thomas). — Autour de Vernier, de Satigny (Gaud.).

6. ÉRINE. — *ERINUS.* Linn.

Calice à 5 divisions ; corolle tubuleuse en soucoupe, à limbe aplani, à 5 lobes presque égaux, échancrés en cœur ;

étamines 4, didynames, renfermées dans le tube, à anthères réniformes; stigmate à 2 lobes; capsule ovoïde, s'ouvrant au sommet en 2 valves à la fin bifides, à 2 loges formées par les bords infléchis des valves.

1. E. des Alpes. — *E. Alpinus.*

Linn. Sp. 878. — **DC.** Fl. fr. n. 2624. — Duby, Bot. gall. p. 347. — Gaud. Fl. helv. 4. p. 169. — Lam. Ency. 2. p. 386. — Koch, Syn. p. 524.

J. Saint-Hil. **Pl.** fr. tab. 555. — Lam. illust. tab. 521. — Barr. ic. fig. 1192. — **J.** Bauh. Hist. 3. p. 1. p. 144. fig. 1. — Dalech. Hist. p. 1184. fig. 2.

Racine grêle, rameuse, dure, presque ligneuse, produisant plusieurs tiges simples, feuillées, dressées ou ascendantes, pubescentes, hautes de 8—12 centim., formant des touffes plus ou moins serrées; feuilles oblongues, en spatule, étroites, obtuses, incisées-dentées en scie au sommet : les radicales en rosette, rétrécies en pétiole à la base : les autres alternes, sessiles, cunéiformes; fleurs violettes, veinées de lignes plus foncées, rarement blanches, odorantes, d'un aspect agréable, en grappe terminale, courte, presque en corymbe, portées sur des pédoncules velus, de la longueur du calice également velu, à lobes linéaires, obtus ; capsule ovoïde, de la longueur du calice; graines oblongues, légèrement striées-ponctuées. ⚥ (Mai—juillet).

Parmi les rochers et les pâturages des hautes sommités de la chaîne du Colombier; sur le Reculet; le Salève; la Dôle; le Montendre; la Dent-de-Vaulion ; à la Faucille; en montant de Mijoux à Septmoncel; et de Morey aux Rousses; sur le Noirmont, etc. — Sur quelques sommités du canton de Bâle (Hagenb.).

7. LINDERNIE. — *LINDERNIA.* Linn.

Calice à 5 divisions; corolle tubuleuse, à 2 lèvres, la supérieure arrondie, échancrée, très courte, l'inférieure à 3 lobes inégaux, le moyen plus grand; étamines 4, didynames, courtes, insérées à la gorge, les plus courtes munies d'une dent au sommet; loges des anthères non soudées ensemble; stigmate en tête; capsule ovoïde, uniloculaire, polysperme, à 2 valves; placenta central, libre, cylindrique.

1. L. Pyxidaire. — *L. Pyxidaria.*

All. Misc. taurin. 3. p. 178. — DC. Fl. fr. n. 2623. — Duby, Bot. gall. p. 348. — Gaud. Fl. helv. 4. p. 170. — Lam. Ency. 3. p. 528. — Koch, Syn. p. 552. — *Capraria gratioloïdes*. Linn. Sp. 876.

Lam. illust. tab. 522. — Lindern. Alsat. tab. 1.

Racine fibreuse; tiges tombantes, radicantes à la base, redressées, longues de 6—10 centim., rameuses, glabres, ainsi que les autres parties de la plante; feuilles ovales-oblongues, sessiles, opposées, très entières, obtuses, à 3 nervures; fleurs blanchâtres, à limbe rose, petites, portées sur des pédoncules uniflores, axilaires, filiformes, solitaires, quelquefois opposés, les supérieurs plus longs que les feuilles; divisions du calice linéaires, aiguës, rudes sur les bords, plus longues que la corolle, et de même longueur que la capsule ovoïde. ① (Juillet, août).

Au bord de l'étang, près du village de Vaudrey, route de Salins à Dole. — Bâle, à Michelfeld (Hagenb.).

8. LIMOSELLE. — *LIMOSELLA*. Linn.

Calice à 5 dents; corolle très petite, en entonnoir, à limbe à 5 lobes égaux; étamines 4, didynames, insérées à la gorge; loges des anthères soudées ensemble, s'ouvrant en travers; stigmate en tête; capsule globuleuse, à 1 loge, à 2 valves; placenta central, libre, cylindrique, soudé seulement par la base à une cloison très courte.

1. L. aquatique. — *L. aquatica.*

Linn. Sp. 881. — DC. Fl. fr. n. 2622. — Duby, Bot. gall.
  p. 348. — Gaud. Fl. helv. 4. p. 171. — Lam. Ency. 3.
  p. 518. — Koch, Syn. p. 533.
Lam. illust. tab. 535. — Moris. sect. 15. tab. 2. fig. 1.

Racine fibreuse, donnant naissance à quelques jets filiformes, radicants, produisant de nouvelles plantes ; feuilles
toutes radicales, nombreuses, dressées, fasciculées, ovales
ou oblongues, obtuses, longuement spatulées, ou rétrécies
en un pédoncule plus long qu'elles, glabres, un peu
épaisses, très entières, à nervure dorsale peu marquée ;
fleurs petites, rougeâtres, à tube verdâtre, portées sur des
pédoncules radicaux agrégés, uniflores, nus, ordinairement
plus courts que les feuilles ; capsule ovoïde-globuleuse, plus
longue que le calice ; graines très petites, oblongues, sillonnées, finement ridées en travers à une forte loupe. ①
(Juillet, août).

Les fossés, le bord des étangs, les lieux inondés l'hiver : Salins, au
bord du bois Mouchard, du côté de Vadans ; au bord de l'étang de
Vaudrey ; au bord des fossés en allant d'Arbois à la Vilette. — Genève,
entre Genthod et Versoix, au bord du lac, sur la vase, après le retrait
des eaux (Reut.). — Bâle, dans les lieux tourbeux, près de Couroux,
aux environs de Delémont, etc. (Hagenb.).

β. *Étamines* 2.

9. VÉRONIQUE. — *VERONICA.* Linn.

Calice à 4, rarement 5 divisions ; corolle en roue à 4
lobes inégaux, le supérieur plus large ; étamines 2, à anthères s'ouvrant par 2 fentes longitudinales ; stigmate entier ; capsule comprimée, ovale ou en cœur renversé.

§ 1. *Plantes annuelles ; fleurs solitaires, axilaires,
écartées.*

* *Graines concaves, en forme de cupule.*

a. Pédoncules fructifères réfléchis.

1. V. à feuilles de Lierre. — *V. hederœfolia.*

Linn. Sp. 19. — DC. Fl. fr. n. 2407. — Duby, Bot. gall.
  p. 555. — Gaud. Fl. helv. 1. p. 37. — Poir. Ency. 8. p.
  536. — Koch, Syn. p. 531.
Poiteau et Turpin, Fl. par. tab. 26. — Moris. sect. 3. tab.
  24. fig. 20. — J. Bauh. Hist. 3. p. 2. p. 368. fig. 2. —
  Tabern. ic. p. 711. fig. 1. — Dalech. Hist. p. 1258. fig.
  1. — Dod. pempt. p. 31. fig. 1. — Lob. ic. p. 463. fig.
  1. (*ead.*).

Tige faible, velue, rameuse, à rameaux opposés ou
alternes, allongés, étalés; feuilles opposées, un peu épaisses,
arrondies ou réniformes, en cœur à la base, à 3—5 lobes
plus ou moins marqués, le terminal plus large, un peu velues, ciliées, souvent purpurines en dessous, portées sur
des pétioles assez longs, dilatés au sommet : les florales
alternes, à lobes plus marqués, portées sur des pétioles
plus courts : les primordiales obovales, entières, peu dura-
bles ; fleurs axilaires, solitaires, portées sur des pédoncules
filiformes, légèrement pubescents, un peu plus longs que
les feuilles, recourbés à l'époque de la fructification; divisions du calice en cœur à la base, aiguës, ciliées; corolle
caduque, dépassant peu le calice, blanchâtre ou d'un bleu
pâle, veinée ; capsule glabre, obcordée, un peu comprimée, à 4—5 graines assez grosses, un peu ridées, globu-
leuses-en cupule, à bords épais. ① (Mars—mai).

Très commune dans les champs, les vignes et dans tous les lieux
cultivés.

2. V. didyme. — *V. didyma.*

Ten. Fl. neap. prod. p. 6. (1811).,— Koch , Syn. p. 531.
— *V. agrestis.* DC. Fl. fr. n. 2406. — Duby , Bot. gall.
p. 536. — Poir. Ency. 8. p. 541. — *V. agrestis. I. vul-*
garis. Gaud. Fl. helv. 1. p. 34. — *V. polita.* Fries ,
nov.ed. 2. p. 1.

J. Saint-Hil. Pl. fr. tab. 589. — Moris. sect. 3. tab. 24. fig.
22. — J. Bauh. Hist. 3. p. 2. p. 367. fig. 1. (*pessima*).
— Tabern. ic. p. 711. fig. 2. — Dalech. Hist. p. 1232.
fig. 3. et p. 1239. fig. 1. (*ead.*). — Dod. pempt. p. 31.
fig. 2. (*foliis magis oblongis*). — Lob. ic. p. 464. fig. 2.
(*ead.*).

Tiges velues , feuillées , rameuses à la base , à rameaux diffus, étalés , longs de 12—20 centim.; feuilles pétiolées ,
presque glabres ou un peu velues, opposées dans le bas de
la plante , alternes dans le haut, d'un vert foncé , quelquefois un peu purpurines en dessous, ovales-arrondies, un peu
en cœur à la base, incisées-dentées, à dents obtuses ; fleurs
axilaires , solitaires le long de la tige et des rameaux, portées sur des pédoncules pubescents , ordinairement plus longs
que les feuilles , à la fin arqués ; calice assez grand , à lobes
ovales-lancéolés , un peu obtus , glabres , ciliés , nerveux , se
développant avec le fruit ; corolle d'un bleu clair, caduque ,
à peine plus longue que le calice , à 4 lobes, le supérieur
marqué de veines d'un bleu foncé ; étamines insérées sur
le bord inférieur du tube ; capsule à 2 lobes arrondis, pubescents , un peu renflés , à loges renfermant presque chacune
10 graines. ① (Mars—automne).

Très commune partout dans lieux cultivés.

3. V. rustique. — *V. agrestis.*

Linn. Sp. 18. — Koch , Syn. p. 530. — *V. agrestis. II.*
pulchella. Gaud. Fl. helv. 1. p. 35. — *V. pulchella.*

Bast. Fl. Maine-et-Loire, p. 414. — DC. Fl. fr. supp. n. 2406.

Plante plus grande et plus robuste que la précédente, à tige souvent radicante aux nœuds inférieurs, moins velue; feuilles un peu plus grandes, d'un vert moins foncé, presque glabres, un peu ciliées, moins profondément dentées, oblongues, à peu près de la longueur des pédicelles arqués; lobes du calice glabres, ciliés, plus obtus, souvent à 1—2 dents de chaque côté; fleurs blanches, à étamines insérées sur le bord inférieur du tube; capsule glabre, moins renflée, ciliée sur la carène qui est plus marquée, un peu comprimée sur la suture; loges à 4—5 graines. ① (Mars – automne).

Salins, commune dans les champs et les vignes, mais moins que l'espèce précédente.

4. V. opaque. — *V. opaca.*

Fries, nov. ed. 2. p. 3. — Koch, Syn. p. 551. — Sturm; Deuts. Fl. p. 58.

Reichenb. Cent. 3. fig. 441.

Plante délicate, très opaque, à feuilles ovales-arrondies, un peu en cœur à la base, dentées-crénelées; fleurs bleues, portées sur des pédoncules axilaires, solitaires, de la longueur des feuilles, réfléchis à l'époque de la fructification; étamines insérées à la gorge de la corolle; capsule obréniforme, échancrée, à sinus aigu, plus large que longue, recouverte de poils non glanduleux, crépus, à lobes renflés, mais comprimés-carénés sur les bords; loges à 3—5 graines. ① (Mars).

Genève, au pied d'un mur, près de Cologny, assez rare (Reut.). — Cette espèce se rapproche beaucoup des deux précédentes. Ces trois plantes ont été long-temps confondues sous le nom de *V. agrestis.* Linn.

5. V. de Buxbaume. — *V. Buxbaumii.*

Tenor. Fl. neap. 1. p. 7. — Gaud. Fl. helv. 1. p. 36. —
Hagenb. Fl. basil. 1. p. 14. et 2. app. p. 475.—Koch, Syn.
p. 531. — *V. filiformis.* DC. Fl. fr. supp. n. 2406^b. —
Duby, Bot. gall. p. 355. — *V. Persica.* Poir. Ency. 8. p.
542.

Hagenb. l. c. tab. 2. — Richenb. Cent. 3. fig. 430. 431. —
Buxb. Cent. 1. tab. 40. fig. 1.

Cette espèce se rapproche beaucoup de la *V. agrestis*,
mais on l'en distingue facilement à ses tiges plus allongées,
plus épaisses, dressées, à la fin étalées-ascendantes, velues
sur 2 lignes opposées, à poils articulés; à ses feuilles le
double plus grandes, toutes courtement pétiolées, particulièrement les supérieures, ovales, un peu en cœur,
profondément dentées-crénelées, alternes : les inférieures
opposées; à ses pédoncules pubescents, filiformes, beaucoup
plus longs que les feuilles, à la fin arqués-réfléchis au sommet;
aux lobes du calice lancéolés, aigus, divergents, dépassant la
capsule, glabres, ciliés, à 3 nervures, plus courts que la corolle, qui est grande, veinée et d'un beau bleu; à sa capsule
pubescente, plus large que longue, nerveuse, à nervures
saillantes, réticulées, un peu comprimée sur la suture, à 2
lobes arrondis, divariqués, à bords aigus, à sinus très obtus,
et à style persistant, grêle, allongé; enfin à ses graines au
nombre de 7—8 dans chaque loge, ridées, en cupule. ①
(Avril, mai).

Genève, se trouve communément à Plainpalais, au chemin des Sa-
voises, à la Villette, sur les Tranchées et au bord de l'Arve, entre Fos-
sard et Gaillard, dans les lieux cultivés (Reut.). — Bâle, le long de la
route, en sortant de la porte Saint-Blaise; dans les vignes à Hugelheim
et Niederweiler et ailleurs (Hagenb.). — Neuchâtel, dans les jardins
et les terres cultivées (L. Benoît, cat.).

b. Pédoncules fructifères non réfléchis.

6. V. précoce. — *V. præcox.*

All. Auct. 5. n. 285. — DC. Fl. fr. n. 2402. — Duby, Bot.
gall. p. 356. — Gaud. Fl. helv. 1. p. 39. — Poir. Ency.
8. p. 539. — Koch, Syn. p. 530. — *V. Ocymifolia.*
Thuill. Fl. par. ed. 2. p. 10.
All. l. c. tab. 1. fig. 1. — Poit. et Turp. Fl. par. tab. 24. —
Hagenb. Fl. basil. 1. tab. 1.

Racine grêle, fibreuse ; tige dressée, pubescente, haute
de 8—16 centim., rameuse, quelquefois dès la base, à rameaux simples, ascendants ; feuilles ordinairement rougeâtres en dessous, d'un vert grisâtre en dessus, légèrement
pubescentes : les inférieures opposées, courtement pétiolées,
ovales en cœur, dentées-crénelées : les florales lancéolées,
presque sessiles, alternes, plus petites, entières, ou garnies seulement de quelques dents à la base ; fleurs axilaires, solitaires, disposées le long de la tige et des
rameaux en grappe lâche, portées sur des pédoncules dressés-étalés, non arqués au sommet, dépassant ordinairement
la longueur des feuilles ; calice velu, ainsi que les pédoncules, à lobes oblongs, elliptiques, presque égaux ; corolle
d'un bleu foncé, veinée, un peu plus grande que le calice ;
capsule arrondie-obcordée, à lobes renflés, ciliés-glanduleux,
dépassant peu le calice ; style plus long que les lobes. ①
(Mars—mai).

Autour d'Écublens, près de Morges ; Nyon, dans les champs de Clémenti et le long de la route, près de Genève (Gaud.). — Bâle, dans les
champs, près de Gundeldingen et d'Hagenheim ; près de la Maison-
Neuve ; d'Augst ; d'Olsberg, etc. (Hagenb.). — Nyon, dans un champ
derrière le bois Bougis (Reut.).

7. V. à trois lobes. — *V. triphyllos.*

Linn. Sp. 19. — DC. Fl. fr. n. 2405. — Duby, Bot. gall.
p. 356. — Gaud. Fl. helv. 1. p. 40. — Poir. Ency. 8.
p. 536. — Koch, Syn. p. 530.

Poit. et Turp. Fl. par. tab. 25. — Moris. sect. 5. tab. 24. fig. 23. — J. Bauh. Hist. 3. p. 2. p. 368. fig. 1. — — Tabern. ic. p. 710. fig. 2. — Dalech. Hist. p. 1240. fig. 1. (*mala*). — Lob. ic. p. 464. fig. 1.

Tige dressée, pubescente, haute de 10—16 centim., ordinairement rameuse, rarement simple, à rameaux étalés, ascendants; feuilles pubescentes, un peu épaisses, souvent rougeâtres en dessous, noircissant par la dessication : les inférieures en cœur, dentées, opposées, courtement pétiolées : les supérieures alternes, presque sessiles, à 5 lobes oblongs, obtus, digités, le moyen un peu plus grand : celles du sommet plus petites, à 3 lobes lancéolés; fleurs axilaires, solitaires, portées sur des pédoncules ordinairement plus longs que les feuilles, étalés-ascendants, pubescents, ainsi que le calice dont les lobes sont oblongs, obtus, de la longueur de la capsule ou un peu plus longs; corolle d'un beau bleu, veinée, à gorge blanchâtre; capsule obcordée, à lobes arrondis, renflés, ciliés sur la carène un peu amincie, à style un peu plus long que les lobes. ④ (Mars—mai).

Les champs, les lieux cultivés : sur les bords de l'Ognon, près de Besançon. — Nyon, à Clémenti (Gaud.). — Genève, à Champel; au bord de l'Arve, en allant au bois de la Bâtie, par le pont de bois; au bord du Rhône, sous Aïre, près de Chancy, etc. (Reut.). — Aux environs de Blamont (Girod-Chant.). — Bâle, commune, çà et là dans les champs, vers Saint-Jacob; Mutenz; Altschwyler, etc. (Hagenb.). — Neuchâtel, dans les champs incultes du vignoble (L. Benoit, cat.).

** *Graines planes, en forme de bouclier.*

8. V. printanière. — *V. verna.*

Linn. Sp. 19. — DC. Fl. fr. n. 2401. — Duby, Bot. gall. p. 356. — Gaud. Fl. helv. 1. p. 42. — Poir. Ency. 8. p. 534. — Koch, Syn. p. 530.
Poit. et Turp. Fl. par. tab. 22. — All. Ped. tab. 22. fig. 4.

Tige haute de 8—12 centim., dressée, raide, souvent rameuse, pubescente comme les autres parties de la plante; feuilles d'un vert pâle, souvent un peu rougeâtres en des-

sous, sessiles, pubescentes : les inférieures opposées, ovales,
grossièrement dentées, à dents profondes, presque pinnatifides : les supérieures alternes, plus petites, à 3 lobes, celui du milieu lancéolé, beaucoup plus grand : celles du
sommet simples, entières, linéaires ; fleurs nombreuses,
d'un bleu pâle, à veines plus foncées, axilaires le long de
la tige et des rameaux, portées sur des pédoncules plus
courts que le calice dont les lobes sont linéaires-lancéolés,
pubescents, les 2 inférieurs plus courts ; capsule obcordée,
comprimée, pubescente, ciliée, plus courte que le calice.
① (Avril, mai).

Les lieux secs et arides, près d'Ornans (de Besse in Girod-Chant.).
— Genève (Le Clerc). — Bâle, rare (Hagenb.).

9. V. à feuilles de Thym. — *V. acinifolia.*

Linn. Sp. 19. — DC. Fl. fr. n. 2400. — Duby, Bot. gall.
   p. 356. — Gaud. Fl. helv. 1. p. 38. — Poir. Ency. 8.
   p. 540. — Koch, Syn. p. 529.
Poit. et Turp. Fl. par. tab. 23.—Vaill. Bot. par. tab. 33. fig. 3.

Tige dressée, pubescente-glanduleuse, quelquefois simple,
ordinairement rameuse dès la base, à rameaux opposés ou
alternes, ascendants, haute de 10—16 centim. ; feuilles
sessiles, presque glabres, ovales, obtuses, presque entières
ou à peine crénelées, plus courtes que les entre-nœuds : les
inférieures opposées, légèrement pétiolées : les supérieures
alternes, plus étroites, ciliées glanduleuses, ainsi que les
lobes du calice, oblongues-elliptiques, entières, quelquefois
munies de 1—2 dents de chaque côté, plus courtes que les
pédoncules : celles du sommet linéaires-lancéolées ; fleurs
solitaires, axilaires le long de la tige et des rameaux, disposées en grappe lâche, dressée, portées sur des pédoncules
filiformes, pubescents-glanduleux, étalés, doubles de la
longueur du calice à lobes ovales, un peu inégaux ; corolle
petite, à lobes d'un bleu foncé, veinés, l'inférieur plus
étroit, blanchâtre ; capsule comprimée, plus large que
longue, profondément divisée en 2 lobes arrondis, ciliés-

glanduleux, divergents, ordinairement un peu plus grands
que le calice ; style de la longueur des lobes. ① (Avril,
mai).

Salins, dans les champs cultivés de Mouchard et de Cramans ; aux en-
virons d'Arbois, etc. — Nyon, près de Duilliers, le long du sentier
appelé Chemin-du-Paradis ; abondamment dans les champs autour de
Begnins ; au Mandement et autour de Meirin, près de Genève (Gaud.).
— Abondamment, dans certains champs en repos entre Vernier et
Peney, etc. (Reut.).

10. V. des champs. — *V. arvensis.*

Linn. Sp. 18. — DC. Fl. fr. n. 2404. — Duby, Bot. gall. p.
 556. — Gaud. Fl. helv. 1. p. 41. — Poir. Ency. 8. p.
 540. — Koch, Syn. p. 530.
J. Bauh. Hist. 3. p. 2. p. 367. fig. 2. — Tabern. ic. p. 712.
 fig. 1. — Dalech. Hist. p. 1239. fig. 2.

Tige dressée ou ascendante, rameuse dès la base, velue,
souvent rougeâtre à sa partie inférieure, grêle, cylindrique,
haute de 1—2 décim. ; feuilles sessiles, légèrement velues,
ciliées, ovales en cœur, obtuses, crénelées, opposées : les
inférieures courtement pétiolées : les supérieures alternes,
oblongues ou lancéolées, entières ou presque entières, plus
petites ; fleurs axilaires, solitaires, à pédicelles plus courts
que le calice, formant par leur rapprochement une sorte de
grappe terminale feuillée, à la fin lâche et très allongée ;
calice pubescent, à lobes lancéolés, obtus, inégaux, ciliés ;
corolle d'un bleu pâle, à gorge blanchâtre ; capsule comprimée, profondément échancrée en cœur, à lobes arrondis,
ciliés ; style persistant, ne dépassant pas les lobes de la
capsule. ① (Avril—juillet).

Commune dans les champs, les vignes, les lieux cultivés.

β. *Polyanthos.* *V. polyanthos.* Thuil. Fl. par. 2. p. 9.
— DC. Fl. fr. l. c. var. γ. — Tige simple ou rameuse dès
la base, à rameaux ascendants, allongés, portant des fleurs
sur la plus grande partie de leur longueur.

Aux environs de Salins, plus rare.

γ. *Gracilis. V. arvensis. var.* γ. Hagenb. Fl. basil. 1.
p. 13. — Tige grêle, ordinairement simple, ou peu rameuse, à entre-nœuds très allongés.

Aux environs de Salins, dans les terres légères, graveleuses. — De
Bâle (Hagenb.).

δ. *Nana. V. arvensis. var.* δ. Hagenb. l. c. — *V. arvensis.* β. *nana.* Lam. illust. n. 190. — Poir. Ency. 8. l. c.
var. γ. — Tige très courte, haute de 4—5 centim.

Aux environs de Salins. — De Bâle, dans les terres arides (Hagenb.).

§ 2. *Plantes vivaces; fleurs en grappe terminale.*

* *Grappe lâche.*

11. V. à feuilles de Serpolet. — *V. serpyllifolia.*

Linn. Sp. 15. — DC. Fl. fr. n. 2416. — Duby, Bot. gall. p.
357. — Gaud. Fl. helv. 1. p. 32. — Poir. Ency. 8. p.
517. — Koch, Syn. p. 529.

Poit. et Turp. Fl. par. tab. 20. — Moris. sect. 3. tab. 22.
fig. 8. — J. Bauh. Hist. 3. p. 2. p. 285. fig. 1. — Tabern. ic. p. 382. fig. 2. — Dalech. Hist. p. 1050. fig. 1.
— Dod. pempt. p. 41. fig. 1. — Lob. ic. p. 472. fig. 2.
(*ead.*).

Racine fibreuse; tige couchée et radicante à la base,
ascendante, feuillée, ordinairement simple, quelquefois
rameuse dès la base, glabre, comme toutes les autres parties de la plante, longues de 1—2 décim.; feuilles ovales
ou oblongues, obtuses, lisses, un peu crénelées, quelquefois presque entières, opposées : les inférieures plus petites,
un peu arrondies, courtement pétiolées : les florales plus
courtes, plus étroites, entières, alternes, lancéolées; fleurs
axilaires, solitaires, disposées en grappe terminale, à la fin
lâche et allongée, portées sur des pédicelles filiformes,
dressés, pubescents, à peu près de la longueur du calice
à lobes ovales, obtus, presque égaux, plus courts que

la capsule ; corolle blanche ou rosée, rayée de bleu, à lobes ovales, arrondis, un peu plus grands que le calice; capsule comprimée, médiocrement échancrée en cœur, à lobes arrondis, ciliés, fortement dépassés par le style allongé. ♃ (Mai—septembre).

Commune au bord des champs et des bois, dans les lieux incultes un peu humides.

β. *Tenella. V. tenella.* All. Fl. ped. n. 272. tab. 22. fig. 1. — Tige longue de 8--10 centim. , couchée, radicante, ascendante, simple ou rameuse dès la base ; feuilles nombreuses, rapprochées et plus longues que les entre-nœuds, surtout dans le bas de la tige , arrondies, légèrement crenelées, opposées, courtement pétiolées : les florales alternes , plus petites, oblongues-elliptiques; fleurs en grappe pubescente courte , plus rapprochées que dans la var. *α.*

Sur le penchant nord du Colombier, dans un lieu un peu humide.

12. V. des Alpes. — *V. Alpina.*

Linn. Sp. 15. — DC. Fl. fr. n. 2415. — Duby, Bot. gall. p. 357. — Gaud. Fl. helv. 1. p. 31. — Poir. Ency. 8. p. 516. — Koch, Syn. p. 529.

Hall. Helv. tab. 15. fig. 2. (*bené*). — All. Fl. ped. tab. 22. fig. 5. (*fol. profundiùs crenata*). — Linn. Fl. lapp. tab. 9. fig. 4.

Tige haute de 6—10 centim., simple, ascendante, feuillée, velue, à poils articulés; feuilles opposées, sessiles, glabres, légèrement ciliées sur les bords, entières ou un peu crenelées, ovales, elliptiques, obtuses : les supérieures un peu plus étroites, ovales-oblongues : les inférieures plus petites, arrondies; fleurs peu nombreuses, ordinairement 5—10, réunies au sommet de la tige en tête ou épi court, serré, portées sur des pédicelles très courts, hérissés, ainsi que le calice et la capsule , de poils articulés blanchâtres, étalés; lobes du calice ovales, obtus, presque égaux, beaucoup plus courts que la capsule ; corolle un peu plus grande

que le calice, bleuâtre, rayée de blanc; capsule ovale,
arrondie, comprimée, légèrement échancrée au sommet;
style court, atteignant à peine 1 millim. de longueur, persistant. ♃ (Juillet, août).

Sur les hautes sommités entre le Reculet et le Colombier, çà et là,
en petite quantité. — Au Reculet, du côté de France, en petite quantité (Reut.).

13. V. fruticuleuse. — *V. fruticulosa.*

Linn. Sp. 15. — DC. Fl. fr. n. 2411. — Duby, Bot. gall.
p. 357. var. *α.* — Gaud. Fl. helv. 1. p. 29. — Poir.
Ency. 8. p. 514 — Koch, Syn. p. 529.
Reichenb. Cent. 10. fig. 1227. — Hall. Helv. tab. 16. fig. 1.

Tiges nombreuses, ascendantes, ligneuses, particulièrement à la base, cylindriques, pubescentes, hautes de 1—2
décim.; feuilles oblongues, obtuses, glabres, un peu dentelées en scie, opposées, rapprochées : les inférieures plus
petites : les supérieures plus étroites, oblongues-linéaires;
fleurs couleur de chair, veinées de rose, portées sur des
pédicelles à peu près de la longueur du calice, hérissés,
ainsi que la capsule, le calice et les bractées, de poils étalés,
glanduleux, disposées en grappe terminale assez dense et
peu allongée; capsule ovale-elliptique, obtuse, dépassant
peu le calice, à peine échancrée au sommet, portant un
style très long. ♃ (Juillet, août).

Le long de la route de Morey, près des Rousses; sur le Noirmont;
à la Faucille, au-dessus de la montée de Mijoux; sur les sommités entre
le Colombier et le Reculet. — Au Piton de Salève (Reut.). — Cette
espèce laisse sur le papier, où on la conserve en herbier, des empreintes
rougeâtres-vineuses que ne laisse pas la suivante dont elle se rapproche
beaucoup.

14. V. des rochers. — *V. saxatilis.*

Linn. fils, supp. 85. — DC. Fl. fr. n. 2412. — Gaud. Fl.
helv. 1. p. 28. — Poir. Ency. 8. p. 515. — Koch, Syn. p.

329. — *V. fruticulosa. var. β. saxatilis.* **Duby, Bot. gall.** p. 357.

Moris. sect. 3. tab. 22. fig. 5. — **J. Bauh. Hist. 3. p. 2. p. 284.** fig. 3. (*benè*). — Pona , Mont. bald. , in Clusio 2. p. 337. fig. 1.

Tige ligneuse , rameuse à la base, diffuse , à rameaux nombreux, ascendants, feuillés, pubescents , haute de 1—2 décim. ; feuilles oblongues-ovales , un peu élargies au sommet , munies de quelques dentelures, presque glabres , légèrement ciliées sur les bords, presque sessiles , opposées : les inférieures plus petites , arrondies , courtement pétiolées : les supérieures plus étroites , oblongues-linéaires ; fleurs axilaires , solitaires, disposées en grappe courte , terminale , peu garnie , portées sur des pédoncules plus longs que le calice , dressés , pubescents, ainsi que le calice , la capsule et les bractées , à poils fins , arqués-crépus , non glanduleux au sommet comme dans l'espèce précédente ; capsule ovale , rétrécie au sommet , à peine échancrée , une fois plus longue que le calice ; corolle bleue , avec un anneau pourpre à la gorge. ♃ (Juillet , août).

Sur le Thoiry ? (J. Bauh.). — Sur le mont Jura (Hall., *sine dubio ex* J. Bauh.). — Sur le sommet du Cret-du-Miroir, au-dessus du Fort-de-l'Écluse (Mélert in Reut.).

** *Grappe resserrée en épi.*

15. V. en épi. — *V. spicata.*

Linn. Sp. 14. — DC. Fl. fr. n. 2408. — Duby, Bot. gall. p. 357. — *V. spicata. I. vulgaris.* Gaud. Fl. helv. 1. p. 26. — Poir. Ency. 8. p. 509. — Koch , Syn. p. 528.

J. Saint-Hil. Pl. fr. tab. 385 — Poit. et Turp. Fl. par. tab. 19. — Vaill. Bot. par. tab. 33. fig. 1. — Moris. sect. 3. tab. 22. fig. 4. — Clus. Hist. 1. p. 347. fig. 3. — Tabern. ic. p. 384. fig. 2. — J. Bauh. Hist. 3. p. 2. p. 274. (*pro 282.*) fig. 3. — Dalech. Hist. p. 1319. fig. 3. (*ic. Clus.*). — Lob. ic. p. 472. fig. 1. (*ead.*).

Racine dure, rampante ; tige ascendante, dressée, pubescente, haute de 1—2 décim. , ordinairement simple ; feuilles opposées, oblongues ou lancéolées, entières ou crénelées-dentées en scie, obtuses, sessiles, pubescentes : les inférieures plus grandes, rétrécies à la base en un court pétiole : les supérieures alternes, plus petites, plus étroites, entières, allant en diminuant de grandeur vers le sommet de la tige, où elles deviennent bractées ; fleurs disposées en épi terminal dense, dressé, allongé, occupant souvent le tiers et même la moitié de la longueur de la tige, portées sur des pédicelles plus courts que la bractée lancéolée-subulée ; calice pubescent, à lobes lancéolés, aigus, ciliés ; corolle d'un bleu vif, à tube blanchâtre, à lobes allongés, barbue à la gorge ; étamines et pistils très longs, saillants hors de la corolle ; capsule pubescente, renflée, arrondie, à peine échancrée, dépassant peu le calice. ♃ (Juillet, août).

Champagnole, sur la promenade, au bord de la route vis-à-vis le village de Vannoz, et entre Cise et Loulle ; au bord de la route en montant d'Orbe à Balaigue ; en montant de Nyon à Saint-Cergue ; au bord du lac à Genthod ; près du bois Bougis ; entre Thoiry et la route de Lyon, au bord des champs ; aux environs de Neuchâtel, au-dessus de Corcelles et ailleurs ; aux environs de Thoirette ; de Bâle. — Genève, au bois de la Bâtie (Reut.).

β. *Polystachia. V. spicata. β. polystachia.* Hagenb. Fl. basil. 1. p. 6. — Gaud. Syn. p. 7. — Tige bifurquée, à 2 épis, rarement plus.

Les mêmes lieux, plus rare.

§ 3. *Plantes vivaces; fleurs en grappes axilaires.*

* *Calice à 4 lobes.*

16. V. officinale. — *V. officinalis.*

Linn. Sp. 14. — DC. Fl. fr. n. 2396. — Duby, Bot. gall. p. 358. — Gaud. Fl. helv. 1. p. 14. — Poir. Ency. 8. p. 523. — Koch, Syn. p. 525.

J. Saint-Hil. Pl. fr. tab. 586. — Bull. Herb. tab. 293. —
Poit. et Turp. Fl. par. tab. 8. — Lam. illust. tab. 13. fig.
2. — Moris. sect. 5. tab. 22. fig. 6. — J. Bauh. Hist. 3.
p. 2. p. 274. (*pro* 282). fig. 1. — Tabern. ic. p. 382.
fig. 1. — Dalech. Hist. p. 1319. fig. 1. et 2. (*malè*). —
Dod. pempt. p. 40. fig. 1. — Lob. ic. p. 471. fig. 1. (*ead.*).

Racine dure, rampante ; tige couchée et radicante à la
base, également dure, velue, simple, ou divisée dès la
base en rameaux ascendants ; feuilles opposées, ovales-
elliptiques ou oblongues, un peu obtuses, dentées en scie,
fermes, velues sur les deux faces, un peu rudes, d'un vert
obscur, sessiles ou courtement pétiolées ; fleurs disposées en
épis axilaires, denses, dressés, pubescents, ordinairement
opposés, paraissant quelquefois terminaux par le défaut du
prolongement de la tige, portées sur des pédicelles plus
courts que la capsule, munis de bractées linéaires, velues,
de la longueur du calice à lobes lancéolés, inégaux ; corolle
d'un bleu pâle, veinée de lignes plus foncées ; capsule comprimée, pubescente, obcordée, un peu échancrée, comme
tronquée au sommet, double de la longueur du calice, surmontée d'un style allongé. ♃ (Juin, juillet).

Commune dans les lieux arides, les bois montueux. — L'infusion de
cette plante est regardée comme cordiale, excitante et stomachique.

17. V. à tige nue. — *V. aphylla.*

Linn. Sp. 14. — DC. Fl. fr. n. 2398. — Duby, Bot. gall. p.
559. — Gaud. Fl. helv. 1. p. 13. — Poir. Ency. 8. p. 533.
— Koch, Syn. p. 525.

Racine un peu dure, grêle, rampante, produisant des
tiges courtes, également rampantes, longues de 2—4 centim., çà et là radicantes, terminées par des rosettes de
feuilles obovales-elliptiques, crénelées-dentées en scie ou
entières, velues, rétrécies en un court pétiole, émettant
ordinairement 1, rarement 2—3, hampe ou pédoncule
axilaire, long de 4—6 centim., portant à son sommet
2—5 fleurs à pédicelles fructifères plus longs que la capsule,

pubescents, à poils articulés, comme ceux des autres parties de la plante, munis à la base de bractées courtes, linéaires, obtuses ou lancéolées; calice à lobes oblongs, obtus, de moitié plus courts que la corolle et la capsule; corolle d'un bleu foncé, veinée; capsule obovale, comprimée, un peu échancrée en cœur au sommet, pubescente-glanduleuse, d'un pourpre noirâtre. ♃ (Juin—août).

Sur les hautes sommités du Jura, entre le Colombier et le Reculet; sur la Dôle, et le Noirmont. — Sur la Dent-de-Vaulion (Rapin).

18. V. de montagne. — *V. montana.*

Linn. Sp. 17. — DC. Fl. fr. n. 2587. — Duby, Bot. gall. p. 358. — Gaud. Fl. helv. 1. p. 17. — Poir. Ency. 8. p. 522. — Koch, Syn. p. 525.

Poit. et Turp. Fl. par. tab. 10. — Moris. sect. 3. tab. 23. fig. 15. (*optimè*).

Tiges grêles, faibles, tombantes, rameuses et souvent radicantes à la base, ascendantes, velues, feuillées, hautes de 1—2 décim. et quelquefois davantage; feuilles opposées, plus courtes que les entre-nœuds, ovales, quelquefois un peu arrondies, légèrement poilues sur les deux faces, à poils couchés, quelquefois rougeâtres en dessous, grossièrement dentées en scie, portées sur des pétioles assez longs, velus; fleurs peu nombreuses, disposées en grappes lâches, axillaires, alternes ou opposées, nues, portées sur des pédicelles filiformes, velus, ainsi que l'axe de la grappe, plus longs que les bractées étroites, linéaires, obtuses; lobes du calice ovales, obtus, rétrécis à la base, presque égaux, ciliés; corolle bleuâtre, veinée de pourpre, à lobe inférieur blanchâtre, plus longue que le calice; capsule grande, comprimée-aplanie, dépassant le calice, échancrée à la base et au sommet, à 2 lobes arrondis, comme dans la *Lunetière*, glabres, nerveux, dentelés-ciliés sur le contour. ♃ (Mai, juin).

Salins, à la source du ruisseau des Doigts, près du Gout-de-Conche; dans la forêt de sapins entre Villers et Boujaille; dans un petit bois près

de Sellières; à Montbéliard; à Noiraigne, au-dessous du Creux-du-Vent;
à la source de l'Orbe. — Sur le mont Jura, au-dessus de la Rippe
(Gaud.). — Genève, à la queue d'Arve; près de la campagne Viguet;
à Salève, sous les sapins, près des Pilons (Reut.). — Dans les bois de
Novilars et d'Amagney (Girod-Chant.). — Bâle, dans le bois au-dessus
de la Maison-Neuve; entre Mutenz et Monchenstein; près d'Olsberg
(Hagenb.). — A Sainte-Croix (Rapin).

19. V. Petit-Chêne. — *V. Chamædrys.*

Linn. Sp. 17. — DC. Fl. fr. n. 2589. — Duby, Bot. gall.
    p. 558. — Gaud. Fl. helv. 1. p. 16. — Poir. Ency. 8. p.
    525. — Koch, Syn. p. 525.

J. Saint-Hil. Pl. fr. tab. 588. — Poit. et Turp. Fl. par. tab.
    9. — Lam. illust. tab. 13. fig. 1. — Moris. sect. 3. tab.
    23. fig. 12. — J. Bauh. Hist. 3. p. 2. p. 286. fig. 1. —
    Clus. Hist. 1. p. 352. fig. 1. — Tabern. ic. p. 380. fig.
    2. — Dalech. Hist. p. 1163. fig. 3. et p. 1337. fig 1.
    (*ead.*). — Lob. ic. 2. p. 490. fig. 2.

Tige grêle, cylindrique, ascendante, velue sur 2 lignes
opposées, alternes d'un entre-nœud au suivant; feuilles
sessiles, opposées, ovales, incisées-dentées en scie, à dents
obtuses, plus ou moins velues, surtout en dessous : les inférieures plus petites, courtement pétiolées : les supérieures
un peu en cœur à la base; fleurs disposées en grappes longuement pédonculées, axilaires, alternes ou opposées, lâches, ascendantes, allongées, dépassant la tige, portées sur
des pédicelles filiformes, pubescents, plus longs que les
bractées linéaires-obtuses, ciliées; lobes du calice linéaires-
lancéolés, également ciliés, les 2 inférieurs un peu plus
courts; corolle plus grande que le calice, d'un beau bleu,
à lobes aplanis, arrondis, à veines plus foncées; capsule
comprimée, plus courte que le calice, obcordée, plus
large que longue, à lobes arrondis, ciliés; style filiforme,
allongé. ♃ (Mai, juin).

Commune le long des chemins et des haies, au bord des champs et
des bois.

20. V. à feuilles d'Ortie. — *V. urticæfolia.*

Linn. fils, supp. 83. — DC. Fl. fr. n. 2588. — Duby, Bot.
gall. p. 358. — Gaud. Fl. helv. 1. p. 15. — Poir. Ency. 8.
p. 531. — Koch, Syn. p. 525.
Moris. sect. 3. tab. 25. fig. 18. — J. Bauh. Hist. 3. p. 2 p.
286. fig. 2. — Dalech. Hist. p. 1165. fig. 1.

Tige ferme, dressée, raide, pubescente, cylindrique,
simple, haute de 3—6 décim.; feuilles grandes, sessiles,
ovales-lancéolées, opposées, quelquefois un peu en cœur à
la base, dentées en scie, à dents aiguës, légèrement velues,
ou garnies, particulièrement sur les nervures, de quelques
poils courts : les inférieures plus petites, ovales-arrondies :
les supérieures plus allongées, longuement acuminées, assez
semblables à celles de l'*Ortie dioïque*; fleurs disposées en
grappes nombreuses, lâches, longuement pédonculées, axilaires à la partie supérieure de la tige, opposées, étalées à
l'époque de la fructification, portées sur des pédicelles
allongés, filiformes, pubescents, ainsi que l'axe de la
grappe, étalés-infléchis à la maturité, munis de petites
bractées courtes, lancéolées, ciliées; lobes du calice presque
égaux, lancéolés, également ciliés; corolle bleuâtre ou
rosée, à veines d'une couleur plus foncée, à lobes légèrement ciliés; capsule comprimée, légèrement pubescente,
orbiculaire, échancrée, à lobes arrondis, ciliés, doubles de la
longueur du calice; style filiforme, allongé. ♃ (Juin, juillet).

Cette espèce est assez commune dans le haut Jura : sur le mont d'Or ;
le Rizoux, à la Chapelle-des-Bois ; à la Faucille ; sur la Dent-de-Vaulion ; sur le Montendre ; au Creux-du-Vent. — Aux environs de
Monchérand et de Trélex (Gaud.). — Sur le mont Mutet ; près de Schavenburg ; autour de Liestal et de Wallemburg, etc. (Hagenb.).

21. V. à écusson. — *V. scutellata.*

Linn. Sp. 16. — DC. Fl. fr. n. 2592. — Duby, Bot. gall.
p. 358. — Gaud. Fl. helv. 1. p. 19. — Poir. Ency. 8. p.
521. — Koch, Syn. p. 524.

Poit. et Turp. Fl. par. tab. 13. — Moris. sect. 3. tab. 24. fig. 27. — J. Bauh. Hist. 3. p. 2. p. 791. fig. 2.

Plante glabre dans toutes ses parties. Racine rampante ; tige grêle, faible, redressée, radicante et rameuse à la base, comprimée, striée, longue de 2—5 décim. ; feuilles sessiles, opposées, souvent plus longues que les entre-nœuds, très étroites, linéaires-lancéolées, à une seule nervure, glabres, entières ou munies de quelques dentelures écartées : les inférieures plus courtes ; fleurs disposées en grappes lâches, axilaires, alternes, flexueuses, à la fin divariquées et plus longues que les feuilles, portées sur des pédicelles filiformes, allongés, étalés, à la fin pendants, munis à la base de bractées lancéolées, très petites ; lobes du calice lancéolés, un peu inégaux ; corolle bleuâtre ou rose, veinée de violet ; capsule glabre, très comprimée, plus longue que le calice, élargie, profondément échancrée au sommet en 2 lobes arrondis comme dans la *Lunetière.* ♃ (Juin—août).

Les lieux humides, au bord des fossés et des étangs, dans les tourbières et les lieux marécageux : Salins, dans les fossés des prés humides, entre Andelot et Chappois; dans les tourbières de Bief-du-Four ; de Pont-Martel; des Rousses; au bord des étangs, aux environs de Sellières; au bord du lac de la Brevine, etc. — Nyon, dans les fossés au bord du bois Bougis, près de la campagne Bel-Air (Gaud.). — A l'étang d'Arnex, près d'Orbe (Monnard). — Bâle, à Augst; autour de Friedlingen ; à Michelfeld ; entre Olsberg et Arisdorf, etc. (Hagenb.). — Genève, dans les fossés de la grande prairie du Petit-Sacconex (Reut.).

22. V. Mouron d'eau. — *V. Anagallis.*

Linn. Sp. 16. — DC. Fl. fr. n. 2393. — Duby. Bot. gall. p. 558. — Gaud. Fl. helv. 1. p. 19. — Poir. Ency. 8. p. 520. — Koch, Syn. p. 524.

J. Saint-Hil. Pl. fr. tab. 387. — Moris. sect. 3. tab. 24. fig. 25. — J. Bauh. Hist. 3. p. 2. p. 791. fig. 1. — Tabern. ic. p. 719. fig. 1. — Dalech. Hist. p. 1090. fig. 2.

Racine fibreuse ; tige couchée et radicante à la base sur les nœuds, dressée hors de l'eau, glabre, tendre, fistuleuse,

haute de 5—6 décim. et plus; feuilles opposées, lancéolées,
ou oblongues-lancéolées, aiguës, demi-embrassantes, glabres, légèrement dentées en scie; fleurs en grappes latérales
axilaires, opposées, lâches, allongées, portées sur des pédicelles filiformes également allongés, nombreux, ascendants,
munis à la base de bractées étroites, linéaires lancéolées,
dépassant la moitié de leur longueur; lobes du calice lancéolés, glabres, à 3 nervures, plus longs que la capsule;
corolle petite, bleuâtre ou blanchâtre, veinée de rouge;
capsule comprimée, orbiculaire, un peu échancrée, glabre.
♃ (Mai—août).

Cette plante n'est pas rare dans les eaux stagnantes, dans les fossés,
au bord des ruisseaux.

β. *Minor*. Hagenb. Fl. basil. 1. p. 8. — *V. anagallis*.
ζ. *pusilla*. Poir. Ency. 8. l. c. — Tige grêle, longue de
6—8 centim.; feuilles petites, oblongues-lancéolées, légèrement dentées en scie; grappes courtes et lâches.

Bord de l'étang de Chavanne, près de Sellières. — Bâle (Hagenb.).

23. V. aquatique. — *V. Beccabunga*.

Linn. Sp. 16. — DC. Fl. fr. n. 2394. — Duby, Bot. gall.
  p. 358. — Gaud. Fl. helv. 1. p. 18. — Poir. Ency. 8.
  p. 519. — Koch, Syn. p. 524.
Moris. sect. 5. tab. 24. fig. 24. — Tabern. ic. p. 719. fig. 2.
  et p. 718. fig. 1. (*var. minor*). — Dod. pempt. p. 595.
  fig. 1. — Lob. ic. p. 466. fig. 2. (*ead.*).
Tige couchée, rameuse et radicante à la base, ascendante,
tendre, souvent rougeâtre, de longueur variable, environ 3
déc.; feuilles planes, opposées, courtement pétiolées, ovales
ou oblongues, glabres, comme toutes les autres parties de la
plante, épaisses, succulentes, dentelées ou crénelées; fleurs
en grappes axilaires, lâches, étalées, portées sur des pédicelles capillaires, un peu plus longs que les bractées
étroites, linéaires, un peu obtuses; lobes du calice lancéolés, presque de la longueur de la capsule; corolle d'un

beau bleu, à veines plus foncées ; capsule comprimée, un peu renflée, glabre, arrondie, très légèrement échancrée au sommet ou entière. ♃ (Mai—août).

Commune partout dans les eaux stagnantes, les mares et les fossés. — Le suc de la plante est dépuratif, antiscorbutique ; on mange les jeunes pousses en salade.

** *Calice à 5 lobes, le supérieur très petit.*

24. V. couchée. — *V. prostrata.*

Linn. Sp. 22. — DC. Fl. fr. n. 2391. — Duby, Bot. gall. p. 558. — Gaud. Fl. helv. 1. p. 24. — Poir. Ency. 8. p. 530. — Koch , Syn. p. 525.
Moris. sect. 3. tab. 23. fig. 16. — J. Bauh. Hist. 3. p. 2. p. 287. fig. 2.

Tiges couchées, gazonnantes : les florifères ascendantes, grêles, pubescentes, blanchâtres, hautes de 6—9 centim. ; feuilles étroites, linéaires-lancéolées, dentées, un peu roulées en dessous par les bords, presque glabres ou légèrement pubescentes, courtement pétiolées : les supérieures sessiles, linéaires, entières ou presque entières ; fleurs en grappes axilaires pédonculées, oblongues, assez denses, dépassant les tiges, ce qui les fait paraître terminales, portées sur des pédicelles assez longs, dressés, pubescents, un peu plus courts que les bractées linéaires, obtuses ; calice glabre, à 5 lobes : le supérieur très petit, les autres linéaires-lancéolés obtus, les 2 inférieurs plus grands ; corolle d'un bleu clair ; capsule exactement obcordée, glabre, souvent rougeâtre, comprimée, surmontée d'un style très long. ♃ (Mai, juin).

Les pâturages, les collines sèches et arides : Salins, dans le pâturage entre la Chapelle et Renne ; dans les pâturages de la grande tourbière de Pontarlier. etc. — Bâle, commune dans les lieux chauds et arides : entre Sainte-Marguerite et la Porte-de-pierre, etc. (Gaud.).

25. V. dentée. — *V. dentata.*

Schrad. Germ. 1. p. 37. — Gaud. Fl. helv. 1. p. 25. —
  Poir. Ency. supp. 5. p. 466. n. 7. (*obiter*). — *V. Schmidtii.*
  Reut. et Sch. Syst. 1. p. 115. — *V. Austriaca. var. α.*
  dentata. Koch, Syn. p. 526.
Clus. Hist. 1. p. 349. fig. 2?

Cette espèce se rapproche beaucoup de la suivante, surtout
de sa var. *β. angustifolia;* elle en diffère par sa tige ascendante, presque dressée, haute de 2—3 décim., poilue; par
ses feuilles presque glabres, à peine ciliées à la loupe, écartées, sessiles, planes et non ridées, linéaires-lancéolées,
étroites, dentées en scie, à dentelures écartées, presque
égales, un peu aiguës; par les lobes du calice également au
nombre de 5, mais lisses, linéaires-subulés, légèrement ciliés, et par les pédicelles tout-à-fait poilus; enfin par sa
capsule petite, très glabre, échancrée, plus courte que les
lobes du calice. ♃ (Juillet).

Aux environs de la Brevine (Chaillet).

26. V. Teucriette. — *V. Teucrium.*

Vahl. Enum. 1. p. 76. — Linn. Sp. 16? — DC. Fl. fr. n.
  2390. — Duby, Bot. gall. p. 358. — Poir. Ency. 8. p. 528.
  — *V. Tenerium. H. Vahlii.* Gaud. Fl. helv. 1. p. 22.
  — *V. latifolia. β. minor.* Schrad. Germ. 1. p. 36. —
  Koch, Syn. p. 526.
Dalech. Hist. p. 1165. fig. 2.

Tige un peu couchée à la base, dure, ascendante, velue,
blanchâtre, haute de 2—3 décim.; feuilles sessiles, opposées, pubescentes, grossièrement et plus ou moins profondément dentées en scie, à dents souvent inégales : les inférieures ovales, légèrement pétiolées : les supérieures
oblongues, un peu obtuses; fleurs grandes, très belles, en
grappes axilaires opposées, allongées, dépassant la tige,

portées sur des pédicelles velus, ainsi que la bractée et le calice à 5 lobes linéaires-lancéolées, dont un très petit ; corolle d'un beau bleu, veinée ; capsule presque glabre, ou un peu pubescente, comprimée, orbiculaire, échancrée au sommet, surmontée d'un style filiforme allongé. ♃ (Juin, juillet).

Commune le long des chemins, au bord des champs et dans les pâturages.

β. *Angustifolia.* Gaud. Fl. helv. 1. l. c. — Feuilles inférieures oblongues : les supérieures lancéolées.

27. V. à larges feuilles. — *V. latifolia.*

Linn. Sp. 18. — DC. Fl. fr. supp. n. 2389ᵃ. — Poir. Ency. 8. p. 529. — *V. latifolia. α. major.* Schrad. Germ. 1. p. 35. — Koch, Syn. p. 526. — *V. Teucrium. I. latifolia.* Gaud. Fl. helv. 1. p. 21.

Moris. sect. 3. tab. 23. fig. 10. — J. Bauh. Hist. 3. p. 2. p. 286. fig. 3. — Clus. Hist. 1. p. 349. fig. 1.

Cette espèce est très voisine de la précédente, à laquelle plusieurs botanistes la réunissent comme variété ; sa tige est dressée, peu ou point ascendante, raide, ferme, cylindrique, souvent rougeâtre, plus épaisse et plus velue, haute de 3—4 décim. ; ses feuilles sont opposées, rarement ternées, plus ou moins rapprochées, sessiles, ovales en cœur, un peu élargies et embrassantes à la base, pubescentes sur les deux faces, particulièrement en dessous et sur les bords, grossièrement dentées en scie, à dents obtuses, irrégulières ; fleurs disposées, vers l'extrémité des tiges, en grappes denses pédonculées, axilaires, opposées et alternes, allongées, dépassant la tige, portées sur des pédicelles pubescents un peu plus courts que les bractées lancéolées, et plus longs à l'époque de la fructification ; lobes du calice lancéolés, un peu velus ; corolle grande, d'un beau bleu, agréablement veinée ; velue à la gorge, à lobes arrondis ; capsule comprimée, échancrée en cœur, arrondie à la base, un peu pubescente , à la fin glabre, de la longueur du calice ou un peu plus courte, terminée par le style allongé. ♃ (Juin, juillet).

Le long des chemins, dans les pâturages des montagnes et au bord des bois : aux environs de Bâle (Hagenb.). — De Genève (J. Bauh. et Ray). — De Neuchâtel (Chaillet). — Au-dessus de Trêlex (Gaud.).

β. *Minor*. Gaud. Fl. helv. 1. l. c. — Tige moins élevée ; grappes de fleurs plus courtes.

Aux environs de Salins. — Neuchâtel (Gaud.).

γ. *Nana*. Gaud. Fl. helv. 1. l. c. — Tige courte ; feuilles rapprochées, courtes et larges, dentées-laciniées, à dents larges et profondes ; grappe de fleurs presque obovoïde, dé passant peu les feuilles ; pédicelles très courts.

Rolle (Gaud.).

FAMILLE LXXVIII.

Orobanchées. Juss.

Ovaire uniloculaire ; placentas pariétaux : les autres caractères comme dans les *Antirrhinées*. — Plantes parasites, un peu charnues, jamais vertes, à tiges portant des écailles au lieu de feuilles ; fleurs en grappe.

1. OROBANCHE. — *OROBANCHE*. Linn.

Calice quadrifide ou à 2 sépales ordinairement bifides ; corolle tubuleuse, à limbe en gueule, charnue-glanduleuse dans le bas, se séparant, à la fin, de la base persistante ; capsule uniloculaire, à placentas pariétaux opposés.

Obs. Les Orobanches sont d'une étude difficile : on doit les récolter avec la plante-mère adhérente, et les étudier sur le frais, particulièrement la fleur, et surtout la corolle qui renferme les caractères essentiels pour la distinction des espèces.

§ 1. *Calice à 2 sépales le plus souvent bifides, quelquefois soudés en avant; bractée solitaire; corolle à 4 lobes, à 2 lèvres. — Osproleon. Walh.*

1. O. couleur de sang. — *O. cruenta.*

Bertholoni, rar. It. pl. déc. 3. p. 56. — Hagenb. Fl. basil. 2. app. p. 517. — Koch, Syn. p. 553. — *O. gracilis.* Sm. trans. Linn. 4. p. 172. — Duby, app. 3. p. 1011. — *O. vulgaris.* Gaud. Fl. helv. 4. p. 176. — Poir. Ency. 4. p. 621.

O. du *Genet des teinturiers.* Vauch. Monog. p. 57. tab. 1. — Gaud. l. c. tab. 2.

Tige en bulbe oblongue et écailleuse à la base, dressée, souvent un peu flexueuse, épaisse, anguleuse, haute de 3—4 décim., d'un brun foncé sur le sec, rougeâtre sur le vivant, garnie d'écailles lancéolées, élargies à la base, écartées, pubescente-glanduleuse, surtout dans le haut, à poils jaunâtres, visqueux; fleurs disposées en épi allongé, presque embriquées, à odeur de giroflée ou d'œillet; bractée lancéolée-acuminée, de la longueur de la fleur, plus longue qu'elle au sommet de l'épi; calice à 2 sépales écartés, distincts à la base, divisés jusqu'au-delà du milieu en 2 lobes lancéolés-acuminés, pubescents-glanduleux, ainsi que la bractée; corolle en cloche, un peu renflée à la base, d'un jaune sale un peu ferrugineux, pubescente-glanduleuse en dehors, lisse, très glabre et d'un rouge pourpre sanguin intérieurement, un peu courbée sur le dos et marquée de quelques lignes rougeâtres, à lèvres crénelées, frangées-glanduleuses : la supérieure en casque, entière ou échancrée, à lobes redressés : l'inférieure à 3 lobes presque égaux, le moyen un peu plus grand; étamines insérées à la base de la corolle, à filets élargis et poilus dans le bas, à anthères jaunâtres, soudées, biaristées; ovaire rougeâtre, pubescent au sommet, à 2 sillons; style rougeâtre, également pubescent, courbé au sommet; stigmate jaune, pourpre sur le contour, à **2** lobes arrondis. ♃ (Juin, juillet).

Cette plante est parasite sur les racines du *Genista tinctoria* ; elle n'est pas rare aux environs de Salins. (On la trouve aussi sur les racines du *Lotus corniculatus*, et de l'*Hippocrepis comosa*. Koch.). — Aux environs de Genève (Reut.). — De Bâle (Hagenb.).

2. O. du Gaillet. — *O. Galii.*

Duby. Bot. gall. p. 549. — Koch, Orob. de la Fl. d'All. Ann. sc. nat. 1836. p. 45. et Syn. p. 535. — Hagenb. Fl. basil. 2. app. p. 518. — *O. caryophyllacea* (Smith.). Gaud. Fl. helv. 4. p. 175. — Poir. Ency. supp. 4. p. 200. — *O. vulgaris.* DC. Fl. fr. n. 2453.

O. du *Galium mollugo*. Vauch. Mon. p. 55. tab. 7. — Gaud. Fl. helv. 4. tab. 1.

Tige plus ou moins renflée-écailleuse à la base, haute de 2—3 décim., rougeâtre, pubescente-glanduleuse, munie d'écailles lancéolées, rougeâtres, mais brunissant bientôt ; fleurs assez grandes, répandant une odeur agréable de giroflée, disposées en épi un peu lâche, surtout dans le bas, où il est souvent interrompu, munies de bractées assez semblables aux écailles de la tige, un peu plus larges à la base, égalant la lèvre inférieure, et la dépassant quelquefois ; calice à 2 sépales ovales, striés, à 2 lobes lancéolés-acuminés, l'inférieur un peu plus court, pubescents-glanduleux, ainsi que la bractée ; corolle d'une couleur vineuse, pubescente-glanduleuse, resserrée à la base, insensiblement évasée en cloche, à dos courbé, à lèvres inégalement dentelées : la supérieure voûtée, à peine échancrée : l'inférieure à 3 lobes ovales-arrondis, presque égaux, concaves, crénelés-frangés, celui du milieu un peu plus grand, largement tronqué ; étamines insérées au-dessus de la base de la corolle, dilatées et velues dans le bas, un peu courbées au sommet et d'un blanc rougeâtre, à anthères brunes, biaristées, à aristes blanchâtres ; ovaire également blanchâtre, glabre, sillonné sur le côté extérieur, à style rougeâtre, pubescent, à stigmate à 2 lobes d'un pourpre noirâtre. ♃ (Juin, juillet).

Cette espèce est assez commune aux environs de Salins, dans les pâturages, les lieux incultes, au bord des bois, parasite sur les racines du *Galium verum* et *mollugo*. — Besançon (Mut.).

3. O. de la Germandrée. — *O. Teucrii.*

Hollandre, exs. (1824) et Fl. Mosel. (1829). — Schultz, exsic. (1828) et Flora (1835). n. 13. p. 200.

Tige d'un jaune rougeâtre, pubescente, ainsi que les autres parties de la plante, à poils serrés, blanchâtres, glanduleux-visqueux, munie d'écailles écartées, ovales-lancéolées, d'un jaune rougeâtre, plus nombreuses et plus rapprochées à la base un peu épaissie de la tige; fleurs d'un rouge brun, à la fin violacé, blanchâtres à la base, à odeur de giroflée, au nombre de 8 – 16 en épi terminal de 5—8 centim. de longueur, munies de bractées semblables aux écailles; sépales du calice à 2 nervures, largement ovales, égalant à peu près la moitié du tube de la corolle, divisés jusqu'au milieu en 2 lobes presque égaux, l'inférieur à peine plus court; corolle tubuleuse-en cloche, longue de 20—25 millim., étroite, à dos droit, bossu vers le sommet, à 2 lèvres dentelées-crénelées : la supérieure en casque, indivise, plus longue que l'inférieure à 3 lobes presque égaux; étamines insérées au-dessus de la base de la corolle, de la longueur du tube, épaissies et élargies à la base, barbues jusqu'au milieu, puis amincies et un peu glanduleuses au-dessous de l'anthère; ovaire glabre; style poilu-glanduleux, surtout au sommet; stigmate à 2 lobes divergents, presque glabres, aplanis du côté interne, d'un brun rouge tirant sur le violet noirâtre. ♃ (Juin, juillet).

Parasite sur le *Teucrium Chamædris.* Linn. : aux environs de Salins. — Assez commune au pied du Salève, près du Pas-de-l'Échelle, et au-dessus de Monetier; au pied du Jura, près de la Rippe et de Trélex (Reut.). — Aux environs de Rolle (Rapin). — Koch ne donne point la description de cette plante dans sa monographie des espèces d'Allemagne

(Ann. sc. nat. 1836), parce que, dit-il, p. 156, il n'a pas trouvé
dans les échantillons desséchés qu'il a reçus de Schultz des caractères
suffisants pour la distinguer de l'*O. Galii*.

4. O. du Serpolet. — *O. Epithymum*.

DC. Fl. fr. n. 2456. — Duby, Bot. gall. p. 349. — Gaud.
   Fl. helv. 4. p. 180. — Poir. Ency. 4. p. 201. — Koch ,
   Ann. sc. nat. 1836. p. 41. et Syn. p. 555.

O. du *Thym Serpolet*. Vauch. Monog. p. 52. tab. 6.

Tige de 16—22 centim. (quelquefois de 8—12 centim.,
seulement dans des échantillons nains de 2—5 fleurs), d'un
jaune sale, souvent rougeâtre, brune étant sèche, pubescente-glanduleuse et un peu visqueuse, ainsi que toutes les
autres parties de la plante, surtout au sommet, munie d'é-
cailles ovales-lancéolées de même couleur, un peu écartées,
rapprochées et embriquées au bas de la tige, qui est un peu
renflée; fleurs rougeâtres ou blanchâtres, d'une odeur
agréable de giroflée; corolle tubuleuse-en cloche, à dos
légèrement courbé, à lèvres crépues, crénelées-frangées :
la supérieure relevée au sommet, mais non réfléchie, à 2
lobes étalés, formés par une échancrure plus ou moins
profonde : l'inférieure à 3 lobes ovales-arrondis, obtus,
inégaux, celui du milieu de longueur double des autres;
étamines insérées près de la base de la corolle, d'un blanc
jaunâtre, poilues dans le bas, pubescentes-glanduleuses
dans le haut, ainsi que le style; sépales du calice ordinairement indivis, ovales-lancéolés, acuminés-subulés, à plusieurs nervures, plus longs que le tube de la corolle (un
peu plus courts dans mes échantillons); bractée ovale-lancéolée, ordinairement un peu plus longue que la lèvre supérieure; ovaire d'un blanc jaunâtre; style glanduleux, violacé vers le haut; stigmate d'un pourpre obscur, plus ou
moins échancré en 2 lobes. ♃ (Juin, juillet).

Cette plante se trouve sur les pelouses, dans les pâturages, parasite
sur le *Thymus Serpyllum* : aux environs de Salins. — De Bâle (Hagenbach). — Sur la colline au-dessus de Longirod (Gaud.). — Dans le

petit vallon où passe le chemin du Reculet (Reut.). — En montant à la
Dôle (Vaucher.).

5. O. de la Luzerne cultivée. — *O. Medicaginis.*

Duby, Bot. gall. p. 549. — Brébisson , Fl. Norm. p. 220.
— Reut. Cat. Genèv. p. 78. et supp. p. 31.

O. de la *Luzerne cultivée.* Vauch. Monog. p. 45. tab. 2.

Tige d'un jaune paille , puis brunâtre, poilue-glutineuse,
haute de 2—3 décim., un peu renflée à la base , munie
d'écailles brunâtres assez grandes , ovales-lancéolées, ainsi
que les bractées , embriquées à la base ; fleurs jaunes,
étroites, à la fin roussâtres, en épi oblong, médiocrement
garni ; sépales du calice jaunâtres, bifides, lancéolés, à
lobes acuminés ; bractée presque de la longueur de la fleur ;
corolle allongée , rétrécie à la gorge , à lèvre supérieure en
casque , un peu échancrée, l'inférieure à 3 lobes courts,
arrondis, un peu infléchis ; étamines insérées à la partie
inférieure du tube, à filets glabres, ainsi que le style , à
anthères un peu hérissées et aristées ; stigmate d'un jaune
rougeâtre , réfléchi , à 2 lobes recourbés, fermant l'entrée
de la corolle. ♃ (Juin, juillet).

Parasite sur les racines du *Medicago sativa :* Genève , sur la promenade Saint-Antoine , à l'entrée du pont de fil de fer (Vaucher.). — Sur
le chemin du bois de la Bâtie au bord de l'Arve ; assez commune dans
les parties les plus sèches des fossés de Neuve , et sur les Tranchées , en
face des Petits-Philosophes (Reut.).

6. O. jaune. — *O. concolor.*

Duby, Bot. gall. p. 550. — Brébisson , Fl. Norm. p. 222.

O. de la *Scabieuse Colombaire.* Vauch. Monog. p. 59.
tab. 2.

Tige médiocrement écailleuse , épaisse et un peu rousse
à la base , tandis que tout le reste de la plante est d'un beau
jaune clair (si l'on en excepte la partie supérieure des
écailles , des bractées et des sépales, qui sont d'un brun plus

ou moins foncé), cylindrique ou légèrement anguleuse, pubescente-glanduleuse, munie d'écailles lancéolées, un peu écartées, jaunes, d'un brun foncé au sommet, haute de 2—3 décim.; fleurs médiocres, jaunes, pubescentes-glanduleuses en dehors, à lèvres crénelées frangées : la supérieure échancrée, ou à 2 lobes peu marqués : l'inférieure à 3 lobes arrondis, un peu crépus, celui du milieu un peu plus grand, relevée en bosse à la base des sinus des lobes; bractées ovales-lancéolées, brunes et réfléchies au sommet; sépales bifides, à lobes presque égaux, lancéolés-acuminés, pubescents-glanduleux, ainsi que la bractée; filets des étamines presque glabres, garnis au sommet de quelques poils glanduleux; anthères jaunes, aristées; ovaire glabre, jaune; style jaune, un peu velu-glanduleux au sommet; stigmate jaune, à 2 lobes divergents, séparé par un sillon peu marqué. ♃ (Juin, juillet).

Salins, dans un petit pâturage au milieu des champs, près de la Grange-David. Cette plante m'a paru être parasite sur les racines de la *Scabiosa succisa*, ce que je ne puis pourtant assurer; car, malgré tous mes soins, la racine de la plante mère s'étant rompue, je n'ai pu la suivre jusqu'à la souche.

7. O. à petites fleurs. — *O. minor.*

Sutton, Act. soc. Linn. 4. p. 178. — DC. Fl. fr. n. 2454. — Duby, Bot. gall. p. 549. — Gaud. Fl. helv. 4. p. 178. — Poir. Ency. supp. 4. p. 201. et *O. barbata.* ejusd. Ency. 4. p. 621. — Koch, Ann. sc. nat. 1836. p. 96. et ejusd. Syn. p. 557.

O. du *Trèfle des prés.* Vauch. Monog. p. 47. tab. 4.

Tige plus ou moins renflée à la base, haute de 14—22 centim., grêle, souvent flexueuse, rougeâtre, pubescente-glanduleuse, médiocrement écailleuse; fleurs d'un jaune pâle, violacées, à la fin veinées-rougeâtres, petites, en épi lâche; sépales distincts, à plusieurs nervures, ovales-lancéolées, simples ou bifides, à lobes subulés, égaux ou plus longs que le tube courbé de la corolle presque glabre; bractée ovale, subitement lancéolée, de la longueur de la corolle arquée, à 2 lèvres obtusément dentelées, veinées, ondulées : la supérieure échancrée : l'inférieure à 3 lobes arrondis, presque égaux ; étamines velues à la base, insérées un peu au-dessous du milieu du tube de la corolle ; pistil glabre ; stigmate penché, à 2 lobes d'un rouge foncé, noircissant promptement. ♃, ④ Koch (Juin, juillet).

Dans les prés arides, parasite sur le *Trifolium pratense* : Salins, sur le penchant graveleux du pied de Belin, au-dessus de la Tour-Bénite. — Genève, abondamment au bord de l'Arve, à droite en sortant du pont de bois, près de Sionet, etc. (Reut.). — Bâle, parmi les *Trèfles* et les *Luzernes* (Hagenb.). — Sur le *Trèfle des prés*, aux environs de Nyon (Gaud.).

β. *Procera*. Gaud. Fl. helv. 4. l. c. — Épi allongé, très dense dans le haut ; fleurs un peu plus grandes ; corolle davantage pubescente.

Nyon, mêlée avec la var. α. (Gaud.).

8. O. de l'Armoise des champs. — *O. Artemisiæ campestris.*

Gaud. Fl. helv. 4. p. 179. — *O. loricata.* Reichenb. Fl. excur. p. 355. — Koch, Syn. p. 536. — *O. elatior.* Schleich. exsic.

O. de l'*Artémise des champs*. Vauch. Monog. p. 62. tab. 13.

Tige cylindrique, rougeâtre, couverte de poils la plupart glanduleux, renflée jusqu'à 5—6 centim. au-dessus de sa base et munie d'écailles ovales-lancéolées brunâtres, haute de 2—3 décim. ; fleurs d'un blanc jaunâtre, rayées de lignes rougeâtres, disposées en épi court et compacte ; bractée ovale-lancéolée, aiguë, brunâtre, moins grande que la fleur ; sépales velus, étroits, à 3—5 nervures, profondément divisés en 2 lobes inégaux, de la longueur du tube de la corolle ; celle-ci est tubuleuse-en cloche, pubescente, à 2 lèvres obtusément dentelées : la supérieure droite, un peu courbée au sommet, à 2 lobes étalés : l inférieure à 3 lobes arrondis plissés-crénelés, rayés de rouge ; étamines glabres,

insérées au-dessous du milieu du tube , un peu poilues à la
base ; stigmate bilobé, d'un rouge pâle. ⚥ (Juin).

Dans un pré à une demi-lieue de Coppet, le long du chemin de
Divonne (Gaud.).

9. O. de la Libanotide. — *O. Libanotidis.*

Tige un peu renflée-écailleuse à la base , haute de 3—4
décim., d'un blanc sale , un peu anguleuse, pubescente-
glanduleuse , munie d'écailles lancéolées , étroites , assez
nombreuses et rapprochées ; fleurs nombreuses , de grandeur
médiocre , formant un épi assez dense , long de 8—16 cent. ;
corolle cylindrique-en cloche , à dos arqué, pubescente-
glanduleuse et un peu vineuse en dehors , particulièrement
sur le tube , blanchâtre en dedans , à lèvres crénelées-frangées : la supérieure échancrée, à lobes dressés : l'inférieure
à 3 lobes arrondis , concaves ; sépales du calice ovales-lancéolés , bifides , à lobes inégaux , lancéolés-acuminés , l'inférieur plus petit , plus court que le tube de la corolle ; bractée
ovale lancéolée , de la longueur de la lèvre inférieure , pubescente-glanduleuse et d'un blanc sale, ainsi que les sépales ;
étamines blanchâtres , un peu velues et élargies dans le bas ,
insérées au-dessus de la base du tube , à anthères blanchâtres , aristées ; style un peu rosé et velu , recourbé au sommet ; ovaire glabre , blanchâtre , oblong ; stigmate jaune , à
2 lobes. ⚥ (Juin , juillet).

Salins, sur le penchant graveleux du pied de Belin , au-dessus de la
Tour-Bénite , et dans un lieu inculte au-dessus des vignes , en montant
à Poupet par Pré-Rond. — Je l'ai récoltée dans l'une et l'autre localité ,
avec la plante mère qui est le *Libanotis montana.* All.

§ 2. *Calice monosépale en cloche ; bractées ternées ;
corolle à 5 lobes.* — Trionychon. Wallr.

10. O. bleue. — *O. cærulea.*

Vill. Dauph. 2. p. 406. — DC. Fl. fr. n. 2457. — Duby,
Bot. gall. p. 350. — Hagenb. Fl. basil. 2. p. 155 —Koch,

Ann. sc. nat. 1856. p. 152. et ejusd. Syn. p. 558. —
O. lævis. Poir. Ency. 4. p. 622.

O. de l'*Artémise vulgaire.* Vauch. Monog. p. 65. tab. 14.

Tige haute de 15—50 centim., grêle, bleuâtre, pubescente-glanduleuse, munie d'écailles ovales-lancéolées, plus
ou moins renflée-écailleuse à sa partie inférieure flexueuse,
cachée sous terre; fleurs de couleur lilas, à nervures d'un
violet foncé, disposées en épi un peu lâche, ordinairement
pauciflore; calice d'une seule pièce, à 5 dents triangulaires-
acuminées, dépassant la moitié du tube de la corolle;
bractées 5, la moyenne ou extérieure ovale-lancéolée, acuminée, située à la base du pédicelle, moins longue que le
calice : les latérales plus étroites et plus courtes, lancéolées-acuminées, situées à la base du calice ou au sommet
du pédicelle; corolle allongée, tubuleuse, pubescente, resserrée vers le milieu du tube et de là un peu courbée et
insensiblement dilatée vers la gorge, à 2 lèvres, la supérieure à 2 lobes, l'inférieure à 3, presque tous égaux entre
eux et ovales, un peu acuminés, peu dentelés; filets des
étamines glabres, insérés sur le tube au point où il commence à se resserrer; anthères garnies à leur partie supérieure de quelques poils courts; style blanc, glanduleux;
ovaire glabre; stigmate blanchâtre ou jaunâtre, à 2 lobes
étalés. ♃ (Juin, juillet).

Sur l'*Artemisia vulgaris* et l'*Achillea millefolium* : aux environs de
Bâle (Hagenb.).

11. O. des sables. — *O. arenaria.*

Borkhausen, Fl. wett. 2. p. 405. — Koch, Ann. sc. nat.
1856. p. 154. et ejusd. Syn. p. 538. — Hagenb. Fl. basil.
2. p. 155. — *O. comosa.* Wallr. Sched. p. 314.

O. vagabonde. Vauch. Monog. p. 66. tab. 15.

Cette espèce ressemble beaucoup à la précédente, avec
laquelle on l'a souvent confondue. Tige haute de 16—24
centim., rarement plus; très simple, grêle, blanchâtre puis

bleuâtre, munie d'écailles oblongues lancéolées; fleurs d'un bleu clair passant au violacé ou au bleu pourpre, veinées, à corolle tubuleuse, presque droite ou à peine courbée, plus longue que dans l'espèce précédente, moins renflée à la base, dilatée à la gorge au-dessous de la lèvre inférieure dont les lobes sont arrondis, ainsi que ceux de la lèvre supérieure, presque mucronés, roulés par les bords; calice d'une seule pièce, à 5 dents lancéolées-subulées, atteignant le tiers ou un peu plus du tube de la corolle : bractées blanchâtres puis roussâtres; filets des étamines glabres; anthères couvertes sur les sutures de poils lanugineux, blanchâtres; style glanduleux; stigmate à 2 lobes. ♃ (Juin—août).

Parasite sur les racines de l'*Artemisia campestris* : Bâle, parmi les saules au bord de la Birse, près de Monchenstein et ailleurs (Hagenb.).

12. O. rameuse. — *O. ramosa.*

Linn. Sp. 882. — DC. Fl. fr. n. 2458. — Duby, Bot. gall. p. 351. — Gaud. Fl. helv. 4. p. 182. — Poir. Ency. 4. p. 623. — Koch, Ann. sc. nat. 1836. p. 155. et ejusd. Syn. p. 539.

O. du *Chanvre*. Vauch. Monog. p. 67. tab. 16. — Bull. Herb. tab. 599. — Lam. illust. tab. 551. fig. 2. — Moris. sect. 12. tab. 16. fig. 8. — J. Bauh. Hist. 2. p. 781. fig. 2. — Clus. Hist. 1. p. 271. fig. 1.

Tige d'un violet pâle ou jaunâtre, pubescente, haute de 1 – 2 décim., rameuse, souvent dès la base, rarement simple, garnie d'écailles peu nombreuses, ovales-lancéolées, épaissie à la base en une espèce de bulbe non écailleuse; fleurs petites, bleuâtres, pâles à la base, peu nombreuses, disposées en épi lâche, allongé; calice court, en cloche, à 4 dents ovales, longuement acuminées, atteignant au plus le milieu du tube de la corolle; bractées ternées, plus courtes que le calice, la moyenne ou extérieure ovale-acuminée, les 2 latérales plus étroites, linéaires-acuminées; corolle tubuleuse, un peu rétrécie au-dessus de la base, assez droite, légèrement courbée vers la lèvre supérieure, pubescente, un peu dilatée à la gorge : lèvre supérieure à **2** lobes, l'inférieure à **5**, tous ovales, obtus, presque égaux; étamines presque glabres, légèrement poilues à la base, les plus longues fortement courbées dans le bas; anthères blanches, arrondies, nues ou garnies du côté interne de quelques poils sur la suture; style légèrement pubescent; stigmate blanchâtre, un peu glanduleux, à 2 lobes. ① (Juin—août).

Parasite sur les racines du *Canabis sativa :* commune dans les chènevières et au bord des champs de Maïs où l'on sème ordinairement du chanvre.

2. LATHRÉE. — *LATHRÆA.* Linn.

Calice large, en cloche, à **4** lobes; corolle tubuleuse, à 2 lèvres, la supérieure en casque, l'inférieure trifide, réfléchie; étamines 4, didynames, sagittées, velues; style 1; stigmate en tête, à 2 lobes; ovaire muni en avant d'une glande libre.

1. L. écailleuse. — *L. squammaria.*

Linn. Sp. 843. — DC. Fl. fr. n. 2460. — Duby, Bot. gall. p. 351. — Gaud. Fl. helv. 4. p. 124. — Lam. Ency. 2. p. 28. — Koch, Syn. p. 539.

Barr. ic. fig. 80. — Moris. sect. 12. tab. 16. fig. 11. — J. Bauh. Hist. 2. p. 783. fig. 2. — Clus. Hist. 2. p. 120. fig. 1. — Dalech. Hist. p. 1256. fig. 2.

Racine rameuse, tortueuse, blanche, horizontale, garnie d'écailles courtes, alternes, épaisses, charnues, arrondies, embriquées; tige simple, blanchâtre, garnie de quelques écailles de même couleur, haute de 1—2 décim.; fleurs blanches ou légèrement purpurescentes, unilatérales, pendantes, courtement pédicellées, disposées en épi dense, courbé au sommet, munies de bractées ovales, arrondies; calice ample, velu, blanchâtre ou légèrement purpurescent,

divisé, jusque près du milieu, en 4 lobes ovales, dressés,
presque égaux ; corolle tubuleuse, à 2 lèvres, la supérieure
en casque, dressée, entière, l'inférieure un peu réfléchie,
à 3 lobes plus ou moins marqués, le moyen un peu plus
grand ; anthères barbues ; ovaire oblong, blanc, à 2 sillons ;
style réfléchi au sommet, à stigmate en tête dilatée. ♃
(Avril, mai).

Les lieux ombragés des bois : Salins, dans les forêts de sapins de
Villers ; de Boujaille ; de Levier ; de la Joux, etc.; dans les bois de
Poupet ; de Bovard ; de Redde ; de Sepois, à Ivory ; de la Châtelaine, etc. — Au pied de Salève près de Crevins ; de Pommier, etc. ;
particulièrement au pied des noyers (Reut.). — Nyon, dans les bois de
hêtres au-dessus de Gingins, et au bois Bougis (Gaud.). — Rare dans
le canton de Bâle (Hagenb.).

FAMILLE LXXIX.

Rhinanthacées. Koch.

Calice persistant, ordinairement tubuleux, à 4—5 dents
ou lobes ; corolle monopétale hypogyne, irrégulière,
presque toujours à 2 lèvres ; étamines 4, didynames, insérées sur la corolle ; anthères biaristées ou épineuses à la
base ; ovaire libre ; style simple ; capsule à 2 loges, à plusieurs graines ; placentas fixés sur le milieu de la cloison.
Embryon droit, dans un périsperme charnu ; radicule
tournée vers l'ombilic. — Herbes noircissant ordinairement
par la dessication, à feuilles opposées ou alternes, à fleurs
munies de bractées, axilaires ou en épi. — Famille très
voisine de celle des Antirrhinées, dont elle ne diffère que
par les anthères aristées à la base. D'après Brown, elle doit
probablement lui être réunie.

1. TOZZIE. — *TOZZIA*. Linn.

Calice court, en cloche, presque à 2 lèvres, à 4—5 dents ;
corolle tubuleuse, insensiblement dilatée à la gorge, à
limbe à 2 lèvres, la supérieure à 2 lobes, l'inférieure à 3,

presque tous égaux entre eux ; étamines 4 , didynames, à
anthères aristées à la base ; ovaire à 2 loges, renfermant
chacune 2 ovules oblongs ; capsule sphérique , à 2 valves,
à une seule graine par avortement.

1. T. des Alpes. — *T. Alpina.*

Linn. Sp. 844. — DC. Fl. fr. n. 2451. — Duby, Bot. gall.
p. 351. — Gaud. Fl. helv. 4. p. 125. — Poir. Ency. 7. p.
720. — Koch , Syn. p. 559.

Lam. illust. tab. 522. — Micheli. Nov. gen. tab. 16. —
Moris. sect. 12. tab. 16. fig. *antepenultima.*

Plante tendre , succulente , à racine allongée, garnie au
collet d'écailles oblongues , blanchâtres , rapprochées, embriquées sur 4 rangs ; tige tétragone , fistuleuse, dressée,
très tendre , un peu pubescente sur les angles, rameuse dès
la base , haute de 2—3 décim. ; feuilles sessiles, opposées,
demi-embrassantes, ovales, glabres, nerveuses, garnies de
quelques grosses dents à la base ; fleurs opposées, axilaires,
solitaires, portées sur des pédoncules pubescents, filiformes,
plus courts que les feuilles ; calice en cloche à 4, rarement
5 dents courtes, ovales, obtuses ; corolle jaune, à limbe
étalé, presque à 2 lèvres, la supérieure à 2 lobes, l'inférieure à 3, oblongs, obtus, marqués d'une triple série de
points pourpres. ♃ (Juin , juillet).

Au Creux-du-Vent. — Sur le Chasseral , autour de la grotte à la Combe-
Biosse ; au haut de la Combe-Grede ; sur le mont Wasserfall ; les bois au
pied de la Dôle (Gaud.). — Sur le Chasseron (Petitpierre). — Sur le
Montendre (Muret.). — En descendant de la Dôle vers la Trélasse ; dans
les bois derrière la Faucille en allant au Grand-Châlet, abondamment
(Reut.).

2. MÉLAMPYRE. — *MELAMPYRUM.* Linn.

Calice tubuleux , à 4 lobes ; corolle tubuleuse , à gorge
renflée , à lèvre supérieure en casque, comprimée, à bord
replié en dehors, l'inférieure sillonnée , à 3 lobes ; étamines

4, didynames; capsule oblongue, comprimée, acuminée obliquement, à 2 loges renfermant 1 — 2 graines oblongues, lisses.

1. M. des champs. — *M. arvense.*

Linn. Sp. 842. — DC. Fl. fr. n. 2446. — Duby, Bot. gall. p. 352. — Gaud. Fl. helv. 4. p. 119. — Desrouss. Ency. 4. p. 20. — Koch. Syn. p. 559.

J. Saint-Hil. Pl. fr. tab. 504. — Moris. sect. 11. tab. 23. fig. 1. — J. Bauh. Hist. 3. p. 2. p. 439. fig. 2. — Clus. Hist. 2 p. 45. fig. 1. — Tabern. ic. p. 241. fig. 2. — Dalech. Hist. p. 419. fig. 1. — Dod. pempt. p. 541. fig. 2. — Lob. ic. p. 37. fig. 1. (*ead.*).

Tige dressée, tétragone, rameuse, pubescente et un peu rude, haute de 2 — 3 décim.; feuilles sessiles, opposées, rudes, légèrement pubescentes, linéaires-lancéolées, acuminées : les supérieures incisées-pinnatifides à la base; fleurs disposées à l'extrémité de la tige et des rameaux en épi oblong, un peu lâche, munies de bractées embriquées, pubescentes, d'un pourpre violet, ovales-lancéolées, acuminées, presque pinnatifides à la base, à lanières étroites, linéaires-subulées; calice rougeâtre, rude-pubescent, comme toutes les parties de la plante, de la longueur du tube de la corolle, à 4 lobes étroits, lancéolés, acuminés sétacés; corolle jaunâtre, purpurine vers le sommet, à gorge jaune, pubescente, presque fermée, à 2 lèvres, la supérieure en casque, comprimée, velue intérieurement, l'inférieure planiuscule, concave en dessous, à 3 petites dents peu marquées, à tube long, courbé; capsule ovoïde, obtuse, comprimée, plus courte que le calice. ① (Juin, juillet). Vulg. *Blé-de-vache, Rougi.*

Cette plante est commune dans les champs parmi les moissons : sa graine fournit une farine qui donne au pain une couleur violette un peu noirâtre; du reste les paysans qui en mangent ont coutume de dire que le *rougi* ne nuit qu'à l'œil, ne trouvant pas que le pain qui en contient en soit plus mauvais; il paraît cependant qu'il lui communique un peu d'amertume.

2. M. à crêtes. — *M. cristatum.*

Linn. Sp. 842. — **DC**. Fl. fr. n. 2447. — Duby, Bot. gall.
p. 352. — Gaud. Fl. helv. 4. p. 118. — Desrouss. Ency.
4. p. 19. — Koch, Syn. p. 539.
Moris. sect. 11. tab. 23. fig. 2. — J. Bauh. Hist. 3. p. 2. p.
440. fig. 2.

Racine grêle, comme dans toutes les autres espèces; tige
dressée, tétragone, un peu rude-pubescente, rameuse, à
rameaux étalés, haute de 2—3 décim.; feuilles sessiles,
opposées, étalées, souvent réfléchies, linéaires-lancéolées,
acuminées, très entières, également rudes-pubescentes;
fleurs disposées à l'extrémité de la tige et des rameaux en
épi oblong, compacte, quadrangulaire, munies de bractées
verdâtres en cœur, pliées en carène, élégamment embriquées sur 4 rangs, bordées de dents étroites, allongées,
acuminées, et terminées au sommet par un appendice foliacé,
linéaire-lancéolé, acuminé, réfléchi, dont la longueur va
en diminuant vers le sommet de l'épi; calice blanchâtre,
pubescent, plus court que les bractées, à 2 dents acuminées
plus longues que les autres; corolle rougeâtre ou blanchâtre,
à palais orangé, presque fermée. ④ (Juin, juillet).

Çà et là dans les champs et les bois de taillis après la coupe : Salins,
rare, dans les champs à Saisenay, et au-dessous de la Grangette au
pied de Poupet; dans un taillis, après la coupe, au-dessus de la montagne en face de Cise, près de Champagnole; au bord de la route
au-dessous de Saint-Cergue; à l'embouchure de l'Arve, à Genève. —
Commune aux environs de Nyon (Gaud.). — Genève, commune dans
tous les bois de la plaine (Reut.). — Neuchâtel, au Val-de-Ruz; au
Vaussayon (L. Benoit, cat.). — Dans les moissons autour de Sonvillers,
vers Charbonnière (Gagnebin). — Les lieux boisés des monts Mutet et
Wasserfall; les champs près de Mutenz, etc. (Hagenb.).

3. M. des forêts. — *M. nemorosum.*

Linn. Sp. 845. — **DC**. Fl. fr. n. 2448. — Duby, Bot. gall.
p. 552. — Gaud. Fl. helv. 4. p. 120. — Desrouss. Ency.
4. p. 21. — Koch, Syn. p. 540.

Barr. ic. fig. 769. n. 1. — Moris. sect. 11. tab. 23. fig. 5. — Clus. Hist. 2. p. 44. fig. 1. — J. Bauh. Hist. 3. p. 2. p. 440. fig. 1.

Tige grêle, rameuse, pubescente, souvent colorée, obscurément tétragone, haute de 2–4 décim.; feuilles presque sessiles, à peine pétiolées, opposées, ovales-lancéolées, acuminées, hérissées de poils très courts, qui les rendent un peu rudes; bractées étalées, presque sessiles, en cœur allongé, munies à la base de dents lancéolées-subulées: les supérieures d'un pourpre violet, sessiles, embriquées; fleurs courtement pédicellées, axilaires, unilatérales, opposées-géminées, disposées en épi lâche; calice à 4 dents lancéolées-acuminées, subulées, étalées, dont 2 plus grandes, hérissé de poils blancs plus ou moins nombreux; corolle jaune, à palais orangé, presque ouverte; capsule ovoïde, mucronée, un peu plus longue que le tube du calice. ☉ (Juillet, août).

Les bois aux environs d'Ornans et de Marvelise (Girod-Chant.)? — Autour de Bienne (Hall..) — Au-dessus de Valangin (Schleicher), très rare.

4. M. des prés. — *M. pratense.*

Linn. Sp. 843. — DC. Fl. fr. n. 2449. — Duby, Bot. gall. p. 352. — Gaud. Fl. helv. 4. p. 121. — Desrouss. Ency. 4. p. 21. — Koch, Syn. p. 540.

Lam. illust. tab. 518. fig. 2. — Moris. sect. 11. tab. 23. fig. 3. (*mala : folia inferiora basi dentata, superiora integra*). — Clus. Hist. 2. p. 44. fig. 2. (*mala : flores pessimè expressi, approximati, folia omnia integerrima*). — Tabern. ic. p. 242. fig. 2. et p. 243. fig. 1. (*male : folia omnia serrata*). — Dall. Hist. p. 420. fig. 2. (*ic. Clus.*). — Lob. ic. p. 36. fig. 2. (*ead.*).

Tige grêle, dressée, tétragone, un peu rude-pubescente sur 2 lignes opposées qui se croisent d'un entre-nœud au suivant, rameuse dès la base, à rameaux feuillés, étalés, haute de 3-4 décim.; feuilles presque sessiles, opposées, entières, un peu rudes sur les bords, ovales-lancéolées, acuminées : les supérieures légèrement pétiolées, souvent dentées à la base : celles des rameaux plus courtes, plus étroites, lancéolées ; bractées vertes, lancéolées, élargies et incisées-pinnatifides à la base, à lobes lancéolés-acuminés ; fleurs axilaires, opposées-géminées, courtement pédicellées, unilatérales, disposées en épi terminal lâche ; calice glabre, à tube court, à 4, rarement 5 lobes étroits, lancéolés, très aigus ; corolle jaunâtre, presque fermée, à tube allongé, double du calice, à 5 faces, blanchâtre à la base : lèvre supérieure en casque, carénée, échancrée au sommet, barbue intérieurement, l'inférieure horizontale, concave en dessous, à 3 dents peu saillantes ; capsule ovoïde, comprimée, un peu oblique, mucronée. ① (Juin—août).

Commune dans les bois de taillis, les buissons, les prés et les pâturages voisins des bois.

β. *Paludosa*. Gaud. Fl. helv. 4. l. c. — *M. pratense*. β. *angustifolium*. Hagenb. Fl. basil. 2. p. 120. — Plante plus petite, à feuilles plus étroites, lancéolées-linéaires.

Abondante dans les tourbières de la vallée de Joux.

5. M. des bois. — *M. sylvaticum.*

Linn. Sp. 843. — DC. Fl. fr. n. 2450. — Duby, Bot. gall. p. 352. — Gaud. Fl. helv. 4. p. 122. — Desrouss. Ency. 4. p. 22. — Koch, Syn. p. 540.
Dall. Hist. p. 899. fig. 1.

Cette espèce a le port de la précédente, mais elle est ordinairement de moitié plus petite. Sa tige est plus grêle, ordinairement simple ou peu rameuse ; ses feuilles sont plus étroites, toutes lancéolées-acuminées, entières, ainsi que les bractées n'ayant souvent que 1—2 petites dents à la base ; ses fleurs sont de moitié plus petites, dressées, axilaires, unilatérales, disposées en épi très lâche ; calice à lobes largement lancéolés, presque égaux entre eux, et de la longueur de la corolle, qui est entièrement d'un jaune doré, à gorge fauve, à lèvres ouvertes, non blanchâtre à la base du tube ; capsule ridée. ① (Juillet, août).

Les forêts de sapins, les buissons des pâturages élevés : à Boujaille ; en montant de Saint-Imier au Chasseral ; au Mont-d'Or ; au Creux-du-Vent ; à la Faucille ; dans la forêt du Rizoux, en traversant de la Chapelle-des-Bois au Chenil ; à Pontarlier, etc. — Bâle, sur les monts Vogelberg ; Wasserfall ; Schafmatt ; Diétisberg, etc. : elle descend rarement au-dessous de la limite inférieure des sapins.

5. PÉDICULAIRE. — *PEDICULARIS*. Linn.

Calice tubuleux ou renflé, à 5 lobes, le supérieur très petit ; corolle tubuleuse, à 2 lèvres, la supérieure comprimée, en casque, ordinairement échancrée, l'inférieure plane, étalée, à 3 lobes ; étamines 4, didynames ; capsule à 2 loges, polysperme, un peu comprimée, souvent oblique, plus longue que le calice, terminée en pointe ou acuminée ; graines ponctuées-réticulées.

§ 1. *Tige rameuse ou divisée dès la base ; fleurs purpurines.*

1. P. des marais. — *P. palustris.*

Linn. Sp. 845. — DC. Fl. fr. n. 2455. — Duby, Bot. gall. p. 352. — Gaud. Fl. helv. 4. p. 127. — Poir. Ency. 5. p. 124. — Koch, Syn. p. 542.
Bull. Herb. tab. 129. et ejusd. Dict. tab. 5. (*ead.*). — Lam. illust. tab. 517. fig. 1. — Tabern. ic. p. 790. fig. 2.

Racine un peu charnue, simple ou peu rameuse ; tige dressée, rameuse, feuillée, glabre, tendre, fistuleuse, d'un pourpre foncé, haute de 3—6 décim. ; feuilles alternes, éparses, un peu épaisses, ailées, à lobes oblongs, obtus, dentés pinnatifides, à dents courtes, obtuses, nombreuses, calleuses au sommet : les inférieures pétiolées : les supérieures presque sessiles ; fleurs grandes, purpurines, rarement blanches, alternes, axilaires, courtement pédicellées, disposées en épi terminal, feuillé, un peu lâche ; calice renflé après la fleuraison, oblong, un peu velu, ordinairement coloré, à 2 lèvres incisées-dentées au sommet; corolle à tube plus long que le calice, à limbe à 2 lèvres, la supérieure en casque, comprimée, un peu échancrée, portant latéralement 2 dents aiguës au-dessous du milieu, et 2 autres très courtes près du sommet, l'inférieure grande, à 5 divisions arrondies, presque égales; étamines barbues à la base; capsule ovoïde, aiguë, oblique, renfermée dans le calice. ① Gaud., ♃ ou ② Koch (Mai, juillet). **Vulg.** *Herbe aux poux*.

Les prés humides, les tourbières, les lieux marécageux : Salins, dans les prés humides de la tuilerie de Clucy ; de Raty, près d'Ivory ; de Lemuy ; d'Arc ; de Boujaille ; dans les tourbières de Villeneuve-d'Amont ; de Pontarlier ; de la Chapelle-des-Bois , etc. — Genève, dans les marais, à Sionet, Arta, Divonne (Reut.). — Bâle, à Michel-feld, etc. (Hagenb.).

2. P. des bois. — *P. sylvatica.*

Linn. Sp. 845. — DC. Fl. fr. n. 2434. — Duby, Bot. gall. p. 354. — Gaud. Fl. helv. 4. p. 128. — Poir. Ency. 5. p. 124. — Koch , Syn. p. 542.

Moris. sect. 11. tab. 23. fig. 13. (*mala*). — J. Bauh. Hist. 3. p. 2. p. 457. fig. 5. (*in descript. hancce sp. cum priore confundit*). — Clus. Hist. 2. p. 211. fig. 1. (*ic. Dod.*). — Dalech. Hist. p. 1074. fig. 1. — Dod. pempt. p. 556. fig. 2. — Lob. ic. p. 748. fig. 2. (*ead.*).

Racine blanchâtre, un peu charnue, ordinairement simple; tige dressée , haute de 10—15 centim. , rameuse à la base , à rameaux grêles , étalés , couchés-ascendants , souvent plus longs qu'elle; feuilles éparses, presque semblables à celles de l'espèce précédente , courtement pétiolées , ailées , à lobes courts , oblongs , dentés , à dents plus aiguës: les radicales oblongues, sessiles, membraneuses, plus ou moins profondément dentées-crénelées, crépues sur les bords , marcescentes; fleurs purpurines, rarement blanches, axilaires, presque sessiles, disposées en épi terminal lâche;

calice glabre, oblong, à la fin renflé, un peu fendu d'un
côté, à 5 lobes inégaux, barbus, le supérieur plus petit,
lancéolés, les autres incisés-dentés; corolle à tube allongé,
dressée, à lèvre supérieure plus longue et plus droite que
dans l'espèce précédente, en casque au sommet, obtuse,
tronquée, à 2 dents aiguës, l'inférieure à 3 lobes arrondis,
entiers, à peine échancrés au sommet; capsule oblongue,
obliquement mucronée. ① Gaud., ♃ ou ② Koch (Mai—
juillet).

Les bois et les prés humides, les lieux fangeux : Salins, dans le bois
de Bovard ; dans les prés humides de la tuilerie de Clucy ; de Saisenay ;
dans les tourbières de Boujaille ; de Pontarlier ; dans la forêt de Chaux,
du côté de la saline d'Arc, etc. — Au bord du lac des Rousses, et
dans les marais au-dessus de Gimel (Gaud.). — Bâle, à Michelfeld ;
autour de Ferrette ; de Volgisburg ; de Delémont (Hagenb.). — Autour
de Roulier, mairie de la Brevine (Hall.). — Autour de Ferrière, etc.
(Gagnebin).

§ 2. *Tige simple ; fleurs jaunâtres.*

3. P. à épi feuillé. — *P. foliosa.*

Linn. Mant. 86. — DC. Fl. fr. n. 2445. — Duby, Bot. gall.
    p. 353. — Gaud. Fl. helv. 4. p. 144. — Poir. Ency. 5.
    p. 130. — Koch, Syn. p. 542.
Hall. Helv. tab. 9. fig. 2. — Moris. sect. 11. tab. 23. fig.
    11. (*mala*). — J. Bauh. Hist. 3. p. 2. p. 439. fig. 1. —
    Dalech. Hist. p. 1158. fig. 2. (*planta capsulifera*).

Racine épaisse, blanchâtre, fusiforme ; tige haute de 5—6
décim. et souvent davantage, simple, dressée, anguleuse,
ferme, presque glabre ou légèrement pubescente, feuillée
dans le haut, souvent presque nue dans le bas ; feuilles ailées,
à pinnules lancéolées-acuminées, pinnatifides, à lobes lancéolés, dentés, à dents aiguës, mucronées, glabres en dessus, pubescentes en dessous : les radicales nombreuses,
grandes, oblongues-lancéolées dans leur contour, portées
sur de longs pétioles qui vont en diminuant de longueur
vers le haut de la tige ; fleurs d'un blanc jaunâtre, grandes,

presque sessiles, très rapprochées, disposées en épi feuillé,
dense, épais, à la fin très long ; feuilles bractéales étroites,
allongées, pinnatifides, à lobes dentés ; calice en cloche,
très velu, à 5 dents courtes, inégales, triangulaires - acuminées, la postérieure plus longue ; corolle à tube plus long
que le calice, à 2 lèvres, la supérieure presque droite, en
casque, carénée, entière, très obtuse au sommet, velue sur
les côtés, glabre sur la carène, l'inférieure élargie, glabre,
à lobes arrondis, presque égaux ; style souvent saillant sous
le casque ; étamines barbues au sommet ; capsule ovoïde,
dépassant à peine le calice, terminée par le style persistant.
♃ (Juillet, août).

J'ai trouvé cette belle plante sur le sommet du Chasseral, au pied des
rochers de la Crête, près d'un châlet, en assez grande quantité. —
Assez abondamment sur les pentes herbeuses, au fond du petit vallon
d'Adran, à gauche (Reut.).

4. RHINANTHE. — *RHINANTHUS*. Linn.

Calice presque membraneux, persistant, ventru, comprimé, resserré à la gorge, à 4 dents ; corolle tubuleuse, à
2 lèvres, la supérieure en casque, comprimée, échancrée,
l'inférieure plane, à 3 lobes ; étamines 4, didynames ; capsule comprimée, obtuse, à 2 loges, polysperme ; graines
comprimées, entourées d'un rebord membraneux.

1. R. à grandes fleurs. — *R. major*.

Ehrh. beitr. 6. p. 144. — Koch, Syn. p. 544. — *R. glabra*.
  DC. Fl. fr. n. 2431. — Duby, Bot. gall. p. 353. — *R.
  Crista-galli*. Linn. Sp. 840. var. β. — Gaud. Fl. helv. 4.
  p. 108. var. β. *glabra*. — Lam. Ency. 2. p. 59. var. α.
  — *Alectorolophus grandiflorus*. Wallr. Sched. 316.
J. Saint-Hil. Pl. fr. tab. 101. — J. Bauh. Hist. 3. p. 2. p.
  436. fig. 3?
Tige simple ou rameuse, tétragone, fistuleuse, glabre,
marquée de taches d'un pourpre noirâtre, haute de 3 – 4

décim. ; feuilles oblongues-lancéolées , d'un vert pâle , opposées , sessiles , profondément dentées en scie , un peu
épaisses et rudes , à nervures latérales divergentes, veinées-
réticulées en dessous ; fleurs axilaires , courtement pédicellées , disposées en épi lâche , terminal, munies de bractées
d'un vert pâle , ovales-acuminées , élargies à la base, profondément dentées , à dents aiguës ; calice glabre ou un peu
pubescent , renflé , membraneux , veiné-réticulé , à 4 dents
courtes , conniventes , rudes sur les bords ; corolle jaune , à
tube un peu courbé, à peine plus long que le calice , à 2 lèvres , la supérieure comprimée , en casque , munie , au-dessous du sommet, de 2 dents obtuses de couleur violacée ;
style de même couleur , à la fin saillant sous le casque ; capsule orbiculaire un peu en cœur , comprimée , terminée par
une pointe un peu plus longue dans cette espèce et la suivante
que dans le *R. minor ;* graine comprimée , ailée-membraneuse , à ailes égalant la moitié de son diamètre. ① (Juin—
août). Vulg. *Cocriste , Crête-de-coq.*

Commune dans les champs et les prés.

2. R. velue. — *R. Alectorolophus.*

Poll. Palat. 2. p. 177. (1776). — Koch , Syn. p. 544. —
R. hirsuta. Lam. Fl. fr. 2. p. 353. (1778). — DC. Fl.
fr. n. 2432. — Duby, Bot. gall. p. 355. — *R. Crista-
galli.* Linn. Sp. 480. var. γ. — Gaud. Fl. helv. 4. p. 108.
var. α. — Lam. Ency. 2. p. 59. var. β.

Bull. Herb. tab. 125. — J. Bauh. Hist. 3. p. 2. p. 436.
fig. 2. — Tabern. ic. p. 791. fig. 1.

Cette espèce ressemble beaucoup à la précédente , mais sa
tige est plus élevée, plus robuste, également rameuse ou
simple, plus rarement tachée ; ses feuilles sont oblongues-lancéolées , dentées en scie , à dents moins aiguës , sessiles , très
rudes , un peu pubescentes , d'un vert pâle ; ses fleurs sont
jaunes , en épi lâche ; son calice est velu ; ses bractées d'un vert
pâle , blanchâtre , dentées en scie , à dents moins aiguës ; la

lèvre supérieure de la corolle est comprimée, munie au sommet de 2 dents saillantes tronquées, de couleur bleue, l'inférieure profondément divisée en 3 lobes; le pistil est saillant, jaune, bleu à l'extrémité; la graine est ailée-membraneuse, à ailes plus étroites, égalant seulement le tiers de son diamètre. ⊙ (Juin—août).

Très commune dans les prés et les champs.

3. R. à petites fleurs. — *R. minor*.

Ehrh. beitr. 6. p. 144. — Gaud. Fl. helv. 4. p. 107. — Koch, Syn. p. 544. — *R. Crista-galli*. Linn. Sp. 84. var. *α*. — *Alectorolophus parviflorus*. Wallr. Sched. 348.

J. Bauh. Hist. 3. p. 2. p. 436. fig. 3? — Dod. pempt. p. 556. fig. 1. — Lob. ic. p. 529. fig. 2. (*ead.*).

Tige ordinairement simple ou peu rameuse, tétragone, rougeâtre, glabre, non tachée, haute de 3—4 décim.; feuilles opposées, d'un vert foncé, oblongues-lancéolées ou linéaires, dentées en scie, à dents aiguës, sessiles, rudes-pubescentes, à poils très courts; fleurs jaunes, plus petites que dans les espèces précédentes, courtement pédicellées, disposées en épi terminal oblong, munies de bractées ovales-acuminées, profondément dentées en scie, à dents acuminées; calice glabre, presque orbiculaire, renflé, membraneux, veiné-réticulé, à 4 dents courtes, conniventes, pubescentes sur les bords; corolle jaune, à tube droit, à lèvre supérieure en casque court, très comprimée, munie au-dessous du sommet de 2 dents très courtes, d'un bleu livide, ou jaunes; lèvre inférieure trifide, à lobes entiers, oblongs, obtus, égaux; style vert, non saillant; graine comprimée, ailée-membraneuse. ⊙ (Juin, août).

Dans les prés humides : aux environs de Salins; de Besançon ; de Bâle, etc.; moins commune que les deux espèces précédentes.

4. R. à feuilles étroites. — *R. angustifolius.*

Gmel. Bad. 2. p. 669. — Koch, Syn. p. 545. — **R. Crista-galli.** Linn. Sp. 840. var. *β.* (*ex Koch*). — Gaud. Fl. helv. 4. p. 109. var. *γ.* — *R. minor.* Hagenb. Fl. basil. 2. p. 115. var. *β. angustifolius.*

Plante très glabre, à tige plus grêle et plus élevée, haute d'environ 4–5 décim., luisante, rameuse-divergente; feuilles étroites, lancéolées à la base, rétrécie en pointe allongée, régulièrement dentées en scie; bractées d'un vert pâle, les supérieures incisées-dentées en scie, à dents subulées-aristées; lèvre supérieure de la corolle ascendante, à dents latérales oblongues, étroites; lèvre inférieure étalée; fleurs de moitié plus petites que dans le **R.** *minor,* à tube de moitié plus étroit; style saillant (Gaud.). ⚀ (Juillet, août).

Les champs arides des montagnes : aux environs de Salins; au-dessus de Saint-Georges, sur la route de la vallée de Joux (Gaud.). — Au-dessus de Bienne (Hall.). — Bâle, sur le mont Diétisberg, etc. (Hagenbach). — Ces quatre espèces sont très voisines : Linné les avait réunies, comme variétés, sous le nom de *R. Crista-galli.*

5. BARTSIE. — *BARTSIA.* Linn.

Calice en cloche, à 4 lobes; corolle tubuleuse, courbée, à 2 lèvres courtes, la supérieure concave, dressée, entière, l'inférieure petite, réfléchie, à 3 lobes; anthères velues; capsule ovoïde, aiguë, polysperme, à 2 loges, à 2 valves; graines à côtes dorsales ailées.

1. B. des Alpes. — *B. Alpina.*

Linn. Sp. 839. — DC. Fl. fr. n. 2426. — Duby, Bot. gall. p. 353. — Gaud. Fl. helv. 4. p. 105. — Koch, Syn. p. 545. — *Rhinanthus Alpina.* Lam. Ency. 2. p. 60.

Moris. sect. 11. tab. 24. fig. 9. — J. Bauh. Hist. 3. p. 2. p. 289. fig. 4. — Pona, Bald. in Clus. Hist. 2. p. 545. fig. 1.

Racine rampante, produisant une ou plusieurs tiges simples, ascendantes, feuillées, écailleuses à la base, velues, hautes de 15—20 centim.; feuilles sessiles, ovales-en-cœur, dentées-crénelées, un peu ridées, d'un vert obscur, noirâtres en herbier, velues sur les deux faces, particulièrement en dessous; fleurs axilaires, opposées, presque sessiles, plus longues que les feuilles florales ou bractées, disposées en épi terminal feuillé, presque interrompu, plus dense au sommet; calice un peu velu, à 4 lobes largement lancéolés; corolle d'un violet noirâtre, à tube allongé, un peu courbé, dilaté au sommet, à lèvre supérieure entière, l'inférieure plus courte, à 3 lobes arrondis; stigmate saillant; capsule ovoïde-conique, un peu comprimée, sillonnée, pubescente, terminée par le style persistant, plus longue que le calice; (graines comprimées du côté de l'ombilic, garnies sur le dos de côtes membraneuses blanchâtres, striées en travers)! ♃ (Juin—août).

Commune sur les montagnes du haut Jura : le long de la route de Lavatay à la Faucille; sur la Dôle; le Colombier; le Thoiry; le Suchet; le Chasseron; à la Chapelle-des-Bois; au Creux-du-Vent; sur le Chasseral, etc. — Le long des ruisseaux sur le mont Wasserfall (Lachenal). — Sur le mont Schafmatt (Wieland.).

6. EUPHRAISE. — EUPHRASIA. Linn.

Calice tubuleux ou en cloche, à 4 lobes ou dents; corolle tubuleuse à 2 lèvres, la supérieure concave, échancrée, l'inférieure à 3 lobes égaux; étamines 4, didynames; anthères 2 ou 4 à loges aristées-épineuses au sommet; capsule oblongue, comprimée, très obtuse ou échancrée, à 2 valves à 2 loges polyspermes; graines striées.

§ 1. *Anthères incluses, 2 aristées épineuses.* — Euphrasium. Duby.

1. E. officinale. — E. officinalis.

Linn. Sp. 841. — DC. Fl. fr. n. 2418. — Duby, Bot. gall. p. 354. var. *α.* — Gaud. Fl. helv. 4. p. 109. — Lam. Ency. 2. p. 400. — Koch, Syn. p. 546.

J. Saint-Hil. Pl. fr. tab. 137. — Chaum. Fl. méd. tab. 162.
— Bull. Herb. tab. 233. — Lam. illust. tab. 518. fig. 1.
— Moris. sect. 11. tab. 24. fig. 1. — J. Bauh. Hist. 3.
p. 2. p. 432. fig. 3. (*pessima*). — Tabern. ic. p. 862. fig.
1. — Dalech. Hist. p. 1167. fig. 1. — Dod. pempt. p. 54.
fig. 3. — Lob. ic. p. 496. fig. 1. (*cad.*).

Racine grêle, blanchâtre, fibreuse; tige ordinairement
rameuse, dressée, à rameaux ascendants, pubescente,
presque cylindrique, souvent d'un vert brunâtre ou rougeâtre, haute de 16—20 centim.; feuilles ovales, sessiles,
la plupart opposées, pubescentes, ridées, un peu épaisses,
crénelées ou dentées en scie, à dents obtuses dans les feuilles
inférieures et acuminées-mucronées dans les supérieures;
fleurs solitaires, axilaires, presque sessiles, opposées ou
alternes, rapprochées vers le sommet de la tige et des
rameaux; calice tubuleux, pubescent-glanduleux, à 4 dents
lancéolées, acuminées; corolle de grandeur et de couleur
variable, ordinairement blanche, rayée de pourpre ou de
violet, à palais jaune, à tube cylindrique, à lèvres supérieures à 2 lobes aplanis à 2—3 dents, l'inférieure plus
grande, à 3 lobes presque égaux, oblongs, échancrés;
capsule oblongue, un peu échancrée en cœur et ciliée au
sommet. ☉ (Juillet—septembre).

Commune dans les prés arides, les pelouses et les coteaux de la
plaine et des montagnes.

β. *Nemorosa*. Pers. Syn. 2. p. 149. — Koch, Syn. l. c.
— Hagenb. Fl. basil. 2. p. 116. var. *β. arvensis*. — Gaud.
Fl. helv. 4. l. c. var. *β. minor*. — Plante plus raide, à
tige d'un pourpre noirâtre, moins rameuse, pubescente,
à poils crépus appliqués; feuilles supérieures profondément
dentées en scie, à dents aiguës; lèvre supérieure de la corolle et quelquefois la corolle entière de couleur violette;
capsule oblongue, mucronée, peu échancrée au sommet.

Les pâturages arides. — L'Euphraise est regardée comme ophtalmique, mais elle est peu usitée.

III.   13

2. E. naine. — *E. minima.*

Jacq. in DC. Fl. fr. n. 2419. — Gaud. Fl. helv. 4. p. 112.
— Poir. Ency. supp. 2. p 595. in obs. n. 1. — Koch,
Syn. p. 546. — *E. off. var. β.* Lam. Ency. 2. p. 400. —
Duby, Bot. gall. p. 354. var. γ.

Tige ordinairement rameuse, quelquefois simple, cylindrique, pubescente, haute de 4—6 centim. ; feuilles nombreuses, presque embriquées, d'un vert sombre, glabres
ou presque entièrement glabres, un peu roulées en dessous
par les bords, ovales, obtuses, découpées de chaque côté
en 3—5 dents obtuses dans les feuilles inférieures, aiguës
dans les supérieures; fleurs petites, plus courtes que les
feuilles, à calice presque glabre, divisé en 4 dents lancéolées-acuminées; corolle à tube court, à lèvre supérieure
purpurescente, à 2 lobes connivents bidentés, l'inférieure
entièrement jaune, à 3 lobes profondément échancrés,
marquée, ainsi que la supérieure, de lignes purpurines;
capsule un peu ciliée au sommet. ① (Juillet, août).

Cette plante ne se trouve que sur les hautes sommités du Jura : sur
la Dôle ; le Colombier ; le Noirmont ; le Montendre, etc.

3. E. de Saltzbourg. — *E. Salisburgensis.*

Funk, in Hoppe, Taschenb. p. 190. (1794). — Poir. Ency.
supp. 2. p. 591. — Koch, Syn. p. 546. — *E. Alpina.* DC.
Fl. fr. n. 2420. — Gaud. Fl. helv. 4. p. 111. — *E. off.
var. β.* Duby, Bot. gall. p. 354.

Bocc. Mus. 54. tab. 60. — Lam. illust. tab. 518. fig. 2.

Cette espèce, regardée par plusieurs botanistes comme
une variété de l'*E. officinalis,* s'en distingue par sa tige plus
grêle, souvent simple, à rameaux filiformes, presque
ligneux, ascendants; par ses feuilles lancéolées, glabres ou
presque glabres, en coin à la base, un peu dures, profondément découpées, ainsi que le calice, en dents acuminées-

sétacées; par ses fleurs ordinairement plus petites, à corolle blanche, à palais jaune, à lèvre supérieure lilas, ayant les lobes relevés, l'inférieure plus profondément découpée en lobes plus étroits et plus fortement échancrés; capsule à peine échancrée au sommet. ① (Juillet, août).

Les lieux arides des montagnes : sur la Dôle ; le Salève ; le Chasseron ; le Creux-du-Vent; la Faucille ; le Chasseral ; le Mont-d'Or, etc., etc.

Obs. Ces trois plantes sont très voisines, et plusieurs botanistes réunissent les deux dernières, comme variétés, à l'*E. officinalis.*

§ 2. *Anthères ordinairement saillantes, toutes également mucronées.* — Odontites. Duby.

4. E. tardive. — *E. serotina.*

Lam. Fl. fr. ed. 2. 3. p. 550. (1793). — Koch, Syn. p. 547. *E. Odontites.* (Auct.). DC. Fl. fr. n. 2422. var. *α.* — Duby, Bot. gall. p. 355. — Gaud. Fl. helv. 4. p. 113. var. *α.* — Lam. Ency. 2. p. 400. — *E. Odontites.* Linn. Sp. 842. var. *β.* (*ex Koch*).

Barr. ic. fig. 276. n. 2. — Moris. sect. 11. tab. 24. fig. 10. — Tabern. ic. p. 242. fig. 1. — Dalech. Hist. p. 1167. fig. 2. — Dod. pempt. p. 55. fig. 1. — Lob. ic. p. 496. fig. 2. (*ead.*).

Tige dressée, très rameuse, pubescente, légèrement tétragone, à rameaux ordinairement opposés, étalés-ascendants, haute de 2—3 décim. ; feuilles sessiles, la plupart opposées, lancéolées-linéaires, un peu rétrécies à la base, dentées en scie, à dents écartées : celles des rameaux plus étroites et plus petites ; bractées oblongues-lancéolées, égales ou plus courtes que les fleurs : celles-ci sont axilaires et terminales, courtement pédicellées, disposées à l'extrémité de la tige et des rameaux en épis unilatéraux grêles, allongés; calice velu, rougeâtre, à 4 lobes lancéolés, un peu obtus, presque égaux ; corolle purpurine, pubescente, à tube de la longueur du calice, à lèvre supérieure obtuse, concave, un peu tronquée au sommet, l'inférieure à 5 lobes oblongs, obtus ; capsule oblongue, comprimée, sillonnée sur les valves, velue à sa partie supérieure. ① (Août, septembre).

Commune dans les champs secs, après la moisson.

5. E. dentée. — *E. Odontites.*

Linn. Sp. 841. — Koch, Syn. p. 547. — *E. verna.* Bellard, app. ad Fl. pedem. in Mem. acc. sc. de Tur. 5. p. 398. — DC. Fl. fr. supp. n. 2422ᵃ. — *E. Odontites, var. β. verna.* Gaud. Fl. helv. 4. p. 113.

Cette espèce se distingue de la précédente, avec laquelle elle a été long-temps confondue, par ses feuilles un peu élargies et non rétrécies à la base; par ses grappes de fleurs plus courtes, à bractées plus longues que les fleurs et non égales ou plus courtes; par l'époque de la fleuraison qui a lieu au printemps, bien avant la moisson, tandis que l'espèce précédente ne commence à fleurir que long-temps après, et sa fleuraison se prolonge jusqu'à la fin de l'automne. ④ (Mai, juin).

Commune aux environs de Salins; de Besançon, etc. — Abondamment parmi les moissons, sur le Salève, dans le vallon de Monetier (Reut.).

6. E. jaune. — *E. lutea.*

Linn. Sp. 842. — DC. Fl. fr. n. 2425. — Duby, Bot. gall. p. 355. — Gaud. Fl. helv. 4. p. 114. — Lam. Ency. 2. p. 401. — Koch, Syn. p. 547.
Moris. sect. 11. tab. 24. fig. 16. — J. Bauh. Hist. 3. p. 2. p. 433. fig. 1. — Dalech. Hist. p. 1121. fig. 3.

Tige dressée, très rameuse, surtout à sa partie supérieure, légèrement pubescente, à poils appliqués, comme sur les autres parties de la plante, nue dans le bas par la chute des feuilles à l'époque de la fleuraison, à rameaux opposés, étalés-ascendants, tous florifères, haute de 15—25 centim.;

feuilles sessiles , lancéolées-linéaires , peu et légèrement
dentées : les supérieures linéaires , très entières , toutes légèrement pubescentes ; fleurs alternes, axilaires , solitaires ,
courtement pédicellées , disposées au sommet de la tige et
des rameaux en épis feuillés, unilatéraux, allongés ; calice
pubescent , en cloche , à 4 dents triangulaires aiguës ; corolle jaune , légèrement pubescente , à tube de la longueur
du calice, à lèvre supérieure oblongue, comprimée, dressée,
obtuse , un peu tronquée , l'inférieure plus courte , à 5 lobes
ovales, presque égaux ; anthères jaunes , saillantes , libres ;
capsule ovoïde , très velue , à poils longs , étalés , à peine
échancrée au sommet , un peu plus longue que le calice. ①
(Juillet , août).

Les lieux arides, les collines incultes, rare : au-dessus du village de
Thoiry, en montant au Reculet, abondamment. — En plusieurs endroits du canton de Bâle (Hagenb.). — Les coteaux secs, à Vadans et
ailleurs (de Besse in Girod-Chant.). — Agiez, près d'Orbe (Monnard).

FAMILLE LXXX.

Labiées. Juss.

CALICE tubuleux, persistant , à 5 lobes , rarement à 10
dents , quelquefois bilabié ; corolle monopétale hypogyne ,
tubuleuse , irrégulière , le plus souvent à 2 lèvres, la supérieure ordinairement bifide, quelquefois très courte ou presque
nulle , l'inférieure trifide ; étamines ordinairement 4, didynames, rarement 2 , insérées sur la corolle ; ovaires 4 , libres,
insérés sur un disque hypogyne , à une loge et à un seul ovule
dressé ; style s'élevant du milieu des ovaires; noix 4 , nues,
situées au fond du calice qui les enveloppe. Périsperme
nul ; embryon droit ; radicule infère , tournée vers l'ombilic.
— Herbes (très rarement sous-arbrisseaux) à tige ordinairement tétragone , à feuilles opposées , dépourvues de stipules ,
à odeur aromatique ; fleurs axilaires , opposées ou verticillées , souvent rapprochées en épi.

TRIBU I. — OCYMOÏDÉES. Benth.

Corolle à 2 lèvres ; étamines défléchies ; anthères réniformes, à une seule loge, s'ouvrant par une fente demi-circulaire, et offrant, après l'émission du pollen, une petite scutelle aplanie.

1. BASILIC. — *OCYMUM*. Linn.

Calice en cloche, à 2 lèvres, la supérieure plus large, arrondie, entière, l'inférieure à 4 dents ; corolle à 2 lèvres, la supérieure à 4 lobes presque égaux, l'inférieure plus étroite, plus longue, entière, crénelée ; étamines défléchies sur la lèvre inférieure de la corolle, les 2 extérieures munies d'appendice à la base ; stigmate à 2 lobes égaux.

1. B. commun. — *O. Basilicum.*

Linn. Sp. 833. — DC. Fl. fr. n. 2610. — Duby, Bot. gall. p. 375. — Lam. Ency. 1. p. 583. — Koch, Syn. p. 548.

J. Saint-Hil. Pl. fr. tab. 977. — Barr. ic. fig. 1064. — Moris. sect. 11. tab. 20. fig. 1. — J. Bauh. Hist. 3. p. 2. p. 246. fig. 1. — Tabern. ic. p. 343. fig. 1. — Dalech. Hist. p. 679. fig. 1. — Dod. pempt. p. 279. fig. 1. — Lob. ic. p. 503. fig. 2. (*ead.*).

Tige herbacée, dressée, rameuse, tétragone, presque glabre, pubescente à sa partie supérieure, haute de 2—3 décim. ; feuilles glabres, pétiolées, ovales ou oblongues, entières ou munies de quelques dents peu marquées ; fleurs blanches, quelquefois un peu rougeâtres, portées sur de courts pédoncules, verticillées, formant des grappes ordinairement simples, allongées, dressées, terminales ; calice plus long que le pédoncule réfléchi à la maturité, renflé en cloche, à 2 lèvres, la supérieure à une seule dent arrondie, l'inférieure à 4, acuminées, toutes ciliées ; corolle également à 2 lèvres, l'inférieure entière ou légèrement dentelée , la supérieure à 4 lobes arrondis. ① (Juillet , août).

Cette plante , originaire de l'Inde , est généralement cultivée dans les jardins pour son odeur aromatique très suave. — Elle est cordiale et céphalique , on l'emploie ordinairement en infusion ; on s'en sert quelquefois comme assaisonnement. On cultive encore , dans les jardins , le Petit-Basilic (*Ocymum minimum* Linn.) dont l'odeur aromatique est encore plus développée que dans l'espèce ci-dessus.

2. LAVANDE. — *LAVANDULA.* Linn.

Calice oblong , à 5 dents inégales , les 4 inférieures peu marquées , presque égales , la cinquième prolongée en appendice , conniventes à l'époque de la fructification ; corolle à tube saillant , cylindrique , à 2 lèvres , la supérieure bifide , l'inférieure à 3 lobes ; étamines et style inclus.

1. L. commune. — *L. vera.*

DC. Fl. fr. supp. n. 2526[a]. — Duby, Bot. gall. p. 370. — Koch , Syn. p. 549. — *L. spica. var.* α. Linn. Sp. 800. — Gaud. Fl. helv. 4. p. 26. — Lam. Ency. 3. p. 427. var. α.

Bull. Herb. tab. 337. — Chaum. Fl. méd. tab. 216. — Lam. illust. tab. 504. fig. 1. — Moris. sect. 11. tab. 1. fig. 3. — J. Bauh. Hist. 3. p. 2. p. 281. fig. 1. (*mala*). — Tabern. ic. p. 369. fig. 2. (*fl. albo*). — Dalech. Hist. p. 919. fig. 1. (*mala*). — Dod. pempt. p. 273. fig. 3. — Lob. ic. p. 431. fig. 2.

Sous-arbrisseau de 2—3 décim. , dressé, très rameux dès la base , à rameaux simples , allongés , très feuillés dans le bas, presque nus dans le reste de leur longueur ; grêles, tétragones , à faces sillonnées, d'un vert blanchâtre , comme toutes les autres parties de la plante , finement pubescents , à poils étoilés ; feuilles entières, étroites , opposées , linéaires-lancéolées, obtuses , d'un vert cendré , roulées en dessous par les bords , pubescentes , à poils semblables à ceux des rameaux, munies dans l'axe de jeunes pousses à folioles fasciculées blanchâtres, cotonneuses; épi terminal linéaire, interrompu à la base, à fleurs munies de bractées ovales-rhomboïdales, brusquement acuminées, plus courtes que le calice ovoïde-cylindrique, strié, cotonneux, d'un bleu améthyste au sommet, presque à une seule dent, les autres étant peu marquées; corolle d'un bleu violet, à tube cotonneux strié, double du calice. ♄ (Juin—août).

Salins, sur le penchant du fort Saint-André, du côté de la ville, au-dessous de l'ermitage Saint-Jean ; au-dessus des rochers de Beauregard, vers Saint-Joseph ; les rochers au-dessus des vignes de Côte-Bas, en montant à Prés-Rond, du côté de Saint-Thiébaud. — Les montagnes au-dessus de Neuchâtel (Hall.). — Les rochers entre Saint-Blaise et Voens (Chaillet). — Sur la montagne de Rosemont, et sur Bregille, à Besançon. — La Lavande est cordiale, céphalique, nervine et antihistérique ; on la dit un bon remède dans les extinctions de voix : c'est de cette plante que l'on retire l'eau de Lavande. Elle est quelquefois cultivée en bordure dans les jardins. Quelques personnes l'enferment dans les armoires, parce que son odeur, dit-on, chasse les mites et les teignes qui attaquent les habits.

TRIBU II. — MENTHOÏDÉES. Benth.

Corolle presque en cloche ou en entonnoir, à limbe à 4—5 lobes presque égaux ; étamines écartées, droites ; loges des anthères parallèles ou divariquées, s'ouvrant par une fente.

3. MENTHE. — *MENTHA*. Linn.

Calice à 5 dents ; corolle en entonnoir, à tube non saillant, à limbe à 4 lobes presque égaux, le supérieur un peu plus large, souvent échancré ; étamines 4, droites, écartées, divergentes au sommet ; stigmate bifide ; anthères à loges parallèles.

Obs. Les Menthes sont très variables, soit dans la tige et les feuilles qui sont glabres, velues ou cotonneuses, soit dans les fleurs qui sont blanches ou lilas, à étamines saillantes et corolle plus grande, ou à étamines incluses et corolle plus petite, ce qui indique une différence de sexe et les rend souvent polygames-dioïques.

§ 1. *Gorge du calice nue; lobe supérieur de la corolle échancré.* Menthastrum. Duby.

* *Fleurs en verticilles axilaires, écartés, allant en décroissant.*

1. M. des champs. — *M. arvensis.*

Linn. Sp. 806. — DC. Fl. fr. n. 2540. — Duby, Bot. gall. p. 371. — Gaud. Fl. helv. 4. p. 42. — Lam. Ency. 4. p. 109. — Koch, Syn. p. 552.

Moris. sect. 11. tab. 7. fig. 5 *bis.* — J. Bauh. Hist. 3. p. 2. p. 217. fig. 2. — Tabern. ic. p. 352. fig. 1. — Dalech. Hist. p. 907. fig. 1.

Racine traçante, fibreuse ; tige très feuillée, hérissée de poils étalés, rameuse, à rameaux diffus, allongés, étalés, ascendants, haute de 2—5 décim. ; feuilles opposées, rapprochées, molles, velues, courtement pétiolées, ovales, dentées en scie : les inférieures quelquefois arrondies, presque entières ; fleurs nombreuses, en verticilles axilaires, denses, globuleux, assez rapprochés, portées sur des pédicelles rougeâtres, glabres ou poilus, munis de bractées lancéolées, velues ; calice court, velu, en cloche, à 5 dents triangulaires, aiguës ; corolle rougeâtre, violette ou blanche, double de la longueur du calice, velue en dehors et à la gorge ; étamines ordinairement saillantes, à anthères violettes. ♃ (Juillet—septembre).

Commune dans les champs un peu humides, après la moisson.

β. *Parietariæfolia.* Becker. — *M. arvensis. var.* β. Hagenb. Fl. basil. 2. p. 89. — *M. verticillata.* Hoff. Germ. 4. p. 6. — Tige dressée, haute de plus de 5 décim., hérissée sur les angles ; verticilles nombreux, occupant la plus grande partie de la tige ; feuilles elliptiques, rétrécies aux deux bouts ; pédicelles presque glabres ; étamines et pistils saillants.

Salins, le long des fossés humides. — Bâle (Hagenb.). — Dans les échantillons de cette espèce que j'ai sous les yeux, les uns ont les éta-

mines et le style saillants ; d'autres ont le style saillant et les étamines
incluses qui, dans ce cas, sont stériles ; quelques autres enfin ont les
étamines saillantes et le style inclus : si, dans ce dernier cas, l'ovaire
est stérile, ce qui est probable, cette espèce se trouve alors quelquefois
polygame-dioïque par avortement.

2. M. cultivée. — *M. sativa.*

Linn. Sp. 805. — **DC**. Fl. fr. n. 2539. — Duby, Bot. gall.
p. 571. — *M. hirsuta. var. ζ. sativa.* Gaud. Fl. helv. 4.
p. 58. — *M. arvensis.* β. Lam. Ency. 4. p. 109.
Dod. pempt. p. 95. fig. 1. — Lob. ic. p. 507. fig. 1. (*ead.*).

Cette espèce est voisine de la *M. arvensis,* et s'en rapproche plus que des autres espèces de cette section, mais
elle est beaucoup moins velue. Tige haute de **2—4**
décim., grêle, raide, dressée ou ascendante, souvent rougeâtre, radicante à la base, médiocrement couverte de
poils réfléchis, ordinairement simple, quelquefois un peu
rameuse ; feuilles ovales-elliptiques, un peu aiguës, dentées
en scie dans leur moitié supérieure, entières à la base, légèrement velues, presque glabres, courtement pétiolées ;
verticilles écartés, formés de 2 faisceaux axilaires pédonculés, munis de bractées linéaires-lancéolées, aiguës, ciliées ;
pédoncules, pédicelles et calices rougeâtres, pubescents, à
poils courts, blanchâtres ; corolle rougeâtre, glabre ; calice
strié, cylindrique, à dents lancéolées, aiguës, ciliées ; étamines incluses ; style saillant. ⚭ (Août, septembre).

Bord de l'étang de Chavanne, aux environs de Sellières ; bords du
Doubs, à Besançon.

3. M. des jardins. — *M. gentilis.*

Linn. Sp. 805. — DC. Fl. fr. n. 2541. — Duby, Bot. gall.
p. 572. — Gaud. Fl. helv. 4. p. 41. — Lam. Ency. 4.
p. 108. (*ex Gaud.*). — Smith. Brit. 621. — *M. arvensis.*
β. *glabriuscula.* Koch, Syn. p. 535. (*ex Syn. Smith.*).

. Moris. sect. 11. tab. 7. fig. 5. — J. Bauh. Hist. 3. p. 2. p.
217. fig. 1. (*malè, fol. angustioribus*). — Dalech. Hist
p. 673. fig. 1. (*ead.*).

Tige dressée ou ascendante, ferme, tétragone, glabre,
quelquefois rougeâtre, très rameuse, à rameaux étalés, allongés, haute de 3—5 décim.; feuilles courtement pétiolées,
ovales, un peu obtuses, vertes, glabres, quelquefois garnies de quelques poils sur le pétiole et les nervures dorsales,
dentées en scie, à nervures latérales divergentes-parallèles,
parsemées en dessus de points résineux jaunâtres, brillants,
que l'on retrouve sur le calice; fleurs en verticilles nombreux, petits, très denses, portés sur des pédoncules courts,
glabres, ainsi que les pédicelles, quelquefois rougeâtres;
calice tubuleux·en cloche, glabre, strié, à dents lancéolées,
aiguës, ciliées; corolle petite, dépassant peu le calice, rougeâtre, pâle, à 4 lobes arrondis, le supérieur entier ou
échancré; étamines incluses; style saillant. Odeur aromatique
agréable, approchant de celle du *Basilic* ou de la *Mélisse.*
⚥ (Août, septembre).

Abondamment le long du ruisseau de Saisenay, au lieu dit les Am-
boussoux, et dans les vernes du bois de Racine; aux Arsures, le long
du chemin vers l'extrémité du village. — Nyon, près d'Arnex (Gaud.).
— Genève, au Grand-Sacconex (Reut.). — Cette plante est cultivée
dans les jardins.

4. M. rouge. — *M. rubra.*

Smith. Brit. 2.♀. 619. — DC. Fl. fr. n. 2542. — Duby,
Bot. gall. p. 372. — Gaud. Fl. helv. 4. p. 40. — Poir.
Ency. supp. 5. p. 662.
Dod. pempt. p. 93. fig. 1? (*ob caulem valdè ramosum pi-
losumque, non placet*). — Lob. ic. p. 507. fig. 1. (*ead.*).

Cette espèce n'est peut-être qu'une variété de la précédente. Tige haute de 5—6 décim., dressée, glabre, tétragone, d'un rouge pourpre foncé, grêle, rameuse, à rameaux
effilés de même couleur; feuilles ovales-oblongues, elliptiques, dentées en scie, entières à la base, courtement pétio-

lées, glabres en dessus, un peu poilues en dessous sur les nervures saillantes : les florales allant en diminuant de grandeur vers le sommet de la tige et des rameaux, mais dépassant toujours les verticilles de fleurs : ceux-ci sont petits, pédonculés, à pédoncules et pédicelles glabres et rouges comme la tige, munis de bractées lancéolées, aiguës, ciliées ; calice glabre, souvent rougeâtre, strié, à dents lancéolées, aiguës, ciliées, parsemé, ainsi que le dessous des feuilles, de points résineux; corolle glabre, rougeâtre; étamines incluses ; style très court. ♃ (Août, septembre).

Salins, au bord de la Furieuse du côté de la route, vis-à-vis le martinet, sans doute échappée des jardins où elle est quelquefois cultivée. Cette espèce répand, comme la précédente, une odeur aromatique agréable.

** *Fleurs en verticilles terminaux peu nombreux, rapprochés en tête.*

5. M. aquatique. — *M. aquatica.*

Linn. Sp. 805. — Lam. Ency. 4. p. 106. — Koch. Syn. p. 551. — *M. hirsuta.* DC. Fl. fr. n. 2538. var. *β. aquatica.* — Duby, Bot. gall. p. 571. — Gaud. Fl. helv. 4. p. 37. var. *α. aquatica.*

J. Saint-Hil. Pl. fr. tab. 256. — Lam. illust. tab. 503. fig. 1. — Moris. sect. 11. tab. 7. fig. 6. — J. Bauh. Hist. 3. p. 2. p. 223. fig. 1. (*mala*). — Dalech. Hist. p. 677. fig. 1. — Dod. pempt. p. 97. fig. 1. — Lob. ic. p. 509. fig. 1. (*ead.*).

Cette espèce est très variable, soit dans son port, soit dans sa tige et dans ses feuilles plus ou moins velues, ses pétioles plus ou moins allongés, soit enfin dans ses fleurs dont les étamines sont tantôt saillantes hors de la corolle, tantôt incluses. Racine rampante, tige dressée, tétragone, souvent rougeâtre, simple ou rameuse, plus ou moins velue, à poils réfléchis, haute de 4—8 décim. et quelquefois plus ; feuilles pétiolées, ovales-oblongues, inégalement dentées en scie, velues, surtout en dessous, mais beaucoup moins que dans la var. β, quelquefois presque glabre en dessus; bractées lancéolées, souvent réfléchies; fleurs disposées en 2—3 verticilles multiflores, les inférieurs axilaires, souvent pédonculés, le terminal globuleux, très dense; calice strié, tubuleux, velu, ainsi que les pédicelles, à dents triangulaires acuminées, ciliées; corolle un peu velue en dehors, d'un rouge pâle, rosée ou lilas; étamines saillantes. ♃ (Juillet, août).

Commune au bord des eaux, le long des fossés, au bord des rivières et des ruisseaux.

β. *Hirsuta.* Koch, Syn. p. 551. — *M. hirsuta.* Linn. Mant. 81. — DC. Fl. fr. l. c. var. *α.* — Gaud. Fl. helv. 4. l. c. var. β. — Cette plante diffère de la var. *α.* ci-dessus, par sa tige et ses feuilles plus velues, ovales ou arrondies, ou presque en cœur à la base; par ses verticilles de fleurs plus gros, plus rapprochés, en tête terminale, à étamines saillantes.

γ. *Dubia. M. dubia.* Vill. Dauph. 2. p. 358. — *M. hirsuta. var. δ.* DC. Fl. fr. supp. n. 2538. — Cette variété ne diffère de la précédente que par ses étamines incluses.

Ce caractère est d'une bien faible importance dans ce genre où la longueur relative des étamines et de la corolle est si variable dans la plupart des espèces.

*** *Fleurs en verticilles rapprochés en épi terminal.*

6. M. sauvage. — *M. sylvestris.*

Linn. Sp. 804. — DC. Fl. fr. n. 2534. — Duby, Bot. gall. p. 371. — Gaud. Fl. helv. 4. p. 31. — Lam. Ency. 4. p. 102. — Hagenb. Fl. basil. 2. p. 81. — Koch, Syn. p. 550. (*excl. var. δ. et ε.*).

J. Bauh. Hist. 3. p. 2. p. 221. fig. 1. (*pessima*). — Clus. Hist. 2. p. 32. fig. 1. (*ic. Lob.*) — Dalech. Hist. p. 673. fig. 3. (*ead.*). — Dod. pempt. p. 96. fig. 1. (*ead.*). — Lob. ic. p. 509. fig. 2.

Tige dressée, tétragone, feuillée, rameuse à sa partie
supérieure, plus ou moins cotonneuse, haute de 6—9 décim.;
feuilles sessiles ou presque sessiles, opposées, de forme variable, ordinairement oblongues ou lancéolées, aiguës,
dentées en scie, à dents irrégulières divergentes et aiguës,
vertes, ou blanchâtres-pubescentes en dessus, blanches-cotonneuses en dessous; épis nombreux, pédonculés, souvent
interrompus à la base, axilaires et terminaux, disposés au
sommet de la tige en panicule terminale; bractées étroites,
subulées, velues, un peu arquées, plus longues que les
fleurs; calice à dents étroites, subulées, souvent rougeâtres,
plus longue que le tube, velu-cotonneux ainsi que les pédicelles; corolle rougeâtre, purpurine ou blanchâtre; étamines
ordinairement saillantes, à anthères petites, violettes, arrondies. ♃ (Juillet, août).

Très commune partout le long des fossés au bord des routes, le long
des chemins, dans les lieux humides.

α. Vulgaris. Gaud. Syn. p. 478. — Hagenb. Fl. basil.
2. l. c. — Feuilles oblongues-lancéolées, vertes et légèrement pubescentes en dessus, blanchâtres-cotonneuses en
dessous; étamines saillantes.

β. Canescens. Gaud. Fl. helv. 4. l. c. var. *ββ?* —Feuilles
oblongues, blanchâtres et pubescentes en dessus, blanches-
cotonneuses en dessous, ainsi que la tige et les épis.

Aux environs de Salins. — De Longirod (Gaud.).

γ. Nemorosa. Gaud. Fl. helv. 4. l. c. —Hagenb. Fl.
basil. 2. l. c. var. *δ.* — *M. nemorosa.* Willd. Sp. 3. p. 75.
— J. Bauh. Hist. 3. p. 2. p. 219. fig. 1. — Feuilles ovales
ou ovales-oblongues, aiguës, un peu en cœur à la base,
vertes et pubescentes en dessus, blanchâtres-cotonneuses en
dessous; épi plus court et plus dense; étamines saillantes.

Aux environs de Salins. — De Bâle (Hagenb.).

δ. Hybrida. Gaud. Fl. helv. 4. l. c. — Hagenb. Fl. basil.
2. l. c. var. *β.* — Feuilles ovales-oblongues, ridées, un peu

épaisses, aiguës, un peu en cœur à la base, pubescentes en dessus, blanches-cotonneuses en dessous; étamines incluses.

Aux environs de Salins. — De Nyon (Gaud.). — De Bâle (Hagenb.).

ε. *Undulata.* Hagenb. Fl. basil. 2. p. 82. — Koch. Syn. l. c. var. β. — *M. undulata.* Willd. Enum. 2. p. 608. — Feuilles ovales, en cœur à la base, ondulées-crépues sur les bords : les supérieures pliées en long et un peu arquées-défléchies; étamines saillantes.

Aux environs de Bâle (Hagenb.).

7. M. à feuilles rondes. — *M. rotundifolia.*

Linn. Sp. 805. — DC. Fl. fr. n. 2535. — Duby, Bot. gall. p. 371. — Gaud. Fl. helv. 4. p. 53. — Lam. Ency. 4. p. 105. Koch, Syn. p. 549.

J. Bauh. Hist. 3. p. 2. p. 219. fig. 2. — Lob. ic. 1. p. 510. fig. 1? — Tabern. ic. p. 349. fig. 2.

Tige dressée, rameuse dans le haut, velue-cotonneuse, haute de 3—6 décim.; feuilles opposées, sessiles, un peu embrassantes, ovales, arrondies, crénelées-dentées en scie, épaisses, obtuses, ridées, velues en dessus, blanchâtres-cotonneuses en dessous; épis grêles, cylindriques, un peu aigus, axilaires et terminaux, disposés au sommet de la tige en panicule terminale; bractées étroites, lancéolées-acuminées, velues, ciliées, les inférieures ovales-lancéolées; calice hérissé, à dents lancéolées-subulées, ciliées, à la fin conniventes, ventru-globuleux à l'époque de la fructification; corolle blanche ou rosée, pubescente, à étamines ordinairement saillantes. ♃ (Juillet, août).

Les lieux humides : Salins, en montant des Prés-du-Roi au fort Saint-André; le long du sentier en sortant du faubourg Champtave, à gauche de la route de Blegny. — Besançon, dans les Prés-de-Vaux; aux environs de Champagnole; de Thoirette; de Bâle; au bord de la route, à Saint-Germain, entre Poligny et Lons-le-Saunier; à Champel, près de Genève. — Au bord du Rhône sous Aïre; et le long des haies sur la route de Chêne, entre Grange-Canal et Mornex (Reut.).

β. *Ambigua*. Gaud. Synops. p. 479. et Fl. helv. 4. l. c.
— Épis plus denses, non interrompus ; étamines incluses.

Aux environs de Nyon (Gaud.).

8. M. verte. — *M. viridis.*

Linn. Sp. 804. — DC. Fl. fr. n. 2536. — Duby, Bot. gall.
 p. 371. — Gaud. Fl. helv. 4. p. 35. — Lam. Ency. 4. p.
 103. — *M. sylvestris. var. δ. glabra.* Koch, Syn. p. 550.
J. Saint-Hil. Pl. fr. tab. 238. — Moris. sect. 11. tab. 6. fig.
 1. — J. Bauh. Hist. 3. p. 2. p. 220. fig. 1. — Dod. pempt.
 p. 95. fig. 3. — Lob. ic. p. 507. fig. 2.

Racine traçante, stolonifère ; tiges tétragones, tombantes,
à la fin dressées, fermes, glabres, rameuses dans le haut,
vertes ou un peu rougeâtres, hautes de 6—9 décim. ; feuilles
opposées, sessiles ou presque sessiles, oblongues-lancéolées,
aiguës, quelquefois un peu acuminées, dentées en scie, à
dents aiguës, écartées, à nervures parallèles, divergentes,
glabres sur les deux faces, d'un vert foncé en dessus, plus
pâles et marquées de points résineux en dessous ; épis grêles,
allongés, cylindriques, aigus, plus ou moins interrompus,
disposés au sommet de la tige en panicule terminale ; bractées subulées, ciliées, dépassant quelquefois les fleurs ; calice glabre, ainsi que le pédicelle, strié, tubuleux, d'un
pourpre noirâtre, à dents subulées, ciliées ; corolle lilas ou
purpurine, glabre ; étamines incluses. ♃ (Juillet, août).

Salins, au bord de la Furieuse, derrière les Capucins, et un peu au-
dessus du pont neuf, à Saint-Joseph. — Aux environs de Bâle (Hagenbach). — Près de Ferrière, vers le Doubs (Gagnebin). — Nyon,
près du pont Morand (Gaud.). — Genève, au bord des fossés humides :
au Petit-Sacconex ; à Collonge sous Salève (Reut.). — Aux environs
de Baume et ailleurs (Girod-Chant.).

9. M. poivrée. — *M. piperita.*

Huds. Ang. 251. — DC. Fl. fr. n. 2537. — Duby, Bot.
 gall. p. 371. — Lam. Ency. 4. p. 104. — Hagenb.

Fl. basil. **2.** p. 85. — Koch , Syn. p. 551. var. *β. offi-cinalis.*

Chaum. Fl. méd. tab. 234.

Cette plante est voisine de la précédente , mais son odeur est plus forte et sa saveur plus piquante qu'aucune des autres espèces. Tige haute de 4–8 décim. , couchée à la base, ascendante , rameuse , glabre ou garnie de quelques poils étalés; feuilles planes, pétiolées , ovales-oblongues ou ovales-lancéolées, arrondies à la base , aiguës, dentées en scie , à dents aiguës, glabres ou garnies de quelques poils sur les nervures dorsales; bractées inférieures lancéolées-acumi-nées, les supérieures plus étroites, subulées, ciliées; fleurs verticillées en épis oblongs-cylindriques, souvent un peu lâches et interrompus à la base , obtus au sommet, disposés en panicule terminale; calice tubuleux, sillonné, parsemé d'un grand nombre de points glanduleux, très glabre , ainsi que les pédicelles, souvent d'un pourpre foncé, à dents lan-céolées-subulées, dressées, ciliées; corolle rougeâtre; éta-mines incluses. ♃ (Juillet , août).

Cette plante , originaire d'Angleterre , se trouve quelquefois dans les décombres , et au voisinage des jardins où on la cultive. On prépare avec la Menthe poivrée des pastilles qui laissent dans la bouche une saveur piquante, suivie d'une fraîcheur très sensible et agréable. — On cultive aussi quelquefois dans les jardins la *M. crispa.* Linn.

Obs. Toutes les Menthes sont d'excellents antispasmodiques chauds et de très bons toniques : on les regarde aussi comme carminatives , sto-machiques, cordiales. La Menthe poivrée possède toutes ces qualités au plus haut degré ; mais la plupart des autres espèces, particulièrement la *M. rotundifolia*, la *M. viridis* et la *M. pulegium*, peuvent la rem-placer.

§ 2. *Gorge du calice velue; lobe supérieur de la corolle entier.* — Pulegium. Bauh.

10. M. Pouliot. — *M. Pulegium.*

Linn. Sp. 807.— DC. Fl. fr. n. 2545. — Duby, Bot. gall. p. 372. — Gaud. Fl. helv. 4. p. 45. — Lam. Ency. 4. p. 111. — Koch , Syn. p. 555.

Lam. illust. tab. 505. fig. 2. — Moris. sect. 11. tab. 7. fig.
1. et 2. — J. Bauh. Hist. 3. p. 2. p. 256. fig. 2. (*mala*).
et p. 257. fig. 1. — Dalech. Hist. p. 891. fig. 1. (*pessima*). — Dod. pempt. p. 282. fig. 1. — Lob. ic. p. 500.
fig. 2. (*ead.*).

Tiges étalées, ascendantes, souvent radicantes à la base, obtusément quadrangulaires, glabres ou finement pubescentes,
très rameuses, rarement presque simples, hautes de 2—3 décim. ; feuilles petites, courtement pétiolées, ovales, obtuses,
légèrement crénelées-dentées en scie ; fleurs en verticilles
axilaires, nombreux, écartés, globuleux, assez gros relati-
vement à la grandeur des feuilles, formant des épis allongés,
terminaux, atténués au sommet ; calice tubuleux, fermé par
un anneau de poils après la fleuraison, strié, pubescent,
ainsi que les pédicelles, à 5 dents inégales, lancéolées,
aiguës, ciliées, les 2 supérieures un peu recourbées ; corolle
purpurine ou rose, rarement blanche, velue au-dehors,
double de la longueur du calice ; étamines saillantes. ♃
(Juillet, août).

Les terrains humides, le bord des étangs, les lieux où l'eau a
séjourné l'hiver : Salins, au bord de la Loue, à Port-Lesney ; au bord
des étangs, aux environs de Sellières ; de Chavanne ; de Mont-sous-
Vaudrey ; près de la Ferté ; au bord du bois Mouchard, le long de la
route de Villers-Farlay, etc. — Genève, au bord des étangs de Champel ;
à Lancy, etc. (Reut.). — Aux environs de Bâle (Hagenb.).

4. LYCOPE. — *LYCOPUS*. Linn.

Calice tubuleux, à 5 dents ; corolle en entonnoir, à 4 lobes
presque égaux, le supérieur plus large, échancré ; étamines
droites, écartées, divergentes, 2 fertiles, à anthères à 2
loges parallèles s'ouvrant par une fente longitudinale, et 2
réduites à de courts filets stériles, ou entièrement nulles.

1. L. d'Europe. — *L. Europæus*.

Linn. Sp. 30. — DC. Fl. fr. n. 2476. — Duby, Bot. gall. p.
359. — Gaud. Fl. helv. 1. p. 50. — Poir. Ency. supp.
3. p. 537. — Koch, Syn. p. 553.

J. Saint-Hil. Pl. fr. tab. 665. — Lam. illust. tab. 18. —
Moris. sect. 11. tab. 9. fig. 20. — J. Bauh. Hist. 3. p. 2.
p. 518. fig. 2. (*pessima*). — Dalech. Hist. p. 1117. fig.
1. — Dod. pempt. p. 595. fig. 2. — Lob. ic. p. 524. fig.
2. (*ead.*).

Tige ferme, dressée, haute de 6—9 décim., rameuse,
pubescente ou velue, tétragone; feuilles plus longues que
les entre-nœuds, pétiolées, ovales-lancéolées, incisées-dentées, pinnatifides à la base : les supérieures plus petites,
presque sessiles, grossièrement et profondément dentées;
fleurs petites, en verticilles axilaires de 20—50, très denses;
dents du calice acuminées, très aiguës, presque piquantes;
corolle double de la longueur du calice, blanche, ponctuée
de pourpre, velue à la gorge; rudiment des étamines stériles
souvent nuls. ♃ (Juillet, août).

Commun le long des eaux, au bord des fossés humides, le long des
routes et des chemins.

β. *Elatior*. Gaud. Fl. helv. 1. l. c. var. γ. — Hagenb.
Fl. basil. 1. p. 19. var. β. — Plante plus élevée et plus
velue, à feuilles toutes pinnatifides.

Bâle, le long du Birsec, rare (Hagenb.).

TRIBU III. — MONARDÉES. Benth.

Corolle à 2 lèvres; étamines 2, fertiles, parallèles sous
la lèvre supérieure de la corolle.

5. ROMARIN. — *ROSMARINUS*. Linn.

Calice comprimé à 2 lèvres, la supérieure entière, l'inférieure bifide, à gorge nue; corolle à 2 lèvres, la supérieure
bifide, l'inférieure à 5 lobes; étamines fertiles, arquées,
saillantes, munies à la base d'une dent recourbée; anthères
à une seule loge.

1. R. officinal. — *R. officinalis.*

Linn. Sp. 33. — DC. Fl. fr. n. 2479. — Duby, Bot. gall.
p. 359. — Gaud. Fl. helv. 1. p. 57. — Poir. Ency. 6. p.
234. — Koch, Syn. p. 553.

J. Saint-Hil. Pl. fr. tab. 321. — Chaum. Fl. méd. tab.
300. — Lam. illust. tab. 19. — J. Bauh. Hist. 2. p. 25.
fig. 3. (*mala*). — Dalech. Hist. p. 967. fig. 1. — Dod.
pempt. p. 272. fig. 2. — Lob. ic. p. 429. fig. 1. (*ead.*).

Arbrisseau de 6—12 décim. , dressé, très rameux, à rameaux grêles, allongés, de couleur cendrée, garnis de
feuilles nombreuses, sessiles, étroites, fermes, très entières,
linéaires, obtuses, vertes en dessus, blanchâtres en dessous
et roulées par les bords, d'une odeur aromatique forte ;
fleurs bleuâtres ou blanches, ponctuées, courtement pédicellées, disposées plusieurs ensemble sur des pédoncules
axilaires à la partie supérieure des rameaux ; étamines plus
longues que la corolle, munies à la base d'une petite dent
recourbée. ♄ (Mars—mai).

Cette plante, qui croît spontanément dans les lieux abrités et montueux du midi de la France, est cultivée dans les jardins pour son
odeur aromatique, et comme plante officinale. — Ses feuilles sont
toniques, céphaliques et antiputrides ; on s'en sert bouillies dans le vin
pour fortifier les nerfs, et rétablir la sensibilité dans les membres para-
lysés : cette plante donne par la distillation la liqueur improprement
nommée *Eau de la reine de Hongrie*.

6. SAUGE. — *SALVIA.* Linn.

Calice tubuleux ou en cloche à 2 lèvres, la supérieure
trifide ou entière, l'inférieure bifide, à gorge nue ; corolle
à 2 lèvres, la supérieure voûtée ou comprimée, échancrée,
l'inférieure étalée, à 3 lobes ; anthères à 2 loges séparées
par un connectif filiforme, oblique, très long, inséré transversalement sur les filets très courts, l'une fertile située au
bout ascendant, sous la lèvre supérieure de la corolle, et

l'autre stérile ou avortée, située à l'autre bout, dans la gorge.

§ 1. *Lèvre supérieure de la corolle voûtée, non comprimée. —* Horminum. Tourn.

1. S. officinale. — *S. officinalis.*

Linn. Sp. 54. — DC. Fl. fr. n. 2480. — Duby, Bot. gall. p. 560. — Gaud. Fl. helv. 1. p. 52. — Poir. Ency. 6. p. 584. — Koch, Syn. p. 554.

J. Saint-Hil. Pl. fr. tab. 558. — Chaum. Fl. méd. tab. 313. — Lam. illust. tab. 20. fig. 1. (*flos*). — Moris. sect. 11. tab. 15. fig. 1. — J. Bauh. Hist. 3. p. 2. p. 304. fig. 1. — Tabern. ic. p. 370. fig. 2. — Dalech. Hist. p. 879. fig. 1. — Dod. pempt. p. 290. fig. 1. — Lob. ic. p. 554. fig. 1. (*ead.*).

Tige dressée, presque ligneuse, divisée en un grand nombre de rameaux feuillés, presque quadrangulaires, dressés ou ascendants, velus, blanchâtres, hauts de 3—4 décim.; feuilles pétiolées, ovales-lancéolées, finement ridées ou grenues, sèches ou peu succulentes, finement crénelées, un peu épaisses, d'un vert cendré, un peu blanchâtres en dessous, pubescentes sur les deux faces, blanches-cotonneuses, ainsi que les rameaux, dans la jeunesse; fleurs disposées par verticilles de 6—8, assez rapprochés, en épi simple, allongé, dressé, terminal, munies de bractées ovales-acuminées; calice en cloche, velu, strié, à dents aiguës, mucronées; corolle bleuâtre, assez grande, à 2 lèvres, la supérieure obtuse, échancrée, l'inférieure à 3 lobes, le moyen plus grand, échancré, les 2 autres réfléchis. ♄ (Juin, juillet).

Cultivée dans les jardins et dans quelques vignes, particulièrement la variété β., comme plante officinale et condimentaire.

β. *Minor.* DC. Fl. fr. l. c. — Poir. Ency. 6. l. c. — Dod. pempt. p. 290. fig. 2. — Lob. ic. p. 555. fig. 1. (*ead.*). —

Plante moins élevée, à feuilles plus petites, plus étroites, ayant quelquefois 1—2 oreillettes à la base.

Salins, parmi les rochers au pied d'Arèle, du côté de la ville, où elle aura sans doute été cultivée anciennement. — La Sauge est tonique, céphalique, cordiale, stomachique et astringente : on fume quelquefois ses feuilles comme celles du tabac.

§ 2. *Lèvre supérieure de la corolle comprimée.* —
Sclarea. Tourn.

2. S. des prés. — S. *pratensis*.

Linn. Sp. 35. — DC. Fl. fr. n. 2481. — Duby, Bot. gall. p. 360. — Gaud. Fl. helv. 1. p. 53. — Poir. Ency. 6. p. 597. — Koch, Syn. p. 555.
Bull. Herb. tab. 357. — Moris. sect. 11. tab. 13. fig. 10. (*mediocris*). — J. Bauh. Hist. 3. p. 2. p. 311. fig. 2. (*mala*). — Clus. Hist. 2. p. 50. fig. 2. — Tabern. ic. p. 374. fig. 2. — Lob. ic. p. 556. fig. 1.

Tige dressée, velue, tétragone, ordinairement rameuse-paniculée au sommet, peu feuillée, haute de 3—6 décim.; feuilles radicales nombreuses, étalées, assez grandes, longuement pétiolées, ovales-oblongues, en cœur à la base, obtuses, épaisses, fortement ridées, un peu velues en dessous, presque glabres en dessus, sinuées-crénelées : celles de la tige peu nombreuses, sessiles : les supérieures embrassantes, lancéolées-acuminées; fleurs presque sessiles, bleues, roses ou blanches, en verticilles presque nus, à 6 fleurs, formant des épis allongés, opposés, paniculés, munis de bractées ovales-en cœur, acuminées, presque réfléchies, plus courtes que les fleurs; calice velu, blanchâtre, strié, souvent coloré, visqueux, à lèvre supérieure à 3 dents courtes, l'inférieure bifide, à lobes aigus, mucronés; corolle 5 fois aussi longue que le calice, à lèvre supérieure plus longue que l'inférieure, velue, comprimée, courbée en faux; style saillant. ♃ (Mai—juillet).

Partout dans les prés secs, et le long des chemins.

β. *Foliis incisis.* DC. Fl. fr. l. c. — Dall. Hist. p. 965.
fig. 2. — Dod. pempt. p. 293. fig. 2. (*ead.*). — Feuilles
incisées-lobées à la base.

Salins, à Nans et ailleurs, plus rare.

γ. *Agrestis.* Gaud. Fl. helv. 1. l. c. var. β. — Moris.
sect. 11. tab. 16. fig. 11. — J. Bauh. Hist. 3. p. 2. p. 311.
fig. 3. — Corolle plus petite, à lèvre supérieure égalant
l'inférieure.

Salins, dans les prés secs, rare. — Çà et là dans les prés autour de
Nyon (Gaud.).

3. S. Sclarée. — *S. Sclarea.*

Linn. Sp. 38. — DC. Fl. fr. n. 2483. — Duby, Bot. gall. p.
  360. — Gaud. Fl. helv. 1. p. 55. — Poir. Ency. 6. p.
  604. — Koch, Syn. p. 554.
J. Saint-Hil. Pl. fr. tab. 359. — Moris. sect. 11. tab. 16.
  fig. 1. — Clus. Hist. 2. p. 58. fig. 2. (*ic. Dod.*). —
  J. Bauh. Hist. 3. p. 2. p. 310. fig. 1. — Tabern. ic. p.
  373. fig. 2. — Dalech. Hist. p. 966. fig. 1. — Dod. pempt.
  p. 292. fig. 1. — Lob. ic. p. 556. fig. 2.

Tige dure, dressée, épaisse, tétragone, velue, à poils
glanduleux à sa partie supérieure, ordinairement rameuse, à rameaux opposés, paniculés, haute de 6—9 décim.; feuilles ovales, pétiolées, très grandes, en cœur à la
base, larges, grossièrement crénelées, très ridées, légèrement velues ou un peu cotonneuses, les supérieures plus
petites, embrassantes; fleurs bleuâtres, en verticilles
écartés, ordinairement à 6 fleurs presque sessiles, formant
des épis terminaux allongés, munis de bractées concaves,
largement ovales-acuminées, presque glabres, membraneuses, plus longues que le calice, les supérieures colorées;
calice en cloche, strié, hérissé, une fois plus court que la
corolle, à 2 lèvres, la supérieure tronquée, à 3 dents,
l'inférieure bifide, à dents toutes aiguës, mucronées-épineuses; corolle grande, à lèvre supérieure comprimée en

faux; l'inférieure à 3 lobes courts, inégaux. ② (Juin—
août). Vulg. *Orvale*, *Toute-bonne*.

Besançon, au bord de la route, à droite en sortant de la porte
Taillée (en 1837, je ne l'y ai plus revue l'année suivante). — Assez
commune partout (Girod-Chant.)? — Morges (Hœpfener). — Cette
plante est stimulante, résolutive, stomachique, antihistérique et surtout antiulcéreuse. Elle est très rare dans le Jura, quoi qu'en dise
Girod-Chantrans, puisque je ne l'ai rencontrée que la seule fois indiquée ci-dessus.

4. S. glutineuse. — *S. glutinosa.*

Linn. Sp. 37. — DC. Fl. fr. n. 2484. — Duby, Bot. gall. p.
561. — Gaud. Fl. helv. 1. p. 54. — Poir. Ency. 6. p.
596. — Koch, Syn. p. 554.

Moris. sect. 11. tab. 13. fig. 18. — J. Bauh. Hist. 3. p. 2.
p. 314. fig. 2. — Clus. Hist. 2. p. 29. fig. 1. et 2. (*ic.
Lob.*). — Dalech. Hist. p. 966. fig. 2. (*ead.*). — Dod.
pempt. p. 292. fig. 1. et 2. (*ead.*). — Lob. ic. p. 557.
fig. 1. et 2.

Tige velue, à poils glanduleux-visqueux à sa partie supérieure, d'une odeur forte, peu agréable, tétragone, dressée, rameuse, haute de 6—8 décim.; feuilles pétiolées,
larges, ovales-oblongues, hastées-en cœur à la base, acuminées, pubescentes, grossièrement crénelées-dentées en scie;
bractées ovales ou lancéolées, acuminées; fleurs en épis
terminaux, composés de verticilles de fleurs pédicellées,
presque au nombre de 6; calice tubuleux-en cloche, velu-
glanduleux, visqueux, ainsi que la corolle et les bractées,
à 2 lèvres, la supérieure ovale, à 3 dents très petites, l'inférieure à 2 dents ovales, aiguës; corolle jaunâtre, grande,
à tube cylindrique, de moitié plus étroit que le calice,
mais plus long, à lèvre supérieure comprimée, presque en
faux, l'inférieure presque égale, large, à 5 lobes, le moyen
denté crénelé. ♃ (Juin, juillet).

Les bois, les lieux ombragés de la plaine et des montagnes : à Noiraigue, au pied du Creux-du-Vent; au bord de la Valouse, près de son

embouchure, à Thoirette. — Autour de Bassins, de Mont, etc. (Gaud.).
— Genève, à la queue d'Arve ; à Salève ; près de Collonge, etc. (Reut.).
— Bâle, sur le mont Mutet ; au bord de la Birse, près de Saint-Jacob
et de Dornac, etc. (Hagenb.).

TRIBU IV. — SATURÉINÉES. Benth.

Corolle à 2 lèvres ; étamines 4, écartées, divergentes au
sommet, ou conniventes sous la lèvre supérieure de la corolle ; loges des anthères obliques, séparées par un connectif
dilaté en travers.

7. ORIGAN. — *ORIGANUM*. Linn.

Calice à 5 dents ou presque à 2 lèvres, fermé par des poils
après la fleuraison ; corolle à tube nu intérieurement, à
lèvre supérieure dressée, échancrée, l'inférieure à 5 lobes
presque égaux ; étamines écartées, étalées au sommet ; loges
des anthères obliques, séparées par un connectif dilaté,
presque triangulaire.

1. O. commun. — *O. vulgare.*

Linn. Sp. 824. — DC. Fl. fr. n. 2586. — Duby, Bot. gall.
  p. 575. — Gaud. Fl. helv. 4. p. 77. — Poir. Ency. 4. p.
  607. — Koch, Syn. p. 556.
J. Saint-Hil. Pl. fr. tab. 283. — Lam. illust. tab. 511. fig.
  1. — Bull. Herb. tab. 193. — Moris. sect. 11. tab. 5. fig.
  12. — J. Bauh. Hist. 3. p. 2. p. 253. fig. 1. — Tabern.
  ic. p. 316. fig. 1. — Dalech. Hist. p. 887. fig. 2. — Dod.
  pempt. p. 285. fig. 2. — Lob. ic. p. 492. fig. 2. (*ead.*).

Racine rampante ; tige obtusément tétragone, rougeâtre,
dressée, rameuse dans le haut, plus ou moins velue, dure,
à poils articulés, haute de 3—6 décim. ; feuilles pétiolées, largement ovales, rétrécies au sommet, obtuses,
arrondies à la base, presque entières, velues, particulièrement sur les bords et les nervures dorsales, vertes en dessus,

plus pâles en dessous; fleurs en épis oblongs ou cylindriques, agglomérés en corymbes formant une panicule terminale feuillée; bractées plus longues que le calice qu'elles recouvrent, ovales, aiguës, entièrement glabres, d'un pourpre foncé à leur partie supérieure; calice tubuleux, glabre ou pubescent, à peine glanduleux, d'un pourpre foncé au sommet, à 5 dents ovales, aiguës, presque égales, garni à la gorge de poils blancs; corolle d'un pourpre clair, pubescente en dehors, à tube dilaté au sommet, à lèvre supérieure échancrée, l'inférieure à 3 lobes arrondis, presque égaux; étamines saillantes, plus courtes que le tube de la corolle dans les fleurs femelles. Odeur aromatique très agréable. Plante polygame-dioïque. ♃ (Juin , août).

Commun partout, le long des chemins, des haies, au bord des bois, dans les lieux incultes et arides. — L'Origan est stimulant, emménagogue, stomachique et antispasmodique.

β. *Albiflorum.* Gaud. Fl. helv. 4. l. c. — **DC. Fl. fr. l.** c. — **Bractées vertes; fleurs blanches.**

Salins, à Ivory; le long de la route vers Saint-Joseph, et ailleurs.

γ. *Prismaticum. O. vulg. II. prismaticum.* Gaud. Fl. helv. 4. l. c. — Tournef. Inst. tab. 49. fig. 1. H. — J. Bauh. Hist. 3. p. 2. p. 238. fig. 3. — Épis fasciculés, droits, allongés, prismatiques; bractées embriquées, doubles du calice.

Nyon, le long de la route, près de Trélex (Gaud.).

8. THYM. — *THYMUS.* Linn.

Calice à 10 stries, ovoïde-tubuleux, fermé par des poils après la fleuraison, à 2 lèvres, la supérieure étalée ou réfléchie, à 3 dents, l'inférieure ascendante, bifide, à lobes subulés; corolle à tube nu en dedans, à 2 lèvres, la supérieure dressée, échancrée, l'inférieure à 3 lobes, le moyen plus large, entier ou échancré; étamines écartées, étalées au sommet; loges des anthères obliques, séparées par un connectif dilaté, presque triangulaire.

1. T. commun. — *T. vulgaris.*

Linn. Sp. 825. — DC. Fl. fr. n. 2592. — Duby, Bot. gall. p.
372. — Gaud. Fl. helv. 4. p. 85. — Poir. Ency. 7. p.
644. — Koch, Syn. p. 557.
J. Saint-Hil. Pl. fr. tab. 699. — Chaum. Fl. méd. tab. 340.
— Moris. sect. 11. tab. 18. fig. 8. — J. Bauh. Hist. 5. p.
2. p. 263. fig. 1. (*pessima*). — Dalech. Hist. p. 901.
fig. 1. — Dod. pempt. p. 276. fig. 2. (*ead.*). — Lob. ic.
p. 425. fig. 1. (*ead.*).

Sous-arbrisseau dressé ou ascendant, très rameux,
souvent cendré ou d'un brun rougeâtre, à rameaux
grêles, blanchâtres, pubescents, haut de 1—2 décim. ;
feuilles petites, oblongues ou linéaires, obtuses, courtement pétiolées, ponctuées-glanduleuses, roulées en dessous
par les bords et finement pubescentes : les florales lancéolées, obtuses; fleurs petites, rosées ou couleur de chair
pâle, d'une odeur aromatique très agréable, disposées en
verticilles lâches, presque en grappe, ou rapprochées en
tête terminale; calice tubuleux, velu, strié, ponctué-glan-
duleux, à 2 lèvres, la supérieure à 3 dents triangulaires,
courtes, l'inférieure bifide, à dents linéaires-subulées, toutes
ciliées; corolle petite; étamines incluses; style saillant. ♄
(Mai—juillet).

Sur les collines arides et dans les lieux secs du midi de la France,
cultivé dans les jardins. — Le Thym est excitant, tonique, antispasmodique, céphalique : on en extrait une huile essentielle assez abondante
que l'on emploie, à la dose de quelques gouttes, dans un véhicule convenable, contre la colique venteuse. On s'en sert comme condiment
dans certaines préparations culinaires.

2. T. Serpolet. — *T. Serpyllum.*

Linn. Sp. 825. — DC. Fl. fr. n. 2589. — Duby, Bot. gall. p.
573. — Gaud. Fl. helv. 4. p. 80. — Poir. Ency. 7. p. 642.
— Koch, Syn. p. 557.

Plante d'un aspect et d'une odeur aromatique très agréable, mais extrêmement variable, soit dans son port, soit dans sa surface presque glabre ou plus ou moins velue, soit dans la couleur et la grandeur de ses fleurs, dont les étamines sont incluses ou saillantes. Racine dure, ligneuse, produisant un grand nombre de tiges grêles, diffuses, gazonnantes, radicantes à la base, ascendantes, rameuses, tétragones, pubescentes, velues ou presque glabres, longues de 10—15 centim. et plus; feuilles ovales, oblongues ou oblongues-lancéolées, obtuses, planes, entières, ponctuées-glanduleuses, glabres, pubescentes ou velues, courtement pétiolées, en coin et quelquefois ciliées à la base; fleurs purpurines, rarement blanches ou rosées, disposées en verticilles axilaires, rapprochés en tête ou écartés en épi; calice strié, fermé à la gorge, après la fleuraison, par des poils blancs très fournis, à dents ciliées; corolle à 4 lobes presque égaux, le supérieur échancré. ♄ (Juillet—septembre).

Commun partout sur les coteaux et les pelouses, dans les lieux incultes et arides.

α. Minor. Hagenb. Fl. basil. 2. p. 104. — Vaill. Bot. par. tab. 32. fig. 7. — J. Bauh. Hist. 3. p. 2. p. 269. fig. 1. — Tabern. ic. p. 362. fig. 2. et fig. 1. (*fl. albo*). — Dod. pempt. p. 277. fig. 1. — Lob. ic. p. 423. fig. 2. (*ead.*). — Plante petite, à tiges presque glabres ou un peu velues sur les angles, surtout dans le haut; feuilles glabres, quelquefois un peu ciliées à la base, ovales; fleurs petites.

Salins, sur les pelouses et dans les pâturages arides, et à fleurs blanches sur la côte de Salgret (Th. Babey). — Aux environs de Bâle, avec les deux variétés suivantes (Hagenb.).

β. Major. Hagenb. Fl. basil. 2. l. c. — *T. Serpil. β. grandiflorum.* Gaud. Fl. helv. 4. l. c. — Vaill. Bot. par. tab. 32. fig. 8. — Chaum. Fl. méd. tab. 326. — Tabern. ic. p. 559. fig. 2. — Plante un peu plus élevée, à tiges légèrement velues ou pubescentes sur les angles, à feuilles glabres, quelquefois un peu ciliées à la base, ovales, plus grandes, ainsi que les fleurs.

γ. *Angustifolius*. Hagenb. Fl. basil. 2. l. c. — *Thymus Serpyllum. II. angustifolius.* Gaud. Fl. helv. 4. l. c. — *T. angustifolius.* Pers. Syn. 2. p. 130. — Feuilles oblongues, elliptiques-linéaires, nerveuses; corolle plus grande; étamines saillantes.

δ. *Hirsutus.* Chevall. Fl. par. 2. p. 462. var. δ. — Vaill. Bot. par. tab. 32. fig. 6. et tab. 31. fig. 40. — Tige et feuilles hérissées de longs poils blancs, épars, plus courts et plus nombreux sur la tige.

Aux environs de Salins, ainsi que la variété suivante.

ε. *Monstrosus.* Hagenb. l. c. — Vaill. tab. 31. fig. 41. — Feuilles réunies au sommet des rameaux en tête cotonneuse. Cette monstruosité est produite par la piqûre d'un insecte.

Le Serpolet jouit des mêmes propriétés que le *T. vulgaris*, mais à un degré plus faible.

9. SARIETTE. — *SATUREIA*. Linn.

Calice tubuleux-en cloche, à 10 stries, à 5 lobes égaux; corolle à 2 lèvres, à gorge nue, la supérieure presque dressée, plane, échancrée, l'inférieure étalée, à 3 lobes; étamines écartées, conniventes sous la lèvre supérieure de la corolle; loges des anthères obliques, séparées par un connectif dilaté, presque triangulaire. — Ce genre diffère des deux précédents par les étamines arquées-conniventes au sommet, et du suivant par le calice à 5 dents ou à 5 lobes égaux.

1. S. des jardins. — *S. hortensis.*

Linn. Sp. 795. — DC. Fl. fr. n. 2514. — Duby, Bot. gall. p. 371. — Poir. Ency. 6. p. 570. — Koch, Syn. p. 558.

Lam. illust. tab. 504. fig. 1. — Moris. sect. 11. tab. 17. fig. 1. — J. Bauh. Hist. 3. p. 2. p. 271. fig. 1. — Tabern. ic. p. 558. fig. 2. — Dalech. Hist. p. 898. fig. 2. —

Dod. pempt. p. 289. fig. 1. — Lob. ic. p. 426. fig. 2. (*ead.*).

Racine rameuse, garnie de fibres; tige dure, ligneuse à la base, dressée, haute de 2—5 décim., un peu rougeâtre, hérissée de poils blancs, très courts, arqués, qui la rendent rude au toucher, très rameuse presque dès la base, à rameaux opposés, axilaires; feuilles linéaires-lancéolées, très entières, un peu rétrécies en pétiole à la base, étalées, légèrement pubescentes, marquées de points résineux; fleurs rougeâtres, petites, ordinairement au nombre de 5—5 sur des pédoncules axilaires très courts, disposées en verticilles presque unilatéraux, écartés, les supérieurs souvent rapprochés presque en épi; calice rude, strié, court, un peu renflé, divisé jusqu'au milieu en 5 lobes étroits, lancéolés, aigus, presque subulés, ciliés; corolle pubescente, plus longue que le calice, à lèvre supérieure échancrée, l'inférieure à 5 lobes presque égaux, arrondis. ④ (Juillet, août).

Cette plante, originaire d'Italie et des lieux arides des provinces méridionales de la France, est cultivée dans les jardins comme plante aromatique, servant d'assaisonnement dans certaines préparations culinaires. Elle s'échappe quelquefois de la culture, et je l'ai trouvée plusieurs fois sur les graviers du bord de la Furieuse, à la Chapelle et au-dessous de Saint-Joseph, où j'ai récolté les échantillons de mon herbier. — Ses feuilles et ses sommités fleuries sont stomachiques, atténuantes, diurétiques et un peu stimulantes.

10. CALAMENT. — *CALAMENTHA*. Mœnch.

Calice tubuleux, strié, muni à la gorge d'une rangée de poils dressés, à 2 lèvres, la supérieure à 3 dents, l'inférieure à 2; corolle allongée, un peu renflée à la gorge, à lèvre supérieure échancrée, l'inférieure à 3 lobes, le moyen un peu échancré; étamines écartées, ascendantes, conniventes sous la lèvre supérieure; loges des anthères obliques, séparées par un connectif presque triangulaire.

§ 1. *Calice gibbeux à la base; pédoncules simples, uniflores.* — Acinos. Mœnch.

1. C. des champs. — *C. Acinos.*

Clairville, Manuel, p. 197. — Gaud. Fl. helv. 4. p. 84. —
Koch, Syn. p. 559. — *Thymus Acinos.* Linn. Sp. 826.—
DC. Fl. fr. n. 2595. — Duby, Bot. gall. p. 573. — Poir.
Ency. 7. p. 646.
Bull. Herb. tab. 318. — J. Bauh. Hist. 5. p. 2. p. 259. fig.
1. — Tabern. ic. p. 554. fig. 1. —Dalech. Hist. p. 951.
fig. 2.
Racine grêle, dure, presque ligneuse, produisant plusieurs tiges obscurément tétragones, plus ou moins rameuses, dressées ou ascendantes, pubescentes, à poils arqués,
hautes de 2—3 décimètres ; feuilles petites, légèrement
pubescentes, ovales ou oblongues, elliptiques, aiguës, un
peu roulées en dessous par les bords, presque entières ou
dentelées en scie à leur partie supérieure, rétrécies à la base
en un court pétiole ; fleurs disposées en verticilles axilaires
de 4—6, plus courts que les feuilles florales, portées sur
des pédicelles uniflores, légèrement pubescents, plus courts
que le calice, munis de bractées lancéolées, très petites ;
calice tubuleux, bossu à la base, resserré à la gorge, profondément strié, hérissé sur les nervures de poils blancs,
étalés, subulés, à 2 lèvres, la supérieure à 5 dents lancéolées, aiguës, ciliées, l'inférieure bifide, à lobes également
ciliés, rapprochés, subulés ; corolle d'un violet clair, ou purpurine, rarement blanche, à lèvre supérieure courte, arrondie, échancrée au sommet, l'inférieure à 5 lobes arrondis, presque égaux, le moyen légèrement échancré. ①
(Juin—août)

Commun dans les champs, les lieux secs et incultes, au bord des
chemins.

β. *Villosa.* Gaud. Fl. helv. 4. l. c. — Moris. sect. 11.
tab. 18. fig. 1. — Clus. Hist. 2. p. 554. fig. 1. — Dod.

pempt. p. 280. fig. 1. — Lob. ic. 1. p. 506. fig. 1. (*ic. Clus.*).
— Plante plus élevée, à tige, feuilles et calice hérissés de
longs poils blancs.

Le long de la route, entre Trélex et Saint-Cergue (Bailly in Gaud.).

2. C. des Alpes. — *C. Alpina.*

Lam. Fl. fr. 2. p. 394.— Gaud. Fl. helv. 4. p. 85. — Koch,
  Syn. p. 559. — *Thymus Alpinus*. Linn. Sp. 826. — DC.
  Fl. fr. n. 2594. — Duby, Bot. gall. p. 573.— Poir. Ency.
  7. p. 647.
Moris. sect. 11. tab. 18. fig. 8. (*ic. Clus.*) — J. Bauh. Hist.
  5. p. 2. p. 260. fig. 1. — Clus. Hist. 1. p. 355. fig. 1.
  (*mala*).

Cette espèce est très voisine de la précédente, dont elle
diffère par sa racine vivace ; par ses tiges plus courtes,
moins rameuses, ordinairement couchées à la base, ascendantes, diffuses, à rameaux pubescents ou velus, tétragones, souvent rougeâtres; par ses feuilles ovales, plus
larges, presque obtuses, subrhomboïdales, courtement
pétiolées, souvent arrondies et obtuses dans le bas, un
peu velues, à peine dentelées en scie dans leur moitié
supérieure, à dents écartées ; par ses fleurs beaucoup plus
grandes, axilaires, ordinairement au nombre de 6 par verticille, dépassant les feuilles florales, portées sur des pédicelles pubescents, plus courts que le calice profondément
strié et hérissé de poils subulés, à dents plus longues,
dressées-étalées à l'époque de la fructification; enfin par sa
corolle de grandeur preque double, violette ou bleuâtre,
pubescente, renflée à la gorge, à lèvre supérieure profondément échancrée, plus courte, l'inférieure à 5 lobes, le
moyen presque obcordé ; anthères des étamines d'un beau
rouge. ⚥ (Juillet, août).

Commun sur les sommités du Jura : sur le Mont-d'Or ; le Montendre ;
le Noirmont ; la Dôle ; la Faucille ; le Colombier ; le Reculet ; le Salève,
aux Pitons, etc.

§ **2.** *Calice non gibbeux à la base; pédoncules rameux-dichotomes.* — Calamintha genuina. Koch.

3. C. officinal. — *C. officinalis.*

Mœnch. Méth. 409. — Gaud. Fl. helv. 4. p. 88. — Koch, Syn. p. 560. — *Thymus Calamentha.* DC. Fl. fr. n. 2597. — Duby, Bot. gall. p. 574. — *Melissa Calamentha.* Linn. Sp. 827. — Desrous. Ency. 4. p. 78.

J. Saint-Hil. Pl. fr. tab. 715. — Bull. Herb. tab. 251. — Moris. sect. 11. tab. 21. fig. 5. (*series* 2.). — J. Bauh. Hist. 3. p. 2. p. 228. fig. 1. — Tabern. ic. p. 350. fig. 1. — Dalech. Hist. p. 905. fig. 1. — Dod. pempt. p. 98. fig. 1. — Lob. ic. p. 513. fig. 1. (*ead.*).

Racine transversale, assez forte, fibreuse, produisant plusieurs tiges dressées ou ascendantes, souvent un peu flexueuses, tétragones, velues, à poils étalés, hautes d'environ 4—6 décim. ; feuilles molles, d'un vert clair, velues, pétiolées, ovales, obtuses, un peu élargies à la base, grossièrement dentées en scie, marquées en dessous de points résineux très petits ; fleurs disposées en grappe terminale allongée, feuillée, très lâche ; pédoncules axilaires, opposés, dichotomes, à 3—5 fleurs presque en corymbe, plus longs que les feuilles dans le haut de la grappe, et presque de même longueur dans le bas, velus, ainsi que les pédicelles munis de bractées ciliées, lancéolées-subulées ; calice velu, profondément strié, un peu dilaté et un peu poilu à l'entrée, à poils presque inclus, à lèvre supérieure à 3 dents lancéolées, aiguës, ciliées, redressées, l'inférieur bifide, à 2 lobes allongés, étroits, subulés, également ciliés ; corolle d'un bleu rougeâtre, pubescente en dehors, à tube allongé, saillant, renflée à la gorge, à lèvre supérieure arrondie, presque bifide, l'inférieure plus grande, ponctuée de blanc, à 3 lobes, le moyen échancré ; noix arrondies. Odeur aromatique, forte, assez agréable. ♃ (Juillet, août). Vulg. *Calament.*

Commun partout le long des chemins, au pied des haies et des buissons.

β. *Parviflora.* Gaud. Fl. helv. 4. l. c. — Tige ascendante ; feuilles moins profondément dentées en scie , plus petites , ainsi que les fleurs.

Nyon , dans les lieux plus arides (Gaud.). — Le Calament est cordial et antispasmodique.

4. C. à petites fleurs. — *C. Nepeta.*

Clairville , Manuel , p. 197. — Gaud. Fl. helv. 4. p. 89. — Koch , Syn. p. 560. — *Thymus Nepeta.* DC. Fl. fr. n. 2598. — Duby, Bot. gall. p. 373. — *Melissa Nepeta.* Linn. Sp. 828. — Desrouss. Ency. 4. p. 78.
Moris. sect. 11. tab. 19. fig. 5. (*series* 3.). — J. Bauh. Hist. 3. p. 2. p. 230. fig. 1. (*malè*). — Tabern. ic. p. 352. fig. 2. — Dod. pempt. p. 98. fig. 2. — Lob. ic. p. 513. fig. 2. (*ead.*).

Cette plante a le port de la précédente, mais elle en diffère principalement parce que les poils qui la recouvrent sont plus courts et plus denses ; que ses tiges sont plus allongées , ascendantes ou tombantes , ordinairement rameuses ; que ses feuilles sont 2—3 fois plus petites, obtuses, blanchâtres , crénelées-dentées en scie ; ses pédoncules plus longs que les feuilles , plus divisés , souvent à 15—20 fleurs de moitié plus petites, à pédicelles divariqués ; enfin parce que son calice est plus court, plus poilu à l'entrée , à poils saillants , et que ses noix sont oblongues. Son odeur est plus forte et moins agréable. ♃ (Juillet , août).

Aux environs de Bâle , à Michelfeld (C. Bauh.). — Entre Gex et Ferney (Gaud.).

11. CLINOPODE. — *CLINOPODIUM.* Linn.

Calice tubuleux , strié , nu après la fleuraison , à 2 lèvres, la supérieure trifide , l'inférieure bifide ; corolle à tube

court, insensiblement dilaté à la gorge, à lèvre supérieure
dressée, échancrée, l'inférieure à 3 lobes, le moyen plus
large, échancré; étamines écartées, ascendantes, conniventes sous la lèvre supérieure : fleurs en verticilles entourés d'un involucre composé de folioles sétacées. Ce dernier
caractère suffit pour distinguer ce genre du précédent, dont
il se rapproche beaucoup.

1. C. commun. — *C. vulgare.*

Linn. Sp. 821. — DC. Fl. fr. n. 2585. — Duby, Bot. gall.
  p. 374. — Gaud. Fl. helv. 4. p. 76. — Lam. Ency. 2.
  p. 49. — Koch, Syn. p. 560.

Lam. illust. tab. 511. fig. 1. — Moris. sect. 11. tab. 8. fig.
  1. — Clus. Hist. 1. p. 554. fig. 2. — Tabern. ic. p. 555.
  fig. 2. — Dalech. Hist. p. 912. fig. 1. — Lob. ic. p. 504.
  fig. 2.

Racine rampante, fibreuse ; tige tétragone, dressée, souvent un peu flexueuse, ordinairement simple, quelquefois
rameuse, velue, à poils blanchâtres, étalés, haute d'environ 4—6 décim.; feuilles molles, pétiolées, velues sur
les deux faces, d'un vert clair, plus pâle en dessous,
ovales ou ovales-lancéolées, un peu obtuses, crénelées,
un peu en cœur à la base ; fleurs nombreuses, en verticilles axilaires, denses, arrondis, le supérieur en tête
terminale, munis d'un involucre composé de folioles nombreuses, raides, linéaires-subulées, ciliées, de la longueur
du calice : pédoncules courts, hispides, souvent divisés;
calice strié, hérissé, à 2 lèvres, la supérieure à 3 dents
lancéolées-acuminées, redressée, l'inférieure à 2 lobes
étroits, subulés, tous ciliés; corolle purpurine, rarement
blanche, pubescente, garnie de poils à la gorge; anthères
blanches. ♃ (Juillet, août).

Commun partout, le long des chemins, au pied des haies et des
buissons.

TRIBU V. — MÉLISSINÉES. Benth.

Corolle à 2 lèvres; étamines 4, écartées, divergentes au sommet, ou conniventes sous la lèvre supérieure de la corolle; loges des anthères réunies au sommet, à la fin divergentes, ou presque horizontalement divergentes dès l'origine, s'ouvrant par une fente longitudinale commune.

12. MÉLISSE. — *MELISSA*. Linn.

Calice à 2 lèvres, la supérieure plane, à 3 dents, les latérales pliées en carène décurrente sur le tube, l'inférieure à 2 lobes; corolle nue dans le tube, à 2 lèvres, la supérieure voûtée, échancrée, l'inférieure à 3 lobes, le moyen arrondi, entier; étamines écartées, rapprochées en arc au sommet sous la lèvre supérieure de la corolle; loges des anthères réunies au sommet, s'ouvrant par une fente, à la fin divergentes.

1. M. officinale. — *M. officinalis.*

Linn. Sp. 827. — DC. Fl. fr. n. 2600. — Duby, Bot. gall. p. 374. — Gaud. Fl. helv. 4. p. 91. — Desrouss. Ency. 4. p. 76. — Koch, Syn. p. 561.

J. Saint-Hil. Pl. fr. tab. 712. — Lam. illust. tab. 812. fig. 1. — Chaum. Fl. méd. tab. 230. — Moris. sect. 11. tab. 21. fig. 1. — J. Bauh. Hist. 3. p. 2. p. 232. fig. 1. — Tabern. ic. p. 354. fig. 2. — Dalech. Hist. p. 957. fig. 1. — Dod. pempt. p. 91. fig. 1. — Lob. ic. p. 514. fig. 2.

Tige dressée, raide, tétragone, plus ou moins velue, rameuse, haute de 3—5 décim.; feuilles pétiolées, ovales, un peu obtuses, molles, un peu velues et ridées en dessus, plus pâles et presque glabres en dessous, grossièrement crénelées-dentées en scie : les inférieures presque en cœur; fleurs en verticilles nombreux, unilatéraux, écartés, axilaires, beaucoup plus courts que les feuilles florales plus petites, ovales, presque sessiles ou courtement pétiolées ; pédicelles velus, inégaux, uniflores ; calice strié, dilaté à la gorge, hérissé de poils fins étalés, un peu velu intérieurement, à lèvre supérieure plane, à 3 dents triangulaires-acuminées ; l'inférieure à 2 lobes lancéolés-subulés ; corolle blanche, quelquefois un peu rosée ; à odeur approchant de celle du *Citron*. ♃ (Juin—août).

Salins, au pied d'une haie, le long du chemin, entre Cautaine et Pretin ; au bord de la route de Saint-Joseph, près de la Baume-au-Soulier ; les graviers de la Furieuse au-dessous de Saint-Joseph ; aux environs d'Arbois ; de Besançon. — Genève, çà et là le long des haies et des chemins, peut-être échappée des jardins (Reut.). — Bâle, entre Ballstall et Wallenburg ; dans les vignes, près d'Augst ; autour de Farnsburg (Hagenb.). — La Mélisse est cultivée dans les jardins pour son odeur aromatique douce et agréable et ses propriétés médicinales : elle est excitante, stomachique, emménagogue ; c'est un excellent tonique et antispasmodique.

13. HYSOPE. — *HYSSOPUS*. Linn.

Calice strié, tubuleux, à 5 dents presque égales, à gorge nue, corolle à 2 lèvres, la supérieure courte, dressée, plane, échancrée, l'inférieure étalée, à 3 lobes, le moyen plus grand, crénelé, obcordé ; étamines écartées, divergentes à leur partie supérieure ; loges des anthères divergentes, réunies au sommet, s'ouvrant par une fente.

1. H. officinal. — *H. officinalis*.

Linn. Sp. 796. — DC. Fl. fr. n. 2520. — Duby, Bot. gall. p. 363. — Gaud. Fl. helv. 4. p. 21. — Lam. Ency. 5. p. 186. — Koch, Syn. p. 561.

J. Saint-Hil. Pl. fr. tab. 193 — Bull. Herb. tab. 322. (*fl. rubro*). — Lam. illust. tab. 502. fig. 1. — Moris. sect. 11. tab. 1. fig. 1. — Tabern. ic. p. 366. fig. 1. — Dalech. Hist. p. 933. fig. 1. — Dod. pempt. p. 587. fig. 1.

Racine dure, ligneuse, produisant plusieurs tiges dressées ou ascendantes, ordinairement simples, très feuillées,

un peu tétragones, dures, presque ligneuses à la base,
pubescentes à leur partie supérieure, hautes de 2—3 décim.; feuilles sessiles, lancéolées, étroites, elliptiques, très
entières, un peu aiguës aux deux bouts, à une seule nervure, glabres, légèrement ciliées, ponctuées-glanduleuses,
souvent munies dans l'axe de faisceaux de feuilles appartenant à de jeunes bourgeons; fleurs bleues, rarement
rouges ou blanches, verticillées en épi unilatéral, portées
sur de courts pédoncules communs, axilaires, multifides,
munies de bractées linéaires-lancéolées; calice purpurescent, strié, un peu dilaté à la gorge, à 5 dents presque
égales, acuminées; corolle à 2 lèvres, la supérieure courte,
dressée, échancrée, l'inférieure à 3 lobes, le moyen plus
large, obcordé; étamines et pistil saillants. ♃ (Juillet, août).

Salins, sur les murs en ruine du vieux château de Vaugrenans, et
au bord de la route du fort Saint-André, un peu avant d'arriver au
sommet. — Lons-le-Saunier (Guyét. ex DC.). — Cultivée dans les
jardins : son odeur aromatique est assez agréable. — L'Hysope est
stomachique, pectorale et incisive; elle convient parfaitement dans
l'asthme humide, le catarrhe chronique, etc. On s'en sert en infusion,
comme de toutes les plantes aromatiques.

TRIBU VI. — NÉPÉTÉES. Benth.

Corolle à 2 lèvres; étamines rapprochées parallèlement
sous la lèvre supérieure de la corolle, quelquefois défléchies
après la fleuraison, les supérieures plus longues; dents du
calice fructifère étalées ou conniventes.

14. CHATAIRE. — *NEPETA*. Linn.

Calice strié, tubuleux, à 5 dents, à gorge nue; corolle
à tube un peu courbé à sa partie supérieure, à gorge dilatée, à 2 lèvres, la supérieure plane, droite, échancrée,
l'inférieure à 3 lobes, le moyen large, arrondi, concave,
les latéraux plus courts, réfléchis; étamines rapprochées
parallèlement sous la lèvre supérieure de la corolle, arquées
en dehors après la fleuraison; loges des anthères s'ouvrant
par une fente longitudinale commune.

1. C. commune. — *N. Cataria.*

Linn. Sp. 796. — DC. Fl. fr. n. 2521. — Duby, Bot. gall.
p. 369. — Gaud. Fl. helv. 4. p. 22. — Lam. Ency. 1. p.
709. — Koch, Syn. p. 562.

Bull. Herb. tab. 287. — Chaum. Fl. méd. tab. 105. —
Lam. illust. tab. 502. fig. 1. — Moris. sect. 11. tab. 6.
fig. 1. (*series* 2.). — J. Bauh. Hist. 3. p. 2. p. 225. fig.
1. — Tabern. ic. p. 348. fig. 1. — Dalech. Hist. p. 908.
fig. 1. — Dod. pempt. p. 99. fig. 1. — Lob. ic. p. 511.
fig. 1. (*ead.*).

Plante blanchâtre, à tige dressée, ferme, rameuse,
tétragone, pubescente, haute de 3–6 décim.; feuilles
pétiolées, d'un vert blanchâtre, surtout en dessous, pubescentes, ovales, aiguës, en cœur à la base, planes, crène-
lées-dentées en scie; fleurs en verticilles formés de petits
corymbes multiflores, denses, courtement pédonculés, rapprochés en épis terminaux, un peu interrompus à la base;
calice velu, profondément strié, ovoïde, légèrement courbé,
à dents lancéolées, acuminées, un peu étalées, presque
égales; bractées égalant presque la longueur du tube du
calice; corolle blanche ou purpurescente, à tube saillant,
à lèvre supérieure dressée, pubescente, bifide, à lobes très
obtus, l'inférieure à 3 lobes, le moyen arrondi, concave,
crénelé; étamines presque de la longueur de la lèvre supérieure, à anthères purpurines. ♃ (Juin–septembre). Vulg.
Herbe aux chats, ou *Chataire.*

Salins, à gauche de la route du mont de Cernans, où je l'ai cherchée
depuis inutilement; le long du chemin, entre Vallorbe et la source de
l'Orbe. — A Baume-les-Messieurs (Dumont). — Genève, le long des
haies et des chemins, rare : à Pregny, près de la campagne Duval; sur
les décombres des fortifications, à l'entrée de la Couleuvrine (Reut.).
— Bâle, près de la porte Saint-Blaise, et de Rheinfelden, etc. (Hagenbach). — Les sommités sèches de la Chataire sont toniques, exci-
tantes, antihystériques. Les chats ont pour cette plante un goût très
remarquable, ils se roulent dessus, la mordent et l'arrosent de leur
urine; elle parait être pour eux un puissant aphrodisiaque.

15. GLÉCHOME. — *GLECHOMA*. Linn.

Calice strié, tubuleux, à 5 dents, à gorge nue ; corolle à 2 lèvres, la supérieure droite, presque plane, bifide, l'inférieure étalée, à 3 lobes, le moyen plus grand, aplani, obcordé ; étamines rapprochées parallèlement sous la lèvre supérieure de la corolle, à anthères réunies par paires en forme de croix, s'ouvrant par une fente.

1. G. Lierre terrestre. — *G. hederacea.*

Linn. Sp. 807. — **DC.** Fl. fr. n. 2545. — Duby, Bot. gall. p. 367. — Gaud. Fl. helv. 4. p. 45. — Poir. Ency. 7. p. 598. — Koch, Syn. p. 562.

J. Saint-Hil. Pl. fr. tab. 173. — Chaum. Fl. méd. tab. 219. — Bull. Herb. tab. 241. — Lam. illust. tab. 505. — Vaill. Bot. par. tab. 6. fig. 5. et 6. — Moris. sect. 11. tab. 21. fig. 1. — J. Bauh. Hist. 3. p. 2. p. 855. fig. 2. — Tabern. ic. p. 888. fig. 2. — Dalech. Hist. p. 1311. fig. 1. et 2. — Dod. pempt. p. 394. fig. 1. — Lob. ic. p. 613. fig. 2. (*ead.*).

Tiges couchées à la base, radicantes, rameuses, à rameaux florifères dressés, velus, hauts de 15—20 centim. ; feuilles longuement pétiolées, en cœur, presque arrondies-réniformes, velues, profondément crénelées, marquées en dessous de points résineux très petits ; fleurs axilaires, peu nombreuses, disposées par verticilles de 2—6 ; calice velu, strié, tubuleux, à dents lancéolées, acuminées-subulées, les 2 inférieures plus courtes ; corolle d'un violet pâle ou bleuâtre, à lèvre supérieure dressée, échancrée, l'inférieure à 3 lobes, le moyen très grand, largement échancré, un peu crénelé, barbu à la gorge, les 2 autres arrondis. ♃ (Avril—juin). Vulg. *Rondotte.*

Commun dans les bois, le long des haies, au bord des chemins.

β. *Major*. Gaud. Fl. helv. 4. l. c. — Mérat, Fl. par. ed. 2. p. 195. var. β. *magna*. — Vaill. Bot. par. tab. 6. fig. 4.

— Tige haute de 3 décim., à feuilles lobées-crènelées ;
fleurs 4 fois plus grandes.

Les mêmes lieux, plus rare. — Le Lierre-terrestre, pris en infusion
théiforme, est un pectoral chaud et incisif, très employé dans les affections de poitrine de nature catarrhale froide : il est également employé
comme astringent, vulnéraire et détersif.

TRIBU VII. — STACHYDÉES. Benth.

Corolle à 2 lèvres ; étamines rapprochées parallèlement
sous la lèvre supérieure de la corolle, quelquefois écartées
en arc au sommet après la fleuraison, les inférieures plus
longues ; dents du calice fructifère étalées.

16. MÉLITTE. — *MELITTIS*. Linn.

Calice en cloche, plus large que le tube de la corolle,
presque à 2 lèvres ; corolle grande, à tube saillant, un peu
dilaté à la gorge, à 2 lèvres, la supérieure droite, presque
plane, l'inférieure étalée à 3 lobes arrondis, le moyen un
peu plus grand ; étamines rapprochées parallèlement sous
la lèvre supérieure de la corolle, à anthères réunies par
paires en forme de croix, s'ouvrant par une fente.

1. M. à feuilles de Mélisse. — *M. melisso-phyllum.*

Linn. Sp. 832. — DC. Fl. fr. n. 2602. — Duby, Bot. gall.
p. 374. — Gaud. Fl. helv. 4. p. 94. — Poir. Ency. supp.
3. p. 652. — Desrouss. Ency. 4. p. 80. — Koch, Syn. p.
564.
J. Saint-Hil. Pl. fr. tab. 415. — Lam. illust. tab. 513. —
Moris. sect. 11. tab. 11. fig. 8. — J. Bauh. Hist. 3. p. 2.
p. 253. fig. 1. et 2. — Clus. Hist. 2. p. 37. fig. 2. —
Dalech. Hist. p. 1356. fig. 1. — Lob. ic. p. 515. fig. 1.
Tige dressée, ordinairement simple, tétragone, velue, à
poils étalés, haute de 3—5 décim. ; feuilles grandes, ovales,

larges, crénelées-dentées en scie, pétiolées, molles, médiocrement velues, à poils couchés, d'un vert foncé, plus pâle en dessous : les inférieures ovales-en cœur : les supérieures oblongues ou ovales-lancéolées ; fleurs axilaires, pédonculées, très grandes, solitaires ou au nombre de 2—3 de chaque côté, presque unilatérales, dépourvues de bractées ; calice très grand, membraneux, presque glabre ou un peu velu, en cloche, 2—3 fois plus large que le tube de la corolle, à 2 lèvres, la supérieure entière, échancrée ou à 2—3 dents peu marquées, l'inférieure ordinairement à 2 lobes larges, ovales, mucronés ; corolle grande, blanche, rougeâtre ou purpurine, à tube double de la longueur du calice, légèrement pubescente, dilatée à la gorge, à 2 lèvres, la supérieure droite, presque plane, obtuse, arrondie, presque entière, l'inférieure beaucoup plus grande, étalée, à 3 lobes obtus, le moyen aplani, crénelé, souvent tacheté de pourpre. ♃ (Juillet, août).

Salins, dans les bois de Salgret ; de Poupet, au pied des rochers, au-dessus de Combelle ; de Bovard, vers l'extrémité, sur Nans ; de Cernans ; au Brot, en face du Creux-du-Vent ; aux environs de Besançon ; de Champagnole, etc. — Genève, au bois de la Bâtie ; autour de Nyon et de Longirod (Gaud.). — Commune aux environs de Bâle (Hagenb.).

17. LAMIER. — *LAMIUM*. Linn.

Calice tubuleux-en cloche, à 5 dents acuminées, presque égales, à gorge nue et dilatée ; corolle à tube saillant, garni en dedans de poils en anneau, rarement nu, à gorge renflée, à lèvre supérieure grande, voûtée, l'inférieure à 3 lobes, les latéraux très petits en forme de dents, ou nuls, le moyen très grand, échancré au sommet ; étamines rapprochées parallèlement sous la lèvre supérieure de la corolle ; anthères barbues, à loges s'ouvrant par une fente longitudinale commune.

§ 1. *Tube de la corolle courbé-ascendant, garni en
dedans d'un anneau de poils, et rétréci au-dessous
de l'anneau.* — Lamiotypus. Dumort.

1. L. blanc.. — *L. album.*

Linn. Sp. 809. — DC. Fl. fr. n. 2549. — Duby, Bot. gall.
p. 366. — Gaud. Fl. helv. 4. p. 48. — Lam. Ency. 5. p.
410. — Koch, Syn. p. 565.

J. Saint-Hil. Pl. fr. tab. 209. — Bull. Herb. tab. 213. —
Lam. illust. tab. 506. — Moris. sect. 11. tab. 11. fig. 1.
— Tabern. ic. p. 536. fig. 2. — Dod. pempt. p. 155.
fig. 1. — Lob. ic. p. 520. fig. 2. (*ead.*).

Racine rampante; tige dressée ou ascendante, tétragone,
feuillée, pubescente, quelquefois presque glabre, ordinairement simple, quelquefois rameuse, haute de 3—5 décim.;
feuilles pétiolées, ovales-en cœur, acuminées, un peu pubescentes, grossièrement dentées en scie, à dents inégales; fleurs grandes, blanches, presque sessiles, disposées
par verticilles axilaires de 12—20 à la partie supérieure
de la tige; calice court, en cloche, lisse, presque glabre,
marqué d'une tache noire à la base, à 5 dents lancéolées,
acuminées-subulées, ciliées; tube de la corolle courbé-
ascendant, garni en dedans d'un anneau de poils oblique,
resserré au-dessous de l'anneau et dilaté sous la lèvre inférieure, qui est à 2 lobes arrondis, marquée à la base de
taches olivâtres, munie à la gorge de 2 dents subulées:
lèvre supérieure voûtée, très velue en dehors, un peu
échancrée; pollen d'un jaune pâle. ⚥ (Avril, mai). Vulg.
Ortie blanche.

Commun le long des haies, au bord des chemins, au pied des murs.
— L'infusion et le suc de cette plante sont employés comme vulné-
raires, détersifs et astringents; les fleurs sont pectorales, incisives.

2. L. taché. — *L. maculatum.*

Linn. Sp. 809. — DC. Fl. fr. n. 2550. —Duby, Bot. gall.
　　p. 366. — Gaud. Fl. helv. 4. p. 46. — Lam. Ency. 3. p.
　　410. — Koch, Syn. p. 565.
J. Saint-Hil. Pl. fr. tab. 603. — Moris. sect. 11. tab. 11. fig.
　　2. — Dalech. Hist. p. 1247. fig. 1.

Tige ascendante, souvent couchée et radicante à la base,
tétragone, simple ou rameuse, plus ou moins velue, à
poils réfléchis, haute de 3—5 décim.; feuilles pétiolées,
pubescentes, ciliées, ovales-en cœur : les supérieures
acuminées, inégalement dentées en scie, à dents souvent
géminées, quelquefois marquées sur la nervure moyenne
d'une tache blanche, longitudinale, particulièrement dans
la jeunesse; fleurs grandes, purpurines, disposées dans
l'axe des feuilles supérieures par verticilles de 8—10, un
peu écartés dans le bas, contigus au sommet; calice poilu,
vert ou brunâtre à la base, à limbe oblique, à 5 dents
triangulaires lancéolées, subulées, longuement ciliées; tube
de la corolle courbé-ascendant, garni en dedans de poils en
anneau, enflé-dilaté à la gorge; lèvre supérieure en casque,
crénelée, purpurine, pubescente en dehors, bicarénée,
l'inférieure à 2 lobes arrondis, concaves, crénelés, ordinairement réfléchis, blanchâtre, panachée de pourpre, munie
à la base de 2 dents subulées; pollen orangé. ⚹ (Avril—
automne).

Commune le long des haies et des fossés, au bord des chemins.

α. Parvifolium. Gaud. Fl. helv. 4. l. c. — Tige presque
glabre; feuilles deltoïdes, aiguës; lèvre inférieure de la
corolle à lobes condoublés ou étalés, panachés, ou d'un
pourpre foncé.

β. Fasciatum. Gaud. Fl. helv. 4. l. c. var. *αβ.* — Tige
presque glabre ou plus ou moins velues; feuilles petites,
oblongues-deltoïdes, pubescentes, marquées sur la nervure
moyenne d'une longue tache blanchâtre.

Même lieu, plus rare, la tache est très visible au printemps.

γ. Albiflorum. Hagenb. Fl. basil. 2. p. 71. — Fleurs blanches.

Salins, le long des haies, assez rare. — Aux environs de Bâle (Hagenb.).

δ. Hirsutum. Gaud. Fl. helv. 4. l. c. var. *β*. — *L. hirsutum*. Lam. Ency. 3. p. 410. — DC. Fl. fr. n. 2552. — Cette variété se reconnaît facilement aux poils nombreux, blanchâtres, dont toute sa surface est hérissée.

Au Locle, à Roche-Fendue, rare. — Aux environs de Bâle (Hagenbach).

ε. Macrophyllum. Gaud. Fl. helv. 4. l. c. var. *γ*. — Feuilles largement ovales-acuminées, longues de 6--8 centim.

Salins; commune le long des haies, au bord des chemins.

§ **2.** *Tube de la corolle droit, nu, ou garni en dedans d'un anneau de poils; gorge renflée.* — Lamiopsis. **Dumort.**

3. L. pourpre. — *L. purpureum*.

Linn. Sp. 809. — DC. Fl. fr. n. 2555. — Duby, Bot. gall. p. 356. — Gaud. Fl. helv. 4. p. 49. — Lam. Ency. 3. p. 411. — Koch, Syn. p. 565.

Moris. sect. 11. tab. 11. fig. 9. — — Tabern. ic. p. 545. fig. 1. — Dalech. Hist. p. 1248. fig. 1. — Dod. pempt. p. 153. fig. 2. (*ead.*). — Lob. ic. p. 520. fig. 1. (*ead.*).

Tige ascendante, couchée et radicante à sa partie inférieure, tétragone, glabre ou presque glabre, rameuse dès la base, haute de 15—20 centim., amincie et feuillée dans le bas, presque nue dans le milieu, terminée par un épi court, très feuillé, pyramidal, composé de fleurs axilaires, au nombre de 8—10 par verticille; feuilles pétiolées, ovales-en cœur, ridées, grossièrement crénelées, obtuses, velues : les inférieures plus petites, arrondies; dents du calice presque égales, lancéolées-acuminées, ciliées; corolle petite, purpurine, rarement blanche, velue, dilatée à la gorge, à tube droit, garni en dedans de poils en anneau, à lèvre supérieure oblongue, entière; dents latérales sétacées. ④ (**Presque toute l'année**).

Commun partout dans les lieux cultivés.

β. *Albiflorum*. Hagenb. Fl. basil. 2. p. 92. — Fleurs blanches.

Les mêmes lieux, très rares.

4. **L.** incisé. — *L. incisum.*

Willd. Sp. 3. p. 89. — Koch, Syn. p. 564. — *L. hybridum.* DC. Fl. fr. n. 2554. — Duby, Bot. gall. p. 366. — Gaud. Fl. helv. 4. p. 50. — Poir. Ency. supp. 3. p. 295. — *L. purpureum.* C. *hybridum.* Vill. Dauph. 2. p. 385.

Dalech. Hist. p. 1255. fig. 3.

Cette espèce, qui se rapproche beaucoup de la précédente, paraît cependant en être distincte, ses caractères se conservant par la culture (Gaud.). Tige presque glabre, rameuse et couchée à la base, ascendante, haute de 1—2 décim.; feuilles presque glabres ou légèrement pubescentes, inégalement incisées-crénelées : les inférieures plus petites, ovales presque arrondies, un peu en cœur et décurrentes sur le pétiole dilaté au sommet : les supérieures presque rhomboïdales, courtement pétiolées, rapprochées; fleurs petites, purpurines, en verticilles de 6—8 dans l'axe des feuilles supérieures; calice en cloche, court, presque lisse, à dents inégales, ciliées, lancéolées-acuminées, étalées après la fleuraison; corolle à tube droit, nu intérieurement. ④ (Avril—septembre).

Dans les lieux cultivés : Genève, abondamment parmi les plantes potagères, dans les jardins de Plain-Palais; et à Compézière dans les jardins de la cure (Reut.).

5. L. embrassant. — *L. amplexicaule.*

Linn. Sp. 809. — DC. Fl. fr. n. 2555. — Duby, Bot. gall.
p. 366. — Gaud. Fl. helv. 4. p. 51. — Lam. Ency. 3. p.
411. — Koch, Syn. p. 564.

J. Saint-Hil. Pl. fr. tab. 604. — Moris. sect. 11. tab. 11.
fig. 12. — Dalech. Hist. p. 1253. fig. 2. — Lob. ic. p.
463. fig. 2.

Tige couchée et rameuse à la base, à rameaux nombreux,
diffus, ascendants, glabres, hauts de 1—2 décim.; feuilles
petites, arrondies, très obtuses, incisées-crénelées, en cœur
à la base, légèrement pubescentes : les inférieures pétiolées : les florales sessiles, embrassantes, nerveuses,
écartées; fleurs petites, en verticilles axilaires denses,
composés de 18—20 fleurs sessiles; calice très velu, blanchâtre, profondément divisé en 5 dents lancéolées-subulées, molles, à la fin conniventes; corolle purpurine, à
tube grêle, droit, beaucoup plus long que le calice, nu
en dedans, à gorge dilatée, à lèvre supérieure entière,
hérissée de poils pourpres, voûtée, l'inférieure obcordée,
ponctuée de pourpre, à dents de la gorge très courtes. ①
(Avril—septembre).

Salins, le long de la route de Besançon, au pied des rochers de la
Baume-au-Soulier; dans les champs au pied du bois de Bagney; dans
un champ au-dessous des ruines du château de Vaugrenans; dans les
jardins de Cautaine; de la ferme de Poupet; dans les champs de Cramans; de Besançon, etc., assez rare. — Genève, çà et là dans les champs
et les lieux cultivés, partout (Reut.). — Bâle, dans les jardins, les
champs, les vignes et les haies (Hagenb.).

β. *Clandestinum.* Reichenb. — *L. amplexicaule. var.
α., corollis non explicatis.* Leers. Fl. Herb. p. 134. —
Corolle non développée, sortant à peine du calice.

Le pied des rochers de la Baume-au-Soulier; le long de la promenade des Capucins, au pied des murs.

18. GALÉOBDOLON. — *GALEOBDOLON*. Huds.

Calice en cloche, à 5 dents aiguës, inégales; corolle
beaucoup plus longue que le calice, à tube garni en dedans
de poils en anneau, à **2** lèvres, la supérieure voûtée, très
entière, l'inférieure à 5 lobes aigus, le moyen plus long;
étamines rapprochées parallèlement sous la lèvre supérieure
de la corolle; loges des anthères s'ouvrant par une fente
longitudinale commune.

1. G. jaune. — *G. luteum.*

Huds. Angl. 258. — **DC. Fl. fr. n. 2581. — Duby, Bot. gall.**
p. 364. — Gaud. Fl. helv. 4. p. 58. — Poir. Ency. supp.
2. p. 700. — Koch, Syn. p. 565. — *Galeopsis galeob-*
dolon. Linn. Sp. 810.

J. Saint-Hil. Pl. fr. tab. 670. — Moris. sect. 11. tab. 11.
fig. 5. — J. Bauh. Hist. 5. p. 2. p. 323. fig. 1. — Tabern.
ic. p. 537. fig. 1. — Dod. pempt. p. 155. fig. 5. — Lob.
ic. p. 521. fig. 1.

Racine rampante; tige simple, dressée ou ascendante,
tétragone, ordinairement presque glabre, hérissée dans
le bas de poils réfléchis, haute de 3—5 décim.; feuilles
pétiolées, un peu velues, ovales, un peu en cœur à la base,
inégalement dentées en scie, souvent tachées de blanc : les
inférieures plus petites, un peu arrondies, longuement pétiolées : les supérieures ovales-lancéolées, acuminées, portées
sur des pétioles plus courts; fleurs en verticilles axilaires,
écartés, de 6—10 fleurs, munis de bractées velues, subulées; calice pubescent, à 5 dents lancéolées, aiguës, spini-
formes, un peu étalées; corolle jaune, à tube resserré à la
base, élargi à la gorge, à lèvre supérieure allongée, entière, voûtée, barbue sur le bord, l'inférieure plus courte,
à 5 lobes lancéolés, aigus, tachetée de points et de lignes
brunâtres, le moyen un peu plus grand. ♃ (Mai, juin).

Les haies, les buissons, les bois, particulièrement des montagnes.

β. *Montanum.* Gaud. Fl. helv. 4. l. c. — *G. vulgare.* β. *montanum.* Pers. Syn. 2. p. 122. — Feuilles supérieures lancéolées ; fleurs plus nombreuses à chaque verticille.

Ce genre est voisin du précédent et du suivant, mais il diffère de l'un et de l'autre par la lèvre inférieure de la corolle dépourvue de dents à la base, et par les anthères ni barbues ni operculées : il diffère aussi du genre *Leonurus* en ce que ce dernier a son calice pentagone, la lèvre supérieure de la corolle courte, concave, non voûtée, et ses noix pubescentes au sommet.

19. GALÉOPE. — *GALEOPSIS.* Linn.

Calice tubuleux en cloche, à dents presque égales, mucronées-épineuses ; corolle à tube saillant, renflé à la gorge, à 2 lèvres, la supérieure ovale, voûtée, crénelée, l'inférieure munie à la base de 2 dents creuses, coniques, étalée, à 3 lobes, le moyen obtus ou échancré ; étamines rapprochées, parallèlement sous la lèvre supérieure de la corolle ; loges des anthères s'ouvrant par une valve ou un opercule. — Ce dernier caractère distingue ce genre de tous les autres de la famille des *Labiées.*

1. G. des champs. — *G. Ladanum.*

Linn. Sp. 810. — DC. Fl. fr. n. 2557. — Duby, Bot. gall. p. 365. — Gaud. Fl. helv. 4. p. 52. — Lam. Ency. 2. p. 600. — Koch, Syn. p. 566.
Lam. illust. tab. 506. — Moris. sect. 11. tab. 12. fig. 18. — Tabern. ic. p. 541. fig. 1. — Dalech. Hist. p. 443. fig. 1.

Tige dressée, très rameuse dès la base, à rameaux opposés, étalés, presque tétragone, pubescente, à poils réfléchis, appliqués, non sensiblement renflée sous les nœuds, haute de 2—3 décim. ; feuilles lancéolées, linéaires - lancéolées ou oblongues-lancéolées, aiguës, rétrécies à la base en un court pétiole, pubescentes, munies, vers le milieu, de quelques dents en scie, écartées : les supérieures plus étroites, entières ou presque entières ; fleurs en verticilles

axilaires, denses, écartés, munis de bractées velues, linéaires, mucronées, un peu épineuses, de la longueur du
calice ou un peu plus longues ; calice blanchâtre, velu ou
soyeux, à dents lancéolées, mucronées-épineuses au sommet ;
corolle purpurine, rosée, ou d'un pourpre foncé, très rarement blanche, assez grande, pubescente, à tube grêle, dilaté à la gorge, à lèvre supérieure dressée, en voûte, entière
ou un peu échancrée, l'inférieure étalée, à 3 lobes, le moyen
échancré, crénelé, plus grand, les 2 autres réfléchis, marquée de 4 taches blanchâtres ou jaunâtres à la gorge, dont
2 ovales distinctes, plus petites. ⊕ (Juillet—septembre).
Vulg. *Ortie rouge.*

Très commun partout dans les terres cultivées, un peu légères, dans
les champs après la moisson.

α. *Angustifolia.* Koch, Syn. l. c. var. *δ.* — *G. ladanum.
I. angustifolia.* — Gaud. Fl. helv. 4. l. c. - *G. angustifolia.* Ehrh. herb. 137. — Feuilles étroites, lancéolées ou
linéaires-lancéolées, munies de quelques dentelures écartées,
souvent presque entières.

β. *Exilis.* Gaud. Fl. helv. 4. l. c. var. *γ.* et ejusd. Syn.
p. 484. — Tige peu élevée, filiforme, très simple ; feuilles
étroites, linéaires-lancéolées, presque entières ; verticille
terminal pauciflore.

Bord du lac de Joux (Monnard).

γ. *Latifolia.* Koch, Syn. l. c. var. *α* et *β.* — *G. Ladanum.
II. latifolia.* Gaud. Fl. helv. 4. l. c. — *G. latifolia.* Hoff.
Germ. 4. p. 8. — *G. parviflora.* Lam. Ency. 2. p. 600. —
DC. Fl. fr. n. 2558. — J. Bauh. Hist. 3. p. 2. p. 855. fig. 1.
— Feuilles plus larges et plus longuement pétiolées, oblongues, ou plus rarement ovales-lancéolées, dentées en scie,
à dents écartées, un peu obtuses ; fleurs quelquefois plus
petites, à tube de la corolle dépassant cependant le calice
qui est pubescent, mais non velu ou soyeux.

Salins, dans les champs de Clucy, entre Belin et la tuilerie, rare. —
Genève, dans les champs (J. Bauh.).

2. G. à fleurs jaunâtres. — *G. ochroleuca.*

Lam. Ency. 2. p. 600. — DC. Fl. fr. n. 2556. — Duby,
Bot. gall. p. 365. — Gaud. Fl. helv. 4. p. 54. — Koch,
Syn. p. 566.

Tige dressée, pubescente, un peu tétragone, rameuse dès
la base, à rameaux opposés, diffus, non renflée sous les nœuds,
d'un diamètre égal, haute de 2—4 décim.; feuilles molles,
d'un vert pâle ou blanchâtre, pubescentes, ou un peu soyeuses
et douces au toucher, ovales-lancéolées, pétiolées, dentées
en scie, à dents écartées; fleurs très grandes, nombreuses,
en verticilles axilaires denses, écartés, rapprochés au sommet, munis de bractées velues, linéaires, mucronées-épineuses; calice velu ou soyeux, à 5 dents lancéolées, mucronées-épineuses; corolle très grandes, 3—4 fois plus longue
que le calice, jaunâtre, à tube grêle, dilaté à la gorge, pubescente, à lèvre supérieure incisée ou dentelée. ① (Juillet,
août).

Commun dans les champs, aux environs d'Arbois et de l'Abergement;
de Sellières; de Chavanne; de Lombard; de Chaumergy; aux environs
de Mont-sous-Vaudrey; de la Grande-Loye; de Champagnole, entre
Cise et Loulle, etc. — Aux environs de Bâle (Hagenb.).

3. G. Tétrahit. — *G. Tetrahit.*

Linn. Sp. 810. — DC. Fl. fr. n. 2559. — Duby, Bot. gall.
p. 365. — Gaud. Fl. helv. 4. p. 56. — Lam. Ency. 2.
p. 601. — Koch, Syn. p. 566.
J. Saint-Hil. Pl. fr. tab. 671 — Moris. sect. 11. tab. 12.
fig. 13. — Dalech. Hist. p. 497. fig. 3. — Dod. pempt. p.
153. fig. 4.

Tige épaisse, dressée, lâchement rameuse, renflée sous
les nœuds, ordinairement hérissée de longs poils raides,
étalés ou réfléchis, surtout au renflement des nœuds, souvent mêlés de quelques poils glanduleux, quelquefois
presque glabre, haute de 6—9 décim.; feuilles pétiolées,

assez grandes, ovales-lancéolées, acuminées, crénelées-
dentées en scie, glabres ou un peu hérissées, à nervures
latérales obliques, parallèles; fleurs en verticilles axilaires
denses, multiflores, écartés dans le bas, rapprochés dans le
haut, munis de bractées lancéolées, mucronées-épineuses;
calice presque glabre ou légèrement hérissé, strié, à 5 dents
étroites, écartées, lancéolées-subulées, épineuses au sommet, ciliées à la base et dans les sinus; corolle purpurine,
double de la longueur du calice, barbue en dehors, à lèvre
supérieure, concave, crénelée, l'inférieure tachetée à la
gorge, à lobes presque égaux, le moyen aplani, obtus,
crénelé ou un peu échancré. ⨁ (Juillet, août).

Commun au bord des bois, le long des haies et des chemins. — On
peut retirer de cette plante de la potasse, par incinération.

β. *Albiflora*. Gaud. Fl. helv. 4. l. c. — Fleurs blanches.

Assez commune dans les mêmes lieux.

γ. *Minor*. Hagenb. Fl. basil. 2. p. 95. — Tige simple,
à verticilles du sommet pauciflores; corolle pâle.

Bâle, dans les champs stériles des montagnes (Hagenb.).

4. G. à longues fleurs. — *G. pubescens*.

Besser, Primit. Fl. galic. 2. p. 27. — Gaud. Fl. helv. 4. p.
57. — Hagenb. Fl. basil. 2. p. 95. — Koch, Syn. p. 567.

Cette espèce a le port de la précédente, à laquelle plusieurs botanistes la réunissent comme variété. Tige grêle,
dressée, peu renflée sous les nœuds, hérissée-pubescente;
feuilles ovales-acuminées, pubescentes, à poils appliqués,
vertes sur les deux faces, dentées en scie, pétiolées : les inférieures un peu arrondies et en cœur; calice ordinairement
hérissé, ainsi que les nœuds, de poils glanduleux, à 5 dents
subulées, un peu piquantes; corolle ordinairement d'un
pourpre foncé, à tube blanchâtre, grêle, d'un jaune brunâtre vers le haut, strié, plus long que le calice, à lèvre
inférieure grande, marquée à la base d'une tache jaune, à

lobe moyen presque carré, aplani, finement dentelé, à peine
échancré. ④ (Juillet, août).

Autour de Ferrière (Gagnebin). — Bâle, en sortant de la porte
Saint-Pierre, vers le Birsec, et çà et là dans les champs montagneux
(Hagenb.).

20. ÉPIAIRE. — *STACHYS*. Linn.

Calice tubuleux en cloche, anguleux, à 5 dents mucronées, un peu inégales; corolle à tube court, garni en dedans de poils en anneau, à lèvre supérieure voûtée, l'inférieure étalée, à 3 lobes, les latéraux réfléchis, le moyen
plus grand, échancré; étamines rapprochées parallèlement
sous la lèvre supérieure de la corolle, et déjetées sur les
côtés, en dehors de la gorge, après la fécondation; loges
des anthères s'ouvrant par une fente longitudinale commune;
noix obtuses-arrondies.

§ 1. *Fleurs purpurines; verticilles multiflores; bractées
de la longueur du calice ou un peu plus courtes. —*
Eriostachys. Benth.

1. E. d'Allemagne. — *S. Germanica.*

Linn. Sp. 812. — DC. Fl. fr. n. 2569. — Duby, Bot. gall.
  p. 368. — Gaud. Fl. helv. 4. p. 66. — Poir. Ency. 7. p.
  368. — Koch, Syn. p. 567.
Moris. sect. 11. tab. 10. fig. 1. (*ic. Dod.*). — J. Bauh.
  Hist. 3. p. 2. p. 320. fig. 1. (*mala, ic. 3. Dall.*). — Dalech. Hist. p. 963. fig. 2. et 3. (*mala*). — Dod. pempt.
  p. 90. fig. 3. — Lob. ic. p. 530. fig. 2. (*ead.*). — Fuchs.
  Hist. p. 766.

Plante ramarquable par le duvet cotonneux épais et blanchâtre qui recouvre toute sa surface, surtout sa partie supérieure. Tige dressée, simple ou rameuse, épaisse, tétragone,
couverte de longs poils soyeux et blanchâtres, haute de 6—9
décim.; feuilles épaisses, velues-cotonneuses, surtout en des-

sous, d'un vert blanchâtre, oblongues ou ovales-lancéolées,
dentées en scie : les inférieures un peu en cœur à la base, longuement pétiolées : les caulinaires à pétiole plus court, allant
en diminuant de grandeur vers le sommet de la tige où elles
sont sessiles : les florales petites, plus étroites, lancéolées,
fortement cotonneuses ; fleurs en verticilles très garnis,
nombreux, à la fin compactes, un peu écartés dans le bas,
rapprochés dans le haut, formant un épi terminal ; calice en
cloche, dilaté au sommet, hérissé de longs poils soyeux,
blanchâtres, à dents inégales, lancéolées, mucronées ; bractées linéaires-lancéolées, souvent réfléchies, également couvertes de poils soyeux ; corolle purpurine ou couleur de
chair, à tube inclus, à lèvre supérieure velue en dehors,
l'inférieure à lobe moyen obcordé, crénelé. ♃, ② Koch.
(Juillet, août).

Çà et là le long des chemins : Salins, rare, à Myon ; à Barterans ; à
Villers-Farlay ; aux environs du village de Thoiry ; Bâle, le long de la
route en allant à Saint-Jacob. — Près de Copet, au bord de la route,
entre Dovaine et Thonon (Gaud.). — Genève, au bord des chemins, le
long des haies, à Lancy ; Aïre ; Vernier ; Pinchat, etc. (Reut.).

β. *Albiflora*. Hagenb. Fl. basil. 2. p. 99. — Fleurs blanches.

Aux environs de Bâle (C. B.).

2. E. des Alpes. — *S. Alpina*.

Linn. Sp. 812. — DC. Fl. fr. n. 2568. — Duby, Bot. gall.
p. 568. — Gaud. Fl. helv. 4. p. 64. — Poir. Ency. 7. p.
367. — Koch, Syn. p. 568.
Moris. sect. 11. tab. 10. fig. 11. (*series* 2.).

Tige dressée, ordinairement simple ou un peu rameuse,
tétragone, velue-pubescente, particulièrement au-dessous
des nœuds, à poils étalés, la plupart glanduleux, haute de
4—8 décim. ; feuilles d'un vert un peu sombre, molles,
velues-pubescentes, les radicales et les inférieures grandes,
ovales-en cœur, obtuses, crénelées-dentées en scie, longuement pétiolées : les caulinaires plus étroites, ovales-

lancéolées, plus longues que les entre-nœuds, portées sur des pétioles qui vont en diminuant de longueur vers le sommet de la tige : les florales inférieures sessiles, lancéolées, aiguës, dentées en scie, les supérieures plus petites, plus étroites, acuminées; fleurs axilaires, en verticilles de 10—14, écartés, très velus, munies, outre les feuilles florales, de petites bractées très velues, étroites, lancéolées-acuminées, rétrécies à la base, atteignant ordinairement la longueur du calice, formant un épi feuillé, allongé, interrompu, souvent penché au sommet; calice très velu, dilaté à la gorge, à dents ovales, mucronées, d'un brun rougeâtre; corolle d'un rouge obscur, ferrugineux, à tube plus court que le calice, à lèvre supérieure droite, velue, à poils soyeux, blanchâtres, l'inférieure plus grande, panachée de blanc à la base, à lobe moyen échancré. Odeur fétide. ♃ (Juillet, août).

Les lieux couverts, les bois montueux : Salins, dans le bois de Racine, en allant au Gout-de-Conche; de Bovard; de Poupet; derrière les aiguillons de Saisenay; au-dessus de Veley, etc.; entre Pupillin et Poligny, au bord du bois; aux environs de Pontarlier. — Nyon, au-dessus de Bonmont; autour d'Arsier; de Saint-Cergue; de Longirod; de Bière, etc. (Gaud.). — Salève, au-dessus d'Archamp (Reut.). — Bâle, sur le mont Wasserfall; au-dessus de Mutenz; près d'Olsberg; sur le mont Diétisberg, etc., assez commune (Hagenb.).

β. *Albiflora*. Fleurs blanches.

Au bord de la Furieuse, au-dessous de Saint-Joseph.

γ. *Lanceolata*. Gaud. Syn. p. 487. var. β. — Feuilles oblongues, aiguës, dentées en scie, la plupart presque sessiles : les florales presque entières.

Nyon, au-dessus de Trélex (Gaud.).

§ 2. *Fleurs purpurines; verticilles de 2—6 fleurs; bractées très petites, ou nulles.* — Stachyotypus. Benth.

3. E. des bois. — *S. sylvatica*.

Linn. Sp. 811. — DC. Fl. fr. n. 2566. — Duby, Bot. gall. p. 368. — Gaud. Fl. helv. 4. p. 63. — Poir. Ency. 7. p. 363. — Koch, Syn. p. 568.

Moris. sect. 11. tab. 11. fig. 10. — Clus. Hist. 2. p. 36. fig.
1. (*feré ead.*). — Tabern. ic. p. 536. fig. 1. — Dalech.
Hist. p. 1244. fig. 2.

Racine grêle, un peu rampante et stolonifère; tige dressée, ordinairement simple, velue, à poils étalés, un peu
grêle, tétragone, haute de 6—9 décim.; feuilles grandes,
vertes, un peu velues sur les deux faces, ovales-en cœur,
aiguës, longuement pétiolées, à pétiole très velu, crénelées-dentées : les florales petites, étroites, lancéolées-acuminées; fleurs en verticilles axilaires de 5—6, écartées
dans le bas, rapprochées dans le haut, munies de bractées
très petites, sétacées, velues, à peine de la longueur des
pédicelles, formant un épi terminal allongé; calice velu, à
5 dents lancéolées, mucronées, ciliées-glanduleuses, égales
entre elles; corolle d'un pourpre un peu brunâtre, double
de la longueur du calice, à lèvre supérieure oblongue,
droite, pubescente en dehors, l'inférieure plus grande,
tachetée de blanc, à lobe moyen à peine échancré. Odeur
fétide. ♃ (Juillet, août). Vulg. *Ortie puante.*

Assez commune dans les haies, les bois, aux lieux ombragés, de la
plaine et des montagnes.

4. E. ambiguë. — *S. ambigua.*

Smith, Angl. bot. tab. 2089. — Koch, Syn. p. 568. —
Rapin, Guide, p. 276.

Cette espèce est exactement intermédiaire entre le
S. sylvatica et le *S. palustris*, et paraît être une hybride
de ces deux plantes. Elle diffère de la première par ses
feuilles lancéolées et ses fleurs d'un pourpre plus clair, et
de la seconde par ses feuilles dentées en scie, plus longuement pétiolées, et par ses fleurs d'un pourpre obscur. Plante
hérissée, à tige dressée, simple, à poils réfléchis; feuilles
pétiolées, oblongues-lancéolées, acuminées, en cœur à
la base, dentées en scie : les florales petites, ovaleslancéo-
lées, peu ou point dentées; fleurs verticillées par 6; dents

du calice acuminées - subulées, triangulaires à la base;
corolle double de la longueur du calice. ♃ (Juillet, août).

Les lieux ombragés, les fossés : commun dans les environs de Rolle,
canton de Vaud (Rapin).

5. E. des marais. — *S. palustris.*

Linn. Sp. 811. — DC. Fl. fr. n. 2567. — Duby. Bot. gall.
  p. 368. — Gaud. Fl. helv. 4. p. 65. — Poir. Ency. 7.
  p. 366. — Koch, Syn. p. 568.

J. Saint-Hil. Pl. fr. tab. 133. — Moris. sect. 11. tab. 10.
  fig. 16. — Tabern. ic. p. 377. fig. 1. — Dalech. Hist. p.
  1357. fig. 2.

Racine rampante, stolonifère; tige dressée, ordinairement simple, tétragone, fistuleuse, velue, à poils réfléchis
dans le bas, haute d'environ 6 décim.; feuilles étroites,
linéaires - lancéolées ou oblongues – lancéolées, crénelées-
dentées en scie, molles, un peu en cœur à la base, d'un
vert foncé, un peu plus pâles en dessous, pubescentes
sur les deux faces : les inférieures courtement pétiolées :
les supérieures sessiles, demi-embrassantes : les florales
lancéolées, acuminées, celles du sommet presque plus
courtes que les fleurs, souvent réfléchies; fleurs en verticilles axilaires de 5—6, munies de bractées très petites,
velues, linéaires-sétacées, disposées en épi terminal lâche
dans le bas; calice hérissé de poils glanduleux, un peu
dilaté à la gorge, à dents lancéolées, mucronées; corolle
purpurine, panachée de blanc, quelquefois marquée de
lignes jaunes, à tube un peu plus long que le calice, à lèvre
supérieure oblongue, entière ou à peine échancrée, velue
en dehors : lobe moyen de la lèvre inférieure plus grand,
échancré. Odeur désagréable. ♃ (Juillet, août). Vulg. *Ortie morte.*

Commune dans les lieux humides, au bord des chemins et des fossés.

6. E. des champs. — *S. arvensis.*

Linn. Sp. 814. — DC. Fl. fr. n. 2575. — Duby, Bot. gall.
p. 367. — Gaud. Fl. helv. 4. p. 70. — Poir. Ency. 7.
p. 373. — Koch , Syn. p. 568.
Marubiastrum vulgare. Tourn. Inst. tab. 89. (*flos et
fructus*).

Racine blanchâtre, grêle, fibreuse; tige faible, ascendante ou dressée, tétragone, ordinairement rameuse dès la
base, à rameaux ascendants, hérissée de longs poils blanchâtres, étalés, haute de 1—2 décim.; feuilles ovales-en
cœur, obtuses, crénelées, d'un vert gai un peu pâle, poilues, pétiolées : les florales plus petites, sessiles, ovales-
oblongues, mucronées, souvent réfléchies; fleurs en verticilles axilaires de 6, écartés dans le bas, rapprochés dans
le haut, dépourvus de bractées; calice hérissé, dilaté à la
gorge, à 5 dents ciliées, lancéolées, mucronées; corolle de
couleur lilas ou rougeâtre, à peine plus longue que le calice,
à tube court, à lèvre supérieure entière, courte, arrondie,
l'inférieure étalée, ponctuée de pourpre, à lobe moyen plus
large, entier. ④ (Juillet—septembre).

Cette plante se trouve çà et là dans les lieux cultivés : Salins, dans
les champs entre les Carmes et Moutaine; dans ceux de Salgret; de la
Chaux et de Geraise ; d'Ivory, en allant au-dessus des rochers de Gily;
de Montmahoux; aux environs d'Arbois; de Poligny, etc. — Dans les
vignes de Changins, près de Nyon, assez rare (Gaud.). — Genève,
derrière le bois de la Bâtie, près de Saint-Georges (Reut.). — Aux
environs de Bâle, rare (Hagenb.).

§ 3. *Fleurs d'un blanc jaunâtre; verticilles de 2—6 fleurs;
bractées très petites.* — Pseudo-sideritis. Koch.

7. E. annuelle. — *S. annua.*

Linn. Sp. 813. — DC. Fl. fr. n. 2574. — Duby, Bot. gall.
p. 367. — Gaud. Fl. helv. 4. p. 69. — Poir. Ency. 7.
p. 574.

Moris. sect. 11. tab. 12. fig. 14. — J. Bauh. Hist. 3. p. 2. p. 427. fig. 2. — Tabern. ic. p. 541. fig. 2. — Dalech. Hist. p. 1118. fig. 1.

Racine grêle, fibreuse, blanchâtre ; tige dressée, souvent un peu coudée à la base, tétragone, presque glabre ou un peu pubescente dans le haut, à poils arqués, rameuse dès la base, haute de 15—50 centim. ; feuilles ovales-oblongues, d'un vert pâle, presque glabres, obtuses, crénelées-dentées en scie, la plupart pétiolées, à pétiole un peu plus long dans les inférieures qui sont quelquefois un peu en cœur à la base : les supérieures presque sessiles, lancéolées : les florales plus étroites, très entières, acuminées, à 3 nervures, souvent défléchies ; fleurs en verticilles axilaires de 4—6, écartés dans le bas, formant un épi terminal ; bractées très petites, ciliées, linéaires-subulées, dépassant à peine les pédicelles ; calice en cloche, velu, un peu dilaté à la gorge, à 5 dents lancéolées-acuminées, mucronulées ; corolle assez grande, blanche, un peu jaunâtre, pubescente, à tube double de la longueur du calice, à lèvre supérieure courte, dressée, un peu échancrée, l'inférieure plus grande, ponctuée de rouge, à lobe moyen large, crénelé. ① (Juillet—septembre).

Commune dans les champs après la moisson : Salins, dans les champs au-delà de la Chapelle, en grande quantité ; dans les champs des Arsures ; de la Vilette, près d'Arbois ; de la Ferté ; de Mont-sous-Vaudrey ; d'Écleux ; de Dampierre ; de Montfaucon, près de Besançon ; de Thoirette ; d'Arinthod ; d'Orgelet ; de Thoiry ; de Genève ; de Nyon ; de Bâle, et de tout le revers oriental du Jura.

8. E. dressée. — *S. recta.*

Linn. Mant. 82. — Gaud. Fl. helv. 4. p. 68. — Poir. Ency. 7. p. 572. — Koch, Syn. p. 569. — *S. sideritis.* (Vill.). DC. Fl. fr. n. 2573. — Duby, Bot. gall. p. 567.
Moris. sect. 11. tab. 12. fig. prima (*magis hirsuta ; ex ic. Clusii desumpta*). — J. Bauh. Hist. 3. p. 2. p. 425. fig. 1. (*angustifolia, ex Dale.*). — Clus. Hist. 2. p. 39. fig. 2. (*latifolia*). -- Tabern. ic. p. 128. fig. 1. – Dalech. Hist.

p. 1118. fig. 2. — Lob. ic. p. 523. fig. 1. et advers. p. 225. fig. 1.

Racine un peu épaisse, dure, presque ligneuse, produisant plusieurs tiges ascendantes ou dressées, velues, tétragones, un peu raides, médiocrement rameuse, haute de 5—6 décim. ; feuilles oblongues - lancéolées, crenelées-dentées en scie, un peu obtuses, velues : les inférieures rétrécies en pétiole : les supérieures sessiles, un peu plus étroites et plus courtes : les florales supérieures très entières, ovales-lancéolées, mucronées; fleurs en verticilles de 6—10, écartés dans le bas, rapprochés dans le haut, disposés en épis droits, terminaux; bractées très petites, velues, linéaires-subulées; calice poilu, un peu dilaté à la gorge, à 5 dents largement lancéolées, mucronées; corolle d'un blanc jaunâtre, assez grande, à tube un peu plus long que le calice, à lèvre supérieure pubescente, concave, entière au sommet ou à peine crénelée, l'inférieure à 3 lobes, le moyen très grand, échancré en cœur, marqué de lignes brunâtres. ♃ (Juin—août). Vulg. *Crapaudine.*

Commune partout dans les lieux arides, le long des chemins, au bord des champs.

21. BÉTOINE. — *BETONICA.* Linn.

Calice tubuleux, à 5 dents presque égales, mucronées; corolle à tube saillant, dépourvu d'anneau de poils en dedans, à lèvre supérieure ascendante, concave, ordinairement indivise, l'inférieure à 3 lobes étalés, le moyen plus large, obtus; étamines rapprochées parallèlement sous la lèvre supérieure de la corolle; loges des anthères divergentes ou presque parallèles, s'ouvrant par une fente longitudinale commune; noix obtuses-arrondies.

1. B. officinale. — *B. officinalis.*

Linn. Sp. 810. — DC. Fl. fr. n. 2561. — Duby, Bot. gall. p. 365. — Gaud. Fl. helv. 4. p. 59. — Lam. Ency. 1. p. 410. — Koch, Syn. p. 569.

J. Saint-Hil. Pl. fr. tab. 55. — Bull. Herb. tab. 41. —
Chaum. Fl. méd. tab. 69. — Lam. illust. tab. 507. fig. 1.
— Moris. sect. 11. tab. 5. fig. 1. — J. Bauh. Hist. 3. p.
2. p. 301. fig. 1. (*mala*) et p. 302. fig. 1. (*flore albo*).
— Clus. Hist. 2 p. 39. fig. 1. (*ic. Dod.*). — Tabern. ic.
p. 543. fig. 1. (*mala*). —Dalech. Hist. p. 1285. fig. 1.
— Dod. pempt. p. 40. fig. 1. — Lob. ic. p. 532. fig. 2.
(*ead.*).

Racine épaisse, oblique, fibreuse ; tige ordinairement
simple, dressée, tétragone, médiocrement feuillée, grêle,
raide, garnie de poils réfléchis plus ou moins nombreux,
haute de 3—6 décim. ; feuilles ovales-oblongues, obtuses,
grossièrement crénelées, un peu velues sur les deux faces,
en cœur à la base : les radicales plus nombreuses, longuement pétiolées : celles de la tige moins grandes, écartées,
portées sur des pétioles qui vont en diminuant de longueur en montant : les supérieures sessiles, étroites, lancéolées ou presque linéaires, dentées ; fleurs en verticilles
un peu écartés dans le bas, formant un épi terminal oblong
ou cylindrique, muni de 2 petites feuilles à la base ; bractées oblongues, aiguës, de la longueur du calice, un peu
mucronées, ciliées ; calice presque glabre ou plus ou moins
poilu, à 5 dents mucronées-épineuses, à sinus arrondis,
ciliés ; corolle purpurine, très rarement blanche, pubescente en dehors, à tube allongé, cylindrique, à lèvres
divergentes : la supérieure ovale, oblongue, entière ou
crénelée, l'inférieure à 3 lobes, le moyen plus grand, crénelé, rarement un peu échancré ; étamines atteignant seulement le milieu de la lèvre supérieure. ♃ (Juin—août).

Commune parmi les buissons, au bord des bois, et dans les prés secs
de la plaine et des montagnes.

β. *Montana*. Gaud. Fl. helv. 4. l. c. — Tige velue, surtout dans le haut, à poils réfléchis ; épi dense, ordinairement non interrompu ; calice plus velu.

Salins, au Gout-de-Conche ; dans les sapins de Levier. — Nyon,
autour de Longirod (Gaud.). — Les fleurs et les feuilles de la Bétoine
sont regardées comme stimulantes, céphaliques, et sa racine comme

émétique et purgative : cette plante n'est plus employée que comme sternutatoire.

22. CRAPAUDINE. — *SIDERITIS*. Linn.

Calice tubuleux en cloche, à dents presque égales, acuminées-épineuses, étalées à l'époque de la fructification; corolle à 2 lèvres, la supérieure dressée, entière ou incisée-bifide, l'inférieure à 3 lobes, le moyen plus grand, crénelée; tube de la corolle renfermant les étamines, muni d'un anneau de poils interrompu par l'insertion de ces dernières; loges des anthères s'ouvrant par une fente longitudinale commune ; noix arrondies-obtuses au sommet.

1. C. à feuilles d'Hysope. — *S. hyssopifolia.*

Linn. Sp. 803. — DC. Fl. fr. n. 2532. — Duby, Bot. gall. p. 568. — Gaud. Fl. helv. 4. p. 27. — Lam. Ency. 2. p. 169. — *S. scordioïdes.* Koch. Syn. p. 570.

Barr. ic. fig. 171. — J. Bauh. Hist. 3. p. 2. p. 427. fig. 3.

Tiges ascendantes, un peu rameuses et ligneuses à la base, tétragones, très feuillées, pubescentes, presque cotonneuses au sommet, hautes de 15—25 centim. ; feuilles dressées, d'un beau vert, oblongues, elliptiques, ou oblongues-linéaires, obtuses, mucronées, entières ou plus ou moins dentées, glabres en dessus, poilues sur les bords et les nervures dorsales : les inférieures rétrécies en un court pétiole, les autres sessiles; épi terminal oblong ou cylindrique, composé de verticilles de 6 fleurs, contigus, munis de bractées largement ovales, opposées, dentées-épineuses; calice un peu velu ou poilu, à dents presque égales, lancéolées-acuminées, subulées; corolle plus longue que le calice, d'un blanc jaunâtre, à lèvre supérieure un peu réfléchie, incisée-bifide, à lobes rapprochés, l'inférieure à peine plus courte, mais plus large, à 3 lobes arrondis, le moyen plus grand, un peu crénelé, à bord infléchi. ♃ (Juillet, août).

Les rochers et les lieux arides des montagnes : Salins, sur Poupet et
au pied des rochers du coté de Combelle ; sur la Dole ; et les sommités
au-dessus de Gex ; dans le petit vallon d'Adran, en montant au Reculet ; sur les rochers, le long du chemin, en allant de Septmoncel à
Saint-Claude ; parmi les sables et les cailloux roulés au bord de l'Ain à
Thoirette, en grande quantité.

β *Verticillata*. Gaud. Syn. p. 477. et Fl. helv. 4. 1. c.
— Épi allongé, interrompu à la base, à verticilles distincts,
écartés, les supérieurs confluents.

Avec la var. α. — Bentham, dans sa *Monographie des Labiées*, p. 578,
réunit comme variétés les S. *scordioïdes* et *hyssopifolia*. Linn.

23. MARRUBE. — *MARRUBIUM*. Linn.

Calice tubuleux, à 10 stries, à 10 dents étalées, aristées,
crochues au sommet ; corolle à tube cylindrique, garni intérieurement d'un anneau de poils interrompu, à lèvre supérieure ascendante, presque plane, linéaire, bifide, l'inférieure à 3 lobes inégaux, le moyen plus grand, échancré ;
étamines incluses ; loges des anthères s'ouvrant par une
fente longitudinale commune ; noix tronquées, planes-
triangulaires au sommet. Ce dernier caractère suffit pour
distinguer ce genre du précédent.

1. M. commun. — *M. vulgare*.

Linn. Sp. 816. — DC. Fl. fr. n. 2577. — Duby, Bot. gall. p.
364. — Gaud. Fl. helv. 4. p. 75. — Desrouss. Ency. 3. p.
717. — Koch, Syn. p. 572.

Chaum. Fl. méd. tab. 226. — Bull. Herb. tab. 165. — Lam.
illust. tab. 508. fig. 1. — Moris. sect. 11. tab. 9. fig. 1.
(*series* 3.). — J. Bauh. Hist. 3. p. 2. p. 316. fig. 1. (*pessima*). — Clus. Hist. 2. p. 34. fig. 1. (*ic. Dod.*). —
Tabern. ic. p. 539. fig. 2. — Dalech. Hist. p. 961. fig. 1.
— Dod. pempt. p. 87. fig. 1. — Lob. ic. p. 517. fig. 2.
(*ead.*).

Tige dure, ferme, dressée, tétragone, blanche-cotonneuse, surtout à sa partie supérieure, rameuse à la base, haute de 2—4 décim., à rameaux simples, ascendants; feuilles molles, épaisses, ridées-réticulées, ovales-arrondies, brusquement rétrécies en pétiole, inégalement crénelées, d'un vert sombre et pubescentes en dessus, blanches-cotonneuses en dessous : les inférieures un peu en cœur à la base; fleurs nombreuses, en verticilles denses, écartés, axilaires, à la fin globuleux, munies de bractées velues, sétacées; calice cotonneux, à 10 dents, alternativement un peu plus grandes, étalées, nues et subulées au sommet, à pointe crochue; corolle petite, blanche, pubescente en dehors, à lèvre supérieure dressée, bifide, à lobes obtus, l'inférieure réfléchie, à 3 lobes, le moyen plus grand, obtus, à peine échancré. ♃ (Juillet—septembre). Vulg. *Marrube blanc.*

Les champs graveleux, le bord des chemins, les décombres, rare. — Besançon (Guérin). — Neuchâtel, à Corcelle; à Yverdon (Depierre, cat.). — Genève, au bord de l'Arve, près des bains froids (Reut.). — Nyon, autrefois assez commun, mais il a été arraché par les pharmaciens (Gaud.). — Bâle, assez commun, le long des chemins et des haies, dans les lieux incultes (Hagenb.). — Le Marrube est amer, tonique, emménagogue et stomachique.

24. BALLOTE. — *BALLOTA.* Linn.

Calice à 5 angles, évasé au sommet, à 10 stries, à 5 dents larges, presque égales, mucronées; corolle à tube non saillant, garni en dedans de poils en anneau, à lèvre supérieure concave, crénelée, velue, l'inférieure à 3 lobes, le moyen plus grand, obcordé; étamines rapprochées parallèlement sous la lèvre supérieure de la corolle, simples, droites après la fécondation; loges des anthères s'ouvrant par une fente longitudinale commune; noix obtuses-arrondies.

1. B. fétide. — *B. fœtida.*

Lam. Fl. fr. 2. p. 381. et ejusd. Ency. 1. p. 357.— DC. Fl. fr. n. 2576. — Dubv. Bot. gall. p. 365. — Gaud. Fl. helv.

4. p. 71. — *B. nigra*. Linn. Sp. ed. 1. p. 582. — Koch,
Syn. p. 572. var. α.

J. Saint-Hil. Pl. fr. tab. 873. — Bull. Herb. tab. 397. —
Lam. illust. tab. 508. fig. 1. — Moris. sect. 11. tab. 9.
fig. 14. (*ic. Dod.*). — J. Bauh. Hist. 3. p. 2. p. 318. fig.
1. (*mala*). — Tabern. ic. p. 540. fig. 1. — Dalech. Hist.
p. 1253. fig. 1. — Dod. pempt. p. 90. fig. 1. — Lob. ic.
p. 518. fig. 2. (*ead*).

Tige dressée, tétragone, velue-pubescente, à poils étalés,
un peu réfléchis, rameuse, fistuleuse, haute de 3—5 décim. ; feuilles opposées, pétiolées, ovales, un peu en cœur
à la base, aiguës ou un peu obtuses, d'un vert foncé
sombre, grossièrement et irrégulièrement crénelées, nerveuses en dessous, ridées en dessus, pubescentes sur les
deux faces; fleurs en verticilles axilaires dans les feuilles
supérieures, écartés, denses, réunies en fascicules courtement pédonculés, munies de bractées très étroites, filiformes, velues; calice également velu, ainsi que les pédoncules, à 10 sillons, dilaté à la gorge, à 5 dents étalées,
ovales-élargies, aristées; corolle purpurine, rarement
blanche, à lèvre supérieure dressée, oblongue, entière ou
un peu échancrée, très velue en dedans et en dehors, l'inférieure plus grande, à lobe moyen obcordé. Odeur fétide.
♃ (Juin—septembre). Vulg. *Marrube noir*.

Commune le long des chemins, au bord des routes.

25. AGRIPAUME. — *LEONURUS*. Linn.

Calice en cloche, à 5 angles, à 5 dents égales, mucronées-épineuses; corolle à tube muni en dedans d'un anneau
de poils, à lèvre supérieure entière, concave, barbue en
dehors, rétrécie à la base, l'inférieure réfléchie, à 3 lobes
presque égaux; étamines rapprochées parallèlement sous la
lèvre supérieure de la corolle, simples, barbues à la base,
contournées et déjetées en dehors par les côtes, après la
fleuraison; loges des anthères s'ouvrant par une fente longitudinale commune; noix tronquées, planes-triangulaires.

1. A. Cardiaque. — *L. Cardiaca.*

Linn. Sp. 817. — DC. Fl. fr. n. 2579. — Duby, Bot. gall. p.
564. — Gaud. Fl. helv. 4. p. 74. — Lam. Ency. 1. p. 55.
— Koch, Syn. p. 572.

J. Saint-Hil. Pl. fr. tab. 77. — Bull. Herb. tab. 273. —
Lam. illust. tab. 509. fig. 1. et 2. — Moris. sect. 11. tab.
9. fig. 18. — Tabern. ic. p. 543. fig. 2. — Dalech. Hist.
p. 1249. fig. 1. — Dod. pempt. p. 94 fig. 1. — Lob. ic.
p. 516. fig. 1. (*ead.*).

Tige dressée, tétragone, fistuleuse, glabre ou presque
glabre, très feuillée, rameuse, haute de 6—9 décim.;
feuilles opposées, étalées, longuement pétiolées, à paires
opposées en croix, d'un vert foncé, presque glabres en dessus,
pâles et un peu velues en dessous, particulièrement sur les
nervures : les inférieures plus grandes, ovales-en cœur,
divisées jusqu'au milieu en 5 lobes palmés, incisés-dentés :
les supérieures lancéolées, en coin à la base, plus petites, à
3 lobes lancéolés, aigus, entiers ou dentés : celles du sommet quelquefois entières, lancéolées-acuminées ou à 1—2
dents latérales, aiguës; fleurs petites, en verticilles courts,
épais, tous distincts, écartés, axilaires dans les feuilles supérieures, plus rapprochés au sommet, formant une sorte
d'épi feuillé, grêle, allongé; bractées étroites, raides,
linéaires-subulées, ciliées; calice dur, coriace, à 5 angles
ou nervures saillantes, glabre, à 5 dents raides, étalées,
vertes, lancéolées, mucronées-épineuses; corolle rougeàtre
ou rosée, à lèvre supérieure dressée, entière, barbue,
presque laineuse en dehors, l'inférieure à 3 lobes oblongs,
entiers, ponctués, les latéraux réfléchis, le moyen roulé en
dessous par les côtés; noix lisses, trigones, à angles aigus,
à face supérieure plane, velue. ♃ (Juin—août).

Çà et là le long des haies, au bord des chemins, parmi les décombres.

TRIBU VIII. — SCUTELLARINÉES. Benth.

Corolle à 2 lèvres; étamines rapprochées parallèlement
sous la lèvre supérieure de la corolle; calice à 2 lèvres fermées-comprimées à l'époque de la fructification, la supérieure entière ou courtement tridentée.

26. TOQUE. — *SCUTELLARIA*. Linn.

Calice très court, en cloche, à 2 lèvres entières, fermées-
aplanies après la fleuraison, la supérieure munie en dessus
d'une écaille ou appendice concave; corolle à tube saillant,
à 2 lèvres, la supérieure concave, à 2 dents à la base, l'inférieure indivise, échancrée; étamines rapprochées parallèlement sous la lèvre supérieure, courbées en dedans au
sommet; loges des anthères s'ouvrant par une fente longitudinale commune.

1. T. tertianaire. — *S. galericulata.*

Linn. Sp. 835. — DC. Fl. fr. n. 2615. — Duby, Bot. gall.
   p. 376. — Gaud. Fl. helv. 4. p. 99. — Poir. Ency. 7.
   p. 704. — Koch, Syn. p. 573.
J. Saint-Hil. Pl. fr. tab. 370. — Bull. Herb. tab. 275. —
   Lam. illust. tab. 515. fig. 1. — Moris. sect. 11. tab. 20.
   fig. 6. — J. Bauh. Hist. 3. p. 2. p. 436. fig. 1. — Tabern.
   ic. p. 375. fig. 2. — Dalech. Hist. p. 1060. fig. 5. — Dod.
   pempt. p. 93. fig. 2. — Lob. ic. p. 344. fig. 2.
Racine rampante; tige dressée ou ascendante, glabre,
comme toutes les autres parties de la plante, tétragone,
plus ou moins rameuse, haute de 3—5 décim.; feuilles
courtement pétiolées, oblongues-lancéolées, en cœur à la
base, un peu obtuses, vertes, glabres, très lisses, crénelées-dentées en scie, à dents écartées, peu saillantes;
fleurs courtement pédicellées, axilaires, opposées, solitaires
dans l'axe de chaque feuille, déjetées d'un même côté, plus

longues que les feuilles florales ; calice glabre ou légèrement pubescent, à 2 lèvres peu marquées, entières, tronquées, la supérieure munie d'une écaille dorsale relevée ; corolle bleue ou violette, pubescente, à tube allongé, courbé à la base, à gorge dilatée, à lèvre inférieure blanchâtre, bleuâtre sur les bords, tachée de bleu à la base. ♃ (Juillet—septembre).

Le long des fossés, au bord des lacs, des étangs et des mares d'eau : aux environs de Sellières, au bord de l'étang de Chavanne ; de Froide-Ville ; de Lombard ; entre Braime et le Bouchaud, paroisse de Bersaillin ; au bord du Doubs, près de Besançon ; dans la tourbière de Pontarlier ; au bord du lac de la Brevine ; entre Saint-Sulpice et Travers, au bord de la Reuse ; au bord du lac à Yverdon ; aux environs de Grozon, près d'Arbois ; les bois entre Saint-Cyr et Chamblay ; au bord des flaques d'eau, près d'Ounans, etc. — Bâle, à Michelfeld ; au bord de la Birse ; du Rhin et ailleurs (Hagenb.). — Genève, au marais de Sionet ; à Mattegnin, etc. (Reut.). — Neuchâtel, dans les fossés de Saint-Blaise, du Landeron (Depierre, cat.).

β. Caule simplici. DC. Fl. fr. l. c. — Tige simple, non rameuse.

Tourbière de Pontarlier ; bord du lac à Yverdon.

γ. Flore albo. Hagenb. Fl. basil. 2. p. 110. var. *β.* — Fleurs blanches.

Bâle, à Weiherfeld (Hagenb.).

2. T. naine. — *S. minor.*

Linn. Sp. 835. — DC. Fl. fr. n. 2616. — Duby, Bot. gall. p. 376. — Poir. Ency. 7. p. 705. — Koch, Syn. p. 574. Moris. sect. 11. tab. 20. fig. 8. (*series* 3.).

Tige grêle, dressée, ordinairement rameuse à la base, à rameaux ascendants, presque glabre, tétragone, haute de 6 – 10 décim. ; feuilles courtement pétiolées, entières ou presque entières, glabres ou un peu poilues : les inférieures ovales, obtuses, en cœur à la base : les supérieures plus étroites, ovales-oblongues ou lancéolées, presque sessiles, arrondies à la base ; fleurs petites, axilaires, opposées, déjetées d'un même côté, à pédoncule velu, ainsi que le calice à 2 lèvres entières, arrondies, peu marquées ; corolle beaucoup plus petite que dans l'espèce précédente, rougeâtre, à tube droit, à lèvre inférieure ponctuée. ♃ (Juillet—septembre).

Le bord des étangs, les bois humides : au bord des étangs de Lombard et de Chavanne, près de Sellières ; dans un petit bois, près du marais de Vaucy, entre Arbois et Poligny.

β. *Caule simplici*. DC. Fl. fr. l. c. — Tige simple, non rameuse.

Dans les mêmes lieux, mêlée avec la var. α.

27. BRUNELLE. — *PRUNELLA*. Linn.

Calice à 2 lèvres, fermées-comprimées à l'époque de la fructification, la supérieure plane, large, presque tronquée, à 3 dents courtes, l'inférieure plus étroite, à 2 lobes lancéolés ; corolle à tube garni en dedans de poils en anneau, à 2 lèvres, la supérieure dressée, voûtée, entière, l'inférieure pendante, à 3 lobes, le moyen plus grand, crénelé ; étamines rapprochées parallèlement sous la lèvre supérieure de la corolle, à filets terminés par 2 pointes, dont une porte l'anthère, à loges s'ouvrant par une fente longitudinale commune.

1. B. commune. — *P. vulgaris*.

Linn. Sp. 837. var. α. — Gaud. Fl. helv. 4. p. 101. — Koch, Syn. p. 574. — *Brunella vulgaris* (Mœnch.). DC. Fl. fr. n. 2605. — Duby, Bot. gall. p. 376. — Lam. Ency. 1. p. 472. var. α.

J. Saint-Hil. Pl. fr. tab. 726. — Moris. sect. 11. tab. 5. fig. 1. — J. Bauh. Hist. 3. p. 2. p. 428. fig. 2. — Tabern. ic. p. 553. fig. 1. — Dod. pempt. p. 136. fig. 1. — Lob. ic. p. 474. fig. 2. (*ead.*).

Tige ascendante, tétragone, presque glabre ou plus ou moins velue, simple ou rameuse, haute de 10 — 25

centim. ; feuilles pétiolées, ovales-oblongues, ordinairement
entières, ou un peu dentées à la base, obtuses, presque
glabres ou légèrement hérissées : les supérieures plus grandes,
portées sur des pétioles plus courts ; fleurs en épi terminal,
ovoïde oblong, obtus, dense, feuillé à la base, à verticilles
munis de bractées embrassantes, larges, arrondies, mucronées, ciliées, ordinairement colorées ; calice à 2 lèvres, la
supérieure presque tronquée, à 3 dents arrondies, mucronées, l'inférieure à 2 lobes lancéolés, acuminés, mucronés,
ciliés ; corolle violette, rarement blanche, de grandeur
médiocre, à lèvre supérieure voûtée, un peu barbue en dehors, l'inférieure à 3 lobes, le moyen plus grand, arrondi, crénelé ; étamines les plus longues munies au sommet
d'une dent spiniforme, droite. ♃ (Juillet, août).

Commune partout dans les prés, au bord des chemins et dans les
bois.

β. *Parviflora*. Koch, Syn. p. 574. — *P. parviflora*.
Poir. Ency. supp. 1. p. 711. — *B. laciniata. var.* ι. DC.
Fl. fr. n. 2606. — Corolle dépassant à peine le calice.

γ. *Pinnatifida*. Koch, Syn. p. 574. — *P. pinnatifida*.
Pers. Syn. 2. p. 137. — *P. laciniata*. Linn. Sp. 837. var. γ.
et β. — Gaud. Fl. helv. 4. p. 104. var. β. *cœrulea*. — Vaill.
Bot. par. tab. 5. fig. 1. — Feuilles plus ou moins profondément pinnatifides.

Dans un petit bois, près de Sellières. — Bâle, avec la variété α.
(Hagenb.).

2. B. à grandes fleurs. — *P. grandiflora*.

Jacq. Aust. 4. p. 40. — Gaud. Fl. helv. 4. p. 102. — Koch,
Syn. p. 574. — *B. grandiflora* (Mœnch.). DC. Fl. fr. n.
2607. — Duby, Bot. gall. p. 376. — *Brunella vulgaris*. β.
Lam. Ency. 1. p. 472. — *Prunella vulgaris*. β. *grandi-*
flora. Linn. Sp. 837.

J. Saint-Hil. Pl. fr. tab. 728. — J. Bauh. Hist. 3. p. 2. p.
429. fig. 1. (*pessima*). — Moris. sect. 11. tab. 5. fig. 4.
— Clus. Hist. 2. p. 43. fig. 1.

Tige ascendante, obscurément tétragone, ordinairement simple, haute de 1—2 décim.; feuilles pétiolées, ovales-oblongues, entières, quelquefois un peu sinuées-dentées, légèrement pubescentes : les supérieures presque sessiles; fleurs le double plus grandes que dans l'espèce précédente, en épi terminal d'abord arrondi, puis oblong, épais, dense, ordinairement non feuillé à la base, à verticilles munis de bractées opposées, ovales-mucronées, élargies, ciliées, colorées au sommet; calice strié, un peu poilu à la base, à 2 lèvres colorées, la supérieure à 3 dents larges, ovales, mucronées, l'inférieure bifide, à lobes ciliés, lancéolés-acuminés, subulés; corolle violette, à lèvre supérieure allongée, en voûte échancrée au sommet, l'inférieure à 3 lobes, le moyen très grand, échancré, dentelé; étamines les plus longues terminées au sommet par une dent épaisse, très courte, obtuse. ♃ (Juillet, août).

Les prés et pâturages montueux : Salins, à Poupet; au Gout-de-Conche; au-dessus des Angoulirons; à Cernans; à Villeuve; à Nozeroy; à Thoirette; à Arinthod; à la Faucille; à Sainte-Croix; au-dessus de Thoiry, en montant au Reculet, abondamment. — Aux environs de Genève; de Bâle, etc.

β. *Pinnatifida.* Gaud. Fl. helv. 4. l. c. — Koch, Syn. l. c. — Hagenb. Fl. basil. 2. p. 111. var. γ. — J. Bauh. Hist. 3. p. 2. p. 429. fig. 2 — Feuilles pinnatifides.

Genève, au pied de Salève, au-dessous du Pas-de-l'Échelle. — Bâle, sur le mont Diétisberg (Hagenb.). — Salins, à Poupet.

3. B. à fleurs blanchâtres. — *P. alba.*

Pallas, ap. M. Bieb. Fl. taur. cauc. 2. p. 67.|—Koch, Syn. p. 575. — *P. laciniata.* Gaud. Fl. helv. 4. p. 104. (*excl. var. β.*).— *P. ochroleuca.* Hagenb. Fl. basil. 2. p. 112.— *Brunella laciniata* (Lam.). DC. Fl. fr. n. 2606. var. *α.* — Duby, Bot. gall. 376. — Lam. Ency. 1. p. 473.

Lam. illust. tab. 516. fig. 2. — Moris. sect. 11. tab. 5. fig. 2. — J. Bauh. Hist. 3. p. 2. p. 429. fig. 3. — Clus. Hist. 2. p. 43. fig. 2. (*ic. Dod.*). — Tabern. ic. p. 554. fig. 1.

— Dalech. Hist. p. 1174. fig. 2. — Dod. pempt. p. 136. fig. 2. — Lob. ic. p. 475. fig. 1. (*ead.*).

Tige simple ou rameuse à la base, ascendante, rougeâtre, hérissée de poils blanchâtres, haute de 1—2 décim.; feuilles pétiolées, velues, blanchâtres en dessous, ovales-oblongues, les supérieures lancéolées, toutes entières ou dentées, ou les caulinaires presque lyrées-pinnatifides, ou pinnatifides, à lobes étroits, linéaires : les 2 florales sessiles, pinnatifides, étalées; fleurs en épi court, dense, terminal; bractées très larges, poilues, ciliées, embrassantes, arrondies, bordées de brun, ordinairement acuminées; calice à 2 lèvres, la supérieure à 3 dents largement ovales, ciliées, mucronées, l'inférieure bifide, à lobes ciliés-pectinés, à 3 nervures, lancéolées-acuminées, subulées; corolle d'un blanc un peu jaunâtre, rarement bleue, à tube court, à lèvre supérieure arrondie, légèrement échancrée, l'inférieure à 3 lobes, le moyen plus grand, échancré, crénelé; étamines les plus longues munies au sommet d'une pointe subulée, arquée. ♃ (Juin—août).

Commune dans les prés arides et les pâturages montueux. Salins, sur Suziau (à fleurs violettes).

β. *Pinnatifida.* Koch, Syn. l. c. — Linn. Sp. 837. (*excl. var. β. et γ.*). — Feuilles pinnatifides.

TRIBU IX. — AJUGOÏDÉES. Benth.

Lèvre supérieure de la corolle très courte, tronquée, dentée ou fendue, paraissant nulle; étamines rapprochées par paires, saillantes; noix ridées-réticulées.

28. BUGLE. — *AJUGA.* Linn.

Calice ovoïde, à 5 lobes presque égaux; corolle tubulée, à tube muni en dedans de poils en anneau, à lèvre supérieure très courte, à 2 dents, l'inférieure allongée, étalée, à 3 lobes, le moyen très grand, obcordé; étamines rapprochées, parallèles ; loges des anthères s'ouvrant par une fente longitudinale commune.

§ 1. *Fleurs en verticilles multiflores, rapprochés en épi.*
— Bugula. Tournef.

1. B. rampante. — *A. reptans.*

Linn. Sp. 785. — DC. Fl. fr. n. 2491. — Duby, Bot. gall. p. 361. — Gaud. Fl. helv. 4. p. 9. — Lam. Ency. 1. p. 501. — Koch, Syn. p. 575.

J. Saint-Hil. Pl. fr. tab. 829. (*mala*). — Chaum. Fl. méd. tab. 78. — Bull. Herb. tab. 343. — Lam. illust. tab. 501. fig. 2. — Moris. sect. 11. tab. 5. fig. 1. (*series* 3., *fol. ternatis*). — J. Bauh. Hist. 3. p. 2. p. 430. fig. 2. et 3. (*mediocres*).

Racine fibreuse ; tige simple, dressée, tétragone, haute de 14—18 centim., presque glabre ou un peu velue, émettant à sa base des jets rampants, feuillés, allongés ; feuilles ovales-oblongues, légèrement crénelées ou sinuées sur les bords : les radicales obovales, rétrécies à la base en un long pétiole, glabres ou un peu poilues : les caulinaires sessiles, opposées : les florales allant en diminuant de grandeur vers le sommet, où elles sont un peu colorées ; fleurs presque sessiles, au nombre de 6—10 par verticilles axilaires, formant un épi terminal ; calice velu ou lanugineux, à dents égales, triangulaires-lancéolées ; corolle ordinairement bleue, rarement blanche ou rose, pubescente, à lèvre supérieure très petite, presque nulle, à 2 dents largement triangulaires, redressées, l'inférieure étalée, à 3 lobes rayés de lignes blanchâtres, le moyen plus long, élargi en cœur renversé. ♃ (Mai, juin).

Commune le long des haies, au bord des chemins, dans les prés un peu humides et les bois.

2. B. pyramidale. — *A. pyramidalis.*

Linn. Sp. 785. — DC. Fl. fr. n. 2493. — Duby, Bot. gall.
p. 561. — Gaud. Fl. helv. 4. p. 10. — Lam. Ency. 1. p.
502. — Koch, Syn. p. 575.
J. Saint-Hil. Pl. fr. tab. 830. (*med.*).

Racine fibreuse, ne produisant pas de jets rampants; tige
simple, dressée, tétragone, velue-lanugineuse, haute de
14—18 centim.; feuilles oblongues, obtuses, velues, bordées de dents écartées, irrégulières : les radicales étalées,
rétrécies en pétiole à la base : les caulinaires opposées, à
paires croisées, rapprochées et allant en diminuant de
grandeur vers le sommet de la tige, ce qui donne à la plante
une forme pyramidale : les florales plus petites, crénelées,
souvent colorées; fleurs axilaires, verticillées, plus courtes
que les feuilles florales, disposées en épi terminal; calice
velu-lanugineux, à lobes lancéolés, aigus; corolle velue en
dehors, d'un beau bleu, quelquefois purpurine, à lèvre
supérieure tronquée, à 2 dents courtes, triangulaires, l'inférieure à 3 lobes, le moyen plus grand, obcordé. ♃ (Mai—
juin).

Çà et là dans les terres graveleuses, dans les lieux arides et montueux : Salins, dans les champs de Belin, de Saint-André, de Château, etc. — Genève, dans les lieux sablonneux, au bord des chemins,
à Vernier, Mornex, etc. (Reut.). — Bâle, dans les pâturages et sur
les collines sèches (Hagenb.).

3. B. de Genève. — *A. Genevensis.*

Linn. Sp. 785. — DC. Fl. fr. n. 2494. — Duby, Bot. gall. p.
361. — Gaud. Fl. helv. 4. p. 12. — Koch, Syn. p. 575.
— *A. pyramidalis. var.* β. Lam. Ency. 1. p. 502.
Bull. Herb. tab. 361. — Moris. sect. 11. tab. 5. fig. 5 —
J. Bauh. Hist. 3. p. 2. p. 452. fig. 1.

Racine dépourvue de jets rampants, donnant naissance
à 2—4 tiges dressées ou ascendantes, tétragones, hérissées,

surtout dans le haut , de longs poils lanugineux , mous, articulés, blanchâtres, hautes de 12—15 centim. ; feuilles molles, velues, d'un vert blanchâtre : les radicales oblongues, un peu étroites, crénelées , à crénelures irrégulières , écartées, rétrécies à la base en un court pétiole : les caulinaires opposées , sessiles, plus courtes, mais plus larges , anguleuses : les florales inférieures à 3 lobes obtus, entiers ou dentés; fleurs au nombre de 5—6 , par verticilles axilaires, formant un épi terminal : les supérieurs plus longs que les feuilles florales ou bractées; calice velu-lanugineux , à 5 dents lancéolées; corolle bleue ou rose, velue en dehors , à lèvre supérieure tronquée , à 2 dents triangulaires , obtuses, l'inférieure à 3 lobes , le moyen plus grand , élargi, presque en cœur renversé. ♃ (Mai , juin).

Les mêmes lieux que l'espèce précédente, dont elle n'est peut-être qu'une variété à feuilles radicales plus petites et à feuilles florales inférieures fortement dentées, presque trilobées.

β. *Triphylla*. Hagenb. Fl. basil. 2. p. 76. — Feuilles caulinaires et florales ternées.

Bâle , sur le mont Diétisberg (Hagenb.).

§ 2. *Fleurs axilaires , solitaires , opposées.* — Chamæpitys. Tournef.

4. B. Faux-Pin. — *A. Chamæpitys.*

Screb. unilab. 24. — DC. Fl. fr. n. 2495. — Duby, Bot. gall. p. 561. — Gaud. Fl. helv. 4. p. 14. — Koch , Syn. p. 576. — *Teucrium Chamæpitys.* Linn. Sp. 787. — Lam. Ency. 2. p. 697.

Moris. sect. 11. tab. 22. fig. 1. — J. Bauh. Hist. 3. p. 2. p. 295. fig. 1. (*mala*). — Tabern. ic. p. 585. fig. 1. — Dalech. Hist. p. 1159. fig. 1. — Dod. pempt. p. 46. fig. 1. — Lob. ic. p. 582. fig. 2. (*ead.*).

Tige rameuse à la base, à rameaux nombreux, étalés , diffus, redressés, velus , très feuillés, souvent rougeâtres ,

longs de 10—15 centim.; feuilles velues ou poilues, ciliées:
les radicales obovales oblongues, rétrécies en pétiole à la
base, entières ou munies de quelques dents : les caulinaires
divisées jusqu'au milieu en 3 lanières étroites, linéaires,
entières, divergentes; fleurs axilaires, solitaires, opposées,
sessiles, plus courtes que les feuilles ; calice velu, en cloche,
anguleux, à 5 lobes lancéolés, aigus; corolle d'un beau
jaune, à lèvre supérieure très courte, comme tronquée,
échancrée, l'inférieure dressée, presque plane, à 3 lobes,
le moyen très grand, obcordé, marqué à la base de points
d'un brun rougeâtre, les 2 autres plus petits, courts, obtus ;
noix oblongues, ridées. ⊕ (Avril—octobre).

Commune dans les champs à terres légères et graveleuses ou sablon-
neuses, particulièrement après la moisson.

29. GERMANDRÉE. — *TEUCRIUM*. Linn.

Calice tubuleux ou en cloche, à 5 lobes un peu inégaux;
corolle à tube court, nu intérieurement, à 2 lèvres, la
supérieure très courte, fendue en 2 lobes déjetés sur les
bords de la lèvre inférieure étalée, à 3 lobes, le moyen plus
grand ; étamines rapprochées par paires, sortant de la fente
de la lèvre supérieure; loges des anthères s'ouvrant par une
fente longitudinale commune.

§ I. *Calice à 2 lèvres, la supérieure ovale, entière,
l'inférieure à 4 dents.* — Scorodonia. Adans.

1. G. des bois. — *T. Scorodonia.*

Linn. Sp. 789. — DC. Fl. fr. n. 2501. — Duby, Bot. gall.
p. 362. — Gaud. Fl. helv. 4. p. 17. — Lam. Ency. 2. p.
695. — Koch, Syn. p. 576.
Bull. Herb. tab. 301. — Moris. sect. 11. tab. 20. fig. 15. —
J. Bauh. Hist. 3. p. 2. p. 293. fig. 1. — Dalech. Hist. p.
880. fig. 3. — Dod. pempt. p. 291. fig. 1. — Lob. ic. p.
497. fig. 2. (*ead.*).

Tige haute de 3—6 décim., dressée, tétragone, velue, ferme, ordinairement rameuse; feuilles ovales ou oblongues, en cœur à la base, vertes en dessus, plus pâles en dessous, ridées, pubescentes, un peu obtuses, crénelées, portées sur de courts pétioles; fleurs unilatérales, géminées, portées sur des pédoncules courts, munis de bractées ovales très petites, disposées en épis allongés, axilaires et terminaux; calice en cloche, légèrement pubescent, gibbeux à la base, à 2 lèvres, la supérieure entière, ovale, mucronée, l'inférieure à 4 dents égales, triangulaires, mucronées; corolle d'un blanc jaunâtre, pubescente en dehors, à lèvre inférieure concave, réfléchie; étamines purpurines, poilues, à anthères orangées. ① (Juillet, août). Vulg. *Sauge des bois.*

Commune dans les lienx incultes, parmi les buissons, et dans les bois montagneux.

§ 2. *Calice tubuleux-en cloche, à 5 dents à peu près égales.* — Chamædrys. Dill.

* *Feuilles pinnatifides.*

2. G. Botride. — *T. Botrys.*

Linn. Sp. 786. — DC. Fl. fr. n. 2498. — Duby, Bot. gall. p. 362. — Gaud. Fl. helv. 4. p. 16. — Lam. Ency. 2. p. 696. — Koch, Syn. p. 576.

J. Saint-Hil. Pl. fr. tab. 433. — Moris. sect. 11. tab. 22. fig. 18. — J. Bauh. Hist. 3. p. 2. p. 298. fig. 1. — Tabern. ic. p. 385. fig. 2. — Dalech. Hist. p. 1163. fig. 1. et 2. — Dod. pempt. p. 46. fig. 2. — Lob. ic. p. 385. fig. 2. (*ead.*).

Tige haute de 1—2 décim., ordinairement très rameuse dès la base, à rameaux diffus, étalés, ascendants, feuillés, tétragones, velus-pubescents; feuilles pétiolées, multifides ou bipinnatifides, pubescentes, à lobes oblongs, obtus; fleurs axilaires, plus courtes que les feuilles, au nombre de 2—6 par verticilles, portées sur des pédicelles

courts, très velus ; calice en cloche , pubescent , assez grand ,
bossu à la base, ce qui rend l'insertion des pédicelles laté-
rale , à 5 dents triangulaires , aiguës , mucronées ; corolle
rouge , à lobe moyen de la lèvre inférieure arrondi , échancré, ponctué de pourpre , poilu en dessous, les latéraux
petits , aigus, infléchis. Odeur aromatique forte. ④ (Juin—
septembre).

Commune dans les terres légères, dans les champs arides et graveleux , après la moisson.

*** Feuilles indivises ; fleurs axilaires ou en grappe.*

3. G. Petit-Chêne. — *T. Chamædrys.*

Linn. Sp. 790. — **DC**. Fl. fr. n. 2504. — **Duby, Bot. gall.**
p. 562. — Gaud. Fl. helv. 4. p. 19. — Lam. Ency. 2. p.
695. — Koch, Syn. p. 576.

J. Saint-Hil. Pl. fr. tab. 436. —Lam. illust. tab. 501. fig. 1.
— Moris. sect. 11. tab. 22. fig. 10. et 11. — Tabern. ic.
p. 577. fig. 2. — J. Bauh. Hist. 3. p. 2. p. 288. fig. 1.
— Clus. Hist. 1. p. 351. fig. 1. — Dalech. Hist. p. 1162.
fig. 1. (*ead.*). — Dod. pempt. p. 43. fig. 1. — Lob. ic.
p. 491. fig. 1. (*ead.*).

Racine allongée , rampante ; tige haute de 1—2 décim.,
dure, un peu ligneuse et rameuse dans le bas, à rameaux
feuillés , velus-pubescents, étalés, ascendants ; feuilles petites, ovales ou oblongues , incisées-crénelées, un peu en
coin à la base , courtement pétiolées, d'un vert foncé en
dessus, plus pâles en dessous, légèrement velues-pubescentes ; fleurs axilaires , au nombre de 2—6 par verticilles,
rapprochées à la partie supérieure de la tige et des rameaux,
disposées en grappes feuillées , presque unilatérales , portées
sur des pédicelles velus ; calice d'un pourpre foncé, un peu
velu, tubuleux-en cloche, un peu renflé en bosse à la base, à 5
dents triangulaires-acuminées , parsemé , ainsi que la corolle
et les feuilles florales, de points résineux ; corolle purpurine,
rarement blanche , à lobe moyen de la lèvre inférieure très

grand, concave, échancré, crénelé; étamines et pistil arqués. ♃ (Juin—août). Vulg. *Petit-Chêne, Jourmandie.*

Commune dans les lieux chauds et arides des collines, et parmi les rochers des montagnes. — Cette plante est un excellent amer, stomachique, fébrifuge, très bon dans l'inertie des voies digestives.

4. G. aquatique. — *T. Scordium.*

Linn. Sp. 790. — DC. Fl. fr. n. 2503. — Duby, Bot. gall. p. 362. — Gaud. Fl. helv. 4. p. 18. — Lam. Ency. 2. p. 695. — Koch, Syn. p. 576.

J. Saint Hil. Pl. fr. tab. 435. — Bull. Herb. tab. 205. — Moris. sect. 11. tab. 22. fig. 14. — J. Bauh. Hist. 3. p. 2. p. 292. fig. 2 — Tabern. ic. p. 761. fig. 2. — Dalech. Hist. p. 910. fig. 1. — Dod. pempt. p. 126. fig. 2. — Lob. ic. p. 497. fig. 1. (*ead.*).

Racine rampante, articulée, fibreuse aux nœuds; tiges de 15—50 centim., faibles, souvent couchées à la base, ascendantes, diffuses, feuillées, velues, tétragones; feuilles molles, velues ou pubescentes, d'un vert blanchâtre, quelquefois légèrement purpurines, sessiles, embrassantes, oblongues-lancéolées, grossièrement dentées en scie, à dents obtuses : les inférieures arrondies à la base; fleurs axilaires, ordinairement géminées, courtement pédonculées, à pédoncules velus, ainsi que le calice à dents lancéolées, aiguës; corolle rougeâtre, à lobe moyen de la lèvre inférieure, très grand, arrondi, un peu pendant, à peine échancré. Odeur forte, aromatique alliacée. ♃ (Juillet, août). Vulg. *Scordium, Germandrée aquatique.*

Les fossés, les lieux humides ou inondés pendant l'hiver : au bord du lac à Yverdon; au marais de Saône, à Besançon; aux environs de Thoiry, près de la route de Genève. — Dans les fossés humides de la prairie du Petit-Sacconex, près de Bourdigny, aux environs de Genève (Reut.). — Nyon, le long du chemin, près de Benex; et le long de la route au-dessous de Calève; aux champs d'Areuse, près de Colombier; et autour de Saint-Blaise (Gaud.).

β. *Sylvaticum*. Gaud. Fl. helv. 4. 1. c. — Plante plus allongée et plus grêle, moins velue, légèrement pubescente, d'un vert gai et non blanchâtre, à feuilles plus écartées.

Arbois, au bord du ruisseau au-dessous de Grozon, derrière le Grand-Abergement; et près d'Aumont. — Le *Scordium* est amer, tonique, fébrifuge, comme l'espèce précédente, mais son odeur alliacée le rend en outre vermifuge : les anciens le regardaient comme antiputride.

*** *Feuilles indivises; fleurs en tête.*

5. G. de montagne. — *T. montanum*.

Linn. Sp. 791. — DC. Fl. fr. n. 2509. — Duby, Bot. gall. p. 365. — Gaud. Fl. helv. 4. p. 20. — Lam. Ency. 2. p. 699. — Koch , Syn. p. 577.

Moris. sect. 11. tab. 2. fig. 17. — Clus. Hist. 1. p. 363. fig. 1. et 2. — Tabern. ic. p. 565. fig. 1. — Dalech. Hist. p. 929. fig. 1. — Lob. ic. p. 488. fig. 2.

Racine rampante, produisant plusieurs tiges un peu ligneuses à la base, couchées, diffuses, ascendantes, rameuses, très feuillées, grêles, cylindriques, un peu cotonneuses dans le haut, longues de 1—2 décim. ; feuilles nombreuses, courtement pétiolées, linéaires-lancéolées, elliptiques, très entières, un peu obtuses, vertes et légèrement pubescentes en dessus, blanches-cotonneuses en dessous et roulées par les bords ; fleurs courtement pédicellées, disposées en tête terminale déprimée ou corymbiforme ; calice à peine gibbeux à la base, à 5 nervures, légèrement pubescent, à dents triangulaires, acuminées, presque égales ; corolle blanchâtre, à lèvre supérieure à 2 lobes arrondis, marqués de veines brunâtres, l'inférieure horizontale, à 3 lobes, les latéraux petits, obtus, le moyen très grand, arrondi. Odeur aromatique forte, non agréable. ♃ (Juin—août).

Commune sur les collines pierreuses exposées au soleil, et dans les lieux arides et incultes du pied des montagnes.

FAMILLE LXXXI.

Verbénacées, Juss.

Calice tubuleux, ordinairement persistant ; corolle monopétale hypogyne, tubuleuse, caduque, ordinairement irrégulière ; étamines 4, didynames, rarement 2, insérées sur
la corolle ; ovaire libre, à 4 loges, à ovules dressés, solitaires
ou géminés ; style 1 ; stigmate simple ou à 2 lobes ; péricarpe
drupacé renfermant 4 osselets monospermes, ou se divisant
en 4 noix. Périsperme nul ; embryon droit ; radicule tournée
vers l'ombilic. — Feuilles opposées, dépourvues de stipules.

1. VERVEINE. — *VERBENA*. Linn.

Calice tubuleux à 5 dents ; corolle à tube courbé, à limbe
presque à 2 lèvres, la supérieure échancrée, l'inférieure à
3 lobes presque égaux ; étamines 4, didynames ; fruit se séparant à la maturité en 4 noix.

1. V. officinale. — *V. officinalis.*

Linn. Sp. 29. — DC. Fl. fr. n. 2474. — Duby, Bot. gall.
  p. 377. — Gaud. Fl. helv. 4. p. 50. — Poir. Ency. 8.
  p. 545. — Koch, Syn. p. 578.
J. Saint-Hil. Pl. fr. tab. 390. — Chaum. Fl. méd. tab. 346.
  — Bull. Herb. tab. 215. — Lam. illust. tab. 17. fig. 1. —
  Moris. sect. 11. tab. 25. fig. 1. — J. Bauh. Hist. 3. p. 2.
  p. 443. fig. 1. — Clus. Hist. 2. p. 45. fig. 2. (*ic. Dod.*).
  — Tabern. ic. p. 132. fig. 1. — Dalech. Hist. p. 1335.
  . fig. 1. et 2. — Dod. pempt. p. 150. fig. 1. — Lob. ic. p.
  534. fig. 2. (*ead.*).
Tige raide, dressée, ordinairement solitaire, dure, glabre
ou un peu rude sur les angles, tétragone, haute de 3—6
décim. ; feuilles opposées, un peu ridées, rétrécies en pétiole
élargi, hérissé sur les deux faces de quelques poils courts,
rudes, ovales-oblongues, incisées-pinnatifides, souvent à 3

divisions incisées-crénelées : les supérieures souvent presque entières, lancéolées; fleurs petites, solitaires, écartées, presque sessiles, munies de petites bractées aiguës, disposées en épis grêles, à la fin allongés, un peu raides, presque filiformes, axilaires et terminaux, interrompus, formant une panicule étalée; calice pubescent, à 4 dents courtes, aiguës; corolle petite, d'un bleu pâle, à tube grêle, un peu courbé à la gorge, à 5 lobes presque égaux, arrondis. ④ (Juin—septembre). Vulg. *Herbe sacrée.*

Commune le long des chemins et des routes, dans les lieux arides et stériles. — Cette plante, que les anciens nommaient *herba sacra,* servait à nettoyer l'autel pour les sacrifices; les Druides chez les Gaulois avaient pour elle presque la même vénération que pour le *Gui*, et la cueillaient comme lui avec des cérémonies toutes particulières; ils l'employaient dans la composition de leur eau lustrale. Elle jouissait autrefois d'une grande célébrité; on lui attribuait des vertus mystérieuses qui étaient exploitées par les magiciens qui la faisaient entrer dans tous leurs enchantements : on s'en sert encore pilée fraiche, en topique, bouillie dans le vinaigre, pour apaiser les douleurs locales.

FAMILLE LXXXII.

Lentibulariées. Rich.

CALICE divisé, persistant; corolle monopétale, hypogyne, éperonnée, irrégulière, à 2 lèvres; étamines 2, incluses, insérées à la base de la corolle; ovaire libre, à une loge; style 1, très court; capsule à une loge, à plusieurs graines petites, dépourvues de périsperme, fixées sur un placenta central. Embryon à 2 cotylédons, quelquefois non divisé. — Herbes aquatiques ou des lieux marécageux, à feuilles radicales, à hampe nue, à une ou plusieurs fleurs ordinairement munies de bractées.

1. GRASSETTE. — *PINGUICULA.* Linn.

Calice en cloche, à 5 lobes; corolle éperonnée, à 2 lèvres, la supérieure à 2 lobes, l'inférieure à 3, prolongée en éperon à la base; capsule uniloculaire polysperme.

1. G. commune. — *P. vulgaris.*

Linn. Sp. 25. — DC. Fl. fr. n. 2619. — Duby, Bot. gall.
p. 378. — Gaud. Fl. helv. 1. p. 45. — Lam. Ency. 3. p.
22. — Koch, Syn. p. 578.
J. Saint-Hil. Pl. fr. tab. 863. — Poit. et Turp. Fl. par. tab.
29. — Lam. illust. tab. 14. fig. 1. — Moris. sect. 5. tab.
7. fig. 13. — J. Bauh. Hist. 3. p. 2. p. 546. fig. 1. —
Clus. Hist. 1. p. 310. fig. 2. — Dalech. Hist. p. 1206. fig. 1.

Racine composée de fibres blanchâtres, tendres ; feuilles
toutes radicales, étalées, un peu épaisses, également tendres,
ovales-oblongues, obtuses, roulées par les bords, luisantes,
d'un vert pâle un peu jaunâtre ; hampes glabres, uniflores, au
nombre de 1—4, s'élevant du milieu de la rosette de feuilles,
hautes de 6—10 centim. ; fleurs d'un bleu violacé un peu
pâle à la gorge, et un peu penchée ; calice petit, à 2 lèvres,
la supérieure à 3 lobes, l'inférieure à 2 appliqués contre
l'éperon ; corolle un peu comprimée à 2 lèvres, la supérieure
courte à 2 lobes arrondis, l'inférieure plus longue, plane,
à 3 lobes ovales, plus pâle et barbue à la base ; éperon aigu,
grêle, subulé, presque droit, plus court que la corolle ; organes
sexuels très courts ; capsule ovoïde, obtuse. ⚥ (Mai, juin).

Les lieux humides et fangeux : Salins, au bord de la forêt de sapins
au-delà de Villers, et dans les prés humides de Boujaille, autour des
buissons ; dans les prés humides au bord du sentier conduisant de Vers
à Vannoz, près de Champagnole ; au Mont-d'Or ; dans le Val-Travers,
près de Noiraigne ; dans les tourbières de Pontarlier et des Rousses ; dans
le marais de Marigny, etc. — Genève, dans le marais d'Arta, de Divone,
de Troënex ; au pied de Salève, au-dessus de Collonge, d'Archamp, à la
Grande-Gorge (Reut.). — Bâle, à Michelfeld ; autour de Ramstein, dans
les pâturages humides, etc. (Hagenb.). — Neuchâtel, à Pouilleret, au
marais du Locle (Depierre, cat.). — Au marais des Ponts (L. Benoît, cat.).

2. G. des Alpes. — *P. Alpina.*

Linn. Sp. 25. — DC. Fl. fr. n. 2621. — Duby, Bot. gall. p.
579. — Gaud. Fl. helv. 1. p. 47. — Lam. Ency. 3. p. 22.
— Koch. Syn. p. 578.

J. Saint-Hil. Pl. fr. tab. 864. — Linn. Fl. lapp. tab. 12. fig. 3.

Feuilles étalées, sessiles, ovales elliptiques, hampes 1—3, glabres ou légèrement pubescentes, haute de 6—8 centim., lobes du calice inégaux; corolle blanche, prenant souvent par la dessication une teinte légèrement purpurescente, à gorge velue, à 2 lèvres inégales, la supérieure très courte, large, rétuse, un peu échancrée, l'inférieure plus grande, à 3 lobes arrondis, souvent confluents un peu réfléchis, le moyen plus grand, rétus, marqué à la base de 2 taches jaunes, distinctes; éperon très court, conique, obtus, légèrement courbé, plus court que la corolle; capsule acuminée. ♃ Gaud. ② Koch (Juin—août).

Les prés humides des hautes sommités du Jura : sur la Dôle et le Thoiry (Gaud.). — Au Reculet et dans les grands creux de la montagne d'Allamogne; dans un petit marais du mont Sion (Reut.).

3. G. à longues feuilles. — *P. longifolia.*

Ramond, ap. DC. Fl. fr. 3. in add. p. 728. (*in supp.* p. 404. *suppressa, et ad P. grandifloram ut var. relata*). — Gaud. Fl. helv. 1. p. 45. et ejusd. Syn. p. 10. — Poir. Ency. supp. 2. p. 828. — Koch, Syn. p. 579. — *P. grandiflora. var. β. longifolia.* Duby, Bot. gall. p. 379.

Feuilles oblongues-elliptiques, atteignant quelquefois 8 centim. de longueur sur environ 3 de largeur, rétrécies en pétiole à la base, à nervure moyenne un peu plus foncée, très remarquable, allant en s'amincissant et disparaissant vers l'extrémité de la feuille; corolle violette, 2—3 fois plus grande que dans la *P. vulgaris*, comprimée, veinée-réticulée, marquée en dedans de lignes blanchâtres velues qui forment une large tache triangulaire; gorge comprimée au-dessus de l'éperon, aplanie, dilatée à l'entrée et profondément striée, éperon droit, subulé, un peu comprimé et obtus, de la longueur de la corolle dont la lèvre inférieure est très grande, à 3 lobes, et la supérieure de moitié plus petite, à

2 lobes ; capsule ovoïde, un peu conique au sommet. ♃
(Juin , juillet).

Les lieux humides des sommités du Jura : sur la Dôle ; le Colombier ;
à la Faucille, au-dessus du penchant du côté de Mijoux et dans les
pierrailles en dessus de la route entre Lavatey et la Faucille. — Sur le
Thoiry, à la station des *Rhododrendrum* (Reut. et Gaud.). — Sur les
montagnes de Neuchâtel, à la Cornée et au Chasseron (Chaillet).

β. *Pallida*. Gaud. Fl. helv. 1. l. c. — Corolle très grande,
d'un violet pâle, marquée à la gorge d'une tache plus foncée.

Sur le Thoiry (Gaud.). — Dans les bois, près de Lavatey, au bord
de la grande route (Reut.).

2. UTRICULAIRE. — *UTRICULARIA*. Linn.

Calice profondément divisé en 2 lèvres égales ; corolle à
tube court, personée, prolongée en éperon à la base, à
lèvre inférieure plus grande ; étamines 2, portant les anthères au sommet interne de leurs filets ; capsule globuleuse,
uniloculaire, polysperme ; placenta central.

1. U. commune. — *U. vulgaris.*

Linn. Sp. 26. — DC. Fl. fr. n. 2617. — Duby, Bot. gall.
p. 379. — Gaud. Fl. helv. 1. p. 48. — Poir. Ency. 8.
p. 270. — Koch, Syn. p. 579.
Poit. et Turp. Fl. par. tab. 30. — Lam. illust. tab. 14. fig.
1. — J. Bauh. Hist. 3. p. 2. p. 783. fig. 3. (*mala*).

Plante nageant dans l'eau, à tiges divisées à la base de la
hampe en rameaux allongés, flottants, garnis de feuilles ailées-
multifides, à divisions capillaires, munies de petites vésicules
vertes ponctuées, presque globuleuses, de la grosseur d'une
tête d'épingle un peu forte, remplies d'air, servant sans
doute à soutenir la plante sur l'eau pendant la fleuraison ;
hampe nue, dressée, haute de 1—2 décim, glabre, garnie
de quelques écailles oblongues, obtuses, terminée par une
grappe de fleurs un peu lâche, alternes, pédonculées, munies à la base du pédoncule d'une bractée scarieuse, ovale,

obtuse ; calice très petit, vert; corolle jaune, grande , à
2 lèvres fermées, la supérieure entière, un peu relevée
sur les côtes, l'inférieure beaucoup plus grande , à bords
rabattus, un peu plissés, à palais proéminent, marqué de
stries orangées, à éperon conique, d'un vert jaunâtre, un
peu échancré à la pointe ; capsule globuleuse, s'ouvrant en
travers, surmontée d'un style persistant ♃ (Juin—août).

Dans les tourbières et les eaux stagnantes : dans les tourbières d'An-
delot et de Villeneuve, près de Salins; de Pontarlier; du Grand-
Chalem , et d'Entre-Côtes, près de Foncine-le-Haut; au bord de la
Reuse, au Val-Travers; au bord du lac à Yverdon, etc. — Genève,
dans les marais de Sionet et de Divonne, etc. (Reut.). — Nyon, à
Promenthou (Gaud.). — Bâle, à Michelfeld , etc. (Hagenb.).

2. U. naine. — *U. minor.*

Linn. Sp. 26. — DC. Fl. fr. n. 2618. — Duby, Bot. gall.
    p. 379. — Gaud. Fl. helv. 1. p. 49. — Poir. Ency. 8.
    p. 271. — Koch , Syn. p. 579.
Lam. illust. tab. 14. fig. 2. (ic. tab. 31. Poit. et Turp. Fl.
    par., *a. cl.* Mérat, Fl. par. ed. 2. p. 176. *ad U. interme-*
    diam relata est).

Cette espèce est beaucoup plus petite que la précédente
dans toutes ses parties. Rameaux presque capillaires , à peine
longs de 15 centim., munis de feuilles étalées, multifides-
dichotomes, à divisions capillaires moins nombreuses, plus
courtes , d'un vert blanchâtre , munies de vésicules plus petites , ovoïdes ou coniques, peu nombreuses, d'un jaune pâle,
portées sur de courts pédicelles axilaires; hampe filiforme,
tendre , haute de 8—10 centim., terminée par 3—4 fleurs
petites, pédicellées , munies de bractées scarieuses, très petites ; corolle entr'ouverte, d'un jaune très pâle , marquée de
veines un peu plus foncées; lèvre supérieure échancrée, de
la longueur du palais marqué de veines brunâtres; éperon
très court, épais, presque conique, obtus, un peu caréné. ♃
(Juin—août).

Dans la tourbière de Pontarlier (Girod-Chant.). — Au marais de
Divonne et de Duilliers, près de Nyon (Gaud.). — Au marais des

Ponts, canton de Neuchâtel (Depierre et L. Benoit, cat.). — Commune dans les marais de Lossy ; dans ceux de Troënex et de Bossey-sous-Salève, et au marais de Trélex (Monnard). — Dans le bois au-dessous de Michelfeld, près de Bâle (Hagenb.).

FAMILLE LXXXIII.

Primulacées. Vent.

CALICE persistant, à 4—5 divisions ou à 4—5 dents ; corolle monopétale hypogyne régulière, à 4—5 lobes; étamines insérées sur la corolle, opposées à ses lobes et en même nombre : rarement 5 écailles alternes avec les étamines ; ovaire libre (demi-infère dans le *Samolus*); style 1, à stigmate simple ; capsule à une seule loge polysperme, à placenta central libre ; graines peltées. Embryon droit dans un périsperme charnu ; radicule infère, tournée vers l'ombilic. — Plantes herbacées, à feuilles simples, opposées plus rarement alternes, ou radicales.

1. LYSIMAQUE. — *LYSIMACHIA.* Linn.

Calice à 5 divisions; corolle en roue, à tube court ou presque nul, à limbe à 5 divisions ; étamines 5, insérées à la base de la corolle, avec 5 écailles alternes, ou sans écailles et libres, ou plus ou moins soudées entre elles dans leur partie inférieure ; capsule globuleuse, polysperme, s'ouvrant au sommet en 5—10 valves.

§ 1. *Fleurs en panicule terminale.*

1. L. commune. — *L. vulgaris.*

Linn. Sp. 209. — DC. Fl. fr. n. 2344. — Duby, Bot. gall. p. 380. — Gaud. Fl. helv. 2. p. 68. — Lam. Ency. 3. p. 570. — Koch, Syn. p. 581.
J. Saint-Hil. Pl. fr. tab. 228. — Bull. Herb. tab. 347. — Lam. illust. tab. 101. fig. 1. — Moris. sect. 5. tab. 10.

fig. 14. — Clus. Hist. 2. p. 50. fig. 2. — J. Bauh. Hist. 2. p. 904. fig. 1. — Tabern. ic. p. 353. fig. 2. — Dalech. Hist. p. 1059. fig. 1. — Dod. pempt. p. 84. fig. 1. — Lob. ic. p. 342. fig. 1. (*ead.*). (*Foliis in omnibus ternatis, in Bauhino quaternatis.*)

Racine rampante ; tige ferme, dressée, anguleuse, pubescente, feuillée, ordinairement rameuse dans le haut, s'élevant à 6—10 décim. ; feuilles opposées (ternées ou quaternées dans la var. *β.*)', ovales-lancéolées ou oblongues-lancéolées, mucronées, courtement pétiolées, entières, légèrement ondulées sur les bords, vertes et glabres en dessus, plus pâles et pubescentes en dessous ; fleurs jaunes, assez grandes, disposées en panicule terminale, portées sur des pédoncules rameux, pubescents, assez longs ; calice à 5 divisions ovales-lancéolées, aiguës, bordées d'une ligne colorée, à pédicelles munis à la base d'une bractée lancéolée-acuminée, également pubescente ; corolle à 5 lobes ovales-lancéolés ; filets des étamines soudés à la base ; capsule globuleuse, terminée par le style allongé persistant. ♃ (Juin, juillet). Vulg. *Chasse-bosse.*

Les lieux humides, le bord des eaux, le long des rivières et des ruisseaux : Salins, au bord des ruisseaux de Rousset ; de Saisenay ; de la tuilerie de Clucy ; au bord de la Loue à Cramans et ailleurs ; au bord du Lac à Yverdon ; du Doubs à Besançon ; de l'Ain à Thoirette ; les fossés à Chavanne, près de Sellières ; aux environs de Genève ; de Bâle, etc.

β. Foliis verticillatis. DC. Fl. fr. l. c. — Feuilles ternées ou quaternées.

§ 2. *Fleurs à pédoncules axilaires, solitaires.*

2. L. Nummulaire. — *L. Nummularia.*

Linn. Sp. 211. — DC. Fl. fr. n. 2347. — Duby, Bot. gall. p. 380. — Gaud. Fl. helv. 2. p. 72. — Lam. Ency 3. p. 572. — Koch, Syn. p. 581.
J. Saint-Hil. Pl. fr. tab. 229. — Moris. sect. 5. tab. 26. fig. 1. — J. Bauh. Hist. 3. p. 2. p. 571. fig. 1. — Tabern. ic.

p. 874. fig. 2. — Dalech. Hist. p. 1062. fig. 1. — Dod. pempt. p. 600. fig. 2. — Lob. ic. p. 474. fig. 1. (*ead.*).

Racine rampante ; tiges couchées sur la terre, rampantes, tétragones, glabres, longues de 3 décim. et souvent davantage, ordinairement simples, quelquefois rameuses à leur partie inférieure ; feuilles glabres, ovales-arrondies, opposées, courtement pétiolées, un peu en cœur à la base, allant en diminuant de grandeur vers le sommet des rameaux ; fleurs axilaires, solitaires, assez grandes, portées sur des pédoncules tantôt plus longs, tantôt plus courts que les feuilles ; calice à 5 divisions ovales-lancéolées, aiguës, un peu en cœur à la base ; corolle d'un beau jaune, double de la longueur du calice, à 5 lobes ovales parsemés de points noirs, à tube velu intérieurement ; filets des étamines pubescents-glanduleux, soudés à la base ; capsule globuleuse. ♃ (Juin, juillet). Vulg. *Monnoyère, Herbe aux écus.*

Commune au bord des fossés, le long des chemins, dans les lieux humides.

3. L. des bois. — *L. nemorum.*

Linn. Sp. 211. — DC. Fl. fr. n. 2348. — Duby, Bot. gall. p. 380. — Gaud. Fl. helv. 2. p. 71. — Lam. Ency. 5. p. 572. — Koch, Syn. p. 582. — *Lerouxia nemorum.* Mérat, Fl. par. ed. 1. p. 77.

Moris. sect. 5. tab. 26. fig. 5. — Clus. Hist. 2. p. 182. fig. 2. — Dalech. Hist. p. 1237. fig. 2. (*ead.*).

Racine rampante ; tiges faibles, tombantes, souvent couchées et radicantes à la base, ascendantes, glabres, longues d'environ 2 décim. ; feuilles opposées, un peu écartées, courtement pétiolées, ovales, aiguës, glabres, souvent un peu plus petites et un peu plus arrondies à la base des tiges ; fleurs jaunes, petites, portées sur des pédoncules axilaires, filiformes, solitaires, recourbés à la maturité des fruits, de la longueur des feuilles ou plus longs ; calice à 5 divisions linéaires—acuminées, un peu plus courtes que la corolle, qui est à 5 lobes ovales, elliptiques, à tube velu intérieurement; filets des étamines lisses, libres à la base, à anthères courbées en arc; capsule arrondie. ♃ (Juin, juillet).

Les bois et les forêts ombragées un peu humides : Salins, vers l'extrémité du bois de Bovard, près du chemin qui descend sur Nans, et dans le bois de Veaumourant, au pied nord des Aiguillons de Saisenay ; dans toute la ligne de nos premiers sapins : à Levier; Villers; Boujaille; Chappois ; Censeau ; Champagnole, etc.; et dans les forêts du haut Jura : au Creux-du-Vent; au Locle; aux Ponts; au-dessus de Nyon; aux environs de Bâle, etc.

2. MOURON. — *ANAGALLIS*. Linn.

Calice à 5 divisions; corolle en roue à 5 lobes; étamines 5, barbues; stigmate en tête; capsule globuleuse, polysperme, s'ouvrant en travers.

1. M. bleu. — *A. cœrulea.*

Schreb. Spicileg. Fl. lips. p. 5. (1771). — DC. Fl. fr. n. 2559. — Gaud. Fl. helv. 2. p. 66. — Poir. Ency. 4. p. 336. — Koch, Syn. p. 582. — *A. arvensis.* Duby, Bot. gall. p. 381. (*partim*).

Moris. sect. 5. tab. 26. fig. 5. — J. Bauh. Hist. 3. p. 2. p. 369. fig. 1. — Clus. Hist. 2. p. 183. fig. 1. — Tabern. ic. p. 717. fig. 1. — Dalech. Hist. p. 1237. fig. 1. — Dod. pempt. p. 32. fig. 2. — Lob. ic. p. 465. fig. 2. (*ead.*).

Tiges faibles, tombantes, rameuses à la base, à rameaux diffus, étalés, glabres, tétragones, redressés, longs de 1—2 décim.; feuilles sessiles, opposées, rarement ternées, ovales, un peu obtuses, entières, à 3 nervures, marquées en dessous de points noirs; pédoncules uniflores, axilaires, opposés, à peu près de la longueur des feuilles, s'allongeant et se recourbant après la fleuraison; calice glabre, comme toutes les autres parties de la plante, à 5 divisions lancéolées-acuminées; corolle un peu plus grande que le calice, d'un bleu foncé, rarement blanche, à lobes créne-

lés, non glanduleux; capsule globuleuse, à 10 nervures longitudinales; graines noires, anguleuses, ponctuées. ①
(Juin—automne).

Les moissons et les lieux cultivés.

2. M. rouge. — *A. phœnicea.*

Lam. Fl. fr. 2. p. 285. — DC. Fl. fr. n. 2340. — Gaud. Fl. helv. 2. p. 66. — Poir. Ency. 4. p. 535. — *A. arvensis.* Linn. Sp. 211. — Duby, Bot. gall. p. 581. (*partim*). — Koch, Syn. p. 582.

Lam. illust. tab. 101. — J. Bauh. Hist. 3. p. 2. p. 369. fig. 2. — Tabern. ic. p. 716. fig. 2. — Dalech. Hist. p. 1236. fig. 2. — Dod. pempt. p. 52. fig. 1. — Lob. ic. p. 465. fig. 1. (*ead.*).

Cette espèce est très voisine de la précédente, avec laquelle plusieurs botanistes la réunissent, à l'exemple de Linné, et peut-être avec raison; cependant elles se conservent de graine l'une et l'autre et ne changent pas de couleur par la culture (Gaud.). Ses tiges sont ordinairement un peu plus courtes, moins rameuses, presque dressées, à feuilles plus aiguës, à 3 nervures, les latérales moins apparentes; les pédoncules sont plus longs que les feuilles; les lobes du calice scarieux sur les bords et souvent un peu dentelés en scie; enfin les lobes de la corolle qui est rouge, rarement blanche, sont légèrement crénelés et finement ciliés-glanduleux. ④ (Juin—automne).

Les mêmes lieux que la précédente, mais plus commun.

3. CENTENILLE. — *CENTUNCULUS.* Linn.

Calice à 4 divisions; corolle à tube très court, ventru, presque globuleux, à limbe à 4 divisions étalées; étamines 4, très courtes; capsule globuleuse, uniloculaire, polysperme, s'ouvrant en travers.

1. C. naine. — *C. minimus.*

Linn. Sp. 169. — DC. Fl. fr. n. 2338. — Duby, Bot. gall.
p. 380. — Gaud. Fl. helv. 1. p. 406. — Lam. Ency. 1.
p. 677. — Koch, Syn. p. 583.

Vaill. Bot. par. tab. 4. fig. 2. — Lam. illust. tab. 83. fig. 1.
(*ead.*). — Micheli, Nov. Gen. tab. 18. fig. 2.

Racine fibreuse; tige haute de 2—4 centim., ordinairement rameuse, quelquefois simple, à rameaux étalés,
grêles, filiformes; feuilles alternes, sessiles, ovales, aiguës,
glabres, comme toutes les autres parties de la plante; fleurs
blanches ou un peu rosées, presque sessiles, axilaires, très
petites; divisions du calice lancéolées-acuminées, plus longues que la corolle; étamines opposées aux divisions de la
corolle et plus courtes qu'elles; capsule globuleuse, uniloculaire, couronnée par le style et la corolle marcescente,
s'ouvrant en travers et renfermant 7—8 graines brunes,
anguleuses, grenues, très petites. ① (Juin—août).

Les terres argileuses un peu humides : Salins, dans les champs autour
de l'étang de Vaudrey ; dans les champs, près de la Ferté, entre le bois
et la route. — Nyon, dans les champs, près de Calève (Gaud.). — Bâle,
dans quelques champs humides autour de la Maison-Rouge (Lachenal).
— Aux environs de Bruderholz ; de Bottmingen, d'Olsberg, etc. (Hagenbach).

4. ANDROSACE. — *ANDROSACE.* Linn.

Calice à 5 divisions ou à 5 dents; corolle en soucoupe, à
5 lobes ordinairement entiers, à tube ovoïde, resserré au
sommet, muni à la gorge de 5 protubérances glanduleuses;
anthères obtuses; style très court; capsule globuleuse,
à 5 valves s'ouvrant par le sommet jusqu'au-delà du milieu, renfermant un petit nombre de graines (5 – 10) anguleuses.

1. A. velue. — *A. villosa.*

Linn. Sp. 203. — DC. Fl. fr. n. 2359. — Duby, Bot. gall. p.
382. — Gaud. Fl. helv. 2. p. 104. — Lam. Ency. 1. p.
161. — Koch, Syn. p. 584.
Reichenb. cent. 6. fig. 788. — Jacq. coll. 1. tab. 12. fig. 5.

Cette espèce est facile à reconnaître aux longs poils blancs,
simples et soyeux qui recouvrent toutes les parties de la
plante, surtout les calices et les jeunes rosettes. Racine
dure, presque ligneuse, produisant un grand nombre de
tiges filiformes, nues, d'un pourpre noirâtre, souvent
noueuses, plus ou moins rameuses, longues de 3—6 centim. et quelquefois plus, étalées, à rameaux terminés par
des rosettes de feuilles formant des gazons plus ou moins
étendus; feuilles oblongues, obtuses, recouvertes sur les
deux faces de longs poils blancs, dressées-conniventes,
formant de petites rosettes denses, soyeuses, blanchâtres,
presque globuleuses, du milieu desquelles s'élève la hampe :
celle-ci est grêle, velue, rougeâtre, haute de 3—5 centim.,
terminée par une petite ombelle de 2—6 fleurs portées sur
des pédicelles velus, très courts, munie d'un involucre à
folioles linéaires-lancéolées, aiguës, plus courtes que les
fleurs; calice en cloche, arrondi à la base, à 5 divisions
lancéolées, un peu écartées; corolle blanche ou rosée, à
gorge jaune ou rougeâtre, à 5 lobes profonds, arrondis au
sommet. ♃ (Juin—août).

Sur le sommet de la Dôle. — Sur le mont Falconet (Gaud.).

2. A. lactée. — *A. lactea.*

Linn. Sp. 204. — DC. Fl. fr. n. 2361. — Duby, Bot. gall. p.
383. — Gaud. Fl. helv. 2. p. 103. — Lam. Ency. 1. p. 161.
— Koch, Syn. p. 584.
Vill. Dauph. 2. tab. 15. fig. 2. — J. Bauh. Hist. 3. p. 2. p.
762. fig. 1.

Racine produisant des tiges grêles, nues, d'un brun rougeâtre, étalées, gazonnantes, redressée, donnant naissance à des rosettes composées de feuilles étroites, linéaires-lancéolées, un peu obtuses, glabres, un peu ciliées à l'extrémité : les intérieures dressées, les extérieures réfléchies, marcescentes ; du milieu de ces rosettes s'élèvent 1—3 hampes de 5—10 centim. de hauteur, glabres, très grêles, terminées par une ombelle de 2—3 fleurs portées sur de longs pédoncules également glabres, inégaux, munie à la base d'un involucre à folioles courtes, lancéolées, aiguës ; calice glabre, turbiné, dilaté au sommet, à 5 lobes lancéolés, un peu obtus ; corolle assez grande, dépassant de beaucoup le calice, d'un blanc de lait et d'un jaune doré à la gorge, divisée en 5 lobes un peu en coin à la base, échancrés en cœur au sommet ; capsules globuleuses, un peu plus longues que le calice ; graines brunes, comprimées-presque tétragones, granulées. ♃ (Juillet, août).

Les hautes sommités du Jura : sur le Mont-d'Or (peu) ; sur le Suchet ; le Chasseron ; le Creux-du-Veut ; le Reculet ; le Chasseral et le Weissenstein (en abondance). — A la sortie de la grotte appelée Temple-des-Fées, contre les rochers (Gaud.). — Bâle, sur le mont Wasserfall ; les rochers autour de Schauenburg ; sur les monts Dornach ; Kallen et Vogelberg (Hagenb.).

β. *Uniflora*. Gaud. Syn. p. 163. et Fl. helv. 2. l. c. — Hampe formée d'un seul pédoncule radical simple, uniflore, sans involucre ni bractées.

Sur le Chasseral ; le Mont-d'Or, etc., mélangée avec la var. α.

3. A. carnée. — *A. carnea.*

Linn. Sp. 204. — DC. Fl. fr. n. 2560. — Duby, Bot. gall. p. 383. — Gaud. Fl. helv. 2. p. 101. — Lam. Ency. 1. p. 162. — Koch, Syn. p. 585.
Hall. Helv. tab. 17. — All. Fl. ped. tab. 5. fig. 2. — J. Saint Hil. Pl. fr. tab. 745. — Gaud. Fl. helv. 2. tab. 1.

Cette espèce a le port de la précédente, mais elle forme des gazons composés de rosettes plus nombreuses, plus feuillées, à feuilles étroites, linéaires, aiguës, un peu épaisses et ciliées, marcescentes ; du centre de ces rosettes s'élèvent des hampes un peu raides, souvent rougeâtres, hautes de 3—6 centim., pubescentes, terminées par une petite ombelle de 4—7 fleurs portées sur des pédicelles courts, dressés, pubescents, rapprochés, plus longs que l'involucre (mais beaucoup moins que dans l'espèce précédente), dont les folioles sont glabres, lancéolées, un peu épaisses à la base ; calice également glabre, à 5 lobes lancéolés, aigus ; corolle rosée ou couleur de chair, à gorge jaune, un peu plus grande que le calice, mais moins grande que dans l'espèce précédente, à 5 lobes arrondis ; capsule ovoïde, un peu plus longue que le calice, à 5 graines allongées, finement granulées. ♃ (Juillet, août).

Cette plante est indiquée dans les bois de l'ancienne abbaye de la Grâce-Dieu par Girod-Chantrans. Elle se trouve sur le Ballon de Soultz dans les Vosges ; mais je n'ai pas connaissance qu'elle ait été observée dans le Jura par aucun autre botaniste.

5. PRIMEVÈRE. — *PRIMULA*. Linn.

Calice tubuleux-prismatique ou en cloche, à 5 dents plus ou moins profondes ; corolle en soucoupe ou en entonnoir, à tube cylindrique dilaté à l'insertion des étamines, à limbe à 5 lobes ordinairement échancrés, à gorge nue, ou munie de petites écailles ; étamines 5, à anthères souvent acuminées ; capsule ovoïde, uniloculaire, s'ouvrant au sommet par 5—10 valves ; graines très petites, nombreuses.

§ 1. *Calice oblong prismatique, égalant presque le tube de la corolle.* — Primula. Gaud.

* *Feuilles molles, ridées ; fleurs jaunes, verdissant en herbier.*

1. P. officinale. — *P. offinalis.*

Jacq. Misc. 1. p. 159. — DC. Fl. fr. n. 2367. — Duby, Bot. gall. p. 383. — Gaud. Fl. helv. 2. p. 84. — Poir. Ency.

5. p. 616. — Koch, Syn. p. 586. — *P. veris.* α. Linn.
Sp. 204.

J. Saint-Hil. Pl. fr. tab. 312. — Chaum. Fl. méd. tab.
284. — Bull. Herb. tab. 171. — Lam. illust. tab. 98.
fig. 2. — Moris. sect. 5. tab. 24. fig. 1. et 3. — Clus.
Hist. 1. p. 304. fig. 1. — Tabern. ic. p. 520. fig. 1. —
Dalech. Hist. p. 384. fig. 1. et 2.

Racine épaisse, garnie de fibres blanchâtres, charnues;
feuilles ovales, oblongues, obtuses, ondulées-crénelées,
ridées, légèrement pubescentes, décurrentes sur le pétiole,
qui est ailé; hampe dressée, cylindrique, pubescente, haute
de 15—20 centim., plus longue que les feuilles, terminée
par une ombelle composée de 8—12 fleurs (95, dont une
dizaine avortées, dans un échantillon que j'ai en herbier,
cueilli à Poupet : la hampe a 4 décim. de hauteur) portées
sur des pédoncules pubescents, garnie à la base d'un involucre à folioles lancéolées subulées; calice pubescent, d'un
vert jaunâtre, ainsi que la hampe et les pédoncules, à 5
angles, à 5 dents triangulaires, aiguës, égalant la longueur
du tube de la corolle : celle ci est odorante, d'un beau jaune
doré, à limbe concave à 5 lobes obcordés, marqués d'une
tache orangée à la base. ♃ (Avril, mai). Vulg. *Guingans.*

Commune dans les prés montueux et dans les bois de taillis après la
coupe. — La longueur du style et la position des étamines dans le tube
est très variable dans cette espèce et les suivantes : dans la forme à
style court, le tube est renflé au sommet et les étamines insérées à la
gorge; dans la forme à long style, les étamines sont insérées au milieu
du tube qui est alors renflé depuis l'insertion jusqu'au sommet. —
L'infusion des fleurs de Primevère est cordiale, pectorale : on l'emploie dans les rhumes et les affections catarrhales légères.

2. P. inodore. — *P. elatior.*

Jacq. Misc. 1. p. 158. — DC. Fl. fr. n. 2366. — Duby, Bot.
gall. p. 384. — Gaud. Fl. helv. 2. p. 83. — Poir. Ency.
5. p. 617. — Koch, Syn. p. 587. — *P. veris.* β. Linn.
Sp. 204.

Moris. sect. 5. tab. 24. fig. 4? — J. Bauh. Hist. 3. p. 2. p.
496. fig. 2. — Clus. Hist. 1. p. 301. fig. 2. — Dod.
pempt. p. 147. fig. 1. — Lob. ic. p. 168. fig. 1. (*ead.*).

Cette espèce a été réunie tantôt à la précédente, dont elle
a le port, tantôt à la suivante, dont elle a la corolle. Ses
feuilles sont ovales ou en cœur, plus évidemment pétiolées,
décurrentes sur le pétiole, vertes, ridées, irrégulièrement
ondulées-crénelées, pubescentes sur les nervures, obtuses;
la hampe est velue-pubescente, cylindrique, plus longue
que les feuilles, un peu plus épaisse et plus longue que dans
l'espèce précédente, terminée par une ombelle de 4—12
fleurs portées sur des pédoncules velus, munie d'un involucre
à folioles lancéolées-subulées; calice tubuleux, à 5 angles
velus d'un vert plus foncé, à 5 dents lanceolées-acuminées,
ordinairement un peu plus courtes que le tube de la corolle;
celle ci est d'un jaune pâle plus foncé à la gorge, non
odorante, à limbe aplani, beaucoup plus grand que dans
l'espèce précédente et moins que dans la suivante, à lobes
échancrés en cœur, non marqué à la base d'une tache orangée. ♃ (Mars—mai).

Très commune partout, dans les prés montueux, dans les buissons
et les bois de taillis.

3. P. à grandes fleurs. — *P. acaulis.*

Jacq. Misc 1. p. 158. — Gaud. Fl. helv. 2. p. 82. — Poir.
Ency. 5. p. 618. — *P. grandiflora.* Lam. Fl. fr. 2. p.
248. — DC. Fl. fr. n. 2565. — Duby, Bot. gall. p. 584.
— Koch, Syn. p. 587. — *P. veris. var.* γ. *acaulis.* Linn.
Sp. 205.
Moris. sect. 5. tab. 24. fig. 8. et 9. — Tabern. ic. p. 519.
fig. 2. — Clus. Hist. 1. p. 302. fig. 1. (*optima*). —
Dalech. Hist. p. 835. fig. 1. (*ead.*). — Dod. pempt. p.
147. fig. 3. — Lob. ic. p. 568. fig. 2. (*ead.*).

Feuilles ovales-oblongues, garnies sur les nervures de
poils mous, articulés comme dans l'espèce précédente, irré-

gulièrement dentelées-crénelées , rétrécies à la base en un
court pétiole ailé ; hampe ordinairement avortée ; pédoncules
radicaux assez nombreux , grêles, velus, à poils semblables
à ceux des feuilles , uniflores , de la longueur des feuilles ou
les dépassant à peine , entourés à la base de bractées lancéolées ; calice à 5 angles d'un vert plus foncé , pubescent , à
dents lancéolées-acuminées ; corolle très grande , d'un jaune
pâle , marquée de taches orangées à la gorge (Gaud.), à
tube à peu près de la longueur du calice , à limbe aplani à
5 lobes obcordés ; les pédoncules radicaux sont quelquefois
accompagnés de 1—2 hampes pluriflores. ♃ (Mars, avril).

Les bois et les haies : Salins, dans le bois de Myon, au bord des
Prés-de-Loie, avec l'espèce précédente, rare : plus commune dans les
bois et les haies du revers oriental du Jura. — Genève, très commune
le long des haies, au bord des ruisseaux (Reut.). — Neuchâtel, aux
environs de Rochefort (L. Benoit, cat.). — De Grandson (Rapin). —
Bâle, plus rare : autour de Liestal; sur le mont Vogelberg (Hagenb.).

β. *Flore lilacino.* Gaud. Fl. helv. 2. 1. c. — Fleurs lilas.

Nyon, au pré de la Combe (Gaud.).

** *Feuilles veinées et farineuses en dessous; fleurs lilas, bleuissant
en herbier.*

4. P. farineuse. — *P. farinosa.*

Linn. Sp. 205. — DC. Fl. fr. n. 2368. — Duby, Bot. gall.
p. 384. — Gaud. Fl. helv. 2. p. 87. — Poir. Ency. 5. p.
619. — Koch, Syn. p. 586.
Lam. illust. tab. 98. fig. 4. — Moris. sect. 5. tab. 24. fig. 5.
et 6. — J. Bauh. Hist. 3. p. 2. p. 498. fig. 3. — Clus.
Hist. 1. p. 300. fig. 1. — Tabern. ic. p. 321. fig. 2. —
Dalech. Hist. p. 857. fig. 2. (*ic. Clus.*). — Lob. ic. p.
571. fig. 1. (*ead.*).
Racine fibreuse ; feuilles petites, obovales-oblongues, rétrécies en pétiole à la base, obtuses, dentelées-crénelées,
vertes et glabres en dessus, veinées-réticulées en dessous et
recouvertes d'une poussière farineuse d'un blanc jaunâtre ;

hampe glabre, dressée, haute de 6—12 centim., grêle, terminée par une ombelle de 4—10 fleurs petites, portées sur des pédicelles farineux, munie d'un involucre à folioles lancéolées subulées, épaissies et un peu élargies à la base; calice tubuleux, un peu farineux, presque de la longueur du tube de la corolle, à 5 dents lancéolées, un peu obtuses; corolle petite, lilas ou couleur de chair, devenant bleue en herbier, à gorge munie de 5 petites écailles jaunes, à limbe aplani à 5 divisions en coin à la base, profondément échan-crées en 2 lobes ovales, obtus; capsule cylindrique, s'ou-vrant au sommet en 6 valves. ♃ (Juin—septembre).

Les prés humides et marécageux, les tourbières des montagnes : les prés humides et tourbeux de la Chapelle-des-Bois; entre Vaux et Sainte-Marie; au pied du Mont-d'Or; dans la tourbière des Rousses; au bord du lac de Joux. — Nyon, entre Longirod et Saint-Georges (Reut. et Gaud.). — Les bois humides de Hard, près de Delémont (Hagenb.). — Marais du Locle (Depierre, cat.). — Je possède en her-bier un échantillon de cette espèce que j'ai récolté dans la tourbière des Rousses, dont la hampe épaisse a 5 décim. de longueur et porte environ 25 fleurs.

§ 2. *Calice en cloche, très court; feuilles épaisses, non ridées. —* Auricula. Gaud.

5. P. Auricule. — *P. Auricula.*

Linn. Sp. 205. — DC. Fl. fr. n. 2570. — Duby, Bot. gall. p. 384. — Gaud. Fl. helv. 2. p. 85. — Poir. Ency. 5. p. 620. — Koch, Syn. p. 587.

Moris. sect. 5. tab. 24. fig. 2. — J. Bauh. Hist. 3. p. 2. p. 499. fig. 2. — Clus. Hist. 1. p. 302. fig. 2. (*ic. Dod.*). — Tabern. ic. p. 525. fig. 3. — Dalech. Hist. p. 836. fig. 1. — Dod. pempt. p. 148. fig. 1. — Lob. ic. p. 569. fig. 2. (*ead.*).

Feuilles raides, épaisses, charnues, obovales, très lisses, d'un vert pâle, légèrement pulvérulentes, presque entières ou plus ou moins crénelées ou dentelées, à dentelures écar-tées, entourées d'une ligne blanchâtre, légèrement ciliéesglanduleuse ; hampe plus longue que les feuilles, glabre , un peu farineuse au sommet, à plusieurs fleurs, rarement une seule , portées sur des pédicelles courts, formant une ombelle dressée , munie à la base d'un involucre à folioles très courtes, inégales, ovales, obtuses ; calice très court, en cloche , un peu farineux, à 5 dents ovales, obtuses ; corolle d'un jaune soufré, assez grande, pulvérulente à la gorge, à tube 3 fois plus long que le calice, à limbe concave à 5 lobes obcordés ; capsule un peu plus longue que le calice. ♃ (Mai—juillet).

Les rochers près de Baume-les-Dames (Terrier). — Bâle, sur les monts Belken ; Vogelberg, etc.; aux châteaux de Falkenstein et de Vorburg, près de Delémont; sur le mont Weissenstein, au-dessus de Soleure, etc. (Hagenb.).

β. *Albiflora*. Tabern. ic. p. 523. fig. 1. — Fleurs blanches.

Aux rochers des Voutières, près d'Ondervilliers, entre Bellelay et Delémont (Gaud.). — C'est de cette espèce que proviennent les nombreuses variétés d'Oreilles-d'Ours cultivées dans les jardins.

6. HOTTONE. — *HOTTONIA*. Linn.

Calice à 5 divisions ; corolle à tube court, à limbe aplani, à 5 lobes ; étamines 5 , à anthères presque sessiles, fixées au sommet du tube ; capsule globuleuse , terminée par le style persistant ; stigmate en tête.

1. H. des marais. — *H. palustris*.

Linn. Sp. 208. — DC. Fl. fr. n. 2550. — Duby, Bot. gall. p. 380. — Gaud. Fl. helv. 2. p. 77. — Lam. Ency. 3. p. 137. — Koch, Syn. p. 591.

J. Saint-Hil. Pl. fr. tab. 656. — Lam. illust. tab. 100. — Tabern. ic. p. 73. fig. 2. — Dalech. Hist. p. 1022. fig. 1. — Dod. pempt. p. 584. fig. 2. et 3. — Lob. ic. p. 790. fig. 1.

Racine fibreuse, rampante dans la vase, produisant des jets simples, allongés et radicants, très feuillés, formant des touffes assez garnies, les unes submergées et stériles, les autres nageantes; du milieu de ces dernières naissent des hampes solitaires, florifères, dressées, glabres, nues, fistuleuses, s'élevant de 2—3 décim. au-dessus de l'eau, terminées par 3—4 verticilles de fleurs un peu écartés, formant une grappe interrompue, composés chacun de 4-6 fleurs portées sur des pédoncules pubescents-glanduleux, munis de bractées étroites, linéaires, formant une collerette plus courte que les pédoncules; calice à 5 divisions linéaires, obtuses; corolle blanche, couleur de chair ou lilas, à gorge jaune, à limbe aplani, à 5 lobes légèrement échancrés, beaucoup plus grands que le calice; feuilles verticillées, nombreuses, rapprochées, ailées en dents de peigne, à lanières linéaires, étroites, allongées. ♃ (Mai, juin). Vulg. *Mille-feuille aquatique*, *Plumeau*.

Dans les fossés, les eaux stagnantes ou courant lentement : dans les mares d'eau au bord de la Louc, aux environs de Germigney et de Montbarrey; au bord du lac à Yverdon. — Les fossés de Landeron (Depierre, cat.). — Bâle, à Michelfeld (Gaud.).

7. SOLDANELLE. — *SOLDANELLA*. Linn.

Calice très court, à 5 divisions; corolle en cloche, à 5 lobes laciniés-multifides; étamines 5, à anthères mucronées; capsule oblongue cylindracée, uniloculaire, polysperme, s'ouvrant au sommet par un opercule, et se divisant après sa chute en plusieurs dents.

1. S. des Alpes. — *S. Alpina.*

Linn. Sp. 206. — DC. Fl. fr. n. 2577. — Duby, Bot. gall.
  p. 385. — Gaud. Fl. helv. 2. p. 75. — Poir. Ency. 7.
  p. 226. — Koch, Syn. p. 591.
J. Saint-Hil. Pl. fr. tab. 951. (*pessima*). — Lam. illust.
  tab. 99. — Moris. sect. 5. tab. 15. fig. 8. — J. Bauh.

Hist. 2. p. 817. fig. 2. — Clus. Hist. 1. p. 508. fig. 1. —
Dalech. Hist. p. 1314. fig. 1.

Racine composée d'une souche noirâtre, garnie d'un grand
nombre de fibres grêles, blanchâtres, très longues; feuilles
toutes radicales, réniformes, ou orbiculaires, entières, quelquefois légèrement sinuées, longuement pétiolées, vertes,
très glabres, ainsi que les autres parties de la plante, un
peu épaisses et coriaces; hampe plus longue que les feuilles,
dressée, haute de 8—16 centim., terminée au sommet par
2—4 fleurs assez grandes, penchées ou dressées, portées
sur des pédoncules un peu rudes, assez longs, inégaux,
épaissis au sommet; calice fort court, turbiné, à 5 lobes
linéaires-lancéolés, un peu obtus, écartés; corolle bleue ou
lilas, divisée jusqu'au milieu en 5 lobes découpés en 5—7
lanières étroites, inégales; style long, saillant, tombant avec
l'opercule du fruit; capsule oblongue-cylindrique, un peu
conique, égalant 3—4 fois la longueur du calice, s'ouvrant
au sommet par un opercule et se divisant en 5—6 dents qui
tendent à se fendre en deux; graines orbiculaires, un peu
comprimées. ♃ (Mai—juillet).

Sur la Dole; le Suchet; le Montendre; et sur les sommités entre le
Colombier et le Reculet.

8. CYCLAME. — *CYCLAMEN*. Linn.

Calice en cloche, à 5 divisions; corolle en roue, à tube
court en cloche, à gorge saillante, à limbe divisé en 5 lobes
réfléchis; étamines 5, à anthères sessiles, conniventes;
stigmate aigu; capsule globuleuse, coriace ou un peu charnue, polysperme, à 5 valves.

1. C. d'Europe. — *C. Europœum.*

Linn. Sp. 207. — DC. Fl. fr. n. 2579. — Duby, Bot. gall.
p. 385. — Gaud. Fl. helv. 2. p. 73. — Lam. Ency. 2. p.
232. — Koch, Syn. p. 592.

J. Saint-Hil. Pl. fr. tab. 779. — Bull. Herb. tab. 6. — Lam.
illust. tab. 100. — Moris. sect. 13. tab. 7. fig. 1. — Clus.
Hist. 1. p. 264. fig. 1. (*ic. Dod.*). — Tabern. ic. p. 575.
fig. 1. — Dalech. Hist. p. 1604. fig. 1. — Dod. pempt.
p. 337. fig. 2. (*ead.*). — Lob. ic. p. 604. fig. 2. (*ead.*).

Racine tuberculeuse, arrondie-déprimée, un peu irrégulière, noirâtre en dehors, blanche en dedans, garnie en
dessous de fibres chevelues, noirâtres ; feuilles toutes radicales, longuement pétiolées, ovales-arrondies ou en cœur,
profondément échancrées à la base, à lobes arrondis, rapprochés, contigus, souvent même croisés, légèrement
sinuées ou crénelées, ordinairement d'un pourpre violet en
dessous, souvent marquées en dessus de taches blanchâtres ;
hampes uniflores, longues de 8—12 centim., roulées en
spirale dans la jeunesse ; fleurs penchées ou pendantes ;
corolle purpurine, odorante, à gorge saillante tournée vers
la terre, à lobes oblongs, réfléchis, dirigés vers le ciel ;
calice en cloche, à 5 lobes ovales, aigus. ♃ (Juillet—septembre). Vulg. *Pain de pourceau.*

Les bois des montagnes, les buissons : à Salève, au pied du Pas-de-
l'Échelle, dans les lieux chauds et rocailleux, avec l'*Anemone hepatica* ;
les sommités au-dessus de Saint-Claude en allant à Septmoncel ; Champagnole, au-dessus de la montée du pont de la Billode dans les buissons à gauche, et plus abondamment dans le bois en descendant de la
Billode à Siam. — En descendant du Mont-d'Or à Jougne, et dans les
bois aux environs de Bonnevaux (Girod-Chant.). — Neuchâtel, au
bois de Lister ; au-dessus de Cressier (Depierre et L. Benoît, cat.).
— A Landeron, abondamment (Depierre, cat.).

9. SAMOLE. — *SAMOLUS*. Linn.

Calice persistant, adhérent à la base de l'ovaire, à 5
lobes; corolle en soucoupe, à tube court en cloche, à 5
lobes étalés ; étamines 10, dont 5 fertiles insérées au fond
de la corolle et opposées à ses lobes, et 5 stériles insérées
plus haut, alternes avec les premières ; ovaire demi-infère ;
capsule polysperme, à une loge, s'ouvrant en 5 valves.

1. S. aquatique. — *S. Valerandi.*

Linn. Sp. 243. — DC. Fl. fr. n. 2381. — Duby, Bot. gall.
p. 385. — Gaud. Fl. helv. 2. p. 187. — Poir. Ency. 6. p.
486. — Koch, Syn. p. 593.

Lam. illust. tab. 101. — Moris. sect. 3. tab. 24. fig. 26. —
J. Bauh. Hist. 3. p. 2. p. 792. fig. 1. — Dalech. Hist. p.
1090. fig. 3. (*ead.*). — Lob. ic. p. 467. fig. 1. (*ead.*).

Racine fibreuse, blanchâtre; tige dressée, cylindrique,
feuillée, verdâtre, glabre, comme toutes les autres parties
de la plante, un peu rameuse à sa partie supérieure, haute
de 1—2 décim.; feuilles alternes, obovales ou oblongues,
obtuses : les inférieures et les radicales rétrécies en pétiole :
les supérieures sessiles ; fleurs petites, alternes, portées sur
des pédicelles filiformes assez longs, fléchis vers le milieu
où se trouve une petite bractée verte, ovale ou lancéolée,
disposées en grappes lâches, axilaires et terminales; calice
petit, vert, à lobes ovales-triangulaires, dressés; corolle
blanche, plus grande que le calice, à 5 lobes arrondis, à 5
dents ou écailles (étamines stériles) lancéolées, conniventes,
alternes avec les lobes, style très court, à stigmate en tête ;
capsule globuleuse, dépassant peu le calice, s'ouvrant au
sommet presque en 5 valves ; graines petites, anguleuses,
ponctuées. ♃ (Juin—août).

Dans le marais de Vaucy, près d'Arbois, et dans les fossés des prés
en allant d'Arbois à la Villette ; dans la tourbière de Pontarlier. —
Genève, dans le marais de Sionet, etc. (Reut.).

FAMILLE LXXXIV.

Globulariées. DC.

CALICE persistant, à 5 lobes, à estivation embriquée;
corolle monopétale hypogyne, tubuleuse, à 5 lobes inégaux ; étamines 4, insérées sur le tube de la corolle et

alternes avec ses lobes, la 5e placée entre les lobes supérieurs, manquant; ovaire libre, ovoïde, uniloculaire, renfermant un seul ovule pendant; style 1; stigmate bifide; fruit utriculaire indéhiscent, entouré par le calice persistant. Embryon droit; radicule tournée vers l'ombilic; périsperme charnu. — Herbe ou sous-arbrisseau à feuilles alternes, à fleurs réunies en tête sur un réceptacle garni de paillettes, entourées d'un involucre commun.

1. GLOBULAIRE. — *GLOBULARIA.* Linn.

Mêmes caractères que ceux de la famille.

1. G. à feuille en cœur. — *G. cordifolia.*

Linn. Sp. 159. — DC. Fl. fr. n. 2536. — Duby, Bot. gall. p. 386. — Gaud. Fl. helv. 1. p. 379. — Lam. Ency. 2. p. 731. — Koch, Syn. p. 593.

J. Saint-Hil. Pl. fr. tab. 831. — Lam. illust. tab. 56. fig. 2. — Moris. sect. 6. tab. 15. fig. 44. — J. Bauh. Hist. 3. p. 1. p. 13. fig. 1. — Clus. Hist. 2. p. 5. fig. 2.

Souche un peu ligneuse, épaisse, divisée en rameaux couchés, formant des gazons assez étendus; feuilles en rosette, épaisses, lisses, obovales-cunéiformes, rétrécies en pétiole à la base, fermes, d'un vert foncé, très obtuses, échancrées au sommet, à 3 dents, dont une dans l'échancrure, les 2 autres terminant les lobes souvent peu apparentes; hampe nue ou munie de 1—2 petites écailles dressées, subulées, haute de 4—8 centim., terminée par une petite tête de fleurs d'un bleu rougeâtre, munie d'un involucre composé de folioles embriquées, lancéolées-acuminées, ciliées; calice cilié sur les angles, à 5 lobes lancéolés-acuminés; corolle à 5 divisions linéaires, obtuses. ♃ (Juin, juillet).

Les lieux arides et pierreux de la plupart des sommités du Jura : sur le Mont-d'Or ; le Suchet ; le Montendre ; le Noirmont ; la Dôle ; la Faucille ; le Colombier ; le Reculet ; le Salève ; le Creux-du-Vent ; le Chas-

seral ; à Tête-de-Rang, etc. — Bâle, sur les monts Dornach ; Wasserfall ; Diétisberg ; Wallemburg, etc. (Hagenb.).

2. G. commune. — *G. vulgaris.*

Linn. Sp. 139. — DC. Fl. fr. n. 2335. — Duby, Bot. gall.
p. 386. — Gaud. Fl. helv. 1. p. 379. — Lam. Ency. 2. p.
730. — Koch, Syn. p. 593.

J. Saint-Hil. Pl. fr. tab. 832. — Lam. illust. tab. 56. fig. 1.
(*flos et fructus*). — Moris. sect. 6. tab. 15. fig. 46.
(*mala*). — J. Bauh. Hist. 3. p. 1. p. 13. fig. 2. — Clus.
Hist. 2. p. 6. fig. 1. — Tabern. ic. p. 529. fig. 2. et p.
330. fig. 1. — Lob. ic. p. 478. fig. 1.

Plante glabre, à souche dure, produisant ordinairement
plusieurs tiges dressées, très simples, feuillées, haute de
6—10 centim., s'allongeant ensuite et acquérant souvent à
la fin 3 décim. et plus de hauteur, portant une seule tête
de fleurs ; feuilles radicales, nombreuses, étalées en rosette,
obovales-spatulées, rétrécies en pétiole à la base, vertes,
glabres, nerveuses, entières, un peu épaisses, obtuses,
quelquefois un peu échancrées ou dentelées au sommet : les
caulinaires nombreuses, beaucoup plus petites, alternes,
sessiles, lancéolées, aiguës ; fleurs en tête globuleuse, terminale ; folioles de l'involucre embriquées, lancéolées, acuminées ; calice persistant, velu, à 5 lobes acuminés ; corolle
d'un beau bleu, à divisions linéaires, obtuses ; pistil plus
court que les étamines, qui égalent presque la corolle. ♃
(Mai, juin).

Commune dans les lieux chauds et arides, et parmi les rochers du
pied des montagnes.

FAMILLE LXXXV.

Plombaginées. Juss.

CALICE persistant, plissé, à 5 dents ; corolle monopétale
régulière, à 5 lobes, ou à 5 pétales onguiculés ; étamines 5,

hypogynes dans le premier cas, et soudées à la base des
pétales dans le second ; ovaire libre, uniloculaire, à un seul
ovule pendant à l'extrémité d'un funicule allongé; styles 5,
ou 1 à 5 stigmates; capsule déhiscente au sommet, ou indéhiscente. Embryon droit ; radicule tournée vers l'ombilic.
Périsperme charnu. — Feuilles simples, entières, alternes
ou radicales; fleurs hermaphrodites, en tête ou en épi.

1. ARMERIE. — *ARMERIA*. Willd.

Fleurs en tête munie d'un involucre et d'une gaîne renversée ; réceptacle muni de paillettes ; calice à 5 dents ; corolle à 5 pétales; capsule monosperme, s'ouvrant à la base,
entourée par le calice. — Ce genre diffère des *Statices* par
les fleurs disposées en tête, et le réceptacle muni de paillettes.

1. A. Gazon d'Olympe. — *A. vulgaris.*

Willd. Enum. 1. p. 333. — Hagenb. Fl. basil. 2. p. 500.
(*in append.*).— *A. linearifolia.* Chev. Fl. par. 2. p. 421.
— *Statice elongata* (Hoff.). Koch, Syn. p. 594. —
St. Armeria. Linn. Fl. suec. p. 99. — DC. Fl. fr. n.
2318. *var. β. elongata.* — Gaud. Fl. helv. 2. p. 454. var.
β. *hortensis.* — *St. arenaria* (Pers.). Duby, Bot. gall.
p. 389. — *St. cœspitosa.* Poir. Ency. 7. p. 396.
Lam. illust. tab. 219. fig. 1 — J. Bauh. Hist. 3. p. 2. p. 336.
fig. 2. — Tabern. ic. p. 230. fig. 1. — Dall. Hist. p.
1594. fig. 3. (*mala*). — Dod. pempt. p. 564. fig. 1. —
Lob. ic. p. 452. fig. 1.
Racine dure, presque ligneuse, brune, divisée en plusieurs
souches produisant un grand nombre de feuilles étalées,
formant des gazons touffus; feuilles étroites, molles, planes,
linéaires, un peu obtuses, ciliées, pubérulentes, élargies à
la base en gaîne courte, membraneuse, striée, blanchâtre ;
hampes nombreuses, grêles, finement striées, pubescentes,
à poils étalés, très fins, terminées par une tête de fleurs

globuleuse, d'un rouge pâle ou rosé, entourée à la base
d'un involucre composé d'écailles ovales, concaves, scarieuses, obtuses, dont 1—2 extérieures un peu mucronées,
à pointe obtuse herbacée; gaîne scarieuse, renversée, déchirée sur le bord, enveloppant le sommet de la hampe. ♃
(Juin—août). Vulg. *Gazon d'Olympe* ou *d'Espagne*.

Bâle, à Scheffellen, près d'Aristorf (Hagenb.). — Cultivé en bordure dans les jardins.

FAMILLE LXXXVI.

Plantaginées. Juss.

FLEURS hermaphrodites (monoïques dans la *Littorella*);
calice persistant, à 4 divisions (à 5 sépales dans la fleur femelle de la *Littorella*); corolle monopétale hypogyne, régulière, scarieuse, persistante, à 4 lobes; étamines 4, saillantes, insérées sur le tube de la corolle et alternes avec ses
lobes; anthère à 2 loges s'ouvrant en long; ovaire libre, à
2—4 loges à un ou plusieurs ovules (à 1 loge et à 1 ovule
dans la *Littorella*); placenta central, comprimé, à 2 ou 4
ailes; style simple, rarement bifide. Embryon droit, dans
un périsperme presque corné; radicule tournée vers l'ombilic. — Plante herbacée, à fleurs sessiles en épi, munies
de bractées.

1. LITTORELLE. — *LITTORELLA*. Linn.

Fleurs monoïques. *Mâles :* pédonculées; calice à 4 sépales; corolle à tube cylindrique, à limbe à 4 divisions;
étamines 4. *Femelles :* sessiles à la base des pédoncules des
fleurs mâles; calice à 3 sépales; corolle oblongue, irrégulièrement dentée; noix monosperme indéhiscente.

1. L. des étangs. — *L. lacustris.*

Linn. Mant. 160. et 295. — DC. Fl. fr. n. 2317. — Duby,
Bot. gall. p. 390. — Gaud. Fl. helv. 6. p. 136. — Lam.

Ency. 5. p. 573. — Rapin, Monog. Ann. soc. Linn. par.
novemb. 1817. p. 489. — Koch, Syn. p. 596.

Lam. illust. tab. 758. — Moris. sect. 8. tab. 9. fig. 30.

Racine épaisse, tronquée, garnie de longues fibres blanchâtres; feuilles toutes radicales, assez nombreuses, gazonnantes, presque semblables à celles des Graminées, un peu
épaisses, demi-cylindriques, subulées, engaînantes à la
base, où elles sont un peu élargies et membraneuses sur les
bords; hampe grêle, cylindrique, haute de 3—6 centim.,
plus courte que les feuilles, munie dans sa longueur de 1—2
écailles un peu scarieuses, terminée par une fleur mâle, à
calice oblong, à 4 divisions herbacées, membraneuses sur
les bords, oblongues-lancéolées, concaves, conniventes;
corolle blanchâtre, dépassant le calice, à 4 lobes ovales-
lancéolés, concaves; étamines 4, portées sur des filets capillaires très longs. Fleurs femelles, solitaires ou géminées,
sessiles à la base de chaque hampe, cachées dans les feuilles,
entourées ordinairement de 3 écailles ou sépales scarieux,
blanchâtres, linéaires, étroits; corolle oblongue, blanchâtre,
membraneuse, à 3—4 dents aiguës; style très long, pubescent dans le haut, à stigmate simple, aigu; noix oblongue,
ridée, uniloculaire, monosperme, recouverte par la corolle.
♃ (Mai, juin).

Les graviers humides au bord du lac, près de Nyon; à Promenthou;
au fond des Pâquis; près du Vengeron (Reut.). — Au bord du lac de
Neuchâtel, près de Saint-Blaise; de Saint-Aubin (L. Benoit, cat.). —
Au bord de l'étang de Bonfol, près de Delémont (Hagenb.).

2. PLANTAIN. — *PLANTAGO*. Linn.

Fleurs hermaphrodites; calice à 4 divisions, les 2 antérieures quelquefois soudées en une; corolle en soucoupe, à
limbe à 4 lobes; étamines 4, insérées au fond du tube;
capsule s'ouvrant en travers, presque à 2—4 loges formées
par le placenta libre à 2—4 ailes, renfermant 2 ou plusieurs
graines.

§ 1. *Hampe nue; capsule presque à 2 loges, à placenta à 2 ailes.* — Plantagines genuinæ. Koch.

* *Graines 2—4 de chaque côté du placenta.*

1. P. à larges feuilles. — *P. major.*

Linn. Sp. 163. — DC. Fl. fr. n. 2296. — Duby, Bot. gall. p. 392. — Gaud. Fl. helv. 1. p. 396. — Poir. Ency. 5. p. 368. — Rapin, Monog. in Ann. soc. Linn. Paris, nov. 1817. p. 448. — Koch, Syn. p. 596.
Lam. illust. tab. 83. — Chaum. Fl. méd. tab. 273. — Moris. sect. 8. tab. 15. fig. 2. — J. Bauh. Hist. 3. p. 2. p. 502. fig. 1. — Tabern. ic. p. 751. fig. 1. — Dalech. Hist. p. 1254. fig. 1. — Dod. pempt. p. 107. fig. 1. — Lob. ic. p. 303. fig. 2.

Racine épaisse, garnie de longues fibres brunâtres ; feuilles étalées sur la terre, grandes, ovales ou elliptiques, à 7—9 nervures, souvent arrondies à la base, prolongées en un long pétiole large, nerveux, entières, quelquefois un peu sinuées ou dentelées, légèrement pubescentes; hampe cylindrique, légèrement striée, un peu poilue, à poils couchés, dressée ou ascendante, haute de 16—52 centim., terminée par un épi allongé, grêle, cylindrique, un peu interrompu à la base; bractées et divisions du calice ovales, obtuses, glabres; corolle blanchâtre, à lobes lancéolés, aigus; capsule ovoïde, plus longue que le calice, renfermant 8 graines. ♃ (Juillet—septembre).

Très commun partout, le long des chemins, au bord des champs, dans la plaine et les montagnes autour des châlets.

ß. *Intermedia.* Rapin , Monog. l. c. p. 448. n. 5. — *P. intermedia.* DC. Fl. fr. supp. n. 2296ª. — Feuilles étalées, à 3 nervures disposées en rosette, rétrécies en pétiole très court, bordées de dents irrégulières, écartées, aiguës ou obtuses ; hampes arquées, ascendantes, ne dépassant pas les feuilles.

Bord du lac à Yverdon ; bord de l'étang de Vaudrey, et du marais de Chaux , près de Sellières.

γ. Minima. Rapin, Monog. 1. c. — Gaud. Fl. helv. 1. 1. c. var. *β.* — *P. minima.* DC. Fl. fr. n. 2297. — Feuilles petites, ovales, à 3 nervures, portées sur des pétioles égaux ou plus longs qu'elles; hampes grêles, à peu près de même longueur que les feuilles, dressées, hautes de 4—8 centim., terminées par un épi court, pauciflore.

Marais de Chaux, aux environs de Sellières; bord de l'étang de Vaudrey, et du lac à Yverdon. — Nyon, près de Calève (Gaud.). — Bâle, dans les pâturages montagneux et stériles (Hagenb.).

δ. Spica basi foliosa. Moris. sect. 8. tab. 15. fig. 5. (*ic. ad dextram*). — Plante entièrement semblable à la var. *α.*, mais ayant les bractées des fleurs inférieures transformées en feuilles, le reste de l'épi étant à l'état normal.

J'ai observé plusieurs fois cette variété, parmi les graviers du bord de la Furieuse, au-dessous de Saint-Joseph, et autour des fumiers.

ε. Spica abortiva, rosea. Hagenb. Fl. basil. 1. p. 150. var. *γ.* et *δ.* — Moris. sect. 8. tab. 15. fig. 3. — Épi avorté, à bractées transformées en folioles étalées en rosette, ou embriquées en pyramide.

Bâle, en sortant de la porte Saint-Blaise et près d'Olsberg (Hagenb.).

ζ. Spica paniculato-pyramidalis. Gaud. Fl. helv. 1. 1. c. var. *γ.* — Moris. sect. 8. tab. 15. fig. 4. (*optima*). — J. Bauh. Hist. 3. p. 2. p. 503. fig. 2. — Dalech. Hist. p. 1256. fig. 2. (*ead.*). — Dod. pempt. p. 107. fig. 2. (*ead.*). — Épi rameux, à rameaux paniculés.

Val de Ruz (Chaillet). — Bâle, près d'Arisdorf (Hagenb.).

** *Une seule graine de chaque côté du placenta.*

a. Tube de la corolle glabre.

2. P. moyen. — *P. media.*

Linn. Sp. 163. — DC. Fl. fr. n. 2298. — Duby, Bot. gall. p. 392. — Gaud. Fl. helv. 1. p. 598. — Poir. Ency. 5. p. 571. — Rapin, Monog. 1. c. p. 451. — Koch, Syn. p. 597.

J. Saint-Hil. Pl. fr. tab. 305. — Moris. sect. 8. tab. 15. fig.
6. — J. Bauh. Hist. 3. p. 2. p. 504. fig. 1. et 2. — Clus.
Hist. 2. p. 109. fig. 1. (*ic. Dod.*). — Tabern. ic. p. 732.
fig. 2. — Dalech. Hist. p. 1254. fig. 2. — Dod. pempt. p.
107. fig. 4. — Lob. ic. p. 504. fig. 1. (*ead.*).

Racine épaisse, fibreuse; feuilles ovales-elliptiques, étalées en rosette, entières ou dentées, un peu aiguës, à 5—7
nervures, plus ou moins velues sur les deux faces, particulièrement sur les nervures, rétrécies en un pétiole court,
large et nerveux, garni à la base de poils roussâtres;
hampe cylindrique, ascendante, haute d'environ 3 décim.
et quelquefois davantage, garnie de poils couchés, un peu
rude, terminée par un épi cylindrique, compacte; bractées
et divisions du calice ovales, un peu aiguës, glabres, membraneuses sur les bords; corolle d'un blanc argenté, à lobes
ovales-elliptiques, un peu aigus; étamines très longues, à
filets de couleur purpurine, à anthères blanches; capsule
ellipsoïde. ♃ (Mai—août).

Commun le long des chemins, dans les pâturages et les prés secs.
Fleurs d'une odeur douce très agréable.

β. *Spica ramosa*. Hagenb. Fl. basil. 1. p. 151. var. γ. —
Moris. sect. 8. tab. 15. fig. 7. — Épi rameux à la base.

Bâle, autour d'Olsberg (Hagenb.).

3. P. lancéolé. — *P. lanceolata*.

Linn. Sp. 164. — DC. Fl. fr. n. 2299. — Duby, Bot. gall.
p. 592. — Gaud. Fl. helv. 1. p. 598. — Poir. Ency. 5. p.
372. — Rapin, Monog. l. c. p. 455. — Koch, Syn. p. 597.
Moris. sect. 8. tab. 15. fig. 9. — J. Bauh. Hist. 3. p. 2. p.
505. fig. 1. — Tabern. ic. p. 733. fig. 1. — Dalech. Hist.
p. 1255. fig. 2. — Dod. pempt. p. 107. fig. 3. — Lob. ic.
p. 505. fig. 2. (*ead.*).

Racine épaisse, noirâtre, fibreuse; feuilles lancéolées,
aiguës, glabres ou un peu velues, à 3—7 nervures, un peu
dentelées, à dentelures écartées, rétrécies à la base en
pétiole plus ou moins allongé; hampe sillonnée, plus ou

moins velue, dressée ou ascendante, haute de 2—5 décim., terminée par un épi ovoïde, ou oblong-cylindrique, épais, compacte, brunâtre; bractées glabres, scarieuses, brunes, ovales, plus ou moins aiguës; divisions du calice oblongues, scarieuses, glabres, à carène brune; lobes de la corolle ovales, aigus, blanchâtres, brunâtres sur la nervure moyenne; capsule oblongue. ♃ (Avril—septembre).

Très commun partout dans les prés et le long des chemins.

β. *Minor*. Hagenb. Fl. basil. 1. p. 152. — Rapin, Monog. l. c. var. β. — *P. lanceolata. var. γ. pumila.* Koch, Syn. l. c. — Tabern. ic. p. 732. fig. 1. — Hampe grêle; fleurs en tête presque globuleuse; feuilles étroites, lancéolées-linéaires, à 3 nervures, velues-lanugineuses à la base sur le collet de la racine.

Les prés arides des montagnes, aux environs de Salins et ailleurs.

γ. *Spica apice foliosa.* Poir. Ency. 5. p. 372. var. B. — DC. Fl. fr. supp. n. 2299. var. γ. — Épi de fleurs terminé par une rosette de folioles oblongues, à 3 nervures, longues de 2—3 centim.

Salins, sur les graviers au bord de la Furieuse, au-dessous de Saint-Joseph.

δ. *Scapus apice foliosus, polystachyus.* Hampe terminée par une rosette de feuilles, du milieu de laquelle sortent plusieurs épis portés sur des pédoncules inégaux, plus ou moins allongés.

J'ai trouvé cette variété plusieurs fois aux environs de Salins.

ε. *Spica multifida.* Hagenb. Fl. basil. 1. l. c. var. δ. — Moris. sect. 8. tab. 15. fig. 9. — Hampe terminée par 2—3—plusieurs épis.

Aux environs de Bâle (Hagenb.).

4. P. de montagne. — *P. montana.*

Lam. illust. p. 341. n. 1670. — DC. Fl. fr. n. 2301. — Duby, Bot. gall. p. 392. — Gaud. Fl. helv. 1. p. 400. —

Poir. Ency. 5. p. 581. — Rapin , Monog. l. c. p. 461. —
Koch , Syn. p. 598.

Moris. sect. 8. tab. 16. fig. 11 ? — J. Bauh. Hist. 3. p. 2. p.
506. fig. 3 ?

Racine dure , épaisse , fibreuse ; feuilles étroites , linéaires-
lancéolées , aiguës , un peu rétrécies à la base , à 3—5 nervures , dressées , glabres ou un peu poilues , entières ou
munies de quelques dentelures écartées peu marquées ,
noircissant par la dessication ; hampe cylindrique , poilue , à
poils dressés-étalés , haute de 8—12 centim. , terminée par
un épi court , ovoïde , brun , un peu épais , compacte ; bractées
largement ovales , obtuses , scarieuses , barbues au sommet ,
brunes , vertes sur la carène ; divisions du calice glabres ,
ovales , obtuses , scarieuses ; corolle brunâtre , à lobes ovales ,
aigus ; capsule ovoïde , à 2 graines oblongues convexes d'un
côté , planes et marquées d'un sillon de l'autre. ♃ (Juillet ,
août).

Les pâturages du haut Jura : sur le Reculet ; le Colombier ; la Dôle ;
le Noirmont ; le Montendre ; le Chasseron , etc.

b. Tube de la corolle poilu.

5. P. des Alpes. — *P. Alpina.*

Linn. Sp. 165. — DC. Fl. fr. n. 2308. — Duby, Bot. gall.
p. 391. — Gaud. Fl. helv. 1. p. 401. — Poir. Ency. 5. p.
333. — Koch , Syn. p. 598. — *P. graminea. var. n.*
Rapin , Monog. p. 478.

J. Bauh. Hist. 3. p. 2. p. 540. fig. 1.

Racine dure , épaisse , allongée , fibreuse , divisée en plusieurs souches feuillées , gazonnantes ; feuilles nombreuses ,
presque dressées , glabres , un peu glauques , entières , un
peu épaisses , étroites , larges de 2—3 millim. , molles , à
une seule nervure peu visible , linéaires , aiguës , rétrécies
aux deux bouts ; hampe cylindrique , non striée , souvent
rougeâtre , garnie de poils appliqués , 1—2 fois plus longue
que les feuilles , haute de 8—16 centim. , terminée par un

épi d'abord oblong, puis cylindrique, dense; bractées
ovales, concaves, carénées, un peu aiguës, de la longueur du
calice, purpurine au sommet et un peu ciliée; divisions du
calice glabres, oblongues, scarieuses, vertes sur la nervure
dorsale; corolle brunâtre, à tube velu, à limbe divisé en
lobes ovales, aigus; capsule ovoïde, à 2 graines. ⚥ (Juillet,
août).

Les pâturages du Jura (Duby). — Sur le Thoiry et la Dôle (Gaud.).
— Aux Pitons de Salève (Jack, in Reut.).

6. P. denté. — *P. dentata.*

Roth. Tent. Fl. germ. 2. p. 173. — *P. maritima. var.* β.
dentata. Koch, Syn. p. 598. — Poir. Ency. 5. p. 582.
var. A. — *P. graminea. var.* γ. *salsa.* Rapin, Monog.
p. 42. — *P. salsa.* Pall. it. 1. p. 480. n. 100 (*ex Rapin.*).

Racine un peu épaisse, allongée, fibreuse, divisée en
plusieurs souches feuillées, gazonnantes; feuilles nombreuses,
linéaires ou linéaires-lancéolées, rétrécies aux deux bouts,
laineuses à la base, un peu raides, munies de quelques
dents linéaires allongées, ou très entières, épaisses, glabres,
convexes en dessous et munies de 5 nervures, les latérales
peu apparentes, un peu canaliculées en dessus, lisses ou
ciliées-rudes sur les bords; hampes dressées ou ascendantes,
ordinairement plus longues que les feuilles, hautes de 12—
16 centim., garnies de poils appliqués; épi grêle, cylindrique, long de 4—8 centim., dense, non interrompu;
bractées ovales ou ovales-lancéolées, aiguës, concaves,
vertes, un peu scarieuses sur les bords, de la longueur du
calice ou un peu plus longues; divisions du calice scarieuses,
ovales, aiguës, vertes et carénées sur le dos; tube de la
corolle pubescent; capsule à 2 loges, souvent à une graine
par avortement. ⚥ (Juin—octobre).

Les lieux arides et argileux : aux environs d'Ornans. — C'est sans
doute cette espèce que Girod-Chantrans cite, dans cette même localité,
sous le nom de *P. coronopus.* Linn.

β. *Ciliata*. *P. maritima. var. γ. ciliata.* Koch. Syn.
l. c. — *P. serpentina.* Richenb. excur. p. 397. — Feuilles
ciliées-rudes, très entières ou munies de 1—2 dents.

Aux environs d'Éternoz, canton d'Amancey. — C'est peut-être encore à cette variété, qui a ordinairement les feuilles très entières, que
se rapporte le *P. psyllium* de Girod-Chantrans, qu'il cite au pied de la
côte de Vieilley et de Thurey, ou bien au *P. arenaria* qui a été long-
temps confondu avec le *P. psyllium* de Linn.

7. P. de Haller. — *P. Halleri.*

Schleicher, exsic. cat. 1821. p. 26. — Gaud. Syn. p. 104.
— *P. integralis.* Gaud. Fl. helv. 1. p. 403. — *P. graminea. var. β. Halleri.* Rapin, Monog. p. 41. — *P. coronopus. var. δ. integralis.* DC. Fl. fr. supp. n. 2316.

Racine épaissie au collet, produisant un grand nombre de
feuilles laineuses à la base, linéaires-lancéolées, très entières ou munies seulement de quelques dents linéaires
écartées, lisses, glabres, un peu épaisses et convexes sur le
dos, à une ou plusieurs nervures, larges de 5—9 millim.;
hampe cylindrique, garnie de poils appliqués, à peu près
de la longueur des feuilles; épi grêle, embriqué, cylindrique, long de 3 centim. ou plus; bractées concaves,
ovales-lancéolées, de la longueur du calice; tube de la corolle pubescent; capsule à 2 loges, presque toujours à une
seule graine par avortement. ♃ (Juillet—septembre).

Cette plante se trouve abondamment dans les plaines argileuses et
arides, entre Archamp et Salève, près du Châble, de Saint-Julien, etc.
(Reut., Rapin, DC.). — Elle est très variable et diffère peu de la précédente, si toutefois elles n'appartiennent pas toutes deux à la même espèce.

§ 2. *Tige rameuse, à feuilles opposées: pédoncules axilaires; placenta à 2 ailes, à une graine de chaque côté.*

8. P. sous-ligneuse. — *P. Cynops.*

Linn. Sp. 167. — DC. Fl. fr. n. 2343. — Duby, Bot. gall.
p. 391. — Gaud. Fl. helv. 1. p. 405. — Poir. Ency. 5.

p. 390. — Koch, Syn. p. 600. — Rapin, Monog. l. c. p.
485. — *P. Genevensis*. Poir. Ency. 5. p. 590.
Moris. sect. 8. tab. 17. fig. 1. — J. Bauh. Hist. 3. p. 2. p.
513. fig. 1. — Lob. ic. p. 457. fig. 1.

Racine ligneuse ; tige haute de 1—3 décim., ligneuse à la
base, très rameuse, feuillée, rougeâtre, pubescente, couchée dans le bas et tortueuse, à rameaux ascendants ; feuilles
opposées, linéaires, presque trigones en gouttière, entières,
raides, connées et ciliées à la base ; épis ovoïdes, portés sur
des pédoncules nus, grêles, axilaires, pubescents, plus longs
que les feuilles ; bractées larges, ovales, obtuses, largement
scarieuses : les inférieures terminées par un prolongement
herbacé, subulé, de la longueur de l'épi ; divisions antérieures du calice larges, ovales, obtuses, mucronées, les
postérieures plus étroites, carénées, à carène ciliée ; lobes
de la corolle lancéolés-acuminés ; graines brunes, oblongues,
convexes-concaves, légèrement ridées, un peu luisantes. ♄
(Juin, juillet).

Genève, abondamment dans les endroits chauds, rocailleux, au bois
de la Bâtie ; à Salève, entre Monetier et Mornex ; à l'entrée des Petits-
Philosophes, etc. (Reut.). — Nyon, en petite quantité (Rapin).

9. P. des sables. — *P. arenaria.*

Waldst. et Kit. Hung. p. 51. — DC. Fl. fr. n. 2315. —
Duby, Bot. gall. p. 390. — Gaud. Fl. helv. 1. p. 404. —
Poir. Ency. 5. p. 592. — Rapin, Monog. l. c. p. 487. —
Koch, Syn. p. 600.
Bull. Herb. tab. 363. (*sub nom. P. psyllii*). — Fuchs. Hist.
888.

Racine grêle, allongée, dure, garnie de quelques fibres ;
tige dressée, haute de 1—3 décim., rameuse, feuillée,
blanchâtre ou rougeâtre, à rameaux opposés, étalés, pubescents ; feuilles étroites, opposées-fasciculées, linéaires, aiguës, blanchâtres, velues, un peu visqueuses, entières ou
obscurément dentelées ; pédoncules axilaires, opposés et terminaux, grêles, velus, de longueur inégale, dépassant les

feuilles, les terminaux presque en ombelle, portant des épis ovoïdes ou oblongs, assez gros, denses, épais; bractées pubescentes, larges, ovales, obtuses, concaves, vertes sur le dos, largement scarieuses sur les bords, plus courtes que la corolle : les inférieures ovales, terminées par un prolongement herbacé, subulé; divisions antérieures du calice obtuses, obliquement spatulées, les postérieures lancéolées, aiguës; lobes de la corolle lancéolés, acuminés; graines d'un brun foncé, lisses, luisantes, oblongues, convexes d'un côté, marquées de l'autre d'un sillon profond. ① (Juillet, août).

Genève, dans les fossés de la porte de Rive (J. B., de Saussure). — Sur les Tranchées, un seul pied (Reut.). — Bâle, à Birsfeld, un seul pied (Hagenb.).

FAMILLE LXXXVII.

Nyctaginées. Juss.

INVOLUCRE en forme de calice monophylle, à une ou plusieurs fleurs; périgone en forme de corolle monopétale colorée, renflée à sa partie inférieure, resserrée au-dessus de l'ovaire, non adhérente avec lui, et prolongée en tube dilaté en limbe au sommet; étamines en nombre défini, insérées sur un disque glanduleux entourant l'ovaire, à filets soudés à la base avec le périgone; ovaire 1, recouvert par la partie renflée et persistante du périgone; style 1; stigmate en tête; capsule monosperme, indéhiscente. Périsperme farineux, entouré par l'embryon. — Herbes à feuilles opposées.

Obs. L'involucre dans le genre *Nyctago* étant uniflore, nous le considérons ici, avec Linné, comme un calice, et le périgone comme une corolle; les fleurs de ce genre ayant alors deux enveloppes, calice et corolle, nous le plaçons dans cette section, quoique la famille des Nyctaginées appartienne réellement à celle des Monoclamydées par les genres où l'involucre pluriflore ne peut plus être considéré comme un calice.

1. NYCTAGE. — *NYCTAGO*. Juss.

Involucre ou calice en cloche, à 5 lobes, uniflore ; périgone ou corolle en entonnoir, à limbe évasé, à 5 angles, à 5 lobes ; étamines 5 ; capsule recouverte par la base épaissie et coriace du périgone ou de la corolle, dont la partie supérieure est marcescente et caduque.

1. N. Faux-Jalap. — *N. Jalapæ.*

DC. Fl. fr. n. 2331. — Duby, Bot. gall. p. 395. — Balb. Fl. lyon. p. 599. — *Mirabilis Jalapa*. Linn. Sp. 252. — Poir. Ency. 4. p. 481.

J. Saint-Hil. Pl. fr. tab. 273. — Lam. illust. tab. 105. — Moris. sect. 15. tab. 1. fig. 1. — J. Bauh. Hist. 2. p. 814. fig. 2. — Clus. Hist. 2. p. 90. fig. 1. — Dalech. Hist. p. 1433. fig. 1. —Lob. ic. 2. p. 262. fig. 2.

Racine fusiforme ; charnue, noirâtre en dehors, blanche en dedans ; tige haute de 4—6 décim., ferme, noueuse, rameuse-dichotome; feuilles glabres, opposées, entières, ovales, presque en cœur, aiguës, légèrement glutineuses, courtement pétiolées, plus petites et presque sessiles sous les fleurs ; celles-ci sont courtement pédonculées, presque sessiles, de couleur rouge, quelquefois jaunes, blanches ou panachées dans les variétés obtenues par la culture, disposées en bouquet au sommet de la tige et des rameaux. ④ (Tout l'été). Vulg. *Belle-de-nuit.*

Originaire du Pérou, cultivée dans les jardins où elle se ressème d'elle-même; ses fleurs ne s'ouvrent qu'à l'entrée de la nuit, à moins que le ciel ne soit très couvert, et se referment aussitôt que le soleil paraît. — On cultive aussi le *N. longiflora* DC. Fl. fr. n. 2332. — *Mirabilis longiflora*. Linn. qui est remarquable par l'extrême longueur du tube de la corolle qui s'ouvre également à l'entrée de la nuit et répand une odeur suave. Cette espèce est originaire des montagnes du Mexique. On la nomme vulgairement *Merveille du Pérou.*

SOUS-CLASSE IV.

MONOCLAMYDÉES.

FLEURS à périgone simple, la corolle étant nulle, ou soudée au calice et ne formant qu'une seule enveloppe.

FAMILLE LXXXVIII.

Amaranthacées. Juss.

PÉRIGONE persistant, à 3—5 divisions à estivation embriquée; étamines 3 ou 5, hypogynes, libres ou monadelphes, opposées aux divisions du périgone; ovaire libre, uniloculaire, à un ou plusieurs ovules fixés au fond de la loge; stigmates plusieurs, ou style à plusieurs stigmates, ou à stigmate simple; capsule à une seule loge, s'ouvrant en travers ou indéhiscente, ordinairement à une seule graine. Périsperme farineux, entouré par l'embryon. — Herbes à feuilles alternes, dépourvues de stipules et de gaînes.

1. AMARANTHE. — *AMARANTHUS*. Linn.

Fleurs monoïques; périgone à 3—5 divisions ou lobes. *Mâles :* étamines 3 ou 5. *Femelles :* styles et stigmates 3; capsule monosperme, à 3 pointes, s'ouvrant en travers.

§ 1. *Périgone à 3 divisions; étamines 3.*

1. A. Blette. — *A. Blitum.*

Linn. Sp. 1405. — DC. Fl. fr. et supp. n. 2282. — Duby, Bot. gall. p. 594. — Gaud. Fl. helv. 6. p. 147. — Lam. Ency. 1. p. 117. — Koch, Syn. p. 601.

Racine épaisse, un peu rameuse, garnie de fibres; tiges glabres, ainsi que les autres parties de la plante, faibles,

succulentes, diffuses, rameuses, ordinairement tombantes,
inégalement sillonnées, longues de 3—4 décim.; feuilles
ovales-rhomboïdales, tronquées-échancrées et mucronées au
sommet, marquées d'une tache blanchâtre, en coin à la base,
pétiolées, entières ou légèrement sinuées; fleurs verdâtres,
réunies en glomérules, les uns axilaires le long de la tige et
des rameaux, les autres disposées en épi terminal plus ou
moins allongé, ayant quelquefois 6—8 centim. de longueur;
bractées et lobes du périgone lancéolés, aigus; capsule
verte, ovoïde-arrondie, comprimée, dépassant un peu le
calice; graine noire, luisante, lenticulaire. ④ (Juillet,
août).

Le long des rues dans les villages, au pied des murs, autour des décombres et des fumiers.

α Procumbens. Gaud. Fl. helv. 6. l. c. — Moris sect.
5. tab. 30. fig. 5. — J. Bauh. Hist. 2. p. 967. fig. 1. —
Tiges couchées, ascendantes, diffuses, très rameuses; fleurs
réunies en glomérules axilaires le long de la tige et des rameaux, et en épi terminal peu allongé.

β. Prostratus. Gaud. Fl. helv. 6. l. c. var. *αβ.* (*non
Balbis.*). — Plante plus petite, à tiges plus grêles, couchées, étalées; fleurs réunies en glomérules pauciflores,
tous latéraux et axilaires.

Salins, dans une rue peu fréquentée, au pied d'un mur (rue de
Chambenoz).

γ. Ascendens. Gaud. Fl. helv. 6. l. c. var. *β.* — DC.
Fl. fr. supp. l. c. var. *β.* — *A. ascendens.* Lois. Not. p. 141.
— J. Bauh. Hist. 2. p. 966. fig. 1. — Plante plus développée
et plus grande dans toutes ses parties, à tige dressée ou ascendante; fleurs réunies en glomérules multiflores disposés
en épis axilaires et terminaux, le terminal allongé.

Plus commune que les autres variétés : Salins. — Bâle (Hagenb.).
— Yverdon; Genève; Nyon, etc. (Gaud.).

2. A. sauvage. — *A. sylvestris.*

Desf. Cat. hort. par. p. 44. — DC. Fl. fr. supp. n. 2282ᵇ. —
Duby, Bot. gall. p. 393. — Lois. Not. p. 140. — Gaud.
Fl. helv. 6. p. 149. — Koch, Syn. p. 601.

J. Saint - Hil. Pl. fr. tab. 815. — Reichenb. Cent. 5.
fig. 667.

Cette espèce se distingue de la précédente, avec laquelle
elle a souvent été confondue, par sa tige dressée ou ascendante, sillonnée; par ses feuilles d'un vert plus clair, entières, non échancrées au sommet, pétiolées, un peu obtuses,
décurrentes sur le pétiole, ovales-rhomboïdales, glabres;
enfin par ses fleurs disposées en glomérules axilaires et non
en épi. ⨀ (Juillet, août).

Cette espèce se trouve quelquefois avec la précédente autour des décombres et des fumiers, rare. J'ai récolté mes échantillons à Genève,
autour des jardins de Plein-Palais. — Çà et là sur les Tranchées, à
Vernier, etc. (Reut.).

§ 2. *Périgone à 5 divisions; étamines 5.*

3. A. en épis. — *A. retroflexus.*

Linn. Sp. 1407. — DC. Fl. fr. supp. n. 2283. — Duby, Bot.
gall. p. 394. — Gaud. Fl. helv. 6. p. 150. — Koch, Syn.
p. 601. — *A. spicatus.* Lam. Ency. 1. p. 117. — DC. Fl.
fr. n. 2283. (*excl. Syn. All.*).

Racine fusiforme, blanchâtre, un peu rameuse, garnie
de fibres chevelues; tige dressée, quelquefois légèrement
flexueuse, anguleuse, un peu rameuse, pubescente, haute
d'environ 3—6 décim.; feuilles ovales-oblongues, en coin
à la base, un peu obtuses, mucronées, glabres, plus pâles
et ponctuées en dessous, à nervures blanchâtres, saillantes,
obliques et parallèles, portées sur des pétioles presque
aussi longs qu'elles; fleurs d'un vert blanchâtre, réunies en
glomérules formant des épis denses, axilaires et terminaux,

dressés et rapprochés, au sommet de la tige, en une sorte
de thyrse épais ; bractées lancéolées-acuminées, mucronées,
blanchâtres, membraneuses, à nervure dorsale verte, doubles de la longueur du périgone à divisions linéaires-oblongues, obtuses ou légèrement échancrées-mucronulées. ①
(Juillet, août).

J'ai récolté cette espèce assez rare dans le Jura, à Lons-le-Saunier,
en sortant de la ville, au bord du chemin qui conduit à Savagnat ; à
Besançon, le long du Doubs, au pied des remparts, vers la porte de
Beure ; dans le village de Saint-Cyr, près d'Arbois ; à Genève, parmi les
déblais en sortant de la Porte-Neuve (en 1842). — Je l'ai aussi observé
à Vincennes, et sur la butte de Montmartre, à Paris (en 1835). Cette
plante, d'après Wildenow, est originaire de la Pensylvanie et se serait
naturalisée en Europe.

4. A. à fleurs en queue. — *A. caudatus.*

Linn. Hort. Cliff. 443. — Lam. Ency. 1. p. 118. — Mill.
Dict. 1. p. 155. n. 4.

J. Saint Hil. Pl. fr. tab. 817. — Barr. ic. fig. 644. — Clus.
Hist. 2. p. 81. fig. 1. — J. Bauh. Hist. 2. p. 968. fig. 1.

Tige ferme, souvent rougeâtre, anguleuse, rameuse,
haute de 5—9 décim. ; feuilles ovales-oblongues, pétiolées,
aiguës ou un peu obtuses, mucronées, en coin à la base,
souvent rougeâtres, à nervures blanchâtres ; fleurs en
grappes composées d'épis axilaires très courts, rapprochés,
d'un rouge amaranthe, formant au sommet de la tige un
thyrse rameux dont la grappe terminale est très longue,
arquée-pendante. ① (Juillet — septembre).

Cette plante, originaire de Perse et de l'Amérique du sud, cultivée
depuis long-temps dans les jardins comme plante d'ornement, s'est
presque naturalisée : je l'ai trouvée plusieurs fois croissant spontanément sur les graviers au bord de la Furieuse, au-dessous de Saint-
Joseph (plante purpurine), et au bord du lac à Yverdon (plante
verte).

FAMILLE LXXXIX.

Chénopodées. Vent.

Périgone à 5 divisions à estivation embriquée ; étamines insérées à la base du périgone, opposées à ses lobes et en même nombre ou en nombre moindre ; ovaire libre ou adhérent par la base au périgone, à une seule loge renfermant un ovule fixé au fond de l'ovaire ; style 1, simple ou à 2, 3, 4 divisions ; fruit indéhiscent, sec, ou en fausse baie formée par le calice devenu charnu. Embryon roulé en anneau ou en spirale autour d'un périsperme ordinairement farineux ; radicule tournée vers l'ombilic. — Herbes ou rarement sous-arbrisseaux à feuilles simples, alternes, dépourvues de gaînes et de stipules ; fleurs très petites, verdâtres, le plus souvent hermaphrodites, quelquefois unisexuelles ou polygames.

TRIBU I. — SALICORNIÉES. Meyer.

Tige articulée ; fleurs hermaphrodites.

1. SALICORNE. — *SALICORNIA*. Linn.

Périgone tubuleux-ovoïde, persistant, comprimé, entier ou à 5 dents à peine marquées, situé dans les dépressions de l'axe ; étamines 1—2, saillantes ; style très court ; stigmates 2—3, saillants ; noix recouverte par le périgone persistant.

1. S. herbacée. — *S. herbacea.*

Linn. Sp. 5. — DC. Fl. fr. n. 2276. — Duby, Bot. gall. p. 395. — Poir. Ency. 6. p. 459.

Lam. illust. tab. 4. fig. 1. — Moris. sect. 5 tab. 33. fig. 8. — J. Bauh. Hist. 3. p. 2. p. 705. fig. 2. — Barr. ic. fig. 192. — Tabern. ic. p. 839. fig. 1. — Dalech. Hist.

p. 1378. fig. 1. (*bona*). — Dod. pempt. p. 82. fig. 1. (*ead.*). — Lob. advers. p. 170. fig. 2. (*ead.*).

Tige herbacée, charnue, articulée, verte, rameuse, haute d'environ 15—20 centim., à rameaux étalés, opposés, très glabres, dépourvus de feuilles : les stériles aigus ; articulations obconiques, un peu comprimées, élargies et échancrées au sommet ; fleurs petites, verdâtres, au nombre de 2—3 de chaque côté dans l'aisselle des articulations supérieures, formant par leur rapprochement une sorte d'épi terminal ; étamines 1—2, plus longues que le périgone ; style court, épais, à stigmate légèrement bifide ; noix très petite. ① (Août, septembre).

Se trouve près des sources salées d'Audeux et de Saint-Hippolyte (Girod-Chant.).

TRIBU II. — CHÉNOPODIÉES. Meyer.

Tige continue ; fleurs hermaphrodites.

2. POLYCNÈME. — *POLYCNEMUM*. Linn.

Périgone à 5 divisions, accompagné de 2 bractées ; étamines 3, insérées sur un anneau hypogyne ; stigmate 2 ; capsule (utricule) indéhiscente, à une seule graine dressée.

1. P. des champs. — *P. arvense*.

Linn. Sp. 50. — DC. Fl. fr. n. 2280. — Duby, Bot. gall. p. 393. — Gaud. Fl. helv. 1. p. 98. — Poir. Ency. 5. p. 484. — Koch, Syn. p. 604.
J. Saint-Hil. Pl. fr. tab. 956. — Lam. illust. tab. 29.

Racine simple, grêle, blanchâtre, assez longue ; tiges nombreuses, étalées, rameuses, diffuses, très feuillées, longues de 8—16 centim. ; feuilles très étroites, triquêtres-subulées, mucronées, dressées, embriquées, un peu raides, un peu plus larges et membraneuses à la base, demi-embrassantes, glabres, ainsi que les autres parties de la plante ;

fleurs d'un blanc sale, petites, nombreuses, axilaires, sessiles, solitaires ou géminées, munies de 2 bractées blanchâtres, membraneuses, lancéolées, longuement acuminées,
plus courtes que les feuilles ; divisions du périgone ovales-
lancéolées, plus courtes que les bractées ; anthères purpurines ; utricule membraneuse, blanchâtre, indéhiscente ;
graine oblongue, un peu comprimée, noire, luisante,
grenue. ④ (Juillet—septembre).

Çà et là dans les champs sablonneux : aux environs de **Quingey** ; de
Besançon. — A **Orbe** ; **Grandson** ; **Morges** ; **Nyon**, près du bois **Bougis** ;
Mortavaux ; **Calève** (Gaud.). — A **Genève**, entre **Chêne** et **Étrem-
bières** ; au bord du **Rhône**, sous **Aïre** ; près de **Vernier**, etc. (Reut.).
— **Bâle**, dans les champs, en sortant par la porte **Saint-Jean** (Ha-
genbach).

3. ANSÉRINE. — *CHENOPODIUM*. Linn.

Fleurs hermaphrodites. Périgone persistant, à 5 divisions
herbacées, non appendiculées ni accrues après la fleuraison ;
étamines 5, insérées sur la base du périgone ; stigmate 2 ;
utricule déprimée ; graine lenticulaire, horizontale ou dressée, à enveloppe dure, crustacée. Embryon périphérique.

§ 1. *Plantes glabres, plus ou moins couvertes d'une
poussière farineuse.* — Pes anserinus. Koch.

* *Feuilles entières, ovales ou rhomboïdales.*

1. A. polysperme. — *C. polyspermum.*

Linn. Sp. 321. — DC. Fl. fr. n. 2266. — Duby, Bot. gall. p.
396. — Lam. Ency. 1. p. 196. — *C. polyspermum. I.
obtusifolium.* Gaud. Fl. helv. 2. p. 257. — Koch, Syn.
p. 606. var. *α. Cymoso-racemosum.*
Moris. sect. 5. tab. 30. fig. 6. — Lob. ic. p. 256. fig. 1. —
Matth. 558. (*bené*).
Tiges striées-anguleuses, glabres, tombantes, ordinairement rameuses, diffuses, à rameaux étalés-ascendants,

longues de 3—5 décim. ; feuilles éparses, pétiolées, plus
longues que le pétiole, glabres, ovales ou oblongues, un
peu en coin à la base, obtuses, quelquefois un peu rétuses
et mucronées, vertes, très entières; fleurs petites, verdâtres, réunies en glomérules nombreux, écartés, pauciflores, disposés en cymes axilaires et terminales nues, occupant souvent la plus grande partie de la tige et des rameaux;
graines petites, orbiculaires, déprimées, d'abord d'un brun
rougeâtre, ensuite presque noires. ☉ (Juillet—septembre).

Salins, sur les graviers du bord de la Furieuse, à Saint-Joseph et à la
Chapelle; dans les *Vernes* du bois de Racine, et le long de la route de
Moutaine; aux environs d'Arbois; de Montbéliard; de Genève, dans
les lieux cultivés. — Aux environs de Nyon (Gaud.). — De Bâle, surtout près d'Olsberg (Hagenb.).

β. *Acutifolium. C. polyspermum. II. acutifolium.*
Gaud. Fl. helv. 2. p. 259. — Koch, Syn. l. c. var. β. *spi-
cato-racemosum.* — J. Bauh. Hist. 2. p. 967. fig. 2. —
Dalech. Hist. p. 537. fig. 2. — Dod. pempt. p. 617. fig. 2.—
Tige dressée, très rameuse, souvent rougeâtre; feuilles
ovales-lancéolées, un peu aiguës, d'un vert pâle, souvent
rougeâtres sur les bords et les nervures; fleurs en grappes
dressées, allongées, axilaires et terminales, garnies de petites feuilles à leur partie inférieure.

Salins, dans les mêmes lieux que la var. α., mais plus commune. —
Aux environs de Genève; de Nyon; de Prangins (Gaud.). — De Bâle,
à Michelfeld; le long du Birsec; près d'Olsberg, etc. (Hagenb.).

2. A. fétide. — *C. vulvaria.*

Linn. Sp. 321. — DC. Fl. fr. n. 2265. — Duby. Bot. gall.
p. 396. — Koch, Syn. p. 607. — *C. fœtidum.* Gaud. Fl.
helv. 2. p. 257. — Lam. Ency. 1. p. 196.

Bull. Herb. tab. 223. — Moris. sect. 5. tab. 31. fig. 6. —
J. Bauh. Hist. 2. p. 975. fig. 1. — Tabern. ic. p. 428. fig.
2. — Dalech. Hist. p. 543. fig. 1. — Dod. pempt. p. 616.
fig. 2. — Lob. ic. p. 255. fig. 2. (*ead.*).

Plante répandant une odeur fétide de poisson pourri
extrèmement désagréable. Tiges cendrées-poudreuses, ainsi
que les autres parties de la plante, diffuses, rameuses-
divariquées dès la base, étalées, à rameaux ascendants,
longues de 2—3 décim.; feuilles petites, alternes, ordinairement plus courtes que les entre-nœuds, ovales-romboï-
dales, un peu obtuses, très entières, recouvertes, étant
jeunes, sur les deux faces, d'une poussière blanchâtre,
écailleuse, que l'on ne retrouve plus à la fin qu'en dessous;
fleurs petites, d'un vert blanchâtre, réunies en glomérules
rapprochés, pauciflores, disposés en petites grappes courtes,
axilaires et terminales à la partie supérieure de la tige et
des rameaux; graines petites, lisses, noires à la maturité. ④
(Juillet, août).

Au pied des murs dans les rues peu fréquentées, autour des décombres et des fumiers : Besançon, dans la rue de la Préfecture et dans
la rue Sainte-Anne; à Poligny, autour des fumiers et des décombres,
en sortant de la ville; au bord du lac à Yverdon. — Nyon (Gaud.). —
Genève, commune dans les lieux cultivés, près des murs (Reut.). —
Bâle, le long des chemins, autour de la ville, et au pied des murs dans
la ville même (où je l'ai aussi remarquée) (Hagenb.). — Dans quelques
villages près du bord de l'Ognon (Girod-Chant.). — Autour de Neuchâtel (L. Benoît, cat.).

3. A. Bon-Henri. — *C. Bonus-Henricus.*

Linn. Sp. 318. — DC. Fl. fr. n. 2255. — Duby, Bot. gall.
p. 397. — Gaud. Fl. helv. 2. p. 246. — Lam. Ency. 1.
p. 193. — *Blitum Bonus-Henricus.* Koch, Syn. p. 607.
Bull. Herb. tab. 317. — Lam. illust. tab. 181. fig. 1. — Moris.
sect. 5. tab. 30. fig. 1. — J. Bauh. Hist. 2. p. 965. fig. 2.
— Tabern. ic. p. 425. fig. 2. — Dalech. Hist. p. 602.
fig. 2. — Dod. pempt. p. 651. fig. 1. — Lob. ic. p. 256.
fig. 1. (*ead.*).

Racine épaisse, rameuse, jaunâtre intérieurement; tige
dressée, haute de 3—6 décim., ordinairement simple, ou
rameuse à la base, striée, pulvérulente; feuilles grandes,
alternes, longuement pétiolées, entières, un peu ondulées,

triangulaires-sagittées, aiguës, vertes en dessus, ponctuées-farineuses en dessous; fleurs verdâtres, agglomérées, disposées en épi terminal épais, allongé, nu, rameux à la base, accompagné souvent de quelques épis axilaires dans les feuilles supérieures, formant, par leur réunion, une panicule pyramidale feuillée à la base; graines noires, grosses, lisses, presque globuleuses, un peu comprimées-réniformes, toutes dressées. ♃ (Mai—août).

Commune partout dans les décombres, au pied des murs, au bord des chemins. — Cette plante est émolliente, vulnéraire. On mange ses feuilles préparées comme les Épinards, et dans le nord ses jeunes pousses comme des *Asperges*.

** *Feuilles dentées, sinuées ou anguleuses.*

4. A. glauque. — *C. glaucum.*

Linn. Sp. 320. — DC. Fl. fr. n. 2264. — Duby, Bot. gall. p. 396. — Gaud. Fl. helv. 2. p. 255. — Lam. Ency. 1. p. 195. — *Blitum glaucum.* Koch, Syn. p. 608.

Moris. sect. 5. tab. 32. fig. 16. — J. Bauh. Hist. 2. p. 973. fig. 1. — Tabern. ic. p. 427. fig. 1.

Tiges rameuses, étalées-diffuses, ascendantes, épaisses, tendres, glabres, sillonnées ou anguleuses, longues de 2—3 décim.; feuilles petites, pétiolées, oblongues, un peu étroites, obtuses, sinuées-dentées, vertes en dessus, glauques-blanchâtres en dessous; fleurs petites, verdâtres, en grappes dressées, axilaires, ordinairement nues, plus courtes que les feuilles, formées de glomérules rapprochées, pauciflores; graines noires, lisses, luisantes, dressées et horizontales. ④ (Juillet, août).

Genève, dans les jardins de Plein-Palais. — Le long des murs entre Neuchâtel et Peseux (L. Benoit, cat.). — Les endroits humides, près des fumiers : sur Saint-Jean, à Aïre, etc., près de Genève (Reut.). — Bâle, autour des fumiers, rare (Hagenb.). — Besançon (Mut.).

5. A. hybride. — *C. hybridum.*

Linn. Sp. 319. — DC. Fl. fr. n. 2261. — Duby, Bot. gall.
p. 397. — Gaud. Fl. helv. 2. p. 250. — Koch, Syn. p.
605. — C. *angulosum.* Lam. Ency. 1. p. 194.
Vaill. Bot. par. tab. 7. fig. 2. — Barr. ic. fig. 540. — Moris.
sect. 5. tab. 31. fig. 2. — J. Bauh. Hist. 2. p. 976. fig. 1.
— Tabern. ic. p. 428. fig. 1.

Tige haute de 3—6 décim. , dressée, glabre, lisse,
sillonnée, ordinairement simple, ou peu rameuse ; feuilles
grandes, longuement pétiolées, d'un vert gai, non farineuses , ovales-acuminées, légèrement échancrées en cœur
à la base , à 3—4 angles aigus de chaque côté, outre le terminal plus grand, lancéolé-acuminé, séparés par des sinus
larges, arrondis : les supérieures plus petites et plus étroites,
à 3—5 angles seulement ; fleurs verdâtres , assez grandes,
en grappes rameuses : les inférieures ordinairement axilaires
et munies de quelques petites folioles à la base : les autres
nues, très rameuses-divariquées, disposées en panicule terminale non feuillée ; lobes du périgone blanchâtres sur les
bords ; graines assez grosses, noires, comprimées, ponctuées. ① (Juillet—septembre).

Au pied des murs, autour des fumiers, dans les lieux cultivés : à
Cramans, près de Salins. — Dans les vignes d'Arbois (Dumont). — Le
long des murs, près de Neuchâtel (L. Benoît). — Bâle, çà et là autour
des fumiers, quelquefois dans les vignes, les jardins et le long des haies
(Hagenb.). — Le long des murs et des haies, près des rives de l'Ognon
(Girod-Chant.). — Genève, dans les lieux cultivés (Reut.).

6. A. rougeâtre. — *C. rubrum.*

Linn. Sp. 318. — DC. Fl. fr. n. 2257. — Duby, Bot. gall.
p. 397. — Gaud. Fl. helv. 2. p. 248. — Lam. Ency. 1.
p. 193. — Hagenb. Fl. basil. 1. p. 230.
Lam. illust. tab. 181. fig. 2. — Moris. sect. 5. tab. 31. fig.
1. — J. Bauh. Hist. 2. p. 975. fig. 2. (*ic. Dod., excl. des-*

cript. quæ ad Ch. muralem referenda est). — Tabern.
ic. p. 427. fig. 2. — Dalech. Hist. p. 542. fig. 2 (*ic.
Fuchsii*). — Dod. pempt. p. 616. fig. 1. (*ead.*). — Lob.
ic. p. 254. fig. 2. — Fuchs. Hist. p. 655.

Tige haute de 5—6 décim., dressée, rameuse, glabre,
très feuillée, sillonnée, anguleuse, striée de lignes rougeâtres; feuilles étalées, un peu épaisses, luisantes, larges,
triangulaires-rhomboïdales, rétrécies en coin à la base,
profondément et grossièrement sinuées-dentées, à dents
inégales, portées sur des pétioles allongés, égalant souvent la feuille; fleurs verdâtres, à la fin rougeâtres, en
grappes rameuses, axilaires et terminales, écartées, presque
dressées, feuillées, rarement nues ou presque nues, ordinairement plus courtes que les feuilles, formées de glomérules arrondis, rapprochés; graines très petites, noires,
lisses, dressées, la terminale de chaque glomérule horizontale; fleurs latérales à 5 divisions, à 1—2 étamines : la terminale à 5 divisions et à 5 étamines. ① (Juillet—septembre).

Çà et là autour des décombres et des fumiers, rare : autour de Bin-
ningen, près de Bâle (Hagenb.).

7. A. blanche. — *C. album.*

Linn. Sp. 319. — Gaud. Fl. helv. 2. p. 252. — Lam. Ency.
1. p. 194. — Koch, Syn. p. 606. — *C. leiospermum*
DC. Fl. fr. n. 2259. — Duby, Bot. gall. p. 397.

J. Bauh. Hist. 2. p. 972. fig. 1. et 2. — Tabern. ic. p. 426
, fig. 2. — Dod. pempt. p. 615. fig. 2. — Fuchs. Hist. p.
119. (*ead.*).

Tige haute de 6—15 décim., dressée, anguleuse, striée
de lignes blanches et vertes, rameuse, à rameaux dressés,
rapprochés de la tige; feuilles longuement pétiolées, ovales-
rhomboïdales, en coin et entières à la base, irrégulièrement
et grossièrement dentées, vertes ou glauques, plus ou moins
farineuses, particulièrement en dessous : les supérieures
plus étroites, oblongues, très entières; fleurs d'un vert blan-

châtre, réunies en glomérules arrondis, plus ou moins écartés, disposés le long de la tige et des rameaux en grappes plus ou moins allongées, axilaires et terminales; formant au sommet de la plante une panicule rameuse; graines lisses et luisantes. ① (Juillet—septembre).

Commune le long des chemins, dans les lieux incultes, au bord des champs. Les variétés β. et γ. moins communes.

β. *Concatenatum*. Gaud. Fl. helv. 2. l. c. — *C. concatenatum*. Thuill. Fl. par. ed. 2. p. 125. — Feuilles plus étroites, presque très entières; grappes de fleurs grêles, allongées, formées de glomérules arrondis, globuleux, distincts, disposés comme les grains d'un chapelet.

γ. *Viride*. Gaud. Fl. helv. 2. l. c. — *C. viride*. Plur. auct. — Plante moins élevée, à feuilles plus larges, ordinairement un peu aiguës, d'un vert plus foncé.

δ. *Obtusatum*. Gaud. Fl. helv. 2. l. c. — Feuilles longuement pétiolées, largement ovales, d'un vert sombre, glauques en dessous, ordinairement arrondies et très obtuses au sommet, les supérieures aiguës. Cette variété, que l'on peut confondre avec le *C. opulifolium*, s'en distingue par ses feuilles oblongues et surtout par les florales très entières (Gaud.).

Aux environs de Bâle et de Nyon (Gaud.). — Je ne connais pas cette plante.

8. A. à feuilles de Figuier. — *C. ficifolium*.

Smith, Brit. 1. p. 276. — DC. Fl. fr. n. 2260. — Duby, Bot. gall. p. 397. — Gaud. Fl. helv. 2. p. 254. — Poir. Ency. supp. 1. p. 592. — Koch, Syn. p. 606.

Plante très voisine du *C. album*, auquel plusieurs botanistes la rapportent comme variété. Tige haute d'environ 3 décim., striée de vert et de blanc, rameuse, à rameaux étalés; feuilles inférieures oblongues-en fer de lance, trilobées, inégalement dentées, en coin et entières à la base, à lobe moyen allongé, oblong-lancéolé, obtus, vertes, un peu farineuses

en dessous dans la jeunesse : les supérieures oblongues-lancéolées, très entières ; fleurs en grappes dressées, axilaires
et terminales, presque nues, plus courtes que les feuilles ;
graines luisantes, très finement ponctuées. ④ (Juillet,
août).

Çà et là dans les lieux cultivés, avec l'espèce précédente, mais beaucoup plus rare : aux environs de Salins. — De Bâle (Hagenb.).

9. A. à feuilles d'Obier. — *C. opulifolium.*

Schrad. ap. Koch et Ziz. Cat. Pl. palat. p. 6. — DC. Fl. fr.
supp. n. 2258ᵃ. — Duby, Bot. gall. p. 397. — Gaud. Fl.
helv. 2. p. 253. — Koch, Syn. p. 606. — *C. erosum*
(Bast.). Poir. Ency. supp. 5. p. 554.
Vaill. Bot. par. tab. 7. fig. 1.

Tige dressée, haute de 3—6 décim., striée de vert et
de blanc, rameuse, à rameaux étalés ; feuilles petites,
glauques-farineuses des deux côtés dans la jeunesse, rhomboïdales-deltoïdes, presque trilobées, très obtuses, aussi
larges que longues, quelquefois presque arrondies, toutes
inégalement sinuées-dentées, en coin et entières à la base,
à sinus des lobes latéraux arrondis : les supérieures elliptiques-lancéolées ; fleurs d'un vert blanchâtre, glomérulées,
en grappes nombreuses, axilaires et terminales à la partie
supérieure de la tige et des rameaux, souvent entremêlées
de petites bractées linéaires, formant une panicule terminale
nue au sommet ; graine lisse, brillante. ④ (Juillet—septembre).

Salins, sur les graviers du bord de la Furieuse, au-dessous de Saint-
Joseph, où je ne l'ai trouvée qu'une seule fois. — Bâle, autour des
décombres et dans les terres incultes, çà et là (Hagenb.).

10. A. des murs. — *C. murale.*

Linn. Sp. 318. — DC. Fl. fr. n. 2258. — Duby, Bot. gall.
p. 397. — Gaud. Fl. helv. 2. p. 249. — Lam. Ency. 1. p.
193. — Koch, Syn. p. 606.

Plante verte, d'une odeur fétide, à tige dressée, glabre,
rameuse, étalée, striée, haute d'environ 3—4 décim.;
feuilles minces, ovales-rhomboïdales, aiguës, en coin et
entières à la base, sinuées-dentées, à dents aiguës, inégales,
les 2 inférieures souvent plus longues, pétiolées, luisantes
en dessus, un peu farineuses en dessous dans la jeunesse :
les inférieures plus petites; fleurs verdâtres, en grappes
axilaires et terminales, rameuses, nues, étalées, formant au
sommet de la tige un corymbe divariqué; graines lenticulaires, d'un brun foncé, finement ponctuées, non luisantes,
à bord caréné. ① (Juillet—septembre).

Salins : le long des rues du village de Pretin ; sur les graviers au bord
de la Furieuse, vers Saint-Joseph, etc.; Yverdon, au pied des murs du
côté du lac ; aux environs d'Arbois ; de Poligny ; de Dole ; de Besançon ;
de Genève ; de Bâle, etc.

11. A. intermédiaire. — *C. intermedium.*

Mertens et Koch, Fl. Deuts. 2. p. 297. — Gaud. Syn. p.
214. et *C. urbicum.* ejusd. Fl. helv. 2. p. 247. — *C. ur-*
bicum. var. β. intermedium. Koch, Syn. p. 605.

Tige anguleuse, striée de vert et de blanchâtre, ferme,
dressée, haute de 3—5 décim., ordinairement simple,
feuillée dans toute sa longueur; feuilles vertes, luisantes,
farineuses dans la jeunesse, plus longues que le pétiole,
triangulaires-hastées, profondément sinuées-dentées, à dents
largement triangulaires lancéolées, acuminées, à sinus arrondis, brusquement rétrécies-arquées à la base et prolongées
en coin sur le pétiole; fleurs verdâtres, en grappes rameuses,
axilaires, grêles, dressées contre la tige, souvent allongées à
la maturité, nues, ou munies quelquefois de 2—3 petites
folioles à la base : les supérieures en panicule terminale nue;
graines noires, luisantes, finement ponctuées à la loupe. ①
(Août, septembre).

Les lieux incultes, le bord des chemins, les décombres : aux environs de Salins, rare ; d'Arbois ; de Vers, près de Sellières. — Nyon,
le long de la route, au-dessous de Prangins (Gaud.). — Cette espèce

est très voisine de la suivante, et plusieurs botanistes pensent qu'elle n'en est qu'une simple variété : c'est l'opinion de Koch qui dit s'en être assuré par une culture souvent répétée, et elle n'en diffère, selon ce savant observateur, que par ses feuilles sinuées-dentées, à dents plus longues, triangulaires-lancéolées, acuminées.

12. A. des villes. — *C. urbicum*.

Linn. Sp. 318. — Mertens et Koch, Deuts. Fl. 2. p. 296. — Koch, Syn. p. 605. var. *α*. — Gaud. Syn. p. 215. — Hagenb. Fl. basil. 1. p. 230 ? — *C. deltoïdeum*. Lam. Fl. fr. 3. p. 249.

Tige haute de 3—6 décim. , dressée, raide, ordinairement simple ; feuilles un peu plus grandes que dans l'espèce précédente, d'un vert plus gai, moins luisantes et moins épaisses, jamais farineuses, deltoïdes-triangulaires, presque tronquées à la base, inégalement dentées, à dents courtement triangulaires, aiguës, brusquement rétrécies en pétiole : les supérieures étroites, entières ; fleurs en grappes grêles, nues, dressées, raides, allongées, axilaires et terminales ; graines noires, luisantes, finement ponctuées à la loupe. ① (Août, septembre).

Bâle, çà et là, le long des chemins, autour des fumiers (Hagenb.) ? — Autour des habitations (Girod-Chant.) ?

§ 2. *Plantes pubescentes*. — Botrys. Koch.

13. A. Botride. — *C. Botrys*.

Linn. Sp. 320. — DC. Fl. fr. n. 2262. — Duby, Bot. gall. p. 397. — Gaud. Fl. helv. 2. p. 256. — Lam. Ency. 1. p. 194. — Koch, Syn. p. 607.

Chaum. Fl. méd. tab. 75. — Tabern. ic. p. 14. fig. 2. — Moris. sect. 5. tab. 31. fig. 7. — Dalech. Hist. p. 952. fig. 1. — Dod. pempt. p. 54. fig. 1. — Lob. ic. p. 228. fig. 1. — Fuchs. Hist. p. 179.

Plante d'une odeur aromatique qui n'est pas agréable à tout le monde, pubescente, un peu visqueuse, à tige dressée,

raide, quelquefois simple, ordinairement rameuse à la base,
hautes de 2—3 décim. ; feuilles d'abord vertes sur les deux
faces, à la fin jaunâtres, petites, oblongues, sinuées-pinnatifides, ayant quelque ressemblance avec celles du *Senecio
vulgaris*, à lobes très obtus, anguleux, presque dentés, à
sinus arrondis ; fleurs petites, verdâtres, en cymes nues,
courtes, nombreuses, axilaires, dichotomes, à la fin étalées-
divariquées : les supérieures formant une grappe terminale ;
graines très petites, d'un brun noirâtre, presque globuleuses.
① (Juillet, août).

Genève, au bord du chemin à Chambesy (Reut.). — Autrefois entre
Lucens et le pont de la Broye, en abondance (Hall.). — Sur le rivage
du lac de Neuchâtel (Durand, Alb. Rapin).

4. BLITE. — *BLITUM.* Linn.

Périgone à 3—5 divisions ; étamines 1—5 ; styles 2 ;
fruit composé d'une seule graine réniforme dressée, recouverte par le périgone à la fin charnu, succulent, semblable
à une baie.

1. B. effilée. — *B. virgatum.*

Linn. Sp. 7. — DC. Fl. fr. n. 2238. — Duby, Bot. gall. p.
399. — Gaud. Fl. helv. 1. p. 5. — Lam. Ency. 1. p. 431.
— Koch, Syn. p. 607.
J. Saint-Hil. Pl. fr. tab. 56. — Poit. et Turp. Fl. par. tab.
3. — Lam. illust. tab. 5. — Moris. sect. 5. tab. 32. fig.
10. et 11. — Clus. Hist. 2. p. 135. fig. 1.
Tige faible, penchée, grêle, effilée, feuillée dans toute
sa longueur, rameuse à la base, haute de 3—5 décim.;
feuilles allongées, lancéolées-triangulaires, aiguës, souvent
presque hastées, alternes, pétiolées, munies, surtout à la
base, de longues dents aiguës, irrégulières ; fleurs petites,
d'un blanc sale, en capitules sessiles, tous axilaires le long
de la tige, à périgone charnu, devenant rouge et succulent
à la maturité ; graine dressée, lisse, à bord obtus, canaliculé d'un côté. ① (Juin, juillet).

Cette plante se trouvait autrefois, à Besançon, autour du moulin de Tarragnoz. — Dans le voisinage de Torpe (Girod-Chant.). — Gaudin l'a trouvée une fois au pied des vieux murs de la promenade, à Nyon. — Genève, dans les bastions (DC., Girod). — Et à Collonge sous Salève (Reut.).

2. B. en tête. — *B. capitatum.*

Linn. Sp. 6. — DC. Fl. fr. n. 2239. — Duby, Bot. gall. p. 599. — Gaud. Fl. helv. 1. p. 4. — Lam. Ency. 1. p. 431. — Koch, Syn. p. 607.
Moris. sect. 5. tab. 32. fig. 9.

Tige haute de 2—5 décim., presque dressée, anguleuse, glabre, ainsi que les autres parties de la plante, simple, ou rameuse à la base ; fleurs disposées au sommet de la tige en capitules sessiles, dont quelques-uns axilaires, les autres formant un épi terminal nu : celles qui terminent les capitules à 4—5 lobes et à 4—5 étamines, les autres monandres ; feuilles plus larges que dans l'espèce précédente, peu dentées ou presque entières, souvent un peu hastées à la base ; fruits charnus, succulents, en capitules d'un rouge foncé à la maturité ; graine à bord en carène aiguë. ① (Juin, Juillet). Vulg. *Epinard-fraise.*

Le long des murs et dans les chemins pierreux, autour de Bâle (Hagenb.). — Cultivée dans quelques jardins comme plante curieuse.

5. BETTE. — *BETA.* Linn.

Fleurs hermaphrodites. Périgone à 5 divisions ; étamines 5, insérées sur un anneau charnu entourant l'ovaire ; stigmates 2 ; graine horizontale, renfermée dans le périgone endurci, et soudée avec lui.

1. B. commune. — *B. vulgaris.*

Linn. Sp. 322. var. *α–ε.* — DC. Fl. fr. n. 2241. B. — Gaud. Fl. helv. 2. p. 261. — Lam. Ency. 1. p. 412. var. *δ–ζ* — Koch, Syn. p. 608. var. *γ. rapacea.*

Moris. sect. 5. tab. 30. fig. 6. — J. Bauh. Hist. 2. p. 961.
fig. 3. — Dalech. Hist. p. 533. fig. 1. et 2. — Dod. pempt.
p. 620. fig. 3. — Lob. ic. p. 248. fig. 1. (*ead.*).

Tige dressée, haute de 6—9 décim., anguleuse, glabre,
rameuse dans le haut; feuilles grandes, ovales-en cœur,
lisses, entières, molles, pétiolées, un peu décurrentes sur le
pétiole, ondulées-plissées : les caulinaires plus petites,
presque sessiles, ovales-rhomboïdales; fleurs verdâtres,
petites, sessiles, réunies, au nombre de 2—5 soudées à la
base, en glomérules axilaires disposés en épis grêles, feuillés, formant une panicule terminale. Racine charnue, épaisse,
très grosse, de couleur variable, alimentaire pour l'homme
et les animaux qui mangent aussi les feuilles. ② (Juin,
juillet). Vulg. *Betterave*.

Cette plante, originaire des contrées méridionales de l'Europe, est
généralement cultivée dans les champs et les jardins ; elle présente trois
variétés relatives à la couleur de sa racine qui est jaune, rouge ou
blanche. Cette dernière est celle que l'on préfère en France pour l'ex-
traction du sucre : c'est Achard, de Berlin, qui démontra le premier
que l'on pouvait l'obtenir en grand de cette racine, et c'est aux chimistes
français, encouragés par le gouvernement impérial, et surtout à Chaptal,
que l'on doit les nombreux perfectionnements que les procédés de fabrication ont successivement éprouvés. Le sucre de betterave, dont on fait
aujourd'hui une si grande consommation, est absolument identique avec
le sucre de canne et rivalise avec lui. Le marc ou résidu de la pulpe de
Betterave, quand on en a exprimé le suc, sert à nourrir les bestiaux
qui en sont très avides, et à engraisser les porcs et les volailles.

2. B. Poirée. — *B. Cicla.*

Linn. Syst. 217. — Gaud. Fl. helv. 2. p. 261. — *B. vulgaris Cicla*. Linn. Sp. 322. var. ζ-η. — Koch, Syn. p.
608. var. β. — DC. Fl. fr. n. 2241. A. — Lam. Ency. 1.
p. 412. var. α-γ.

Chaum. Fl. méd. tab. 70. —Moris. sect. 5. tab. 30. fig. 2.
J. Bauh. Hist. 2. p. 961. fig. 1.

Tige dressée; feuilles inférieures pétiolées, à pétiole et
côte larges, épais, charnus, succulents : les supérieures

sessiles ; racine dure, cylindrique, un peu rameuse, non charnue. On distingue trois variétés de cette espèce : la première est d'un vert pâle, à côtes blanches. C'est la plus en usage, comme plante alimentaire : on mange les côtes et les pétioles de ses feuilles sous les noms de *Cardes* et *Côtes de Bettes*. La seconde est d'un vert jaunâtre, et la troisième d'une couleur rouge très foncée. ② (Juin, juillet). Vulg. *Poirée*, *Bettes* ou *Blettes*.

Cette espèce, originaire des bords du Tage, est généralement cultivée dans les jardins. On mêle souvent ses feuilles avec celles de l'*Oseille* pour en corriger l'acidité. — Ses feuilles, ainsi que celles de l'espèce précédente, sont émollientes, laxatives et servent à panser les vésicatoires.

TRIBU III. — ATRIPLICÉES. Meyer.

Tige continue ; fleurs diclines, monoïques ou dioïques, très rarement mêlées de fleurs hermaphrodites.

6. ÉPINARD. — *SPINACIA*. Linn.

Fleurs dioïques. *Mâles :* périgone à 4 divisions ; étamines 4, insérées au fond du périgone et plus longues que lui. *Femelles :* périgone à 2—3 divisions ; styles 4, saillants ; graine solitaire, verticale, recouverte par le périgone endurci, lisse ou à 2—4 cornes.

1. E. à fruits cornus. — *S. spinosa.*

Mœnch. Meth. 318. — DC. Fl. fr. n. 2242. — Duby, Bot. gall. 399. — Gaud. Fl. helv. 6. p. 280. — Koch, Syn. p. 609 — *Sp. oleracea. var. α.* Linn. Sp. 1456. — Lam. Ency. 2. p. 377. var. α.

Lam. illust. tab. 814. — Moris. sect. 5. tab. 30. fig. 1. — J. Bauh. Hist. 2. p. 964. fig. 1. — Tabern. ic. p. 425. fig. 1. — Dalech. Hist. p. 544. fig. 1. — Dod. pempt. p. 619. fig. 1. — Lob. ic. p. 257. fig. 1. (*ead*).

Tige dressée, rameuse, glabre, sillonnée, fistuleuse, haute d'environ 6 décim. ; feuilles alternes, pétiolées, hastées-bidentées de chaque côté à la base, vertes, lisses, molles ; fleurs verdâtres, en glomérules axilaires ; fruit sessile, à une seule graine recouverte par le périgone soudé et endurci, à lobes prolongés en 2—4 cornes aiguës, divergentes. ① ou ② (Mai, juin). Vulg. *Epinards d'hiver.*

Cette plante est cultivée dans les jardins potagers : elle supporte facilement l'hiver et fournit un aliment sain, léger, mais peu nourrissant ; elle est émolliente et laxative : on pense qu'elle est originaire d'Orient, ainsi que l'espèce suivante.

2. E. à fruits sans cornes. — *S. inermis.*

Mœnch. Meth. 318. — DC. Fl. fr. n. 2243. — Duby, Bot. gall. p. 399. — Gaud. Fl. helv. 6. p. 281. — Koch, Syn. p. 609. — *Sp. oleracea. var. ß.* Linn. Sp. 1456. — Lam. Ency. 2. p. 377. var. *ß.*

Moris. sect. 5. tab. 50. fig. 2. — J. Bauh. Hist. 2. p. 965. fig. 1.

Cette espèce, qui n'est considérée, par Linné et d'autres botanistes, que comme une variété de la précédente, en diffère par ses feuilles un peu plus grandes, ovales-oblongues, obtuses, moins sagittées, et surtout par ses fruits ovoïdes, disposés en glomérules axilaires sessiles, ou pédicellés, entièrement dépourvus de cornes ou de pointes : elle supporte moins le froid que l'espèce précédente. ① ou ② (Mai, juin). Vulg. *Epinards de Hollande, Epinards d'automne.*

Cultivée, comme l'espèce précédente, dans les jardins potagers, comme plante alimentaire.

7. ARROCHE. — *ATRIPLEX.* Linn.

Fleurs monoïques, mélangées dans un petit nombre d'espèces de fleurs hermaphrodites. *Mâles* ou *hermaphrodites :* périgone à 3—5 divisions ; étamines 3—5, insérées à la base

du périgone ; pistil ordinairement avorté. *Femelles* : périgone comprimé, à 2 divisions appliquées l'une contre
l'autre, s'accroissant après la fleuraison, et enveloppant la
graine verticale comprimée ; stigmate bifide.

1. A. de jardin. — *A. hortensis.*

Linn. Sp. 1493. — DC. Fl. fr. n. 2254. — Duby, Bot. gall.
  p. 398. — Gaud. Fl. helv. 6. p. 317. — Lam. Ency. 1.
  p. 276. — Koch, Syn. p. 610.
J. Saint-Hil. Pl. fr. tab. 736. — Lam. illust. tab. 855. fig.
  1. — Moris. sect. 5. tab. 52. fig. 12. et 13. — J. Bauh.
  Hist. 2. p. 970. fig. 2. et. p. 971. fig. 1. — Tabern. ic. p.
  426. fig. 1. — Dalech. Hist. p. 535. fig. 1. — Dod. pempt.
  p. 615. fig. 1. — Lob. ic. p. 253. fig. 1. (*ead.*)

Tige haute de 10—12 décim., dressée, glabre et lisse,
ainsi que les autres parties de la plante, anguleuse, rameuse, verte ; feuilles alternes, pétiolées, grandes, molles,
d'un vert pâle, légèrement farineuses dans la jeunesse,
triangulaires, presque hastées, un peu en cœur à la base,
obtuses, entières ou à peine sinuées dentées : les supérieures
ovales-lancéolées, entières ou munies à la base d'une dent
de chaque côté ; fleurs petites, verdâtres ou jaunâtres, peu
serrées, en épis terminaux rameux, interrompus ; fruits
larges, aplanis, à valves ovales-arrondies, courtement acuminées, très entières, nerveuses-réticulées à la maturité ;
graine assez grosse, orbiculaire. ① (Juillet, août). Vulg.
Bonne-dame, Folle.

Originaire d'Asie ; cultivée dans les jardins comme plante alimentaire : on mêle ses feuilles à celles de l'oseille pour en corriger l'acidité.
Cette plante se reproduit spontanément ; je la revois presque chaque
année sur les graviers de la Furieuse, provenant des graines de jardins
entraînées par les eaux. — Ses feuilles sont émollientes en cataplasme.

β. *Rubra.* DC. Fl. fr. l. c. — Tabern. ic. p. 426. fig. 1.
— Plante d'un rouge foncé dans toutes ses parties.

2. A. étalée. — *A. patula.*

Linn. Sp. 1494. — DC. Fl. fr. n. 2252. — Lam. Ency. 1. p. 275. — Koch, Syn. p. 610. (*et omnium auctorum ante Smithium*). — *A. angustifolia.* Smith, Fl. brit. 3. p. 1092. — DC. Fl. fr. supp. n. 2252. — Duby, Bot. gall. p. 398. — *A. angustifolium. I. leiocarpum.* Gaud. Fl. helv. 6. p. 320. — Poir. Ency. supp. 1. p. 472. (*inter sp. minùs cogn.*).

Moris. sect. 5. tab. 32. fig. 15. (*ex ic. Dod., fragm.*).— J. Bauh. Hist. 2. p. 973. fig. 3. (*ex Dod.*) et fig. 4. — Dalech. Hist. p. 536. fig. 2. — Dod. pempt. p. 615. fig. 3. — Lob. ic. p. 257. fig. 2. (*ead., folia lata, integerrima*).

Tige haute de 3—6 décim., rameuse dès la base, à rameaux nombreux, diffus, étalés, ascendants, durs, grêles, effilés, la plupart opposés; feuilles vertes des deux côtés, lancéolées, mucronées, rétrécies en un court pétiole : les inférieures un peu plus larges, souvent munies à la base de 1—2 dents qui les font paraître hastées, entières sur le reste de leur longueur ou munies de 1—2 petites dents écartées: les supérieures linéaires, très entières; fleurs verdâtres, petites, en grappes courtes, axilaires et terminales, composées de glomérules un peu écartés à la base, pulvérulents dans la jeunesse; valves du fruit hastées-rhomboïdales, un peu en coin à la base, aiguës, presque acuminées, entières, excepté les 2 dents de la base, presque planes. ① (Juillet, août).

Très commune le long des chemins, dans les terres non cultivées, et dans les champs après la moisson. — Cette plante varie à feuilles plus étroites, toutes linéaires, très entières.

β. *Erecta. A. erecta.* Smith, Fl. brit. 3. p. 1093. —DC. Fl. fr. supp. n. 2252a. — *A. patula. var. β. microcarpa.* Koch, Syn. l. c. — *A. angust. II. erectum.* Gaud. Fl. helv. 6. p. 322. — *A. littoralis.* Duby, Bot. gall. l. c. var. β. *erecta.* — Tige dressée; feuilles oblongues-lancéolées : les

inférieures hastées, sinuées-dentées ; glomérules confluents ;
valves fructifères convexes, pulvérulentes, dépassant à peine
la graine, plus arrondies, courtement mucronées, muriquées.

Nyon (Gaud.). — Mont-le-Grand (Monnard).

3. A. à larges feuilles. — *A. latifolia.*

Wahlenb. Fl. suec. 2. p. 660. — Koch, Syn. p. 610. —
A. patula. Smith. Brit. p. 1091. — DC. Fl. fr. supp. n.
2251a. — Duby, Bot. gall. p. 398. — *A. hastata (non
Linn.).* Lam. Ency. 1. p. 275. — *A. patulum.* Gaud. Fl.
helv. 6. p. 318.

Tige ordinairement dressée, rameuse, à rameaux inférieurs étalés–ascendants, anguleuse, haute de 4—6 décim.;
feuilles vertes sur les deux faces, alternes, rarement opposées ou presque opposées, pétiolées : les inférieures situées
à la naissance des rameaux, hastées-triangulaires, dentées
ou légèrement sinuées, insensiblement rétrécies en pointe,
d'une longueur presque double de la largeur : les supérieures plus étroites, lancéolées-hastées ; celles du sommet
lancéolées, très entières ; fleurs verdâtres, en grappes
courtes, axilaires et terminales, feuillées à la base, composées de glomérules arrondis, à la fin plus ou moins écartés, pulvérulents dans la jeunesse ; valves du fruit nerveuses,
rhomboïdales-deltoïdes, souvent acuminées, plus ou moins
muriquées-tuberculeuses, entières ou dentelées à la base. ①
(Juin—août).

Le long des chemins, autour des décombres, souvent dans les champs
après la moisson. Aux environs de Salins, rare ; de Besançon ; de Bâle.

FAMILLE XC.

Polygonées. Juss.

Périgone libre, persistant, à 6, rarement à 3—5 divisions disposées sur 2 rangs, les extérieures opposées aux

angles de l'ovaire, les intérieures plus grandes, opposées à ses côtés; étamines en nombre déterminé, insérées à la base du périgone; ovaire libre, à une seule loge à un seul ovule dressé, à 2—3 styles; fruit indéhiscent (cariopse), monosperme, plus ou moins recouvert par le périgone. Embryon inverse, presque droit et central, ou courbé et latéral, ou périphérique; périsperme farineux. — Herbes à feuilles alternes, à tige noueuse, munie aux nœuds de stipules engaînantes, scarieuses.

1. PATIENCE. — RUMEX. Linn.

Périgone divisé jusqu'à la base en 6 parties, les 3 intérieures plus grandes, conniventes; étamines 6, opposées par paires aux divisions extérieures du périgone; styles 3, réfléchis, à stigmates en pinceau; cariopse trigone, recouvert par les 3 divisions intérieures accrues du périgone.

§ 1. *Fleurs hermaphrodites ou polygames : styles libres ; feuilles arrondies ou en cœur à la base, non hastées ni sagittées ; saveur non acide.* — Lapathum. Tournef.

* *Valves du fruit non granifères.*

1. P. des Alpes. — R. Alpinus.

Linn. Sp. 480. — DC. Fl. fr. n. 2220. et supp. p. 367. — Duby, Bot. gall. p. 401. — Gaud. Fl. helv. 2. p. 590. — Poir. Ency. 5. p. 67. — Koch, Syn. p. 615.

Meisner, Monog. polyg. tab. 2. fig. E. — Moris. sect. 5. tab. 27. fig. 2. — J. Bauh. Hist. 2. p. 987. fig. 3. — Dalech. Hist. p. 606. fig. 3. (*ead.*). — Lob. ic. p 287. fig. 2. (*ead.*).

Racine épaisse, ridée, tortueuse, amère, noire en dehors, jaunâtre intérieurement; tige épaisse, sillonnée, glabre, ainsi que toutes les autres parties de la plante, rameuse au sommet, munie sur les nœuds de gaînes amples, haute de

6 —9 décim. ; feuilles un peu molles, ridées, ondulées : les
radicales longuement pétiolées, à pétiole creusé en gouttière,
très grandes, ovales arrondies, obtuses ou courtement acuminées au sommet, profondément échancrées en cœur à la
base, à oreillettes arrondies : les caulinaires inférieures
oblongues, plus ou moins échancrées en cœur et inégales à
la base : les supérieures lancéolées; fleurs assez grandes,
d'un vert souvent rougeâtre, portées sur des pédicelles
grêles, allongés, étalés, épaissis au sommet, disposées en
verticilles rapprochés, la plupart hermaphrodites, les supérieurs mâles et femelles, formant des grappes nombreuses,
presque nue, composant une vaste panicule terminale;
valves du fruit triangulaires, obtuses, un peu en cœur, entières ou légèrement dentelées, membraneuses, à nervure
dorsale fine, non granifère. ♃ (Juillet, août).

Cette plante se trouve dans les pâturages gras autour des châlets,
dans le voisinage des fumiers : sur la Dôle; le Thoiry, etc. — Sa
racine, usitée autrefois en médecine, est connue sous le nom de *Rhu-
barbe-des-Moines.*

2. P. aquatique. — *R. aquaticus.*

Linn. Sp. 479. — Gaud. Fl. helv. 2. p. 585. et ejusd. Syn.
  p. 501. — Koch, Syn. p. 614.
Moris. sect. 5. tab. 27. fig. 10. — Dod. pempt. p. 618. fig.
  3. — Lob. ic. p. 285. fig. 2.

Racine brunâtre intérieurement, d'une saveur âcre ; tige
feuillée, sillonnée, haute de 10—15 décim. ; feuilles d'un
vert gai, un peu glauques en dessous, presque glabres,
minces : les radicales ovales, aiguës, élargies et en cœur à
la base, à oreillettes grandes, arrondies, portées sur des
pétioles cylindriques, canaliculés-contractés en dessus : les
supérieures lancéolées; fleurs très nombreuses, en grappes
nues, raides, dressées, formant une panicule allongée, portées sur des pédicelles presque capillaires ; valves du fruit
en cœur, membraneuses, très entières ou un peu dentelées,
non granifères, à nervures réticulées. ♃ (Juillet, août).

Dans les marais autour de Pontarlier (Girod-Chant.). — Autour de Saint-Blaise (Hall.)?

** *Valves du fruit granifères.*

a. Valves du fruit non dentées, ou à peine à la base.

5. P. des fossés. — *R. Hydrolapathum.*

Hudson, Fl. angl. p. 154. — Gaud. Fl. helv. 2. p. 583. — Koch, Syn. p. 614. — *R. aquaticus.* DC. Fl. fr. n. 2221. (*non Linn.*). — *R. conglomeratus.* A. Poir. Ency. 5. p. 60.
J. Bauh. Hist. 2. p. 987. fig. 1. — Tabern. ic. p. 457. fig. 2.

Racine noirâtre, épaisse, jaunâtre intérieurement, d'une saveur un peu amère et astringente; tige épaisse, dressée, sillonnée, lisse, rameuse-paniculée à sa partie supérieure, haute de 9—12 décim.; feuilles inférieures très grandes, oblongues-lancéolées, aiguës, rétrécies aux deux bouts, planes, ondulées crénelées sur les bords, portées sur des pétioles allongés, aplanis en dessus, à nervure dorsale épaisse, les latérales fines, à angle très ouvert, presque droit : les supérieures plus étroites, lancéolées, acuminées; fleurs verdâtres, disposées en verticilles rapprochés, portées sur des pédicelles assez longs et recourbés, épaissis au sommet, formant des grappes dressées, allongées, nues, excepté les inférieures qui sont munies de 1—2 folioles à la base, formant une vaste panicule terminale; valves du fruit ovales-triangulaires, entières ou à peine dentelées à la base, veinées-réticulées, toutes granifères, ♃ (Juillet, août).

Çà et là au bord des eaux, dans les fossés et les lieux humides ou marécageux : Salins, au-dessous de Saint-Joseph; aux environs de Pontarlier; d'Yverdon. — De Colombier, comté de Neuchâtel (L. Benoit, cat.). — Genève, dans un fossé, près du marais de Divonne (Métert, in Reut.). — Bâle, à Michelfeld (Hagenb.). — La racine de cette plante est tonique, astringente, employée contre le scorbut;

mâchée, elle calme, dit-on, le mal de dents. Elle a été souvent confondue avec le *R. aquaticus.* Linn. qui en diffère par ses feuilles radicales en cœur à la base, à pétiole canaliculé, et par les valves du fruit
non granifères.

4. P. agglomérée. — *R. conglomeratus.*

Murr. Prod. Fl. Goett. p. 52. — **Gaud.** Fl. helv. 2. p. 582.
— Poir. Ency. 5. p. 60. (*excl. var. A.*). — Koch, Syn.
p. 612. — *R. Nemolopathum.* Ehrh. beitr. 1. p. 181. —
DC. Fl. fr. n. 2225. — Duby, Bot. gall. p. 401.

J. Bauh. Hist. 2. p. 985. fig. 2. —Tabern. ic. p. 457. fig. 1.

Plante d'un vert sombre, quelquefois rougeâtre, à tige
grêle, sillonnée, surtout au sommet, haute de 6—9 décim.,
divisée, presque dès la base, en rameaux grêles, nombreux, effilés, étalés ou ascendants ; feuilles étroites, planes,
courtement pétiolées, entières ou légèrement crénelées, ou
ondulées sur les bords : les inférieures ovales-oblongues,
en cœur ou arrondies à la base, obtuses ou aiguës : les supérieures plus petites, plus étroites, lancéolées, très aiguës,
rétrécies sur le pétiole; fleurs verdâtres, disposées en verticilles nombreux, petits, arrondis, compactes, écartés dans
le bas, rapprochés dans le haut, formant des grappes allongées, grêles, feuillées presque jusqu'au sommet, terminant
la tige et les rameaux; valves du fruit petites, linéaires-
oblongues, obtuses, très entières, toutes granifères. ⚇
(Juillet, août).

Commune dans les lieux humides, le long des chemins, et dans les
fossés au bord des routes. — Koch, Syn. l. c. rapporte à cette espèce le
R. acutus. DC. Fl. fr. n. 2226 (non Linn.), et renvoie son *R. nemolapathum.* rapporté ci-dessus, à la var. α. de l'espèce suivante.

5. P. des bois. — *R. sanguineus.*

Linn. Sp. 476. —Gaud. Fl. helv. 2. p. 579. — Koch, Syn.
p. 613.—Smith, Brit. 390. — *R. Nemolapathum.* Wallr.
Sched. p. 158. — *R. nemorosus.* Meyer, Chlor. hanov.
p. 479.

Tige dressée, raide, anguleuse, haute de 6—9 décim., divisée au sommet en rameaux écartés, raides, grêles, nus et demi-dressés ; feuilles inférieure oblongues-en cœur, obtuses ou aiguës : les suivantes lancéolées, acuminées : les supérieures aiguës aux deux bouts ; fleurs petites, herbacées-rougeâtres, penchées, pédicellées, lâches, disposées en verticilles distincts, assez rapprochés, formant des grappes allongées, raides, nues ou à 1—2 feuilles à la base ; valves du fruit linéaires-oblongues, obtuses, très entières, une seule granifère. ♃ (Juillet, août).

α. Viridis. Koch, Syn. p. 613. — *R. sanguineus. β. viridis.* Smith, Brit. p. 390. — *R. sang. II. viridis.* Gaud. Fl. helv. 2. p. 580. — *R. nemorosus* (Schrad.). DC. Fl. fr. supp. n. 2219ᵃ. — Hagenb. Fl. basil. 1. p. 342. — Poir. Ency. supp. 4. p. 325. (*intersp. minùs cog.*).— Dod. pempt. p. 648. fig. 1. — Lob. ic. p. 284. fig. 1. (*ead.*). — Tige verte ; feuilles étroites, à nervures et veines non colorées, blanchâtres ou verdâtres.

Elle n'est pas rare dans les bois, et les lieux humides et ombragés : Salins, dans les *Vernes* du bois de Racine et ailleurs ; anx environs de Besançon. — Nyon, près de Duilliers, le long de la Promenthouse (Gaud.). — Genève, dans le chemin de Florissant, près de Conche (Reut.). — Aux environs de Bâle (Hagenb.).

β. Genuinus. Koch, Syn. p. 613. —*R. sanguineus.* DC. Fl. fr. n. 2224. — Duby, Bot. gall. p. 401. — Poir. Ency. 5. p. 59. — *R. sanguineus. I. pictus.* Gaud. Fl. helv. 2. p. 579. — Moris. sect. 5. tab. 27. fig. 6. — J. Bauh. Hist. 2. p. 689. fig. 1. — Dalech. Hist. p. 603. fig. 1. — Dod. pempt. p. 650. fig. 2. (*ead.*). —Lob. ic. p. 290. fig. 1. (*ead.*). — Tige d'un rouge noirâtre ; nervures et veines des feuilles épaisses et d'un rouge de sang.

Dans le vallon de Glaix, sous le château de Blamont (Girod-Chant.). — Cultivée dans quelques jardins d'où elle s'échappe quelquefois aux environs.

6. P. crépue. — *R. crispus.*

Linn. Sp. 476. — **DC.** Fl. fr. n. 2222. — **Duby,** Bot. gall.
p. 401. — **Gaud.** Fl. helv. 2. p. 581. — **Poir.** Ency. 5.
p. 60. — **Koch,** Syn. p. 614.
Lam. illust. tab. 271. fig. *h.* — **Tabern.** ic. p. 456. fig. 2.

Tige dressée, haute de 6—9 décim., glabre, fortement
striée, paniculée au sommet; feuilles alternes, pétiolées,
glabres, étroites, allongées, lancéolées, aiguës, ondulées-
crépues sur les bords : les inférieures souvent oblongues, un
peu arrondies à la base : les supérieures très étroites, rétrécies en un court pétiole ; fleurs verdâtres, en grappes dressées, nues, ou munies seulement de quelques folioles à la
base, portées sur des pédicelles allongés, penchées, à verticilles rapprochés ; valves du fruit ovales, obtuses, entières
ou peu dentelées et presque en cœur à la base, ordinairement toutes granifères. ♃ (Juillet, août).

Commune dans les prés, le long des chemins, au bord des fossés.

7. P. des jardins. — *R. Patientia.*

Linn. Sp. 476. — **DC.** Fl. fr. n. 2219. — **Duby,** Bot. gall. p.
401. — **Gaud.** Fl. helv. 2. p. 578. — **Poir.** Ency. 5. p. 59.
— **Koch,** Syn. p. 614.
Chaum. Fl. méd. tab. 264. — **J. Saint-Hil.** Pl. fr. tab. 528.
— **Lam.** illust. tab. 271. fig. 2. — **Moris.** sect. 5. tab.
27. fig. 4. — **Tabern.** ic. p. 435. fig. 2. — **Dalech.** Hist.
p. 601. fig. 1. et p. 604. fig. 3. — **Dod.** pempt. p. 648.
fig. 2. (*ead.*). — **Lob.** observ. p. 151. fig. 1. (*ead.*).

Racine allongée, épaisse, rameuse, jaunâtre intérieurement; tige haute de 9—12 décim., épaisse, sillonnée,
rameuse au sommet; feuilles alternes, ovales-lancéolées,
allongées, un peu aiguës et ondulées sur les bords, portées
sur des pétioles canaliculés, très dilatés à la base, presque
engaînants : les inférieures très grandes : les supérieures

lancéolées; fleurs grandes, pendantes, verdâtres, en verticilles très garnis rapprochés en grappes nues, les inférieures axilaires, formant une vaste panicule au sommet de
la plante ; valves du fruit ovales-triangulaires, presque
arrondies, obtuses, veinées-réticulées, entières ou à peine
crénelées, une seule granifère, à grain petit. ♃ (Juin,
juillet).

Cultivée dans les jardins sous le nom d'*Épinards-oseille*. — Bâle,
spontanée (*in valle petrina*) (Lachen. in Hagenb.). — La racine de
cette plante est amère, dépurative, tonique, sudorifique ; elle est pres-
crite dans les affections cutanées. Ses feuilles et ses jeunes pousses sont
alimentaires.

b. **Valves du fruit fortement dentées.**

8. P. des prés. — *R. pratensis.*

Mertens et Koch, Deuts. Fl. 2. p. 609. — Koch, Syn. p.
614. — Gaud. Syn. p. 502. — Hagenb. Fl. basil. 2. app.
p. 503. — *R. acutus*. DC. Fl. fr. n. 2226 ? — *R. crista-*
tus. Wallr. Sched. p. 163. (*non DC.*).

Cette espèce est très voisine du *R. obtusifolius*, auquel
plusieurs botanistes la rapportent comme variété, et peut-
être provient-elle de la fécondation de ce dernier par le
R. crispus, car elle semble tenir le milieu entre ces deux
plantes. Tige dressée, rameuse, sillonnée, haute de 6—9
décim. ; feuilles radicales et inférieures oblongues-lancéolées,
aiguës, en cœur à la base : les supérieures lancéolées, plus
étroites, rétrécies à la base ; fleurs verdâtres, en verticilles
rapprochés, les supérieurs confluents, formant des grappes
nombreuses, nues, disposées en panicule terminale ; valves du
fruit ovales, inégales, un peu en cœur à la base, nerveuses-
réticulées : l'extérieure ample, granifère, dilatée et dentée
à la base, à dents triangulaires-acuminées, subulées, terminée par un triangle court, obtus, entier : les 2 intérieures
ordinairement plus petites, pliées en long, peu distincte-
ment dentées et à peine granifères. ♃ (Juillet, août).

Les prés gras, le bord des chemins et des fossés. — La racine de cette plante est employée comme amère et astringente ; elle remplace celle du *R. patientia*. On la nomme *Chou-gras*, ainsi que la suivante avec laquelle on la confond. C'est le *Lapathum* des pharmaciens.

9. P. à feuilles obtuses. — *R. obtusifolius*.

Linn. Sp. 478. — **DC.** Fl. fr. n. 2227. — **Duby**, Bot. gall. p. 400. — **Gaud.** Fl. helv. 2. p. 587. — **Poir.** Ency. 5. p. 62. — **Koch**, Syn. p. 613.

Lam. illust. tab. 271. fig. 3. (*fructus*). — **J. Bauh.** Hist. 2. p. 985. fig. 1. — **Tabern.** ic. p. 436. fig. 1. (*ferè ead.*).

Racine brune, jaunâtre intérieurement ; tige haute de 6—9 décim., dressée, rameuse, sillonnée, paniculée au sommet ; feuilles pétiolées, un peu rudes-pubescentes sur le pétiole, les nervures et les veines, ainsi que la tige : les radicales grandes, ovales-en cœur, obtuses ou un peu aiguës, planes, légèrement crénelées ou ondulées sur les bords : les intermédiaires oblongues-en cœur, aiguës : les supérieures lancéolées ; fleurs verdâtres, nombreuses, en verticilles un peu écartés, les supérieurs rapprochés, confluents, formant des grappes nues ou garnies de quelques folioles à la base, disposées en panicule terminale ; valves du fruit ovales-triangulaires, nerveuses-réticulées, dentées à la base, à dents triangulaires-acuminées, subulées, oblongues, entières et obtuses au sommet, toutes granifères, l'extérieure à grain très saillant, oblong, jaune ou orangé, ordinairement plus petit dans les 2 autres. ♃ (Juillet, août).

Commune dans les prés gras de la plaine et des montagnes, particulièrement autour des villages et des châlets. — Sur la Dôle (Gay). — Au Creux-du-Vent (Monnard).

10. P. violon. — *R. pulcher*.

Linn. Sp. 477. — **DC.** Fl. fr. n. 2225. — **Duby**, Bot. gall. p. 400. — **Gaud.** Fl. helv. 2. p. 586. — **Poir.** Ency. 5. p. 63.

Moris. sect. 3. tab. 26. fig. 13. — **J.** Bauh. Hist. 2. p. 988.
fig. 3.

Racine courte, épaisse, rameuse ; tige glabre, sillonnée-
anguleuse, rameuse, diffuse, haute d'environ 3 décim., à
rameaux alternes, allongés, grêles, effilés, divariqués,
presque nus ; feuilles radicales nombreuses, longuement
pétiolées, oblongues-en cœur, obtuses, sinuées sur *les* côtés
en forme de violon, un peu pubescentes sur les nervures et
le pétiole : les supérieures plus petites, lancéolées, aiguës ;
fleurs verdâtres, assez grandes, portées sur des pédicelles
courts, épais, recourbés, disposées en verticilles nombreux,
écartés, pauciflores, ordinairement accompagnés d'une foliole, formant des grappes grêles, allongées ; valves du fruit
ovales-oblongues, fortement nerveuses-réticulées, dentées-
presque épineuses à la base, entières au sommet, toutes
granifères, particulièrement l'extérieure. ② (Juin, juillet).

Commune au bord des chemins, parmi les décombres et près des
fumiers, aux environs de Genève (Reut.). — Nyon, sur la promenade
au bord du lac (Gaud.). — A Yverdon, et autour de la Sarraz, route
de Morges à Orbe (Gay). — Le long des chemins (Girod-Chant.).

11. P. des marais. — *R. palustris.*

Smith, Fl. brit. 1. p. 394. — **DC.** Fl. fr. supp. n. 2228[a]. —
Duby, Bot. gall. p. 400. — Gaud. Fl. helv. 7. in addend.
p. 657. et ejusd. Syn. p. 301. — Hagenb. Fl. basil. 1. p.
343. — Koch, Syn. p. 612. — *R. maritimus. var.* A.
Poir. Ency. 5. p. 61. et supp. 4. p. 323.

Lob. ic. p. 286. fig. 1. — Bocc. Mus. tab. 104.

Racine rouge intérieurement ; tige haute de 5—6 décim.,
glabre, rameuse, anguleuse ; feuilles linéaires-lancéolées,
entières, glabres, ponctuées à la loupe, rétrécies à la base
en pétiole grêle : les inférieures ovales-lancéolées, promptement marcescentes ; fleurs d'un vert jaunâtre, pédicellées,
en verticilles feuillés, denses, plus écartés à la base de la
grappe, rapprochés et serrés au sommet ; valves du fruit
ovales-oblongues, lancéolées et entières au sommet, toutes

granifères, à grain oblong, orangé, munies de chaque côté de 2—4 dents subulées, divergentes, plus courtes qu'elles. ② (Juin—août).

Bâle, dans les lieux marécageux : à Weiherfeld, près de Rheinfelden et de Bonfol, aux environs de Delémont (Hagenb.).

§ 2. *Fleurs dioïques ou polygames; styles adhérents au sommet des angles de l'ovaire; feuilles hastées ou sagittées; saveur acide.* — Acetosa. Tournef.

* *Fleurs polygames.*

12. P. à écusson. — *R. scutatus.*

Linn. Sp. 480. — DC. Fl. fr. n. 2234. — Duby, Bot. gall. p. 402. — Gaud. Fl. helv. 2. p. 589. — Koch, Syn. p. 615.

Moris. sect. 5. tab. 28. fig. 9. — J. Bauh. Hist. 2. p. 991. fig. 2. — Tabern. ic. p. 439. fig. 2. — Dalech. Hist. p. 605. fig. 5. — Dod. pempt. p. 649. fig. 2. — Lob. ic. p. 292. fig. 1.

Racine grêle, rameuse, rampante; tige longue d'environ 5 décim., souvent couchée à la base, ascendante, médiocrement feuillée, cylindrique, striée, un peu rameuse; feuilles d'une saveur très acide, longuement pétiolées, vertes, quelquefois glauques, souvent marquées de taches blanchâtres, ovales ou arrondies, obtuses ou un peu aiguës, hastées, en cœur à la base, munies de chaque côté d'un sinus assez profond et d'oreillettes grandes, aiguës, divergentes; fleurs penchées, d'un vert rougeâtre, en grappes peu garnies, simples ou un peu rameuses, alternes, grêles, à verticilles pauciflores, nus, un peu écartés; valves du fruit très dilatées, arrondies, en cœur, très entières, veinées-réticulées, membraneuses, dépourvues de grains. ♃ (Juin, juillet). Vulg. *Oseille ronde.*

Sur les vieux murs de vignes, et parmi les pierrailles du pied des montagnes : commune aux environs de Salins; de Besançon; de Poligny, etc.; au Locle; aux Combes de Valauvron et Beaufond, comté de Neuchâtel; au-dessus de Ballstall, canton de Soleure; sur le Thoiry; la Dôle; la Faucille, etc., aux environs de Bâle.

β. ***Glaucus.*** Gaud. Fl. helv. 2. l. c. — Feuilles d'un vert très glauque.

Salins, commune dans les pierrailles du pied de Saint-André et de Belin, etc.; à la source du Lison et près de la Grotte-des-Sarrasins.

** *Fleurs dioïques.*

13. P. à feuilles de Gouet. — *R. arifolius.*

All. Fl. ped. 2. p. 204. — DC. Fl. fr. n. 2252. — Duby, Bot. gall. p. 402. — Gaud. Fl. helv. 2. p. 592. — Poir. Ency. supp. 4. p. 523. in obs. n. 1. — Koch, Syn. p. 615. — *R. acetosa. var. ♂.* Linn. Sp. 481.
Bocc. Mus. 165. tab. 125.

Cette espèce ressemble à la suivante par son port et sa fleuraison, et a été confondue avec elle par plusieurs botanistes; mais elle en est suffisamment distincte. Sa tige est simple, dressée, grèle, sillonnée, haute de 4—6 décim.; ses feuilles sont plus minces, moins succulentes, planes, aiguës, hastées : les radicales longuement pétiolées, ovales-en cœur, à oreillettes courtes, arrondies, divergentes, à 5—7 nervures à la base très visibles, rayonnantes : les caulinaires ovales-lancéolées, aiguës, hastées-sagittées, à oreillettes quelquefois aiguës, les inférieures portées sur des pétioles plus courts, les supérieures sessiles, embrassantes, à gaîne courte, tronquée, très entière; fleurs dioïques, verticillées en grappes dressées, formant une panicule terminale lâche; divisions extérieures du périgone persistantes, réfléchies, les intérieures ou valves du fruit arrondies presque en cœur, très entières, membraneuses, ordinairement dépourvues de grains, finement veinées-réticulées. ♃ (Juillet, août).

Les buissons, le bord des bois, les lieux ombragés des hautes sommités du Jura : sur le Thoiry; la Dôle; le Montendre; le Mont-d'Or; le Creux-du-Vent; le Chasseral, etc.

14. P. Oseille. — *R. acetosa.*

Linn. Sp. 481. — DC. Fl. fr. n. 2231. — Duby, Bot. gall.
p. 402. — Gaud. Fl. helv. 2. p. 591. — Poir. Ency. 5.
p. 68. — Koch, Syn. p. 615.

Lam. illust. tab. 271. fig. 7. — Moris. sect. 5. tab. 28. fig.
1. — Tabern. ic. p. 438. fig. 2. — Dod. pempt. p. 648.
fig. 4. — Lob. ic. p. 290. fig. 2. (*ead.*).

Tige simple, dressée, raide, sillonnée, haute de 3—6
décim.; feuilles d'un vert foncé, veinées, un peu glauques
en dessous, oblongues-sagittées, obtuses, un peu épaisses
et succulentes, à oreillettes presque parallèles au pétiole :
les radicales nombreuses, longuement pétiolées, ainsi que
les inférieures : les supérieures oblongues-lancéolées, en
cœur à la base, embrassantes; gaînes assez longues, souvent
déchirées-frangées; fleurs petites, dioïques, d'un vert rougeâtre, courtement pédicellées, en grappes simples, presque
nues, formant une panicule terminale; divisions extérieures
du périgone persistantes, réfléchies; valves du fruit arrondies-en cœur, membraneuses, veinées-réticulées, entières,
purpurines, granifères. ♃ (Mai—juillet).

Commune dans les prés, les vignes, le long des chemins. On en cultive
dans les jardins une variété, comme plante potagère, particulièrement
celle dite de *Hollande* à larges feuilles étalées. — L'Oseille a une saveur
acide qui n'est pas désagréable; ses feuilles sont alimentaires, rafraîchissantes; son suc est employé en médecine comme antiscorbutique,
dépuratif et fondant. On retire de cette plante du *suroxalate de potasse*,
ou *sel d'Oseille*, qui sert à enlever les taches d'encre et de rouille, et
que l'on emploie dans les arts comme mordant.

β. *Crispa.* Gaud. Fl. helv. 2. l. c. — J. Bauh. Hist. 2.
p. 990. fig. 2. — Tabern. ic. p. 440. fig. 1. — Feuilles
ondulées-crépues.

Cette variété, cultivée dans les jardins, est peu connue.

15. P. Petite-Oseille. — *R. acetosella.*

Linn. Sp. 481. — DC. Fl. fr. n. 2235. — Duby, Bot. gall.
p. 402. — Gaud. Fl. helv. 2. p. 595. — Poir. Ency. 5. p.
68. — Koch. Syn. p. 616.
Moris. sect. 5. tab. 28. fig. 11. et 12. — J. Bauh. Hist. 2. p.
992. fig. 1. — Tabern. ic. p. 440. fig. 2. — Dalech. Hist.
p. 604. fig. 2. — Dod. pempt. p. 650. fig. 1. — Lob. ic.
p. 291. fig. 2.

Racine rampante, presque ligneuse ; tige dressée, grêle,
striée, un peu rameuse, peu feuillée, haute de 2—3 décim.;
feuilles hastées, lancéolées ou linéaires, pétiolées, entières,
quelquefois recourbées en dessus, à oreillettes divergentes,
aiguës : les supérieures linéaires-lancéolées, entières, rétrécies en pétiole à la base ; fleurs petites, dioïques, d'un
vert rougeâtre, en grappes alternes, grêles, nues, formant
au sommet de la plante une panicule lâche ; divisions extérieures du périgone dressées ; valves du fruit arrondies-en
cœur, membraneuses, veinées-réticulées, entières, dépourvues de grains. ♃ (Juin, juillet).

Dans les champs arides ou argileux, dans les tourbières, et sur les
places des fourneaux à charbon dans les bois de taillis.

β. *Angustifolius.* Koch, Syn. p. 616. — Tabern. ic. p.
441. fig. 1. et 2. — Feuilles linéaires ou étroitement lancéolées, souvent munies d'une seule oreillette, plus rarement
dépourvues des deux.

Les lieux plus arides. — Girod-Chantrans indique sur les pentes
arides de nos montagnes le *Rumex digynus* Linn. (*Oxyria digyna.*
Duby, Koch ; *Rheum digynum.* Gaud.)); mais cette plante des hautes
sommités des Alpes et des Pyrénées, que j'ai récoltée sur le Mon-
tanvert, ne se trouve pas, que je sache, dans le Jura.

2. RENOUÉE. — *POLYGONUM.* Linn.

Périgone persistant souvent coloré, à 4—5, rarement 6 divisions profondes ; étamines 5—9, ordinairement 8, sur 2
rangs, les unes alternes avec les divisions du périgone, les autres opposées ; styles 2—3, selon que l'ovaire est comprimé

ou trigone ; fruit à une seule graine (cariopse), ovoïde, comprimée ou triangulaire, renfermée dans le périgone.

§ 1. *Tige très simple, à un seul épi terminal; styles fili-formes, séparés jusqu'à la base ; stigmate très petit, arrondi ; cariopse triquêtre, dépassant le périgone. —* Bistorta. Tournef.

1. R. Bistorte. — *P. Bistorta.*

Linn. Sp. 516. — DC. Fl. fr. n. 2203. — Duby, Bot. gall. p. 404. — Gaud. Fl. helv. 3. p. 35. — Poir. Ency. 6. p. 135. — Meisner, Monog. p. 51. — Koch, Syn. p. 617. J. Saint-Hil. Pl. fr. tab. 318. — Chaum. Fl. méd. tab. 71. — Bull. Herb. tab. 314. — Moris. sect. 5. tab. 28. fig. 2. — J. Bauh. Hist. 3. p. 2. p. 539. fig. 1. — Clus. Hist. 2. p. 69. fig. 1. (*ic. Dod.*). — Tabern. ic. p. 454. fig. 2. — Dalech. Hist. p. 1285. fig. 1. — Dod. pempt. p. 333. fig. 1. — Lob. ic. p. 292. fig. 2. (*ead.*).

Racine allongée, épaisse, plus ou moins tortueuse ; tige simple, dressée, striée, fistuleuse, peu feuillée, haute de 3—9 décim. ; feuilles radicales longuement pétiolées, dres-sées, ovales-oblongues, obtuses, un peu en cœur à la base et décurrentes sur le pétiole, quelquefois un peu ondulées, vertes en dessus, légèrement pubescentes en dessous : les caulinaires sessiles, ovales-lancéolées, aiguës, portées sur une gaîne allongée, verdâtre, terminée au sommet en stipule tubuleuse sèche et roussâtre ; fleurs en épi dense, terminal, ovoïde-oblong ou cylindrique, obtus, de couleur rose, por-tées sur des pédicelles munis de bractées ovales-acuminées ; cariopse brun, lisse, à 3 angles, à faces ovales-triangulaires. ♃ (Juin, juillet).

Les prés humides des montagnes : Salins, dans les prés de Clucy, près de la tuilerie; de Geraise; de Baucu, etc.; dans les prés humides de Nozeroy; de Boujaille; dans la tourbière de Pontarlier; sur le Su-chet; le Colombier; au pied de la Dôle, etc. — La racine de Bistorte est tonique et astringente : on s'en sert en gargarisme contre les aphtes, le scorbut et pour fortifier les gencives. On l'emploie aussi pour le tannage des cuirs, et elle équivaut au double de tan.

2. R. vivipare. — *P. viviparum.*

Linn. Sp. 516. — DC. Fl. fr. n. 2204. — Duby, Bot. gall.
p. 404. — Gaud. Fl. helv. 3. p. 56. — Poir. Ency. 6.
p. 135. — Meisner, Monog. p. 52. — Koch, Syn. p. 617.
Barr. ic. fig. 489. — Moris. sect. 5. tab. 28. fig. 3. et 5. —
J. Bauh. Hist. 3. p. 2. p. 539. fig. 2. — Clus. Hist. 2.
p. 69. fig. 2.

Cette espèce a quelque rapport avec la précédente, mais
elle est beaucoup plus petite, et son épi est grêle, allongé.
Racine dure, épaisse, fibreuse; tige dressée, haute de 1—2
décim., simple, fistuleuse, glabre, striée; feuilles peu
nombreuses, glauques en dessous, à nervure longitudinale
très marquée, légèrement roulées par les bords, à peine
dentelées-crénelées par les saillies des nervures latérales :
les radicales oblongues-elliptiques, longuement pétiolées,
non décurrentes sur le pétiole : les supérieures presque sessiles, étroites, lancéolées, aiguës; gaîne à peu près comme
dans l'espèce précédente; fleurs blanchâtres, petites, presque
sessiles, en épi terminal grêle, cylindrique, un peu lâche,
surtout dans le bas, rarement vivipare, long de 3—6 centim.; bractées ovales, tronquées, brusquement acuminées
ou mucronées; cariopse triquêtre. ⚥ (Juin, juillet).

Les pâturages des sommités du Jura : sur le Mont d'Or; le Suchet
le Montendre; la Dôle; le Colombier; à la Faucille; sur la Dent-
de-Vaulion; le Chasseron; le Creux-du-Vent, etc.

§ 2. *Tige rameuse, ordinairement à plusieurs épis; styles
soudés jusqu'à la moitié ou moins; stigmate épais, en
tête; cariopse comprimé, ou à 3 angles arrondis, plus
court que le périgone.* — Persicaria. Tournef.

* *Épis denses, cylindracés.*

3. R. amphibie. — *P. amphibium.*

Linn. Sp. 517. — DC. Fl. fr. n. 2205. — Duby, Bot. gall.
p. 404. — Gaud. Fl. helv. 3. p. 57. — Poir. Ency. 6.

p. 157. — Meisner, Monog. p. 67. — Koch, Syn. p. 617.

J. Saint-Hil. Pl. fr. tab. 517. — Moris. sect. 5. tab. 29. fig. 1. (*series* 2.). — — Tabern. ic. p. 740. fig. 1. (*angusti-folia*). — Dalech. Hist. p. 1008. fig. 1. — Dod. pempt. p. 582. fig. 1. — Lob. ic. p. 507. fig. 2. (*ead.*).

Racine rampante ; tige flottante, peu rameuse, garnie à la base, aux articulations, de fibres radicantes, plus ou moins allongée selon la profondeur des eaux, glabre, striée, cylindrique, fistuleuse, s'élevant au-dessus de l'eau à l'époque de la fleuraison ; feuilles oblongues-lancéolées, un peu aiguës, glabres, luisantes en dessus, ciliées-rudes sur les bords, arrondies ou un peu en cœur à la base, pétiolées, à nervure moyenne épaisse, les latérales fines, très divergentes et parallèles : les supérieures nageantes ; gaînes tronquées, non ciliées ; fleurs roses, en épis solitaires, quelquefois géminés, peu nombreux, presque terminaux, oblongs ou cylindriques, très denses ; bractées ovales-lancéolées, plus courtes que les fleurs ; étamines 5 ; styles soudés jusqu'au milieu ; cariopse ovoïde, comprimé. ⚤ (Juin, juillet).

Les fossés, les étangs et les mares d'eau : Salins, dans les mares de la tuilerie de Clucy ; dans les eaux mortes au bord de la Loue à Villers-Farlay et ailleurs ; au bord de la Furieuse à la Chapelle ; dans le ruisseau de Chavanne, près de Sellières, et au bord des étangs ; au bord du lac à Yverdon. — Nyon, à Promenthou (Gaud.). — Genève, au Fossé-Vert ; à Genthod ; à Versoix, etc. (Reut.). — Aux environs de Bâle (Hagenb.). — A Roche-Fendue, au Locle (Depierre, cat.). — Au bord du Doubs, près des Brenets (L. Benoît, cat.).

ß. *Terrestre*. DC. Fl. fr. l. c. — Gaud. Fl. helv. 3. l. c. — Tige dressée, feuilles linéaires-oblongues, rudes-pubescentes, courtement pétiolées ; épis 1—2, grêles.

Les lieux humides inondés l'hiver : le bord des mares dans les prés à la Chapelle ; des étangs aux environs de Sellières, etc.

4. R. à feuilles de Patience. — *P. lapathifolium.*

Linn. Sp. 517. — DC. Fl. fr. n. 2210. — Gaud. Fl. helv. 3.
p. 59. — Poir. Ency. 6. p. 156. — Koch, Syn. p. 617. —
P. Persicaria. var. γ. lapathifolium. Meisner, Monog.
p. 69. — Duby, Bot. gall. p. 404.
Moris. sect. 5. tab. 29. fig. 6. — Dod. pempt. p. 607. fig.
2. — Lob. ic. p. 315. fig. 1. (*ead.*).

Tige dressée ou ascendante, plus élevée et plus robuste
que celle du *P. Persicaria,* auquel plusieurs botanistes
rapportent cette espèce comme variété, noueuse, striée,
rameuse, haute de 3—6 décim. et souvent davantage ;
feuilles ovales ou ovales-lancéolées, elliptiques, aiguës, un
peu acuminées, souvent tachées de brun, ciliées-rudes sur
les bords, la nervure moyenne et le pétiole, à nervures
latérales parallèles, très divergentes : les supérieures plus
étroites, lancéolées ; gaîne glabre, scarieuse, entière,
tronquée, non sensiblement ciliée ; fleurs herbacées, blanchâtres ou rosées, à 6 étamines, en épis cylindriques terminaux et axilaires, courts, nombreux, formant une panicule
terminale assez développée ; cariopse lenticulaire, un peu
concave sur les deux faces, mucroné. ④ (Juillet—septembre).

Les lieux humides, les fossés et le bord des rivières : Salins, au bord
de la Furieuse, au-dessous de Saint-Joseph ; les fossés au bord de la
route au-dessus du Mont-de-Cimon. — Aux environs de Neuchâtel
(Chaillet). — Çà et là dans les lieux humides, près des fumiers, aux
environs de Genève (Reut.). — De Bâle (Hagenb.).

β. *Nodosum.* Gaud. Fl. helv. 5. l. c. — Tige ponctuée
de rouge, à articulations plus renflées ; fleurs rougeâtres.

Commune à Nyon, dans la ville même (Gaud.). — Aux environs de
Bâle (Hagenb.).

γ. *Incanum.* Koch, Syn. l. c. var. β. — *P. incanum.*
Schm. Boh. n. 391. — Gaud. Fl. helv. 3. p. 41. —*P. Per-*
sicaria. γ. Linn. Sp. 518. — Meisner, Monog. l. c. var. β.
— Feuilles lancéolées, blanchâtres-cotonneuses en dessous.

Genève, assez commune dans les champs humides au-dessus du bois de la Bâtie; dans les parties défrichées du marais de Troënex, etc. (Reut.). — Rolle, sur le rivage du lac (Rapin).

5. R. d'Orient. — *P. Orientale.*

Linn. Sp. 519. — DC. Fl. fr. n. 2211. — Duby, Bot. gall. p. 404. — Poir. Ency. 6. p. 144. — Meisner, Monog. p. 53.

Tige haute de 15—20 décim., velue, cylindrique, rameuse au sommet, articulée; feuilles grandes, pétiolées, ovales-acuminées : les inférieures échancrées en cœur, entières, ciliées, légèrement pubescentes, particulièrement sur les nervures; gaîne lâche, membraneuse, tronquée, foliacée et ciliée au sommet; fleurs grosses, d'un rouge vif, ainsi que les bractées, disposées en épis cylindriques assez longs, obtus, denses, un peu pendants, formant au sommet de la plante une panicule lâche, étalée; étamines 6—7; style bifurqué; cariopse d'un brun foncé, arrondi, comprimé, luisant, entouré d'un léger sillon. ① (Août, septembre).

Originaire d'Orient et de l'Inde, cultivée dans les jardins, comme plante d'ornement, d'où elle s'échappe souvent : je l'ai trouvée plusieurs fois, croissant spontanément, sur les graviers au bord de la Furieuse, au-dessous de Saint-Joseph, et à la Chapelle.

6. R. Persicaire. — *P. Persicaria.*

Linn. Sp. 518. var. *α.* — DC. Fl. fr. n. 2208. — Duby, Bot. gall. p. 404. — Gaud. Fl. helv. 3. p. 40. — Poir. Ency. 6. p. 140. — Meisner, Monog. p. 68. var. *α.* — Koch, Syn. p. 617.

Moris. sect. 5. tab. 29. fig. 2. (*series* 2.). — J. Bauh. Hist. 3. p. 2. p. 779. fig. 2. — Tabern. ic. p. 857. fig. 2. — Dalech. Hist p. 1041. fig. 1. — Dod. pempt. p. 608. fig. 1. — Lob. ic. p. 315. fig. 2. (*ead.*).

Racine fibreuse, blanchâtre ; tige dressée où coudée-ascendante, haute de 3—6 décim., glabre, rameuse, articulée, à articulation un peu renflée ; feuilles oblongues-lancéolées ou lancéolées, acuminées, rétrécies à la base en un court pétiole, ciliées-rudes sur les bords et la nervure moyenne, à poils couchés, ordinairement marquées en dessus d'une tache noirâtre en forme de croissant ; gaîne velue, membraneuse, un peu lâche, tronquée, garnie de longs cils ; fleurs blanchâtres ou rougeâtres, disposées en épis denses, oblongs-cylindriques, axilaires et terminaux ; styles soudés jusqu'au milieu ; étâmines 6, un peu plus courtes que le périgone ; cariopse comprimé-lenticulaire, convexe, aigu, presque trigone. ⚲ (Juillet, septembre).

Commune dans les lieux humides, au bord des chemins et dans les fossés. — La Persicaire passe pour vulnéraire, détersive et un peu astringente, inusitée.

** *Épis grêles, laxiflores.*

7. R. à fleurs lâches. — *P. mite.*

Schrank, baier. Fl. 4. p. 668, *non Pers.* (1789). — Gaud. Syn. p. 321. — Koch, Syn. p. 618. — *P. strictum. β. majus.* Gaud. Fl. helv. 3. p. 43. — *P. laxiflorum.* Weihe, in Bot. zeit. p. 746. (1826).
Reich. Cent. 5. tab. 686.

Cette espèce est beaucoup plus commune que le *P. hydropiper*, avec lequel on la confond ordinairement : elle en diffère par ses épis plus grêles, le plus souvent rougeâtres ; par ses fleurs non ponctuées-résineuses, et par ses gaînes plus longuement ciliées : sa saveur est peu marquée. Tige grêle, rampante à la base, ascendante, haute de 3—5 décim. ; feuilles lancéolées ou oblongues-lancéolées, vertes, ciliées-rudes ; gaînes en entonnoir, garnies de poils couchés, longuement ciliées ; fleurs roses ou blanchâtres, non ponctuées-glanduleuses, en épis grêles, allongés, très lâches, penchés, interrompus ; style divisé jusqu'au milieu ; étamines

6; cariopse ovoïde, aigu, luisant, obtusément trigone. ①
(Juillet—septembre).

Les lieux humides, les fossés et les marais : aux environs de Salins ;
de Besançon. — Autour de Promenthou (Gaud.).

8. R. Poivre-d'eau. — *P. hydropiper*.

Linn. Sp. 517. — DC. Fl. fr. n. 2206. — Duby, Bot. gall.
   p. 404. — Gaud. Fl. helv. 3. p. 59. — Poir. Ency. 6.
   p. 138. et *P. glandulosum*. ejusd. p. 149. (*ex Meisn.*).
   — Meisner, Monog. p. 76. — Koch, Syn. p. 618.
Bull. Herb. tab. 127. — Moris. sect. 5. tab. 29. fig. 6. —
   J. Bauh. Hist. 3. p. 2. p. 780. fig. 1.
   Racine fibreuse ; tige haute de 3—5 décim. , glabre, rameuse, dressée ou ascendante, cylindrique, souvent rougeâtre, un peu renflée sur les nœuds ; feuilles lancéolées ou
elliptiques, aiguës, d'un vert pâle, rétrécies à la base en un
court pétiole, glabres, ciliées-rudes sur les bords, non
tachées ; gaîne un peu lâche, tronquée, finement ciliée,
presque glabre ; fleurs d'un blanc verdâtre ou rougeâtres,
ponctuées-résineuses, disposées en épis allongés, grêles,
très lâches, interrompus, penchés ; étamines 6 ; style divisé
jusqu'au milieu ; cariopse assez gros, trigone, moins luisant
que dans l'espèce précédente, finement ponctué-chagriné.
① (Juillet—septembre).

Commune partout dans les lieux humides, au bord des mares et des
fossés. Saveur âcre et poivrée.

9. R. fluette. — *P. minus*.

Huds. Fl. angl. 1. p. 148. (1762). — Gaud. Syn. p. 521.
   — Koch, Syn. p. 618. — *P. pusillum*. DC. Fl. fr. n.
   2207.—Duby, Bot. gall. p. 405. — Poir. Ency. 6. p. 139.
   — *P. strictum* (All.). Gaud. Fl. helv. 3. p. 42. — Meisner, Monog. p. 74. — *P. Persicaria. var.* β. Linn. Sp.
   518.

All. Fl. ped. tab. 68. fig. 2. — Moris. sect. 5. tab. 29. fig. 5.
— Tabern. ic. p. 858. fig. 1. — Dalech. Hist. p. 1041.
fig. 2. — Lob. ic. p. 316. fig. 1. (*ead.*).

Cette espèce a le port du *P. hydropiper,* mais elle est
beaucoup plus petite, sa saveur est herbacée et non àcre et
poivrée ; ses feuilles sont beaucoup plus étroites, et ses fleurs
sont rougeâtres, non ponctuées. Tige glabre, comme toutes
les autres parties de la plante, ascendante, radicante à la
base, peu rameuse, ordinairement simple, grêle, haute
d'environ 1—2 décim. ; feuilles lancéolées-linéaires, aiguës,
ciliées-rudes sur les bords, non tachées ; gaînes appliquées,
un peu poilues, tronquées, longuement ciliées, les florales
presque uniflores, à cils divergents ; fleurs petites, non
ponctuées, rougeâtres ou rosées, en épis presque dressés,
grêles, très lâches, interrompus, pauciflores ; style bifide ;
étamines 5 ; cariopse lisse, luisant, ovoïde, comprimé, aigu,
à 3 angles peu marqués. ④ (Août, septembre).

Les tourbières, les fossés, les lieux humides ou marécageux : dans
les tourbières de Bief-du-Four ; de Pontarlier, etc. — Genève, au bord
du lac à la pointe de Bellerive, et entre Genthod et Versoix (Reut.). —
Bâle, au bord du Rhin ; du Birsec, etc. (Hagenb.).

§ 3. *Tige rameuse ; gaine déchirée, à 2 lobes ; fleurs
axilaires ; styles 3, libres, très courts ; stigmate très
petit ; cariopse petit, triquêtre, recouvert par le périgone. —* Avicularia. Meisner.

10. R. des petits oiseaux. — *P. aviculare.*

Linn. Sp. 519. — DC. Fl. fr. n. 2213. — Duby, Bot. gall. p.
403. — Gaud. Fl. helv. 3. p. 43. — Poir. Ency. 6. p.
145. — Meisner, Monog. p. 87. — Koch, Syn. p. 618.
Lam. illust. tab. 315. fig. 1. — Chaum. Fl. méd. tab. 107.
— Meisn. Monog. tab. 4. fig. O. (*analysis*). — Moris.
sect. 5. tab. 29. fig. 1. (*series* 5.). — J. Bauh. Hist. 3.
p. 2. p. 375. fig. 1. — Tabern. ic. p. 852. fig. 2. —
Dalech. Hist. p. 1123. fig. 1. — Dod. pempt. p. 113. fig. 1.
— Lob. ic. p. 419. fig. 1. (*ead.*).

Racine grêle, tortueuse ; tiges couchées ou ascendantes, rameuses, diffuses, cylindriques, feuillées dans toute leur longueur, finement striées ; feuilles d'un vert pâle, ordinairement lancéolées ou elliptiques, pétiolées, planes, un peu obtuses et un peu rudes sur les bords, à une nervure ; gaîne scarieuse, très courte, ciliée, à la fin déchirée-frangée sur le bord ; fleurs petites, axilaires le long de la tige, courtement pédicellées, au nombre de 2—3 dans chaque gaîne ; périgone à 5 divisions ovales, obtuses, étalées à l'époque de la fleuraison, blanchâtres ou rosées au sommet ; étamines 8 ; styles 3 ; cariopse trigone, à faces ovales-triangulaires, finement striées-chagrinées. ⊕ (Juillet—septembre). Vulg. *Traînasse.*

Commune partout au bord des chemins, sur les promenades, et dans les champs après la moisson.

α. *Procumbens.* Meisner, Monog. l. c. — Tige très rameuse dès la base, couchée-étalée sur la terre ; feuilles oblongues, obtuses.

Le bord des chemins et des routes.

β. *Erectum.* Meisner, Monog. l. c. — Koch, Syn. l. c. — *P. erectum.* Linn. Sp. 520. — All. Fl. ped. tab. 90. fig. 2. — Barr. ic. fig. 560. n. 2. — Tige dressée ou ascendante ; feuilles un peu plus aiguës.

Les champs après la moisson.

γ. *Angustifolium.* Poir. Ency. 6. l. c. var. γ. — J. Bauh. Hist. 3. p. 2. p. 376. fig. 1. — Tabern. ic. p. 853. fig. 2. — Plante rameuse dès la base, à rameaux étalés, filiformes ; feuilles étroites, linéaires-lancéolées, elliptiques.

Le bord de l'étang de Vaudrey.

δ. *Polycnemum.* Reichenb. — Tiges rameuses, longues de 6—8 décim., étalées, à rameaux allongés, presque nus, durs, striés ; feuilles des petits rameaux en forme de bractées.

Les graviers du bord de la Furieuse, au-dessous de Saint-Joseph.

§ 4. *Tige volubile ; gaine demi-cylindrique ; fleurs axi-*
laires, fasciculées ; style 1, très court ; stigmate à 3
lobes ; cariopse triquêtre, plus petit que le périgone
accru. — Tiniaria. Meisner.

11. R. Liseron. — *P. convolvulus.*

Linn. Sp. 522. — DC. Fl. fr. n. 2217. — Duby, Bot. gall.
p. 403. — Gaud. Fl. helv. 3. p. 47. — Poir. Ency. 6. p.
154. — Meisn. Monog. p. 63. — Koch, Syn. p. 619.
Moris. sect. 5. tab. 29. fig. 2? — Dalech. Hist. p. 1424.
fig. 2. — Tabern. ic. p. 876. fig. 2. — Meisner, Monog.
tab. 4. fig. P. (*anal.*).

Plante de 3—6 décim., rameuse à la base, à rameaux
striés-anguleux, faibles, étalés ascendants, flexueux, un peu
rudes, plus ou moins volubiles ; feuilles toutes pétiolées,
en cœur, sagittées à la base, acuminées, à oreillettes arrondies dans les inférieures et un peu aiguës dans les supérieures ; gaînes courtes, nues ; fleurs axilaires, petites, au
nombre de 3—4, blanchâtres, portées sur de courts pédicelles presque égaux, à la fin réfléchis : divisions extérieures
du périgone carénées, à carène obtuse, non prolongée en
aile ; anthères violettes ; cariopse noir, finement strié-cha-
griné, à 3 angles, à faces ovales. ④ (Juillet—septembre).

Commune dans les champs, surtout après la moisson.

12. R. des buissons. — *P. dumetorum.*

Linn. Sp. 522. — DC. Fl. fr. n. 2218. — Duby. Bot. gall. p.
403. — Gaud. Fl. helv. 3. p. 48. — Poir. Ency. 6. p.
154. — Meisner, Monog. p. 63.
J. Bauh. Hist. 2. p. 158. fig. 1. — Dod. pempt. p. 396. fig.
1. — Lob. ic. p. 624. fig. 1. (*ead.*).

Cette espèce a beaucoup de rapport avec la précédente,
mais on l'en distingue de suite à la longueur de ses tiges et
aux divisions du périgone, dont la carène est ailée. **Tiges**

grêles, rameuses, flexueuses, volubiles, lisses, striées, longues de 12—18 décim. ; feuilles pétiolées, en cœur, presque hastées, acuminées ; fleurs blanchâtres, en grappes axilaires et terminales, allongées, feuillées, lâches et interrompues, portées sur des pédicelles filiformes, pendants ; divisions extérieures du périgone à la fin accrues, ailées sur la carène, à ailes larges, membraneuses, blanchâtres, décurrentes sur le pédicelle ; cariopse noir, à 3 angles, à faces ovales-elliptiques pliées en gouttières, lisses et brillantes. ① (Juillet, août).

Çà et là dans les haies, les buissons, et dans les bois de taillis après la coupe.

§ 5. *Tige dressée, rameuse ; fleurs en corymbe ; styles 3 ; stigmate épais, en tête ; cariopse triquètre, plus long que le périgone.* — Fagopyrum. Tournef.

13. R. Sarrazin. — *P. Fagopyrum.*

Linn. Sp. 522. — DC. Fl. fr. n. 2216. — Duby, Bot. gall. p. 403. — Gaud. Fl. helv. 3. p. 46. — Poir. Ency. 6. p. 152. — Meisner, Monog. p. 61. — Koch, Syn. p. 619.

Moris. sect. 5. tab. 29. fig. 1. — J. Bauh. Hist. 2. p. 995. fig. 1. — Tabern. ic. p. 276. fig. 2. — Dalech. Hist. p. 383. fig. 1. — Dod. pempt. p. 512. fig. 1. — Lob. ic. 2. p. 63. fig. 1. (*ead.*).

Tige dressée, verte ou rougeâtre, striée, rameuse, lisse, fistuleuse, haute de 3—6 décim.; feuilles triangulaires, acuminées, en cœur et sagittées à la base : les supérieures presque sessiles et embrassantes ; gaîne très courte, scarieuse, entière ; fleurs rosées ou blanches, en grappes axilaires, simples, longuement pédonculées, les supérieures en corymbe terminal ; cariopse gros, plus long que le périgone, lisse, à 3 angles aigus, à faces ovales triangulaires. ① (Juillet, août).

Originaire d'Asie, cultivé dans les terres légères et argileuses, sous les noms de *Sarrasin*, *Blé-noir*. — Sa graine sert à engraisser les bestiaux et la volaille : réduite en farine, elle donne un pain grossier ; on en fait de la bouillie et des galettes, et elle sert encore à faire des cataplasmes maturatifs. Cette plante se reproduit souvent spontanément, et on la retrouve çà et là dans les lieux cultivés : incinérée et lessivée elle fournit une grande quantité de potasse. Les abeilles recherchent ses fleurs qui donnent un bon miel et une cire facile à blanchir.

FAMILLE XCI.

Thymélées. Juss.

PÉRIGONE libre, coloré, tubuleux, à 4, rarement 5 lobes, à estivation embriquée ; étamines insérées à la gorge ou sur le tube, en nombre double des divisions du périgone ; anthères à 2 loges, s'ouvrant par 2 fentes longitudinales ; ovaire libre, uniloculaire, à un seul ovule pendant ; style 1, souvent latéral ; stigmate 1 ; fruit sec ou drupe, monosperme. Périsperme nul, ou mince et charnu ; embryon droit ; radicule tournée vers l'ombilic. — Herbes ou arbrisseaux à feuilles simples, entières, sans stipules ; fleurs hermaphrodites, rarement dioïques par avortement.

1. STELLÉRINE. — *STELLERA*. Linn.

Périgone tubuleux, persistant, marcescent, à 4 lobes ; étamines 8 ; style court ; stigmate en tête ; noix monosperme, luisante, acuminée en bec. — Herbes.

1. S. Passerine. — *S. Passerina*.

Linn. Sp. 512. — DC. Fl. fr. n. 2204. — Duby, Bot. gall. p. 405. — Gaud. Fl. helv. 3. p. 32. — Poir. Ency. 7. p. 422. — *Passerina annua*. Koch, Syn. p. 620.
Lam. illust. tab. 295. fig. 1. — Moris. sect. 5. tab. 31. fig. 9. — J. Bauh. Hist. 3. p. 2. p. 456. fig. 1. — Tabern. ic. p. 828. fig. 2.

Racine presque simple, blanchâtre; tige dressée, ordinairement rameuse au sommet, quelquefois presque simple, grêle, dure, feuillée, haute de 2—3 décim., à rameaux simples, grêles, presque filiformes, allongés, dressés; feuilles nombreuses, éparses, courtes, très glabres, sessiles, lancéolées-linéaires, étroites, aiguës, presque dressées; fleurs petites, d'un vert jaunâtre, sessiles, axilaires le long des rameaux, solitaires ou réunies 2—3 ensemble, formant de longs épis grêles feuillés, munies de bractées lancéolées, plus courtes que les feuilles; périgone oblong, pubescent, renflé dans le bas, à lobes courts, inégaux, connivents après la fleuraison; noix petite, pyriforme, monosperme, indéhiscente. ① (Juillet, août).

Dans les champs un peu arides et graveleux, après la moisson : Salins, dans les champs de Salgret; de la Grange-Feuillet, etc.; de Vadans et de la Ferté, près d'Arbois; dans ceux des environs d'Ounans; de Mont-sous-Vaudrey; de Besançon; de Thoiry; de Thoirette; de Genève; de Bâle; de Nyon; d'Orbe; de Monchérand, etc.

2. DAPHNÉ. — *DAPHNE*. Linn.

Périgone tubuleux, coloré, à limbe à 4 lobes; étamines 8 dans le tube; style très court; stigmate en tête; drupe charnue, monosperme. — Sous-arbrisseaux.

§ 1. *Fleurs terminales.*

1. D. Camelée. — *D. Cneorum.*

Linn. Sp. 511. — DC. Fl. fr. n. 2195. — Duby, Bot. gall. p. 406. — Lam. Ency. 3. p. 439. — *D. cneorum. I. canescens*. Gaud. Fl. helv. 3. p. 30. — Koch, Syn. p. 621. Bull. Herb. tab. 121. — J. Bauh. Hist. 1. p. 1. p. 571. fig. 1. — Clus. Hist. 1. p. 90. fig. 1. — Tabern. ic. p. 1076. fig. 1. — Dalech. Hist. p. 1364. fig. 1.

Sous-arbrisseau rameux, de 2—3 décim., à tiges nues à la base, feuillées ou sommet, nombreuses, diffuses ou as-

cendantes, rameuses, à rameaux légèrement pubescents
dans la jeunesse ; feuilles éparses, nombreuses, sessiles,
glabres, fermes, d'un beau vert, linéaires-lancéolées, un
peu dilatées au sommet, obtuses, mucronulées, sillonnées
sur la nervure moyenne ; fleurs terminales, sessiles ou légèrement pédicellées, d'un rose pourpre éclatant, odorantes,
fasciculées, au nombre de 8—12, au sommet de la tige et
des rameaux ; périgone à tube allongé, cylindrique, pubescent, à lobes elliptiques, un peu obtus ; drupe ovoïde,
orangée ? (à la fin brune) (Hagenb.). ♄ (Juin, juillet).

Au-dessus de la montagne en face de Cise, près de Champagnole,
le long du chemin qui conduit à Loulle. — Le pâturage rocailleux du
Jura, au lieu dit pré de Bière au bord de la route du Brassus, où il est
abondant (Reut.). — Les rochers près de Moron, et à la Chaux près
de la Brevine (Gagnebin). — A la Sèche des Embornats, au-dessus de
Gimel (Gaud.). — Bâle, les rochers buissonneux au-dessous du château Widwald, à droite du chemin qui conduit de la campagne de ce
nom à Eptingen (Hagenb.).

β. *Floribus albis.* DC. Fl. fr. l. c. — Fleurs blanches.

Champagnole, avec la var. α. — Cette plante se trouvait déjà dans
cette même localité il y a plus de deux cents ans, puisque J. Bauhin a
reçu les deux variétés ci-dessus de Charles Toscan, pharmacien à
Champagnole.

§ 2. *Fleurs latérales ou axilaires.*

2. D. des Alpes. — *D. Alpina.*

Linn. Sp. 510. — DC. Fl. fr. n. 2193. — Duby, Bot. gall.
p. 407. — Gaud. Fl. helv. 3. p. 28. — Lam. Ency. 3. p.
437. — Koch, Syn. p. 620.
Barr. ic. fig. 254. — J. Bauh. Hist. 1. p. 1. p. 586. fig. 1.
— Dalech. Hist. p. 1665. fig. 2. (*ead.*).
Sous-arbrisseau de 15—50 centim., à tige tortueuse, nue,
très rameuse, à rameaux feuillés seulement à leur extrémité, à écorce brune, quelquefois cendrée ou blanchâtres ;
feuilles oblongues-lancéolées, obtuses, ou obovales, blanchâtres et pubescentes en dessous, vertes en dessus et éga-

lement un peu pubescentes, surtout dans la jeunesse, à la
fin glabres, non persistantes; fleurs blanches, sessiles, inodores, axilaires, presque terminales, réunies au nombre de
4—7, rarement 3, au sommet des rameaux, parmi les
feuilles de la rosette terminale, mais se trouvant réellement
latérales après le développement du rameau; tube du périgone oblong, pubescent; limbe étalé, à lobes lancéolés,
aigus ou acuminés; drupe rouge, ovoïde. ♄ (Mai, juin).

Dans les fentes des rochers : Salins, sur un petit rocher entre Saint-
Roch et Saint-Anatoile; sur les rochers d'Arèle; de Belin; de Poupet,
à Bonhomme; à la Châtelaine, près d'Arbois; au Creux-du-Vent. —
Au Grand-Salève, dans les fentes des rochers au-dessus de Crevin, etc.
(Reut.). — Aux rochers de Moron, près des Planchettes, comté de
Neuchâtel (Gagnebin).

3. D. Bois-gentil. — *D. Mezereum.*

Linn. Sp. 509 — DC. Fl. fr. n. 2190. — Duby, Bot. gall.
   p. 407. — Gaud. Fl. helv. 3. p. 27. — Lam. Ency. 3. p.
   434. — Koch, Syn. p. 620.

Bull. Herb. tab. 1. — J. Saint-Hil. Pl. fr. tab. 117. —
   Lam. illust. tab. 290. fig. 1. — J. Bauh. Hist. 1. p. 1. p.
   566. fig. 1. — Dalech. Hist. p. 212. fig. 1. — Dod. pempt.
   p. 364. fig. 2. — Lob. ic. p. 367. fig. 2. (*ead.*).

Sous-arbrisseau de 6—9 décim., rameux, à écorce grisâtre ou brunâtre, lisse; feuilles lancéolées, longuement
rétrécies-cunéiformes à la base, courtement pétiolées, paraissant après les fleurs, minces, caduques, non persistantes,
entières, glabres, légèrement ciliées dans la jeunesse, vertes
en dessus, un peu glauques ou blanchâtres en dessous,
réunies au sommet des rameaux nus dans le reste de leur
longueur; fleurs sessiles, purpurines, d'une odeur agréable,
mais un peu forte, réunies 3 à 3, rarement 4, en épis plus
ou moins allongés, souvent interrompus, terminés par un
bourgeon qui se développe après la fleuraison; périgone à
tube pubescent, à limbe divisé en 4 lobes ovales aigus;
drupe rouge, ovoïde, succulente. ♄ (Mars, avril).

Cet arbuste n'est pas rare dans nos bois de taillis, mais il est toujours épars et ne se trouve que çà et là ; plus commun dans les pâturages derrière la Faucille et sur la chaîne du Colombier, jusque parmi les Rhododendrons, près du Reculet. — Genève, dans les bois de la Bâtie et des Frères, etc. (Reut.). — Bâle, commun presque partout dans les bois (Hagenb.). Il acquiert moins de hauteur dans le haut Jura que dans nos bois de taillis, mais il est plus rameux et fructifie davantage ; ses grappes de fruits serrés, d'un beau rouge, fixent agréablement la vue au milieu de ces vastes pâturages entièrement nus.

4. D. Lauréole. — *D. Laureola.*

Linn. Sp. 510. — DC. Fl. fr. n. 2192. — Duby, Bot. gall. p. 407. — Gaud. Fl. helv. 3. p. 29. — Lam. Ency. 3. p. 437. — Koch, Syn. p. 620.

Bull. Herb. tab. 57. — J. Bauh. Hist. 1. p. 1. p. 564. fig. 1. — Tabern. ic. p. 1074. fig. 2. et p. 1075. fig. 1. — Dalech. Hist. p. 21. fig. 2. et p. 215. fig. 1. — Dod. pempt. p. 365. fig. 1. — Lob. ic. p. 368. fig. 1. et 2. (*ead.*).

Sous-arbrisseau de 3—6 décim., dressé, rameux à sa partie supérieure, à écorce cendrée, à rameaux nus, flexibles, feuillés au sommet ; feuilles grandes, éparses, rapprochées en rosette, persistantes, glabres comme toutes les autres parties de la plante, épaisses, coriaces, un peu luisantes, d'un beau vert en dessus, plus pâles en dessous, oblancéolées, élargies au sommet, longuement rétrécies-cunéiformes à la base, un peu aiguës ; fleurs inodores, d'un vert jaunâtre, courtement pédicellées, au nombre de 4—7, rarement 3, disposées en grappes courtes, penchés ou pendantes, situées dans l'aisselle des feuilles supérieures et garnies de quelques bractées alternes, ovales, concaves, caduques ; périgone à tube glabre, à lobes ovales-lancéolés ; drupes ovoïdes, d'abord vertes, puis noires. ♄ (Mars, avril).

Çà et là dans les bois et parmi les buissons : aux environs de Salins. — De Nyon, au-dessus de Bonmont et de Trélex (Gaud.). — De Bâle (Hagenb.). — A Salève, du côté de Genève, etc. (Reut.). — L'écorce de cette plante est caustique, légèrement vésicante. — M. Guyétant, dans son *Essai sur l'agriculture du département du Jura*, indique le *Daphne Thymelea*. Linn. (*Passerina Thymelea*. DC.) au nombre des plantes qui composent les bois des basses montagnes et quelques-uns du haut Jura ; mais je me contenterai de signaler ici cette plante des provinces méditerranées, sur laquelle je n'ai pas d'autres renseignements.

FAMILLE XCII.

Laurinées. DC.

PÉRIGONE libre, persistant, à 6 lobes ou à 6 divisions à estivation embriquée ; étamines insérées à la base des lobes, au nombre de 6 sur un seul rang, ou de 12 sur 2 rangs ; anthères adhérentes aux filets, à 2 loges s'ouvrant par une valve, de la base au sommet ; style et stigmate 1 ; ovaire libre, à un seul ovule pendant ; drupe ou baie uniloculaire, monosperme. Périsperme nul ; embryon droit ; radicule tournée vers l'ombilic. — Arbres ou arbrisseaux à feuilles alternes, à fleurs hermaphrodites ou dioïques par avortement.

1 LAURIER. — *LAURUS*. Linn

Fleurs dioïques ; périgone à 4—6 divisions. *Mâles :* fleur terminale à ovaire nul, à 12 étamines sur 2 rangs, 6 extérieures simples, et 6 intérieures portant 2 glandes au milieu ; fleurs latérales à 9—10 étamines. *Femelles :* étamines 4, stériles ; ovaire parfait ; drupe charnue.

1. L. des poètes. — *L. nobilis.*

Linn. Sp. 529. — DC. Fl. fr. n. 2202. — Duby, Bot. gall. p. 407. — Gaud. Fl. helv. 3. p. 56. — Lam. Ency. 3. p. 447. — Koch, Syn. p. 621.

J. Saint-Hil. Pl. fr. tab. 619. — Lam. illust. tab. 321. fig. 1. — J. Bauh. Hist. 1. p. 1. p. 409. fig. 1. — Tabern. ic. p. 951. fig. 1. et 2. — Dalech. Hist. p. 551. fig. 1.

— Dod. pempt. p. 849. fig. 1. — Lob. ic. 2. p. 141. fig. 2.
(*ead.*).

Arbuste toujours vert, de 2—3 mètres dans nos climats, mais beaucoup plus élevé dans les climats chauds, à rameaux redressés, flexibles, recouverts d'une écorce verte et lisse ; feuilles alternes, pétiolées, luisantes, d'un vert foncé, odorantes, coriaces, persistantes, oblongues - lancéolées, ondulées sur les bords, à nervure longitudinale très marquée et saillante ; fleurs dioïques, blanchâtres, en petites ombelles pédonculées, axilaires, portées sur des pédicelles très courts, munis à la base d'écailles ou bractées ovales, concaves, caduques ; lobes du périgone ovales, concaves ; drupe ovoïde, d'un bleu foncé ou noirâtre à la maturité. ♄ (Avril, mai).

Cette plante, originaire d'Orient, des îles de la Grèce et des côtes de Barbarie, est cultivée dans les lieux chauds et abrités, autour des habitations, particulièrement dans les villages ; ses jeunes rameaux se vendent sur nos marchés pour leurs feuilles d'une odeur et d'une saveur aromatique agréable, dont on se sert dans la cuisine comme assaisonnement. Ses baies fournissent une huile essentielle employée comme stomachique et carminative. Le Laurier servait autrefois à couronner les vainqueurs et les poètes ; dans les temps plus modernes, on couronnait les jeunes docteurs avec des rameaux de Laurier garnis de leurs baies (*baccæ laureæ*), d'où sont venus les noms de *baccalauréat* et de *bachelier*.

FAMILLE XCIII.

Santalacées. R. Brown.

Périgone adhérent à l'ovaire, à 3—5 divisions colorées intérieurement, à estivation valvaire ; étamines 4—5, opposées aux divisions du périgone et insérées à leur base ; ovaire uniloculaire, à 2—4 ovules pendants du sommet d'un placenta central ; style 1 ; stigmate souvent lobé ; fruit (noix ou drupe) monosperme. Périsperme charnu ; embryon situé dans l'axe ; radicule tournée vers l'ombilic. — Feuilles alternes ou éparses, dépourvues de stipules ; fleurs petites, presque en épi, rarement en ombelle ou solitaires.

1. THÉSION. — *THESIUM*. Linn.

Périgone en soucoupe ou en entonnoir, à 4—5 lobes ; étamines 4—5, barbues, opposées aux lobes du périgone ; style 1 ; stigmate simple ; noix monosperme, couronnée par les lobes persistants du périgone.

§ 1. *Lobes du périgone enroulés jusqu'à la base et formant, au-dessus de la noix, un nœud égalant à peine le tiers de sa longueur.*

1. T. à feuilles de Lin. — · *T. linophyllum.*

Poll. Palat. 1. p. 258. (1776) et mult. auct. (*T. linophyllum.* Linn. Sp. 301., *est species non extricanda.* Koch). — DC. Fl. fr. n. 2185. var. β. — Gaud. Fl. helv. 2. p. 235. var. β. — Poir. Ency. 7. p. 625. var. β. — *T. intermedium.* Schrad. Spicil. Fl. germ. p. 27. (1794). — Koch, Syn. p. 622.

Moris. sect. 15. tab. 1. fig. 5. — J. Bauh. Hist. 5. p. 2. p. 461. fig. 5. — Tabern. ic. p. 826. fig. 1. — Clus. Hist. 1. p. 324. fig. 1.

Racine rameuse, rampante, dure, presque ligneuse, blanchâtre, produisant plusieurs tiges dressées ou ascendantes, hautes de 15—30 centim., rameuses-paniculées au sommet ; feuilles sessiles, éparses, très étroites, linéaires, ou linéaires-lancéolées, un peu épaisses et obtuses, glabres, entières, vertes, à 3 nervures ; fleurs nombreuses, petites, au nombre de 1—3 à l'extrémité des rameaux ou pédoncules, portées sur des pédicelles très courts, munies sous le périgone de 2—3 petites folioles ou bractées sessiles, aiguës, souvent inégales, formant ensemble une panicule feuillée, ouverte, terminale ; périgone ordinairement à 5 divisions étalées pendant la fleuraison, planes, blanchâtres intérieurement, verdâtres en dehors, resserrées à l'époque de la maturité et enroulées jusqu'à la base en une sorte de nœud, formant à peu près le tiers de la longueur de la noix : celle-ci est ovoïde ou oblongue, striée-nerveuse longitudinalement, portées sur des pédicelles épais et très courts. ♃ (Juillet, août).

Les coteaux arides, les prés secs et montueux : aux environs de Salins, assez commune. — Dans les prés autour de Longirod, abondamment, etc. (Gaud.).

ß. *Humifusum.* Gaud. Fl. helv. l. c. var. *ßγ.* — *T. humifusum.* DC. Fl. fr. supp. n. 2185ª. — Feuilles lancéolées-linéaires ; tiges nombreuses, entièrement couchées.

Autour de Longirod (Gaud.), et sans doute autour de Salins.

§ 2. *Lobes du périgone enroulés seulement au sommet et formant, au-dessus de la noix, un tube cylindrique de même longueur qu'elle.*

2. T. des prés. — *T. pratense.*

Ehrh. Herb. exs. n. 12. — Hagenb. Fl. basil. 2. in append. p. 494. — Koch, Syn. p. 623. — *T. linophyllum.* DC. Fl. fr. n. 2185. var. *α.* — Gaud. Fl. helv. 2. p. 235. var. *α.* — Poir. Ency. 7. p. 625. var. *α.*

Reichenb. Cent. 5. tab. 647.

Racine fusiforme ; tiges grêles, assez nombreuses, ascendantes, les extérieures inclinées, longues de 15—30 centim. ; feuilles étroites, linéaires, un peu épaisses, à une nervure ou à 3, les latérales étant peu distinctes ; fleurs ordinairement à 5 divisions, en grappe rameuse à la base, à rameaux à la fin divariqués-paniculés ; bractées ternées, planes, finement dentelées, un peu inégales ; noix presque globuleuse, striée-nerveuse longitudinalement, couronnée par les lobes du périgone enroulés au sommet et rapprochés en tube égalant la longueur de la noix. ♃ (Juin, juillet).

Les collines et les prés montagneux : aux environs de Salins, au pied de Poupet, au-dessus d'Ivrey ; de Besançon ; dans les pâturages de la tourbière de Pontarlier, etc. — De Bâle, près de la Birse, autour de Saint-Jacob, d'Olsberg, et dans les pâturages montagneux (Hagenb.).

β. *Angustifolium*. Gaud. Fl. helv. 2. l. c. var. *ββ*. — Feuilles linéaires, très étroites; tige allongée, raide et peu rameuse.

Près de Grandson (Gaud.).

3. T. des Alpes. — *T. Alpinum*.

Linn. Sp. 301. — DC. Fl. fr. n. 2186. — Duby, Bot. gall. p. 408. — Gaud. Fl. helv. 2. p. 236. — Poir. Ency. 7. p. 626. — Koch, Syn. p. 623.
Dalech. Hist. p. 1150. fig. 1? (*obstat racemus supernè ramosus*).

Racine fusiforme; tiges de 15—25 centim., assez nombreuses, ascendantes ou tombantes, simples ou à 1—2 rameaux; feuilles linéaires, vertes, à une seule nervure; fleurs ordinairement à 4 étamines, à pédoncules uniflores, en grappes terminales feuillées, unilatérales, munies de 3 bractées, l'inférieure allongée, presque de la longueur des feuilles, les latérales plus courtes et à peu près de la longueur de la noix; celle-ci est presque globuleuse, striée-nerveuse longitudinalement, terminée par le périgone tubuleux, de même longueur qu'elle ou plus long, à lobes enroulés au sommet. ♃ (Juin, juillet).

Sur le Chasseral; le Creux-du-Vent; le Chasseron; le Suchet; le Mont-d'Or; le Montendre; la Dôle; la Faucille; les sommités entre le Colombier et le Reculet; le Salève; le mont Mutet et autres sommités du canton de Bâle.

β. *Sparsiflorum*. Gaud. Syn. p. 204. — Tiges fermes, presque dressées; fleurs éparses, portées sur des pédoncules plus longs.

Çà et là avec la var. α.

FAMILLE XCIV.

Éléagnées. R. Brown.

Périgone libre, coloré en dedans, à 2—4 divisions à estivation embriquée; étamines insérées à la gorge du périgone,

en même nombre que ses divisions et alternes avec elles, ou
en nombre double; anthères biloculaires, s'ouvrant par 2
fentes longitudinales; ovaire libre, à un seul ovule dressé,
renfermé dans le tube du périgone; style et stigmate 1;
fruit semblable à une drupe, formé par le périgone persistant, charnu, contenant une noix. Périsperme mince,
charnu; embryon droit; radicule infère. — Arbres ou arbustes à feuilles entières, dépourvues de stipules; fleurs
ordinairement unisexuelles.

1. ARGOUSIER. — *HIPPOPHÆ*. Linn.

Fleurs dioïques. *Mâles :* périgone connivent à 2 divisions; étamines 4, presque sessiles. *Femelles :* périgone
tubuleux, bifide et fermé au sommet; drupe globuleuse,
formée par le développement du périgone devenu succulent,
renfermant une noix.

1. A. Faux-Nerprun. — *H. rhamnoïdes*.

Linn. Sp. 1452. — DC. Fl. fr. n. 2188. — Duby, Bot. gall.
   p. 409. — Gaud. Fl. helv. 6. p. 279. — Lam. Ency. 1.
   p. 248. — Koch, Syn. p. 624.

J. Saint-Hil. Pl. fr. tab. 511. — Lam. illust. tab. 808. —
   J. Bauh. Hist. 1. p. 2. p. 33. fig. 1. — Clus. Hist. 1. p.
   110. fig. 1. — Dalech. Hist. p. 140. fig. 2. — Dod. pempt.
   p. 755. fig. 1. — Lob. ic. 2. p. 180. fig. 1.

Arbrisseau épineux, de 1—2 mètres de hauteur, tortueux,
très rameux, à rameaux diffus, devenant épineux au sommet en vieillissant, recouvert d'une écorce grisâtre; feuilles
éparses, courtement pétiolées, étroites, linéaires-lancéolées,
un peu obtuses, à nervure longitudinale saillante, d'un
vert cendré en dessus, et couvertes en dessous de petites
écailles arrondies, luisantes, ombiliquées, d'un blanc argenté, et en outre de points écailleux roussâtres; fleurs
jaunâtres, petites, axilaires, naissant avant les feuilles;

drupe de la grosseur d'un gros pois, d'un jaune orangé,
presque sessiles le long des rameaux. ♄ (Avril , mai).

Les graviers au bord des fleuves et des torrents ; à l'embouchure de
l'Arve à Genève, et sur le Salève ; sur les bords du Rhin à Bâle , et au-
dessous. — Au-dessus d'Aubonne , le long du chemin de Gimel (Gaud.).
— A Allaman , sur les rives de l'Aubonne (Rapin).

FAMILLE XCV.

Aristolochiées. Juss.

FLEURS hermaphrodites : périgone adhérent à l'ovaire , à
limbe tubuleux , irrégulièrement dilaté à sa partie supérieure , indivis et obliquement tronqué, ou trifide , à lobes
à estivation valvaire ; étamines libres, en nombre déterminé , insérées au sommet de l'ovaire , ou soudées avec le
style et le stigmate ; ovaire à 5 – 6 loges ; placentas centraux , à plusieurs ovules ; capsule ou baie coriace. Embryon très petit, situé à la base d'un périsperme cartilagineux. — Herbes ou sous-arbrisseau souvent sarmenteux , à
feuilles alternes, simples , pétiolées.

1. ARISTOLOCHE. — *ARISTOLOCHIA.* Linn.

Périgone tubuleux , ventru à la base , dilaté au sommet,
à limbe entier, prolongé obliquement en languette ; anthères
6 , presque sessiles , insérées sur le style ; stigmate à 6 lobes ;
capsule hexagonale , à 6 loges.

1. A. Clématite. — *A. Clematitis.*

Linn. Sp. 1364. — DC. Fl. fr. n. 2182. — Duby, Bot. gall.
p. 411. — Gaud. Fl. helv. 5. p. 495. — Lam. Ency. 1. p.
258. — Koch, Syn. p. 625.
J. Saint-Hil. Pl. fr. tab. 56. — Bull. Herb. tab. 39. — Moris.
sect. 12. tab. 17. fig. 5. — J. Bauh. Hist. 3. p. 2. p. 560.
fig. 2. (*mala*). — Tabern. ic. p. 760. fig. 1. — Clus. Hist.

2. p. 71. fig. 1. — Dalech. Hist. p. 979. fig. 3. — Dod.
pempt. p. 326. fig. 1. — Lob. ic. p. 607. fig. 2. (*ead.*).

Racine allongée, rampante, garnie de fibres; tiges simples, dressées, fermes, striées, lisses et glabres comme
toutes les autres parties de la plante, hautes de 3—6 décim.; feuilles alternes, longuement pétiolées, ovales, élargies et profondément échancrées en cœur à la base, obtuses,
veinées-réticulées, à oreillettes arrondies, écartées; fleurs
fasciculées, axilaires, pédonculées, moins longues que les
feuilles, pendantes, striées, d'un jaune verdâtre, d'une
odeur forte désagréable, à languette dressée, ovale-lancéolée,
un peu obtuse; capsule pendante, presque sphérique. ♃
(Mai, juin).

Les lieux incultes et pierreux, le long des haies au bord des vignes :
dans les vignes de Landeron, comté de Neuchâtel (L. Benoît, cat.). —
Autour de Neuveville et dans les vignes de Twann au bord du lac de
Bienne (Gaud.). — Autour de Lassaraz, entre Orbe et Cossonay
(Hall.).

2. A. longue. — *A. longa.*

Linn. Sp. 1364. — DC. Fl. fr. n. 2180. — Duby, Bot. gall.
   p. 411. — Lam. Ency. 1. p. 258.
J. Saint-Hil. Pl. fr. tab. 37. — Moris. sect. 12. tab. 17. fig.
   3. — J. Bauh. Hist. 3. p. 2. p. 560. fig. 1. — Clus.
   Hist. 2. p. 70. fig. 2. (*ic. Dod.*) — Dalech. Hist. p. 979.
   fig. 1. — Dod. pempt. p. 324. fig. 1.

Racine fusiforme, à la fin allongée, cylindrique; tiges
grêles, faibles, anguleuses, feuillées, rameuses, étalées,
presque grimpantes, longues de 5—6 décim.; feuilles alternes, pétiolées, ovales, en cœur à la base, entières,
obtuses, souvent même un peu échancrées au sommet,
plus petites que dans l'espèce précédente et d'un vert foncé;
fleurs solitaires sur des pédoncules plus longs qu'elles, axilaires, jaunâtres, rayées de violet, à gorge d'un pourpre
noir, à languette d'un jaune verdâtre. ♃ (Avril, mai).

Cette plante, que l'on trouve dans les champs et les vignes de la Provence et du Languedoc, est indiquée par Girod-Chantrans sur les rochers vers la cime de la montagne de Montfaucon, près de Besançon : j'ai été deux fois sur cette sommité, à des époques assez éloignées (en 1813 et en 1837), pour la chercher, et je n'ai pas été assez heureux pour la découvrir.

2. ASARET. — *ASARUM*. Linn.

Périgone en cloche, à 3—4 lobes ; étamines 12, insérées sur l'ovaire, à anthères adhérentes aux filets dans le milieu de leur longueur ; style court ; stigmate à 6 lobes rayonnants ; capsule à 6 loges.

1. A. d'Europe. — *A. Europæum*.

Linn. Sp. 633. — DC. Fl. fr. n. 2185. — Duby, Bot. gall. p. 411. — Gaud. Fl. helv. 3. p. 262. — Lam. Ency. 1. p. 278. — Koch, Syn. p. 625.

J. Saint-Hil. Pl. fr. tab. 58. — Chaum. Fl. méd. tab. 43. — Bull. Herb. tab. 69. — Lam. illust. tab. 594. fig. 1. — Moris. sect. 13. tab. 7. fig. 1. — J. Bauh. Hist. 3. p. 2. p. 548. fig. 1. — Tabern. ic. p. 751. fig. 2. — Dalech. Hist. p. 914. fig. 1. — Dod. pempt. p. 558. fig. 1. — Lob. ic. p. 601. fig. 1. (*ead.*).

Racine tortueuse, rampante, munie de fibres, produisant des tiges très courtes, à 2 feuilles grandes, réniformes, très obtuses, quelquefois un peu rétuses au sommet, profondément échancrées en cœur à la base, à oreillettes arrondies, vertes et lisses en dessus, plus pâles et un peu velues en dessous et sur les bords, veinées-réticulées, portées sur de longs pétioles velus dans la jeunesse, à la fin presque glabres ; fleurs solitaires, réfléchies, sortant de la bifurcation de chaque paire de feuilles, portées sur des pédoncules beaucoup plus courts que les pétioles ; lobes du périgone ovales-aigus, dressés-connivents, infléchis au sommet, un peu velus et d'un vert sombre en dehors, d'un pourpre brunâtre en dedans ; capsule ovoïde, à 6 loges ;

graines demi-ovoïdes, ridées en travers. Odeur de camphre désagréable. ♃ (Avril, mai). Vulg. *Cabaret, Oreille d'homme.*

Çà et là dans les forêts de sapins, aux lieux couverts : Salins, dans les forêts de sapins d'Arc-sous-Montenot; de Boujaille; de Levier; de Censeau; dans les bois autour de Pontarlier; de Champagnole; de Nozeroy; de Bâle; de Delémont; de Saint-Imier; du Locle; de Bonmont; de Trélex; de Clarens; d'Orbe, en montant la Dent-de-Vaulion, etc. — L'Asaret a une saveur âcre et amère; ses feuilles et ses racines sont émétiques à haute dose; l'infusion de la plante est purgative, emménagogue; ses feuilles sèches, réduites en poudre, forment un violent sternutatoire.

FAMILLE XCVI.

Euphorbiacées. Juss.

FLEURS unisexuelles; sexes souvent réunis dans un involucre commun. Périgone libre, lobé. *Mâles :* étamines insérées au centre du périgone, ou sous le rudiment du pistil, à filets libres ou diversement soudés. *Femelles :* ovaire libre, sessile ou stipité, à 2—3 loges à 1—2 ovules pendants, solitaires ou géminés; placenta central; style 2—3, distincts, soudés ou nuls; stigmate divisé; capsule à 2—3 coques, s'ouvrant souvent avec élasticité, contenant chacune 1—2 graines. Embryon droit, situé dans l'axe d'un périsperme charnu; radicule tournée vers l'ombilic. — Plantes souvent lactescentes.

1. RICIN. — *RICINUS* Linn.

Fleurs monoïques. *Mâles :* périgone à 5 divisions; étamines très nombreuses, à filets diversement soudés, et comme rameuses. *Femelles :* périgone à 3 divisions; styles 3, bifides; capsule hérissée de tubercules épineux, à 3 coques monospermes.

1. R. commun. — *R. communis.*

Linn. Sp. 1430. — DC. Fl. fr. n. 2177. — Duby, Bot. gall.
p. 412. — Poir. Ency. 6. p. 201.

J. Saint-Hil. Pl. fr. tab. 800. — Chaum. Fl. méd. tab. 298.
— Lam. illust. tab. 792. — Moris. sect. 10. tab. 3. fig. 1.
— J. Bauh. Hist. 3. p. 2. p. 643. fig. 1. — Tabern.
ic. p. 775. fig. 1. — Dalech. Hist. p. 1630. fig. 1. —
Dod. pempt. p. 567. fig. 1. — Lob. ic. p. 688. fig. 1.
(*ead.*).

Plante annuelle et herbacée dans nos climats, vivace et
arborescente dans son pays natal. Racine blanchâtre, souvent divisée; tige dressée, haute de 12 – 18 décim., épaisse,
fistuleuse, cylindrique, lisse, articulée, rameuse au sommet, recouverte d'une poussière glauque; feuilles amples,
peltées, palmées, alternes, pétiolées, lisses et glabres, à
7 – 9 lobes lancéolés, inégaux, irrégulièrement dentés en
scie, un peu acuminés; fleurs disposées en grappes axilaires
et terminales : les mâles en fascicules à la partie inférieure :
les femelles en grappe simple à la partie supérieure ; capsules à 3 coques, munies de pointes subulées, molles. (1)
(Juillet, août). Vulg. *Palma Christi.*

Originaire d'Orient et de Barbarie, cultivé dans les jardins comme
plante d'ornement : se reproduit quelquefois spontanément dans les
décombres. — Ses graines fournissent une huile purgative qui est en
même temps un excellent vermifuge.

2. BUIS. — *BUXUS.* Linn.

Fleurs monoïques, agglomérées; périgone à 3—4 divisions. *Mâles :* entourées à la base par une écaille à 2
lobes; étamines 4, insérées sous un rudiment d'ovaire.
Femelles : munies de 3 écailles à leur base ; styles et stigmates 3; capsule à 3 cornes, à 3 loges contenant chacune 2
graines.

1. B. toujours vert. — *B. sempervirens.*

Linn. Sp. 1394. — **DC.** Fl. fr. n. 2176. — Duby, Bot. gall.
p. 412. — Gaud. Fl. helv. 6. p. 142. — Koch, Syn. p.
626. — *B. arborescens.* Lam. Ency. 1. p. 511.

J. Saint-Hil. Pl. fr. tab. 64. — Bull. Herb. tab. 263. —
Lam. illust. tab. 761. fig. 1. — J. Bauh. Hist. 1. p. 1. p.
496. fig. 1. — Tabern. ic. p. 1049. fig. 2. — Dalech.
Hist. p. 165. fig. 1. — Dod. pempt. p. 782. fig. 1. —
Lob. ic. 2. p. 128. fig. 2. (*ead.*).

Arbrisseau rameux, haut de 3—6 décim. sur nos pelouses, et de 15—25 décim. dans nos bois, à souche épaisse,
tortueuse ; tige dressée, à bois très dur, jaunâtre, ainsi que
l'écorce, à rameaux opposés, jeunes tétragones ; feuilles
simples, fermes, coriaces, opposées, ovales-oblongues,
obtuses ou un peu arrondies, entières, persistantes, luisantes et d'un vert foncé en dessus, plus pâles en dessous,
traversées par une nervure longitudinale saillante, courtement pétiolées ; fleurs jaunâtres, agglomérées aux aisselles
des feuilles, le long des rameaux ; anthères ovales, sagittées ;
capsule ovoïde, dure, d'un vert foncé, à 3 cornes au sommet. ♄ (Mars, avril).

Commun sur les pelouses, parmi les rochers et dans les bois, aux environs de Salins ; de Besançon ; de Saint-Claude ; de Bâle. — Genève,
derrière le Crédo, dans la vallée de Chézery (Reut.). — Vers Thoiry
(Gaud.). — Le bois du Buis est très estimé, et il est fort recherché des
tourneurs, des tabletiers, etc.; on en fait des tabatières, des robinets,
des peignes, des cuillères, des fourchettes, etc : c'est particulièrement
dans l'arrondissement de Saint-Claude qu'on se livre à ce genre d'in-
dustrie. Les feuilles du Buis passent pour sudorifiques, et la sciure du
bois pour astringente.

β. *Angustifolia.* Desf. Arbr. et Arbriss. 2. p. 398. —
Feuilles plus étroites, oblongues-linéaires, obtuses.

Aux environs de Salins, mais beaucoup plus rare que la var. α.

γ. *Suffruticosa*. Lam. Ency. 1. p. 511. — DC. Fl. fr.
l. c. var. β. — Gaud. Fl. helv. 6. l. c. var. β. — Plante de
15--30 centim. au plus. Vulg. *Buis nain.*

Cultivé en bordure dans les jardins, où on l'empêche de s'élever en
le taillant souvent.

3. EUPHORBE. — *EUPHORBIA*. Linn.

Fleurs monoïques, réunies, plusieurs mâles et une femelle, dans un involucre en cloche à 9—10 dents, dont 5
membraneuses ou herbacées, dressées ou infléchies, et 5
(ou 4) alternes avec ces dernières, terminées par un appendice ou lobe pétaloïde glanduleux, étalé, ovale, tronqué
ou en croissant. *Mâles :* 10—20 ou plus, nues, insérées au
fond de l'involucre, munies à la base d'écailles ciliées ou
fendues, composées chacune d'une seule étamine à filet
articulé au milieu, ayant la partie supérieure caduque après
la fleuraison. *Femelle :* solitaire, situé au centre de l'involucre, formée d'un ovaire pédicellé, surmonté de 3 styles
bifides ou échancrés; capsule à 3 coques monospermes, s'ouvrant par le dos, et lançant les graines par l'effet de l'élasticité des valves se contournant subitement.

§ 1. *Lobes de l'involucre orbiculaires-réniformes ou
arrondis; rayons de l'ombelle ordinairement trifides.*
— Helioscopia. Ræper.

* *Capsule lisse; graines ridées, ou creusées en réseau.*

1. E. Réveille-matin. — *E. helioscopia.*

Linn. Sp. p. 658. — DC. Fl. fr. n. 2155. — Duby, Bot.
gall. p. 413. — Gaud. Fl. helv. 5. p. 277. — Lam. Ency.
2. p. 433. — Koch, Syn. p. 627.
J. Saint-Hil. Pl. fr. tab. 140. — Barr. ic. fig. 212. — Moris.
sect. 10. tab. 2. fig. 9. — J. Bauh. Hist. 3. p. 2. p. 669.
fig. 1. — Tabern. ic. p. 593. fig. 2. — Dalech. Hist. p.

1611. fig. 1. et p. 1648. fig. 1. — Dod. pempt. p. 571. fig. 1. (*ead.*). — Lob. ic. p. 556. fig. 1. (*ead.*).

Tige dressée, glabre ou garnie de quelques poils rares, feuillée, cylindrique, simple ou rameuse à la base, haute de 15—50 centim.; feuilles obovales-cunéiformes, presque sessiles, glabres, très obtuses, arrondies et dentelées au sommet : les inférieures rétrécies en un court pétiole, ordinairement plus petites; ombelle ample, à 5, rarement 4—5 rayons très ouverts, trichotomes, bi ou trifides; folioles de la collerette obovales-cunéiformes, dentelées au sommet : celles des collerettes partielles plus petites, un peu plus arrondies, souvent un peu mucronulées; lobes pétaloïdes de l'involucre petits, entiers, arrondis, presque peltés, jaunâtres; capsule glabre, à 5 coques arrondies; graines d'un brun cendré, ridées-réticulées. ☉ (Juillet—septembre).

Commun dans les jardins, les vignes et les lieux cultivés.

'* *Capsule verruqueuse, rarement presque lisse; graines lisses.*

a. Plantes annuelles.

2. E. à larges feuilles. — *E. platyphyllos.*

Linn. Sp. 660. — DC. Fl. fr. n. 2172. var. *α* — Gaud. Fl. helv. 3. p. 285. var. *β. Megalocarpa.* — Koch, Syn. p. 627.

Moris. sect. 10. tab. 3. fig. 1. (*series 2.*). — J. Bauh. Hist. 3. p. 2. p. 670. fig. 1. (*feré ead. ac Fuchs.*). — Dalech. Hist. p. 1655. fig. 3. — Fuchs. Hist. p. 813. (*ead.*).

Racine dure, blanchâtre, fusiforme, ordinairement simple; tige dressée, glabre, cylindrique, feuillée, simple, rarement divisée à la base, haute de 4—6 décim., souvent garnie dans la plus grande partie de sa longueur de petits rameaux axilaires, florifères; feuilles éparses, étalées, oblancéolées, glabres, sessiles, un peu rétrécies dans leur moitié inférieure, inégalement dentelées en scie dans l'autre moitié, aiguës, demi-embrassantes à la base, d'un vert

clair, un peu plus pâles en dessous : les inférieures plus
courtes, obovales, très obtuses, rétrécies en pétiole, souvent
réfléchies ; ombelle variable, ordinairement à 5 rayons,
quelquefois 4—3, allongés, trichotomes, à divisions dichotomes ; folioles de la collerette oblongues-lancéolées, aiguës :
celles des collerettes partielles ovales-triangulaires, presque
en cœur, mucronées, obscurément dentelées, garnies en
dessous, sur la nervure moyenne, de quelques poils fins,
blanchâtres, longs, épars, que l'on retrouve quelquefois sur
la capsule ; involucre un peu velu, à lobes pétaloïdes entiers, arrondis, herbacés, puis jaunes ; capsule glabre,
presque globuleuse, à peine sillonnée, parsemée de petites
verrues déprimées, à peine saillantes, lisse sur les sillons ;
graines ovoïdes, un peu comprimées, d'un brun foncé, très
lisses. ① (Juillet—septembre).

Çà et là le long des chemins et des routes, dans les terres nouvelle-
ment remuées : aux environs de Salins ; d'Arbois ; de Besançon ; de
Genève ; de Bâle, etc.

3. E. dressé. — *E. stricta.*

Linn. Syst. nat. ed. 10. vol. 2. p. 1049. — Koch, Syn. p.
627. — *E. platyphylla. var. α. legitima.* — Gaud. Syn.
p. 588. et Fl. helv. 5. p. 285. — DC. Fl. fr. supp. n.
2172. var. δ? — Hagenb. Fl. basil. 1. p. 439. var. β ?

Tige de 3—4 décim., grêle, assez raide, glabre, feuillée,
ordinairement simple ou un peu rameuse à la base, le plus
souvent dépourvue de petits rameaux axilaires ; feuilles
oblancéolées, aiguës, sessiles, à peine embrassantes à la
base, inégalement dentelées en scie dans leur moitié supérieure, d'un vert clair, minces, un peu glauques, glabres
sur les deux faces : les inférieures plus courtes, obovales,
très obtuses, rétrécies en pétiole ; ombelle à 3—4,
rarement 5 rayons trichotomes, à divisions dichotomes ;
folioles de la collerette oblongues-lancéolées, aiguës :
celles des collerettes partielles triangulaires-presque en
cœur, mucronées, légèrement dentelées ou crénelées ; invo-

lucre un peu velu, à lobes pétaloïdes arrondis ; capsule plus
petite que dans l'espèce précédente, arrondie, à 5 sillons,
couverte de verrues éparses, saillantes, courtement cylindriques; graine ovoïde, d'un brun rougeâtre, lisse, luisante,
2 fois plus petites que dans l'espèce précédente. ④ (Juin —
septembre).

Les bois, les haies, les lieux ombragés : aux environs de Salins et du
village d'Andelot; d'Arbois, etc. — Dans les cantons de Bâle (Hagenb.).
— De Neuchâtel (Chaillet). — Genève, commune le long des haies et
des champs (Reul.).

b. Plantes vivaces.

4. E. doux. — *E. dulcis.*

Linn. Sp. 656. (*non DC.*). — Duby, Bot. gall. p. 613. (*excl.
Syn. Jacq.*). — Gaud. Fl. helv. 3. p. 282. — Lam.
Ency. 2. p. 431. — Koch, Syn. p. 628. var. β. — *E. pur-
purata* (Thuill.). DC. Fl. fr. n. 2168. — *E. fallax.*
Hagenb. Fl. basil. 1. p. 435.

Barr. ic. fig. 909. — Moris. sect. 10. tab. 3. fig. 10. —
Dalech. Hist. p. 1656. fig. 1. (*ead.*). et p. 1654. fig. 2.
— Lob. ic. p. 558. fig. 1. (*ead.*).

Racine horizontale, noueuse, tortueuse ; tige haute de
5—6 décim., dressée, simple, glabre, cylindrique, fistuleuse, portant souvent au-dessous de l'ombelle quelques
petits rameaux ou pédoncules florifères, axilaires; feuilles
alternes, éparses, d'un vert gai en dessus, glauques et pubescentes en dessous et sur les bords, oblongues-lancéolées,
obtuses, entières ou à peine dentelées en scie au sommet,
un peu rétrécies à la base et légèrement pétiolées : les inférieures plus courtes, obovales-oblongues; ombelle médiocre,
à 5 rayons allongés, bifurqués au sommet; folioles de la
collerette lancéolées : celles des collerettes partielles trian-
gulaires-en cœur, mucronées, à peine dentelées; fleurs
petites, à lobes pétaloïdes d'abord d'un jaune verdâtre ou
brunâtre, puis d'un pourpre foncé; capsule glabre, même

dans la jeunesse, rougeâtre ou pourprée, verruqueuse sur le dos, à sillons lisses ; graines ovoïdes, brunâtres, lisses, luisantes. ♃ (Avril, mai).

Çà et là dans les bois, aux lieux ombragés : Salins, dans les bois de Poupet ; de Bovard ; de Mouchard ; de Salgret, etc.; dans les forêts de sapins de Levier ; d'Arc et de Boujaille ; de la Joux, etc. — Nyon, le long du Boiron, à la montée de Crève-Cœur et ailleurs (Gaud.). — Les bois ombragés et les haies des environs de Genève (Reut.). — Aux environs de Bâle (Hagenb.).

5. E. à verrues. — *E. verrucosa.*

Linn. Sp. 658. — DC. Fl. fr. n. 2171. — Duby. Bot. gall. p. 413. — Gaud. Fl. helv. 3. p. 284. — Lam. Ency. 2. p. 434. — Koch, Syn. p. 628.
Moris. sect. 10. tab. 3. fig. 3. — J. Bauh. Hist. 3. p. 2. p. 673. fig. 1. — Dalech. Hist. p. 1647. fig. 2. (*mala*).

Racine épaisse, charnue, produisant plusieurs tiges presque ligneuses à la base, simples, tombantes ou ascendantes, feuillées, glabres, hautes de 2—3 décim., garnies quelquefois, au-dessous de l'ombelle, de 1—2 rameaux courts, stériles ; feuilles oblongues-ovales, sessiles ou presque sessiles, un peu obtuses, presque glabres et d'un vert foncé en dessus, plus pâles et pubescentes en dessous, particuliè-rement sur la nervure et les bords, finement dentelées en scie : les inférieures un peu plus étroites et plus petites, ombelle jaunâtre à l'époque de la fleuraison, puis vertes, à 5 rayons un peu anguleux, trifides au sommet, d'abord à peine plus longs que la collerette, s'allongeant ensuite ; folioles de la collerette ovales, glabres, élargies et rappro-chées, dentelées en scie à leur moitié supérieure : celles des collerettes partielles arrondies-rhomboïdes, au nombre de 2—3 inégales, dentelées en scie, d'abord jaunâtres, puis vertes ; lobes pétaloïdes de l'involucre jaunâtres, petits, entiers, arrondis ; capsule grosse, presque globuleuse, ver-ruqueuse, à verrues courtes, cylindriques ; graines ovoïdes, d'un gris brunâtre, lisses, un peu luisantes, ♃ (Mai, juin ; la var. β. juillet, août).

Commun au bord des chemins, le long des haies et parmi les buissons.

β. *Montana*. Gaud. Fl. helv. 3. l. c. — Plante entièrement purpurescente, à feuilles presque glabres sur les deux faces.

Commune dans les pâturages du haut Jura : sur la Dôle ; le Thoiry ; le Montendre ; et près de Saint-Cergue, etc. (Gaud.).

6. E. des marais. — *E. palustris.*

Linn. Sp. 662. — DC. Fl. fr. n. 2175. — Duby, Bot. gall. p. 414. — Gaud. Fl. helv. 3. p. 287. — Lam. Ency. 2. p. 459. — Koch, Syn. p. 629.

Bull. Herb. tab. 87. — Moris. sect. 10. tab. 2. fig. 1. — Dalech. Hist. p. 1655. fig. 1. —Dod. pempt. p. 374. fig. 1. (*ead.*).

Racine produisant plusieurs tiges épaisses, fermes, cylindriques, glabres, dressées, hautes de 6—9 décim., feuillées, garnies d'un grand nombre de rameaux axilaires, dressés, stériles, rougeâtres ; feuilles éparses, glabres, un peu obtuses, membraneuses, sessiles, lancéolées, à bord mince, blanchâtre, entier ou légèrement dentelé : celles des rameaux stériles plus étroites, plus nombreuses ; ombelle ordinairement à 5 rayons bi ou trifides, accompagnée de pédoncules axilaires épars, florifères, bi ou trifides, les supérieures paraissant faire partie de l'ombelle ; folioles de la collerette courtes, ovales-oblongues, jaunâtres : celle des collerettes partielles sessiles, ovales-elliptiques, également jaunâtres ; lobes pétaloïdes de l'involucre entiers, obtus, d'un jaune roussâtre ; capsule assez grosse, presque globuleuse, garnie de verrues oblongues ; graines lisses, ovoïdes, brunes, luisantes. ⚇ (Mai, juin).

Les fossés, les lieux marécageux : au marais de Vaucy, et aux environs de Grozon, entre Arbois et Poligny. — Au bord du lac de Neuchâtel ; à Yverdon ; à Yvonand ; entre Cudrefin et la Sauge (Rapin). — Près d'Orbe, au-dessous du canal d'Entreroches (Gaud.). — Bâle, à Michelfeld (Hagenb.).

7. E. de Gérard. — *E. Gerardiana*.

Jacq. Fl. Aust. 5. p. 17. — DC. Fl. fr. n. 2160. — Duby,
Bot. gall. p. 415. — Gaud. Fl. helv. 5. p. 280. — Koch,
Syn. p. 630. — *E. linariæfolia*. Lam. Ency. 2. p. 437.
— *E. Cajogala* (Ehrh.). Hagenb. Fl. basil 1. 140. et
2. in append. p. 514.

Moris. sect. 10. tab. 1. fig. 7. — Tabern. ic. p. 591. fig. 1.

Racine dure, ligneuse, produisant plusieurs tiges dressées ou ascendantes, hautes de 2—4 décim., très feuillées,
dures, presque ligneuses à la base, simples ou munies dans
le bas de quelques rameaux stériles; feuilles sessiles,
éparses, dressées, rapprochées, lisses, glabres, comme
toutes les autres parties de la plante, d'un vert très glauque,
linéaires-lancéolées, très entières, mucronées, un peu raides:
les supérieures plus larges : celles des rameaux stériles un
peu plus étroites; ombelles à 5—10 rayons, dichotomes,
accompagnées de quelques pédoncules axilaires florifères,
également dichotomes; folioles de la collerette ovales ou
oblongues-elliptiques, aiguës : celles des collerettes partielles arrondies-en cœur élargi, mucronées-aristées; lobes
pétaloïdes de l'involucre presque à 4 angles arrondis, quelquefois un peu échancrés; capsule à 3 coques convexes, très
finement chagrinées de points rudes sur le dos, à la loupe;
graines ovoïdes-cylindriques, lisses, blanchâtres, marbrées
de taches cendrées (Gaud.). ♃ (Juin, juillet).

Les champs sablonneux sur la droite de l'Ain, un peu au-dessus de
Thoirette. — Bâle, sur les bords du Rhin, et entre Huningue et Michelfeld (Hagenb.). — Elle est très commune à l'embouchure de la Dranse
dans le Rhône, au-dessous de Martigny, dans le bas Valais.

β. *Umbella prolifera*. Ombelle à un ou plusieurs de ses
rayons (1—3—5 dans mes échantillons) transformés en rameaux stériles très feuillés, 3 fois aussi longs que les rayons
florifères, à feuilles linéaires, très étroites, acuminées.

Au bord de l'Ain, à Thoirette, avec la var. α.

§ 2. *Lobes de l'involucre triangulaires en demi lune ou en croissant, ordinairement à 2 cornes; rayons de l'ombelle ordinairement bifides.* — Esula. Ræper.

* *Plantes annuelles ou bisannuelles; graines ridées, sillonnées, ou creusées en fossette.*

a. Feuilles éparses.

8. E. Peplus. — *E. Peplus.*

Linn. Sp. 653. — DC. Fl. fr. n. 2146. — Duby, Bot. gall. p. 416. — Gaud. Fl. helv. 3. p. 272. — Lam. Ency. 2. p. 427. — Koch, Syn. p. 653.

Bull. Herb. tab. 79. — Moris. sect. 10. tab. 2. fig. 11. — J. Bauh. Hist. 3. p. 2. p. 669. fig. 2. — Tabern. ic. p. 597. fig. 1. — Dalech. Hist. p. 1658. fig. 1. (*mala*). — Dod. pempt. p. 575. fig. 2. — Lob. ic. p. 362. fig. 2. (*ead.*).

Racine fusiforme, garnie d'un grand nombre de fibres chevelues; tige haute de 15—25 centim., dressée, très glabre, souvent rougeâtre, rameuse à la base et au-dessous de l'ombelle; feuilles éparses, pétiolées, obovales, arrondies, très obtuses, entières, un peu en coin à la base; ombelle ordinairement à 3 rayons, rarement 5, presque dressés, dichotomes; folioles de la collerette ovales, courtement pétiolées : celles des collerettes partielles sessiles, ovales-triangulaires, presque rhomboïdes, légèrement mucronées; lobes pétaloïdes de l'involucre en croissant, à 2 cornes sétacés, presque parallèles; capsule lisse, à coques portant sur le dos une crête sillonnée; graines oblongues, grises-blanchâtres, à 2 sillons d'un côté, et à 4 rangs de 3—4 fossettes de l'autre. ☉ (Juin — jusqu'en hiver).

Commun dans les lieux cultivés, dans les champs et surtout dans les vignes.

β. *Minor.* Gaud. Fl. helv. 3. l. c. — *E. peploïdes.* DC. Fl. fr. supp. n. 2146ᵃ. — *E. rotundifolia.* Lois. Not. tab. 5.

fig. 1. — Plante de 4—6 centim., à tige simple dans mes échantillons (rameuse dans ceux de Corse que j'ai reçus de M. Soleirol), souvent purpurine, à feuilles petites, presque arrondies, un peu rétrécies en un court pétiole.

Salins, dans les champs arides et pierreux du pied de Poupet, rare.

9. E. en faux. — *E. falcata.*

Linn. Sp. 654. — DC. Fl. fr. n. 2147. — Duby, Bot. gall. p. 416. — Gaud. Fl. helv. 3. p. 273. — Koch, Syn. p. 633. — *E. acuminata.* Lam. Ency. 2. p. 427.

Barr. ic. fig. 751. — Moris. sect. 10. tab. 2. fig. 3. (*series* 2.). — Bocc. Sic. tab. 13. fig. 1. (*ead.*).

Racine grêle, blanchâtre, fusiforme, souvent flexueuse; tige haute de 1—3 décim., dressée, glabre, cylindrique, simple dans le bas, rameuse-diffuse au dessous de l'ombelle; feuilles sessiles, glabres, éparses, d'un vert un peu glauque, lancéolées, rétrécies en coin à la base, aiguës ou acuminées au sommet: les inférieures obtuses ou un peu échancrées, mucronées, très caduques; ombelle ordinairement trifide, à rameaux une ou plusieurs fois dichotomes; collerette le plus souvent à 3 folioles obovales, ou en spatule, mucronées : celles des collerettes partielles opposées, ovales-élargies, obliquement arrondies à la base, très légèrement dentelées, acuminées-sétacées au sommet; fleurs petites, à lobes pétaloïdes jaunâtres ou rougeâtres, courts, élargis, à 2 cornes sétacées, courtes; capsule petite, lisse; presque globuleuse, un peu conique; graines blanchâtres, cendrées ou brunâtres, ovoïdes, un peu comprimées-tétragones, étroitement sillonnées d'un côté, carénées de l'autre, à 4 rangées de fossettes transversales irrégulières. ① (Juillet—septembre).

Les champs après la moisson : Salins, dans les champs au-dessus du village des Arsures; et dans ceux des environs de Belmont; et de Mont-sous-Vaudrey; dans les champs entre Thoiry et la route de Lyon. — Nyon, entre Eysins et Arnex; près de Prangins, etc. (Gaud.). — Aux environs de Genève (Reut. et Rapin).

10. E. fluet. — *E. exigua.*

Linn. Sp. 654. — DC. Fl. fr. n. 2148. — Duby, Bot. gall.
p. 416. — Gaud. Fl. helv. 3. p. 274. — Lam. Ency. 2. p.
427. — Koch, Syn. p. 634.

Barr. ic. fig. 85. — Moris. sect. 10. tab. 2. fig. 5. —
J. Bauh. Hist. 3. p. 2. p. 664. fig. 1. — Tabern. ic.
p. 595. fig. 2. — Dalech. Hist. p. 1656. fig. 2.

Tige grêle, haute de 1 – 2 décim., dressée, quelquefois
simple, ordinairement rameuse à la base ; feuilles éparses,
nombreuses, dressées, étroites, linéaires, aiguës, entières,
sessiles, d'un vert un peu glauque : les inférieures un peu
obtuses ; ombelles médiocre, à 5, souvent 4 – 5 rayons dichotomes ; folioles de la collerette lancéolées, aiguës, un
peu plus larges que celles de la tige, un peu élargies et en
cœur à la base : celles des collerettes partielles semblables,
mais un peu plus petites ; fleurs petites, à lobes pétaloïdes
courts, élargis, jaunâtres, à 2 cornes sétacées ; capsule lisse,
glabre ; graines ovoïdes-tétragones, d'un gris cendré, sillon-
nées-carénées, ridées-tuberculeuses. ① (Juin—septembre).

Très commun dans les champs après la moisson.

β. *Retusa.* Gaud. Fl. helv. 3. l. c. — Lam. Ency. 2.
l. c. var. γ. — Koch, Syn. l. c. var. β. *truncata.* — Feuilles
tronquées ou un peu rétuses au sommet, mucronées.

Aux environs de Salins ; d'Arbois. — De Nyon (Gaud.).

11. E. des moissons. — *E. segetalis.*

Linn. Sp. 657. — DC. Fl. fr. n. 2154. — Duby, Bot. gall.
p. 415. α. — Gaud. Fl. helv. 3. p. 276. — Lam. Ency.
2. p. 455. — Koch, Syn. p. 633.

Moris. sect. 10. tab. 2. fig. 3. (*series* 3.).

Tige dressée, haute d'environ 5 décim., glabre, cylindrique, feuillée, garnie au-dessous de l'ombelle de quelques
rameaux ou pédoncules épars, axilaires, florifères, dicho-

tomes ; feuilles éparses, linéaires-lancéolées, mucronées,
entières, glabres, sessiles, d'un vert un peu glauque : les
supérieures plus larges ; ombelle à 5 rayons allongés, bifides ou dichotomes ; folioles de la collerette ovales, larges,
presque rhomboïdes, mucronulées : celles des collerettes
partielles opposées, réniformes-en cœur, aiguës ; lobes pétaloïdes de l'involucre jaunâtres, à 2 cornes sétacées ; capsule presque globuleuse, à 5 coques saillantes, un peu
ponctuées-rudes sur les angles ; graines blanchâtres, ovoïdes,
marquées de petites fossettes en réseau. ☉ (Juin, juillet).

J'admets ici cette espèce d'après Girod-Chantrans qui l'indique dans
les champs, ne l'ayant pas rencontrée dans mes herborisations. Elle
se trouve dans les moissons, particulièrement des provinces méridionales.

b. Feuilles opposées, à paires croisées.

12. E. Épure. — *E. Lathyris.*

Linn. Sp. 655. — DC. Fl. fr. n. 2150. — Duby. Bot. gall.
p. 416. — Gaud. Fl. helv. 3. p. 275. — Lam. Ency. 2.
p. 429. — Koch, Syn. p. 654.

Bull. Herb. tab. 103. — Lam. illust. tab. 411. fig. 1. —
Moris. sect. 10. tab. 2. fig. 1. — J. Bauh. Hist. 3. p.
2. p. 881. fig. 1. — Tabern. ic. p. 587. fig. 1. et 2.
(*angustifolia*). — Dalech. Hist. p. 1657. fig. 1. — Dod.
pempt. p. 375. fig. 1. — Lob. ic. p. 362. fig. 1.

Tige cylindrique, fistuleuse, très lisse, ainsi que toutes
les autres parties de la plante, recouverte d'une poussière
glauque, très feuillée, ferme, haute de 4—6 décim. ;
feuilles grandes, sessiles, opposées, à paires croisées, étalées, glabres, linéaires-lancéolées, très entières, un peu
aiguës ou obtuses, mucronées, d'un vert assez foncé en
dessus, glauques en dessous : les supérieures un peu en
cœur à la base ; ombelle à 2—4, rarement 5 rayons dichotomes ; folioles de la collerette au nombre de 4, opposées en
croix, oblongues-lancéolées, aiguës : celles des collerettes

partielles au nombre de 2, opposées, ovales-lancéolées, aiguës, en cœur à la base; lobes pétaloïdes de l'involucre brunâtres, à 2 cornes dilatées, obtuses; capsule grosse, lisse, glabre, devenant ridée par la dessication; graines grosses, ovoïdes, tronquées à la base, ridées-réticulées. ②
(Juin, juillet). Vulg. *Catapuce*.

Salins, dans ma vigne vers Saint-Joseph, où elle se reproduit spontanément depuis plus de 50 ans; je l'ai observée même, plusieurs fois, dans la haie qui borde la route : je possède aussi un échantillon non fleuri, appartenant à la variété *Angustifolia* de cette espèce, très bien représenté par la fig. 2. de Tabernamontanus citée ci-dessus, que j'ai cueilli à Salins, sur le penchant au pied des rochers de Château, au-dessous de la grotte. Je ne pense pas que cette plante appartienne au Jura : elle se sera sans doute échappée de la culture. Nos robustes vignerons se servaient autrefois de la graine de cette plante pour se purger.

*** Plantes vivaces; graines lisses.*

a. Folioles de la collerette partielle libres.

13. E. Cyprès. — *E. Cyparisias.*

Linn. Sp. 661. — DC. Fl. fr. n. 2158. — Duby, Bot. gall. p. 414. — Gaud. Fl. helv. 3. p. 278. — Lam. Ency. 2. p. 438. — Koch, Syn. p. 631.
Bull. Herb. tab. 97. — Moris. sect. 10. tab. 2. fig. 29. — J. Bauh. Hist. 3. p. 2. p. 663. fig. 1. — Tabern. ic. p. 594. fig. 2. et p. 595. fig. 1. — Dalech. Hist. p. 1648. fig. 2. — Dod. pempt. p. 371. fig. 2. — Lob. ic. p. 556. fig. 2. (*ead.*).
Racine dure, rampante; tige dressée, cylindrique, glabre, ainsi que les autres parties de la plante, haute de 2—5 décim., garnie au-dessous de l'ombelle d'un grand nombre de rameaux stériles, très feuillés; feuilles éparses, d'un beau vert, étroites, sessiles, linéaires, obtuses ou un peu aiguës, molles, très entières; celles des rameaux stériles très nombreuses et très étroites; ombelle à rayons nombreux, bifides, ou le plus souvent dichotomes, ordinairement accompagnée de rameaux florifères également dichotomes, outre les rameaux stériles; folioles de la collerette lancéo-

les, nombreuses : celles des collerettes particlles opposées, d'un jaune verdâtre, courtes, élargies, presque en cœur, entières, courtement acuminées, un peu concaves ; lobes pétaloïdes de l'involucre en demi-lune, à pointes courtes ; capsule à coques granulées-rudes sur le dos ; graines ovoïdes, lisses, d'un brun un peu grisâtre. ♃ (Mai, juin).

Commun le long des chemins, au bord des champs, dans les lieux incultes et stériles. — Cette espèce est fréquemment attaquée par l'*Æcidium Euphorbiarum* qui change tellement son aspect qu'elle a été décrite sous cette forme, comme espèce particulière, sous le nom d'*E. degener* : elle est alors presque toujours stérile, et ses feuilles deviennent plus larges, plus épaisses, obtuses et recouvertes en dessous par l'*Æcidium*. C. Bauhin l'a désignée sous le nom de *Tithymalus Cyparisias foliis punctis croceis notatis*. Cette plante est aussi attaquée par l'*Uredo Scutellata.*

14. E. Ésule. — *E. Esula.*

Linn. Sp. 660. — DC. Fl. fr. supp. n. 2157ᵃ. var. α. et γ.
— Duby, Bot. gall. p. 414. — Koch, Syn. p. 631.
Moris. sect. 10. tab. 1. fig. 27. — Dalech. Hist. p. 1653.
fig. 2. (*ead.*). — Dod. pempt. p. 574. fig. 2. (*ead.*).
-- Lob. ic. p. 357. fig. 1.

Racine rampante ; tige dressée, haute de 3—6 décim., très feuillée, ligneuse à la base, garnie de quelques rameaux stériles ; feuilles lancéolées ou lancéolées-linéaires, glabres, rétrécies à la base, un peu rudes sur les bords au sommet : les inférieures courtement pétiolées : celles des rameaux stériles un peu plus étroites ; ombelle à 8—10 rayons dichotomes, allongés ; folioles de la collerette de même largeur que les feuilles ou un peu plus étroites : celles des collerettes partielles rhomboïdes, ou triangulaires-ovales, mucronées ou courtement acuminées ; lobes pétaloïdes de l'involucre jaunâtres, en demi-lune, à 2 cornes très courtes ; capsule glabre, à coques ponctuées-rudes sur le dos ; graine ovoïde, lisse, d'un gris brunâtre. ♃ (Juin—août).

Dans les terres arides (Girod-Chant.).

15. E. de Nice. — *E. Nicæensis.*

All. Ped. 1. p. 285. n. 1039. — DC. Fl. fr. n. 2161. —
Duby, Bot. gall. p. 415. — Koch, Syn. p. 632. — *E.
amygdaloïdes.* Lam. Ency. 2. p. 459? (*non Linn.*). —
E. multicaulis. Thuill. ed. 2. p. 238.

All. l. c. tab. 69. fig. 1.

Souche ligneuse, produisant plusieurs tiges hautes de
3—4 décim., glabres, dressées ou ascendantes, raides,
dures, simples ou munies à la base de quelques rameaux
stériles ; feuilles éparses, sessiles, nombreuses, oblongues-
linéaires, obtuses, courtement mucronées, un peu rétrécies
à la base, glauques, un peu coriaces, entières, quelquefois
un peu dentelées-rudes au sommet, souvent réfléchies, plus
étroites et lancéolées sur les rameaux stériles ; ombelles à
5—10 rayons bifides, souvent accompagnés de pédoncules
axilaires, nus, florifères, bi trifides ; folioles de la collerette
ovales ou oblongues : celles des collerettes partielles arrondies-en cœur, mucronées ; lobes pétaloïdes de l'involucre en
demi-lune, à 2 cornes courtes ; capsule lisse, à coques
ponctuées-rudes sur le dos et marquées d'une nervure cari-
nale lisse ; graines lisses, assez grosses, brunâtres, ovoïdes-
presque globuleuses, légèrement carénées d'un côté, un peu
déprimées en disque à la base. ♃ (Juillet, août).

Salins, sur les graviers au bord de la Loue : à Belmont ; Mont-Bar-
rey ; Ounans, etc. — Bord de l'Ognon (Girod-Chant.).

b. Folioles de la collerette partielle soudées à la base.

16. E. des bois. — *E. sylvatica.*

Linn. Sp. 663. — DC. Fl. fr. n. 2163. — Duby, Bot. gall.
p. 416. — Gaud. Fl. helv. 3. p. 281. — Lam. Ency.
2. p. 437. — *E. amygdaloïdes (Linn.).* Koch, Syn.
p. 630.

Bull. Herb. tab. 95. — Barr. ic. fig. 850. et fig. 859. — Moris. sect. 10. tab. 1. fig. 5. — J. Bauh. Hist. 3. p. 2. p. 674. fig. 1. (*rudis*). — Tabern. ic. p. 590. fig. 2.

Racine dure, rameuse, produisant plusieurs tiges dressées, fermes, cylindriques, presque ligneuses à la base, un peu velues, hautes de 5–6 décim., nues à leur partie inférieure et conservant les cicatrices des feuilles tombées, garnies dans le haut de feuilles nombreuses, obovales-oblongues ou lancéolées, rétrécies en pétiole, un peu obtuses, persistantes, souvent rougeâtres, un peu coriaces, légèrement pubescentes, rapprochées à la base des rameaux florifères qui sont les jets de l'année : ceux-ci ont des feuilles d'un vert plus clair, plus molles, plus velues, surtout en dessous, plus écartées et plus courtes, obovales ou oblongues; ombelle à rayons nombreux, dichotomes, accompagnés de pédoncules axilaires florifères, également bifides ou dichotomes; folioles de la collerette ovales, arrondies : celles des collerettes partielles d'un vert jaunâtre, soudées à la base sur une partie de leur largeur en une seule foliole orbiculaire perfoliée; lobes pétaloïdes de l'involucre pourpres, en croissant, à 2 cornes convergentes; capsule glabre, finement ponctuée-rude à la loupe; graine lisse, ovoïde, presque globuleuse. ⚥ (Avril, mai).

Commun au bord des bois, dans les haies et les buissons. — Plusieurs botanistes pensent que l'*E. amygdaloïdes*. Linn. ne diffère point de cette espèce; quelques autres au contraire regardent ces deux plantes comme distinctes. — Les Euphorbes ont presque tous, particulièrement l'*Épurge*, un suc propre laiteux plus ou moins âcre et caustique, qui les rend émétiques et purgatifs, et qu'il serait dangereux de prendre à haute dose; 245 grammes (8 onces) de suc d'*Épurge* ont suffi pour faire périr un chien en 24 heures, en causant l'inflammation des voies digestives et des poumons.

4. MERCURIALE. — *MERCURIALIS.* Linn.

Fleurs dioïques, rarement monoïques; périgone à 3 divisions. *Mâles :* étamines 9—12, à anthères à 2 loges presque globuleuses. *Femelles :* ovaire à 2 lobes, à 2 sillons;

style court; stigmates 2, allongés; capsule à 2 coques monospermes.

1. M. vivace. — *M. perennis.*

Linn. Sp. 1465. — DC. Fl. fr. n. 2141. — Duby, Bot. gall.
p. 417. — Gaud. Fl. helv. 6. p. 294. — Lam. Ency. 4. p.
116. — Koch, Syn. p. 634.

Bull. Herb. tab. 503. ♂. — Mill. illust. tab. 91. — Moris.
sect. 5. tab. 34. fig. 3. ♀ et fig. 4. ♂. — J. Bauh. Hist.
2. p. 979. fig. 1. ♀ et fig. 2. ♂. — Dalech. Hist. p.
1628. fig. 1. ♀. — Dod. pempt. p. 659. fig. 1. (*androgyna, apice mascula*). — Lob. ic. p. 260. fig. 1. (*ead.*).

Racine rameuse, allongée, rampante; tige toujours très
simple, dressée ou ascendante, haute de 2—3 décim., nue
et glabre dans le bas, feuillée et pubescente dans le haut;
feuilles lancéolées ou ovales lancéolées, aiguës, pétiolées,
opposées, dentées-crénelées en scie, rapprochées vers le
sommet de la plante, écartées et plus petites dans le bas,
d'un vert foncé tirant souvent au bleu par la dessication,
lorsque la plante a été un peu trop comprimée, un peu rudes,
ciliées, garnies à la base de 2 stipules blanchâtres, petites,
membraneuses, lancéolées; fleurs mâles en épis portés sur
des pédoncules axilaires, opposés, grêles, plus longs que les
feuilles, composés de petites fleurs verdâtres, sessiles, à 12
étamines, disposées, au nombre de 3—4, en verticilles
écartés, munis de petites bractées semblables aux stipules;
fleurs femelles portées sur des pédoncules axilaires, opposés, plus courts que les feuilles, au nombre de 1—3,
alternes, presque sessiles, munies de petites bractées semblables à celles des fleurs mâles; capsule hispide, didyme,
ou à 2 coques monospermes; graine ridée, presque sphérique. ♃ (Avril, mai).

Commune dans les bois montueux, le long des haies et dans les
buissons.

2. M. annuelle. — *M. annua.*

Linn. Sp. 1465. — DC. Fl. fr. n. 2142. — Duby, Bot. gall.
p. 417. — Gaud. Fl. helv. 6. p. 293. — Lam. Ency. 4.
p. 117. — Koch, Syn. p. 635.

J. Saint-Hil. Pl. fr. tab. 240. (♂ *cum fructu*). — Bull.
Herb. tab. 159. ♂ et tab. 235. ♀. — Lam. illust. tab.
280. — Moris. sect. 5. tab. 34. fig. 1. ♀ et fig. 2. ♂.—
J. Bauh. Hist. 2. p. 977. fig. 2. ♀ et fig. 3. ♂. — Tabern.
ic. p. 551. fig. 1. ♀ et fig. 2. ♂. — Dalech. Hist. p.
1627. fig. 1. ♀ et fig. 2. ♂. — Dod. pempt. p. 659. fig.
1. ♀ et fig. 2. ♂. — Lob. ic. p. 259. fig. 1. et 2. (*eœd.*).

Racine fibreuse, blanchâtre; tige dressée, légèrement
tétragone, lisse, glabre, rameuse, haute de 2—5 décim.;
feuilles opposées, glabres, pétiolées, ovales-lancéolées, un peu
obtuses, ciliées, dentées en scie, à dents obtuses, vertes en
dessus, plus pâles en dessous, munies de stipules lancéolées,
blanchâtres, membraneuses, très petites; fleurs mâles en épis
grêles, à verticilles écartés, semblables à ceux de l'espèce
précédente, à 9 étamines; fleurs femelles axilaires, presque
sessiles, solitaires ou géminées; capsule à 2, rarement 5
coques hérissées de poils raides; graines presque sphériques,
brunes, chagrinées. ☉ (Juin—décembre).

Commune dans les jardins et les lieux cultivés.

β. *Angustifolia.* Gaud. Fl. helv. 6. l. c. — Feuilles plus
petites, plus étroites, lancéolées, presque sessiles, à dents
moins saillantes, plus écartées.

FAMILLE XCVII.

Urticées. Juss.

FLEURS monoïques, dioïques ou polygames. Périgone
libre, à 4 divisions, rarement 5—6, à estivation embriquée,
ou bien entier dans les fleurs femelles; étamines en nombre

déterminé, libres, insérées au fond du périgone et opposées à ses lobes; ovaire libre, à 1—2 loges, à 1—2 ovules; styles 2, ou un seul bifurqué; fruit indéhiscent. Embryon droit ou courbé, ou en spirale. Plante à feuilles ordinairement hérissées, munies de stipules libres, le plus souvent caduques; fleurs petites, peu ou point colorées.

TRIBU I. — URTICÉES VRAIES. Koch.

Ovaire à une seule loge; graine dressée; embryon droit.

1. ORTIE. — *URTICA*. Linn.

Fleurs monoïques, rarement dioïques. *Mâles :* en grappes, à périgone à 4 divisions; étamines 4, à filets courbés avant la fleuraison, se redressant ensuite avec élasticité. *Femelles :* agglomérées, presque en grappe, à périgone à 2 divisions; stigmate sessile, en tête velue; fruit (noix) monosperme, entouré par le périgone persistant.

1. O. dioïque. — *U. dioïca.*

Linn. Sp. 1396. — DC. Fl. fr. n. 2132. — Duby, Bot. gall. p. 418. — Gaud. Fl. helv. 6. p. 144. — Savigny, Ency. 4. p. 637. — Koch, Syn. p. 635.

Rasp. Phys. vég. tab. 51. fig. 1-10. *(analysis)*. — J. Saint-Hil. Pl. fr. tab. 969. — Chaum. Fl. méd. tab. 260. — Lam. illust. tab. 761. fig. 1. — Moris. sect. 11. tab. 25. fig. 1. — J. Bauh. Hist. 3. p. 2. p. 445. — Tabern. ic. p. 534. fig. 2. et p. 535. fig. 2. — Dalech. Hist. p. 1245. fig. 2. — Dod. pempt. p. 151. fig. 2. — Lob. ic. p. 521. fig. 2. *(ead.).*

Racine rampante; tige haute de 6—12 décim., tétragone, à 4 sillons, rameuse, dressée, couverte, ainsi que toutes les parties de la plante, de poils raides, dont la piqûre est cuisante; feuilles opposées, pétiolées, ovales-acuminées, en cœur à la base, d'un vert sombre, grossièrement dentées en scie, à dents aiguës; fleurs herbacées, dioïques, en grappes axilaires pendantes, rameuses, grêles, paniculées, plus longues que les pétioles, ordinairement géminées dans chaque aisselle. ♃ (Juillet—septembre).

Commune le long des haies, au pied des murs.

2. O. brûlante. — *U. urens.*

Linn. Sp. 1396. — DC. Fl. fr. n. 2132. — Duby, Bot. gall. p. 418. — Gaud. Fl. helv. 6. p. 141. — Savigny, Ency. 4. p. 637. — Koch, Syn. p. 655.

Bull. Herb. tab. 230. — Moris. sect. 11. tab. 25. fig. 4. — J. Bauh. Hist. 3. p. 2. p. 446. fig. 1. — Tabern. ic. p. 535. fig. 1. — Dalech. Hist. p. 1244. fig. 1. — Dod. pempt. p. 152. fig. 1. — Lob. ic. p. 522. fig. 2. (*ead.*).

Racine fibreuse; tige striée, obtusément tétragone, rameuse, haute de 3 – 4 décim., hérissée, ainsi que les feuilles, de poils raides dont la piqûre est cuisante, moins nombreux sur les feuilles que dans l'espèce précédente; feuilles d'un vert clair, particulièrement en dessous, ovales ou elliptiques, longuement pétiolées, à 3—5 nervures, incisées-dentées en scie, à dents lancéolées, aiguës; fleurs monoïques, presque sessiles, agglomérées, disposées en grappes axilaires rameuses, paniculées, géminées, plus courtes que les pétioles; noix ovoïde, comprimée, luisante, plus courte que le périgone. ① (Juillet—septembre). Vulg. *Ortie grièche.*

Le long des chemins, au pied des murs : à Salins ; Besançon ; Poligny ; Dole ; Pontarlier ; Nozeroi ; Arinthod ; Thoirette ; Genève ; Bâle, etc. — Les espèces de ce genre sont plus ou moins hérissées de poils de deux sortes, les uns solides, les autres fistuleux, glanduleux à la base, laissant échapper une liqueur caustique qui s'introduit dans la peau, lorsqu'on en est piqué, et produit une cuisson douloureuse. L'*urtication*, qui consiste à battre avec une poignée d'orties fraîches la région du corps sur laquelle on veut produire de l'irritation, offre un moyen utile quelquefois pour ranimer l'action vitale dans les rhumatismes, les paralysie, l'apoplexie, et dans tous les cas où un révulsif puissant et subit est nécessaire à prescrire. Les fibres de l'écorce de l'*Ortie dioïque* four-

nissent une filasse employée pour faire des cordes, des tissus, et même
du papier. On mange ses jeunes pousses apprêtées comme les épinards.

2. PARIÉTAIRE. — *PARIETARIA*. Linn.

Fleurs polygames, entourées d'un involucre à plusieurs
divisions. *Hermaphrodites :* périgone à 4 divisions, à la fin
allongées; ovaire 1; style 1, filiforme; stigmate 1, en tête
velue; étamines 4, à filets courbés avant la fleuraison, se
redressant ensuite avec élasticité. *Femelle :* étamines nulles;
périgone comme dans les fleurs hermaphrodites, mais ne
s'allongeant pas après la fleuraison; noix renfermées dans le
périgone.

1. P. officinale. — *P. erecta.*

Mert. et Koch, Deuts. Fl. Sp. 825. — Koch, Syn. p. 635.
    — Gaud. Fl. helv. 6. p. 313. — Hagenb. Fl. basil. 2. in
    append. p. 488. — *P. officinalis (Willd., non Linn.).*
    DC. Fl. fr. n. 2135. — Duby, Bot. gall. p. 418. — Poir.
    Ency. 5. p. 14.
Bull. Herb. tab. 199. — Lam. illust. tab. 853. fig. 1. —
    Chaum. Fl. méd. tab. 263. fig. 1. — Moris. sect. 5. tab.
    30. fig. 1. (*series* 3.). — J. Bauh. Hist. 2. p. 976. fig. 2.
    (*mala*). — Tabern. ic. p. 550. fig. 2. — Dalech. Hist.
    p. 1241. fig. 1. — Dod. pempt. p. 102. fig. 1. — Lob. ic.
    p. 258. fig. 1. (*ead., nimis ramosa*).
Racine fibreuse; tiges ascendantes, cylindriques, tendres,
quelquefois un peu rougeâtres, légèrement velues-pubescentes, rameuses à la base, à rameaux presque simples,
hautes de 3—4 décim.; feuilles alternes, pétiolées, oblon-
gues-acuminées, rétrécies en coin à la base, très entières,
ponctuées-transparentes, d'un vert gai, plus pâles en dessous, velues-pubescentes, particulièrement sur les nervures
et les bords, à 3—5 nervures, les 2 latérales inférieures
prenant naissance sur la moyenne, à la base de la feuille;
fleurs verdâtres, en glomérules axilaires presque sessiles,

les inférieures femelles, les autres hermaphrodites, à périgone allongé, tubuleux après la fleuraison, entourés de
bractées sessiles, plus courtes que les fleurs; stigmate en
pinceau rayonnant, rougeâtre; noix luisante, oblongue, un
peu aiguë, noire, renfermée dans le périgone connivent au
sommet. ♃ (Juin — octobre).

Les vieux murs, les ruines et les décombres : Nyon, sur la promenade au-dessus du presbytère, et près de la campagne Sadex (Gaud.).
Çà et là sur les murs aux environs de Bâle (Hagenb.). — Cette plante
est diurétique à cause du *nitrate de potasse* qu'elle contient; elle est
aussi émolliente et usitée en cataplasme sur les parties enflammées. On
assure que, mêlée au blé, elle en écarte les *charançons*.

2. P. diffuse. — *P. diffusa.*

Mert. et Koch, Deuts. Fl. 1. p. 827. — Koch, Syn. p. 636.
— Gaud. Fl. helv. 6. p. 315. — *P. judaïca (Willd.,
non Linn.).* DC. Fl. fr. n. 2136. — Duby, Bot. gall. p.
418. — Poir. Ency. 5. p. 14.

Lam. illust. tab. 853. fig. 2.

Plante plus petite dans toutes ses parties que la précédente, à tiges un peu anguleuses, plus rameuses, à rameaux diffus, étalés, grêles, feuillés, velues-pubescentes,
longues de 2—3 décim.; feuilles ovales-acuminées, à pointe
obtuse, arrondies-cunéiformes à la base, pubescentes,
ponctuées-transparentes, d'un vert foncé en dessus, plus
pâles en dessous, à nervures latérales inférieures prenant
naissance au-dessus de la base sur la nervure moyenne;
fleurs petites, vertes ou rougeâtres, sessiles, au nombre de
3—5 en glomérules axilaires le long des rameaux, celle du
milieu femelle, les autres hermaphrodites à périgone
allongé, tubuleux après la fleuraison, à 4 lobes rapprochés
au sommet, renfermant une noix luisante, noire à la maturité. ♃ (Juin — octobre).

Commune sur les vieilles murailles ou à leur pied, et sur les rochers.
— Cette espèce me paraît peu distincte de la précédente, dont elle n'est
vraisemblablement qu'une variété plus petite, à tiges couchées, ra-

meuses et diffuses. La *P. judaïca*. Linn. diffère de l'espèce ci-dessus, avec laquelle on l'a quelquefois confondue, par les nervures latérales inférieures, partant de la base de la feuille et comme décurrentes sur le pétiole (ainsi qu'on le voit dans la fig. A, tab. 24 de Bocc. Sicil.), et non de la nervure moyenne, au-dessus de la base.

TRIBU II. — CANNABINÉES. Koch.

Ovaire à un seul ovule pendant; embryon courbé, ou en spirale; cotylédons incombants; fruit sec.

3. CHANVRE. — *CANNABIS*. Linn.

Fleurs dioïques. *Mâles :* périgone à 5 divisions; étamines 5. *Femelles :* périgone oblong, fendu latéralement; ovaire 1; styles 2; noix indéhiscente, presque globuleuse, à 2 valves, renfermée dans le périgone. Embryon courbé.

1. C. cultivé. — *C. sativa.*

Linn. Sp. 1457. — DC. Fl. fr. n. 2157. — Duby, Bot. gall. p. 418. — Gaud. Fl. helv. 6. p. 282. — Lam. Ency. 1. p. 695.

J. Saint-Hil. Pl. fr. tab. 882. ♂ et 883. ♀. — Lam. illust. tab. 814. — Moris. sect. 11. tab. 25. fig. 1. ♀ et fig. 2. ♂. — J. Bauh. Hist. 3. p. 2. p. 448. fig. 1. ♂ (*mala*). — Tabern. ic. p. 547. fig. 1. ♂ (*non bene*). — Dalech. Hist. p. 497. fig. 1. ♀ et fig. 2. ♂. — Dod. pempt. p. 535. fig. 1. ♂ et fig. 2. ♀. — Lob. ic. p. 526. fig. 1. ♀ et fig. 2. ♂. (*eæd., utriusque folia alterna*).

Tige dressée, un peu velue, tétragone, haute de 12—18 décim.; feuilles opposées, pétiolées, digitées, à 5—7 folioles lancéolées, rudes, dentées en scie : les inférieures plus petites; fleurs verdâtres : les mâles pendantes, en grappes axillaires lâches, formant une vaste panicule terminale : les femelles également axillaires, presque sessiles. Plante d'une odeur forte. ① (Juillet, août). Individus femelles, vulg. *Mâcles.*

Originaire de Perse, généralement cultivé pour son écorce dont on obtient par le rouissage une filasse propre à faire des toiles et des cordages. Sa graine, connue sous le nom de *Chènevis*, est alimentaire pour la volaille et les oiseaux de volière; elle donne une huile grasse abondante, bonne à brûler, dont on se sert en peinture, et dans la préparation du savon vert. Les feuilles et les graines écrasées sont employées en cataplasmes résolutifs.

4. HOUBLON. — *HUMULUS*. Linn.

Fleurs dioïques. *Mâles :* périgone à 5 divisions; étamines 5. *Femelles :* périgone squaniforme, ouvert, situé dans l'axe des écailles foliacées, persistantes, formant un cône embriqué; ovaire 1; stigmates 2, allongés; graine revêtue d'un arille membraneux. Embryon en spirale.

1. H. grimpant. — *H. Lupulus*.

Linn. Sp. 1475. — DC. Fl. fr. n. 2131. — Duby, Bot. gall. p. 419. — Gaud. Fl. helv. 6. p. 285. — Lam. Ency. 5. p. 158. — Koch, Syn. p. 636.

J. Saint-Hil. Pl. fr. tab. 981. ♂ et 982. ♀. — Bull. Herb. tab. 234. ♀. — Lam. illust. tab. 815. ♂ (*cum fl. feminea et fruct.*). — Mill. illust. tab. 88. ♂ et ♀. — Moris. sect. 1. tab. 7. fig. 9. ♀. — J. Bauh. Hist. 2. p. 151 et 152. (*utraque* ♀). — Clus. Hist. 1. p. 126. fig. 2. (*ic. Dod.*). — Tabern. ic. p. 894. fig. 1. ♀. — Dalech. Hist. p. 1414. fig. 1. ♀. — Dod. pempt. p. 409. fig. 1. ♀. — Lob. ic. p. 629. fig. 1. (*ead.*).

Tige sarmenteuse, volubile, rameuse, un peu anguleuse, parsemée d'aspérités ou de petites pointes crochues, grimpant, lorsqu'elle est convenablement soutenue, jusqu'à 6—8 mètres, et seulement jusqu'à 16—19 décim. sur les haies et les buissons; feuilles opposées, longuement pétiolées, lisses en dessus, rudes en dessous, en cœur à la base, à 3—5 lobes ovales, acuminés, dentés en scie, à dents mucronées: les supérieures souvent simples; stipules lancéolées, aiguës, réfléchies; fleurs dioïques : les mâles en grappes rameuses,

allongées, axilaires et terminales : les femelles en cônes
ovoïdes, écailleux, pédonculés, axilaires et terminaux,
jaunâtres à la maturité, à écailles recouvrant chacune une
graine axilaire, ovoïde, comprimée. ♃ (Juillet, août).

Commun dans les haies et les buissons. — Cultivé en grand en Angleterre, en Allemagne, etc., et dans les départements du nord et de
l'est de la France, pour ses fruits employés dans la confection de la
Bière qu'ils empêchent d'aigrir, et à laquelle ils donnent la légère
amertume et l'odeur qui en font une liqueur agréable. Ces fruits ren-
ferment un principe amer, énergique, la *lupuline*, préconisée dans les
maladies qui exigent des toniques. Les jeunes pousses de houblon se
mangent comme celles des asperges.

TRIBU III. — ARTOCARPÉES. DC.

Ovaire à 1 — 2 loges ; graines pendantes ; embryon courbé ;
cotylédons accombants ; fruit charnu ou succulent.

5. MURIER. — *MORUS*. Linn.

Fleurs monoïques, herbacées, en chatons unisexuels ;
périgone à 4 divisions concaves. *Mâles :* étamines 4, alternes avec les divisions du périgone. *Femelles :* ovaire
libre, à 2 ovules ; styles 2 ; graines 1 — 2, recouvertes par
le périgone devenu pulpeux et bacciforme.

1. M. blanc. — *M. alba.*

Linn. Sp. 1398. — DC. Fl. fr. n. 2150. — Duby, Bot. gall.
  p. 419. — Gaud. Fl. helv. 6. p. 140. — Poir. Ency. 4.
  p. 373. — Koch, Syn. p. 637.
J. Saint-Hil. Pl. fr. tab. 751. — Lam. illust. tab. 762. fig.
  2. — Tabern. ic. p. 976. fig. 2. — Dalech. Hist. p. 321.
  fig. 2. — Dod. pempt. p. 810. fig. 2. (*ead.*). — Lob. ic.
  2. p. 196. fig. 2. (*ead.*).

Arbre d'une hauteur médiocre, à écorce grise dont les
fibres sont propres à faire des cordes, à rameaux allongés
divisés ; feuilles alternes, pétiolées, d'un vert pâle, glabres'

un peu en cœur et obliques à la base, ovales, dentées en scie, simples ou à 1—5 lobes arrondis, inégaux; stipules lancéolées, caduques; chatons mâles ovoïdes-cylindriques, pédonculés, géminés ou ternés, axilaires sur les rameaux; chatons femelles ovoïdes, denses, embriqués, également axilaires et pédonculés, donnant naissance à un fruit blanchâtre ou rosé, ayant un suc doucereux, peu agréable; bord du périgone et stigmates glabres. ♄ (Mai, juin).

Originaire de Perse et de Chine, transporté d'Italie en France en 1494, par des seigneurs de la cour de Charles VIII qui l'avaient accompagné au siège de Naples. Presque spontané dans le midi de la France où on le cultive pour la nourriture des vers à soie. — Nyon, çà et là dans les haies, échappé de la culture (Gaud.).

2. M. noir. — *M. nigra.*

Linn. Sp. 1398. — DC. Fl. fr. n. 2129. — Duby, Bot. gall.
    p. 419. — Gaud. Fl. helv. 6. p. 141. — Poir. Ency. 4.
    p. 377. — Koch, Syn. p. 637.
J. Saint-Hil. Pl. fr. tab. 753. — Lam. illust. tab. 762. fig.
    1. — J. Bauh. Hist. 1. p. 1. p. 118. fig. 2. — Tabern. ic.
    p. 976. fig. 1. — Dalech. Hist. p. 326. fig. 1. — Dod.
    pempt. p. 810. fig. 1. — Lob. ic. 2. p. 196. fig. 1.
    (*ead.*).

Arbre à tronc plus gros que dans l'espèce précédente, haut de 6—10 mètres, à écorce noirâtre plus raboteuse; feuilles un peu plus épaisses, ovales, acuminées, un peu en cœur à la base, un peu rudes; dentées en scie, rarement lobées; fruit 2—3 fois plus gros, ovoïde, un peu allongé à la maturité, d'un rouge pourpre presque noir, composé de baies nombreuses, d'une saveur aigrelette sucrée, mucilagineuses, rafraîchissantes; fleurs mâles en chatons cylindriques courts; bord du périgone et stigmates velus. ♄ (Mai).

Originaire de Perse? Cultivé pour son fruit d'une saveur agréable, dont on fait un sirop rafraîchissant employé dans les maladies de la gorge et dans les affections catarrhales. Cet arbre était déjà connu des

Romains, puisque Théophraste, Dioscoride et Pline en ont fait mention
dans leurs ouvrages.

6. FIGUIER. — *FICUS.* Linn.

Fleurs monoïques ou dioïques, nombreuses, pédicellées,
renfermées dans un réceptacle concave, charnu, globuleux
ou en forme de poire, ombiliqué au sommet. *Mâles :* périgone à 3 divisions acuminées, situées près de l'ombilic;
étamines 5. *Femelles :* périgone à 5 lobes; ovaire libre,
à une seule loge; style latéral, à 2 stigmates; drupes nombreuses, monospermes, enfoncées dans la pulpe du réceptacle.

1. F. commun. — *F. Carica.*

Linn. Sp. 1513. — DC. Fl. fr. n. 2128. — Duby, Bot. gall.
   p. 419. — Gaud. Fl. helv. 6. p. 333. — Lam. Ency. 2.
   p. 489. — Koch, Syn. p. 636.
Chaum. Fl. méd. tab. 166. — Lam. illust. tab. 861. —
   Mill. illust. tab. 100. — J. Bauh. Hist. 1. p. 1. p. 128.
   fig. 1. — Tabern. ic. p. 975. fig. 1. — Dalech. Hist. p.
   536. fig. 1. — Dod. pempt. p. 812. fig. 1. — Lob. ic. 2.
   p. 197. fig. 2. (*ead*).
Arbre de grandeur médiocre, le plus souvent simple
arbuste dans nos contrées, car, étant sujet à geler dans les
hivers rigoureux, il repousse sur racine. Il offre alors plusieurs tiges rameuses, tortueuses, diffuses, à écorce grise
et unie, à suc propre laiteux et caustique, à bois blanc et
poreux, à jeunes rameaux rudes-pubescents; feuilles alternes, pétiolées, en cœur à la base, à 3—5 lobes palmés,
obtus, sinués-dentés, rudes en dessus, pubescentes en dessous; fruit ou réceptacle des fleurs glabre, pyriforme,
charnu, d'une saveur sucrée douce et agréable. ♄ (Mai,
juin; mûrit en septembre, octobre).

Originaire de l'Europe méridionale. — Le Figuier, cultivé dans nos
jardins et dans le vignoble, au pied des murs et des rochers, dans les

lieux chauds et abrités, est la variété à fruit vert, devenant jaunâtre à
la maturité, de grosseur médiocre, en toupie arrondie : sa saveur est
assez douce et agréable, mais il ne mûrit pas toutes les années. En
Provence, on sèche les Figues au soleil, et elles deviennent ainsi un
objet de commerce ; elles sont pectorales et laxatives.

TRIBU IV. — ULMACÉES. Mirb.

Ovaire biloculaire ; graine pendante ; embryon droit ; cotylédons aplanis ; fruit sec (*samare*).

7. ORME. — *ULMUS*. Linn.

Fleurs hermaphrodites. Périgone marcescent, en cloche ,
coloré , à 4—5 dents; étamines 4—8; styles 2; samare
monosperme, comprimée-aplanie, presque orbiculaire , largement ailée membraneuse.

1. O. commun. — *U. campestris.*

Linn. Sp. 327. — Gaud. Fl. helv. 2. p. 262. — DC. Fl. fr.
  n. 2126. var. β. — Duby, Bot. gall. p. 421. var. α. —
  Poir. Ency. 4. p. 609. var. β. — Hagenb. Fl. basil. 1. p.
  235. var. β. *minor*. — Koch, Syn. p. 637. var. α. n. 1.
  et 3.
J. Saint-Hil. Pl. fr. tab. 788. — Lam. illust. tab. 185. fig. *n.*
  (*fructus*). — Tabern. ic. p. 979. fig. 1-2. et p. 980. fig.
  1. — Dod. pempt. p. 837. fig. 1. — Lob. ic. 2. p. 189.
  fig. 1.

Arbre à tronc droit, à écorce grisâtre, restant arbuste
dans les haies et les buissons ; feuilles ovales, aiguës, d'un
vert plus pâle, et beaucoup plus petites que dans l'espèce
suivante, longues de 3—4 centim., inégales à la base,
presque lisses ou un peu rudes en dessus, barbues en dessous dans l'axe des nervures, doublement dentées en scie, à
dents obtuses ; fleurs rougeâtres, naissant avant les feuilles,
disposées en petites ombelles presque sessiles le long des ra-

meaux; périgone à 4—5 lobes ciliés de poils blanchâtres; étamines 4—5, à anthères purpurines; samare obovale ou oblongue, glabre, un peu en coin à la base, nerveuse-réticulée, longue de 12—15 millim., incisée-échancrée au sommet, à graine située vers l'échancrure. ♄ (Mars, avril).

Les bois, les haies et les buissons, aux environs de Salins. — Aux environs de Nyon (Gaud.). — De Bâle (Hagenb.).

β. *Suberosa.* Koch, Syn. l. c. — Duby, Bot. gall. l. c. — DC. Fl. fr. l. c. var. γ. — *U. suberosa* (Willd.). Gaud. Fl. helv. 2. p. 264. — Poir. Ency. supp. 4. p. 188. — — Duch. Cult. des bois, tab. 8. — Écorce des rameaux épaisse, subéreuse, profondément sillonnée.

Salins, dans les bois de Château, et de Bagney le long de la Furieuse, au-dessous de Saint-Joseph, etc. — Aux environs de Bâle (Hagenb.).

2. O. de montagne. — *U. montana.*

Smith, Engl. Fl. 2. p. 22. — Gaud. Fl. helv. 2. p. 263. — *U. campestris.* DC. Fl. fr. n. 2126. var. *α.* — Duby, Bot. gall. p. 421. var. γ. — Poir. Ency. 4. p. 609. var. *α.* — Koch, Syn. p. 637. var. *α.* n. 2. — *U. campestris.* a. *latifolia.* Meyer, Chlor. han. p. 80. Duch. Cult. des bois, tab. 9. — J. Bauh. Hist. 1. p. 2. p. 139. fig. 1.

Arbre élevé, d'un beau port, à tige droite, à bois dur, d'un rouge jaunâtre, à écorce grise ou brunâtre, épaisse, souvent crevassée, à jeunes rameaux velus; feuilles de nature sèche, très rudes sur les deux faces, moins barbues dans l'axe des nervures que l'espèce précédente, alternes, courtement pétiolées, largement ovales, d'un vert foncé, brusquement acuminées, doublement dentées en scie, obliques et un peu en cœur à la base, longues de 8—16 centim.; fleurs naissant avant les feuilles, disposées en petites ombelles presque sessiles le long des rameaux; périgone à 6 lobes rougeâtres, ciliés de poils roux; étamines 5—7, ordi-

nairement 6; stigmates barbus; samare ovale-arrondie, incisée-échancrée au sommet, à lobes rapprochés, à graine
située au centre. ♄ (Avril, mai).

Assez commun dans les bois des environs de Bâle (Hagenb.). —
Cultivé le long des routes et sur les promenades : on le préfère à la première espèce à cause de la grandeur de ses feuilles qui donnent plus
d'ombrage, et parce qn'il s'élève à une plus grande hauteur.

3. O. à fruits ciliés. — *U. effusa.*

Willd. Prod. Fl. berol. n. 296. (1787). — **DC. Fl. fr. n.
2127.** — **Duby, Bot. gall. p. 422.** — **Koch, Syn. p. 638.**
— *U. ciliata.* **Ehrh. beit. 6. p. 88.** (1791). — **Gaud. Fl.
helv. 2. p. 265.** — *U. pedunculata.* **Poir. Ency. 4.
p. 610.**

Cet arbre, souvent confondu avec le précédent, et que
l'on cultive quelquefois avec lui dans les plantations, en diffère cependant par ses fleurs lâches, longuement pédicellées; par ses samares plus petites, arrondies, nerveuses-
réticulées, portées sur de longs pédicelles filiformes,
incisées-échancrées, à lobes un peu écartés, rapprochés au
sommet, glabres sur les deux faces, mais garnies sur leur
contour de poils mous, blanchâtres, un peu crépus, qui les
rendent ciliées; graine ovale, presque centrale; feuilles
grandes, sèches, inégales à la base, un peu moins rudes,
ovales, acuminées, doublement dentées en scie; étamines 8.
♄ (Mars, avril).

Bâle, sur le mont Wasserfall; dans les bois montagneux autour de
Mutenz, de Schavenburg, et çà et là sur les montagnes élevées (Hagenbach). — L'Orme offre un bois pesant d'une grande force, ayant les
fibres ligneuses serrées et coriaces; il donne beaucoup de chaleur, et est
très estimé comme bois de chauffage. Il est propre à un grand nombre
d'usages qui demandent de la résistance, comme dans le charronnage et
une foule d'autres arts. On en fait aussi de très jolis meubles, car son
bois d'un grain fin et d'une couleur roussâtre, tirant sur l'acajou, est
susceptible de prendre un beau poli.

FAMILLE XCVIII.

Juglandées. DC.

FLEURS monoïques. *Mâles :* en chaton, à périgone écailleux, divisé plus ou moins profondément en 2 ou 6 lobes; étamines plusieurs, insérées sur le milieu du périgone, à filets libres, très courts; anthères à 2 loges s'ouvrant en long. *Femelles :* 1--4 au sommet des rameaux annuels; périgone double ou simple, adhérent à l'ovaire, l'extérieur à 4 divisions, l'intérieur, lorsqu'il existe, à 4 sépales; ovaire à une loge, à un ovule dressé; stigmates 2, lancéolés, allongés, ou 1 pelté, à 4 lobes; drupe charnue, contenant une noix à 2—4 valves; graine bosselée, comme cérébriforme, plus ou moins divisée en 4 lobes à sa partie inférieure. Embryon droit, dépourvu de périsperme; cotylédons charnus, à 2 lobes; radicule supère. — Arbres à feuilles alternes, ailées avec impaire, dépourvues de stipules.

1. NOYER. — *JUGLANS.* Linn.

Fleurs monoïques. *Mâles :* chatons embriqués, cylindriques; périgone simple, en écaille caliciforme, divisé latéralement en 5—6 lobes; étamines nombreuses (12—24); anthères épaisses. *Femelles :* périgone double, à 4 lobes chacun; stigmates 2, épais, lancéolés, frangés au sommet; drupe globuleuse', renfermant une noix uniloculaire, monosperme, bivalve, ridée-sillonnée irrégulièrement.

1. N. commun. — *J. regia.*

Linn. Sp. 1415. — DC. Fl. fr. n. 4067. — Duby, Bot. gall. p. 420. — Gaud. Fl. helv. 6. p. 166. — Poir. Ency. 4. p. 500. — Koch, Syn. p. 638.

J. Saint-Hil. Pl. fr. tab. 649. — Duch. Cult. des bois, tab. 38. — Chaum. Fl. méd. tab. 250. — Lam. illust. tab.

781. fig. 1. — Mill. illust. tab. 81. — J. Bauh. Hist. 1.
p. 1. p. 241. fig. 1. — Tabern. ic. p. 971. fig. 1. —
Dalech. Hist. p. 321. fig. 1. — Dod. pempt. p. 816. fig. 1.
Lob. ic. 2. p. 108. fig. 1.

Arbre très grand, à tronc gros, à rameaux formant une
large tête ; feuilles grandes, ailées avec impaire, à 5—9
folioles ovales, entières, glabres, à nervures latérales nombreuses, parallèles, portant en dessous de petites houppes
de poils dans les sinus des nervures ; chatons mâles, allongés, cylindriques ; fruit ordinairement géminés ou ternés,
sessiles, formés d'une enveloppe charnue (*brou*), renfermant
une noix osseuse. ♄ (Mai).

Originaire de Perse, suivant Pline ; naturalisé depuis long-temps en
France ; je l'ai observé plusieurs fois croissant spontanément dans les
haies et les bois. On en cultive plusieurs variétés à fruits plus ou moins
gros, à coque plus ou moins dure ou tendre : il s'élève dans le Jura, à
Longirod, au pied de Noirmont, jusqu'à la hauteur de 907 mètres au-
dessus du niveau de la mer. — Le bois de noyer est très recherché dans
la menuiserie et l'ébénisterie pour la fabrication des meubles ; sa noix
est comestible, on en retire une huile abondante qui est très bonne
lorsqu'elle est fraiche, mais elle se rancit assez promptement ; son brou
donne une teinture brune solide, et on en fait une liqueur regardée
comme stomachique : il contient, ainsi que les feuilles, une assez
grande quantité de tannin et d'acide gallique, et on a conseillé de s'en
servir pour le tannage des cuirs. Ses feuilles, d'une odeur forte et aromatique, sont employées en décoction pour faire des lotions stimulantes
et résolutives.

FAMILLE XCIX.

Cupulifères. Richard.

FLEURS monoïques. *Mâles :* en chaton presque globuleux
ou cylindrique, composé de bractées ou écailles ; périgone
nul, ou à 4—6 lobes ; étamines 5—20 et plus, insérées dans
le périgone ou sur les écailles ; anthère à 2 loges, s'ouvrant
par 2 fentes. *Femelles :* solitaires, ou plusieurs agrégées,
ou en épi ; périgone adhérent à l'ovaire, à limbe légèrement
dentelé ; ovaire à 2—6 loges à 1—2 ovules pendants ; stig-

mates 2—6, souvent soudés à la base; involucre de forme
variable, grandissant après la fleuraison et servant d'enveloppe au fruit; noix à une loge contenant par avortement
une seule graine dépourvue de périsperme. Embryon droit;
radicule tournée vers l'ombilic.

1. HÉTRE. — *FAGUS*. Linn.

Fleurs monoïques. *Mâles :* chatons pendants, presque
globuleux; écailles très petites, caduques; périgone à 5—6
lobes; étamines 10—15. *Femelles :* géminées dans un involucre à 4 lobes, hérissé en dehors de pointes molles; ovaire
à 3 loges à 2 ovules, couronné par le périgone très petit;
stigmates 3; noix triangulaires, à 1—2 graines renfermées
dans l'involucre accru et endurci.

1. H. des forêts. — *F. sylvatica.*

Linn. Sp. 1416. — DC. Fl. fr. et n. 2113. — Duby, Bot.
gall. p. 428. — Gaud. Fl. helv. 6. p. 167. — Lam. Ency.
3. p. 125. — Koch, Syn. p. 639.

Duch. Cult. des bois, tab. 4. — J. Saint-Hil. Pl. fr. tab.
750. — Lam. illust. tab. 782. fig. 2. — J. Bauh. Hist. 1.
p. 2. p. 118. fig. 1. — Tabern. ic. p. 974. fig. 2. — Dalech. Hist. p. 34. fig. 2. — Dod. pempt. p. 832. fig. 1. —
Lob. ic. 2. p. 160. fig. 1.

Arbre s'élevant à plus de 20 mètres, à rameaux étalés, à
écorce lisse, cendrée ou grisâtre; feuilles d'un vert gai en
dessus, plus pâle en dessous, d'abord molles, puis fermes,
glabres et luisantes, garnies sur les bords et sur les nervures
dorsales, particulièrement dans les sinus, de longs poils
soyeux, ovales, un peu rhomboïdales, légèrement sinuées,
presque ondulées, portées sur des pétioles velus. Fleurs
mâles en chatons latéraux, globuleux, lâches, situés au-
dessous des femelles, portés sur de longs pédoncules velus,
pendants, munis à la base de bractées garnies de poils
soyeux. Fleurs femelles géminées dans un involucre ovoïde,

solitaire dans les aisselles des feuilles supérieures, muni de bractées allongées, porté sur un pédoncule court, velu; fruit formé par l'involucre endurci, hérissé de pointes molles, nombreuses, s'ouvrant en 4 lobes et renfermant 1—2 noix triangulaires (*faînes*), garnies de poils soyeux couchés, contenant une amande charnue douce, huileuse, bonne à manger. ♄ (Mai). Vulg. *Foyard*.

Commun dans les bois de taillis : il se trouve souvent mêlé aux sapins dans le haut Jura, et forme souvent des forêts très étendues; il s'élève dans les Alpes jusqu'à 1,500 mètres au-dessus du niveau de la mer. — La disposition du bois de Hêtre à se fendre et à la vermoulure s'oppose à ce qu'on s'en serve pour la charpente; c'est un excellent bois de chauffage; il donne une flamme vive et claire, mais il brûle plus vite que le chêne, et craint l'humidité qui le rend très cassant et lui fait perdre sa chaleur. Son grain serré, sa fibre ferme quoique courte, le fait rechercher dans le charronnage; il est également employé par l'ébéniste, le sellier, le carrossier, le tourneur, le sabotier, etc. L'amande des faînes, quoique un peu astringente, a une saveur assez agréable; on en retire une huile abondante, bonne à manger. On prétend que par la torréfaction elle développe un parfum qui approche de celui du café. Les faînes servent à nourrir les animaux frugivores qui en sont très friands, et on les donne aux cochons et aux oiseaux de basse-cour pour les engraisser. L'écorce, les feuilles et les enveloppes du fruit sont bonnes pour le tannage.

2. CHATAIGNIER. — *CASTANEA*. Tournef.

Fleurs polygames. *Mâles :* chatons grêles, allongés, raides, cylindriques, interrompus, composés de fleurs sessiles, agglomérées, munies de petites écailles; périgone profondément divisé en 6 lobes, renfermant 10—20 étamines. *Femelles :* au nombre de 2—3, à la base des chatons mâles, renfermées dans un involucre globuleux, à 4 lobes, hérissé en dehors, cotonneux en dedans; périgone supère, à 5—8 lobes; stigmates 5—8; ovaire à 5—8 loges à 2 ovules; noix uniloculaires, arrondies, à 1—2 graines ridées, farineuses, recouvertes par l'involucre endurci, hérissé d'épines rameuses.

1. C. commun. — *C. vulgaris*.

Lam. Ency. 1. p. 708. — DC. Fl. fr. n. 2114. — Duby,
  Bot. gall. p. 428. — Gaud. Fl. helv. 6. p. 168. — Koch,
  Syn. p. 639. — *Fagus Castanea*. Linn. Sp. 1416.
Duch. Cult. des bois, tab. 6. — J. Saint-Hil. Pl. fr. tab.
  802. — Lam. illust. tab. 782. fig. 1. — J. Bauh. Hist. 1.
  p. 2. p. 121. fig. 1. — Tabern. ic. p. 971 fig. 2. —
  Dalech. Hist p. 31. fig. 1.—Dod. pempt. p. 814. fig. 1.
  — Lob. ic. 2. p. 160. fig. 2.

Arbre élevé, à écorce lisse et grisâtre, à la fin largement
crevassée, à rameaux allongés et étalés, à tronc acquérant
quelquefois un diamètre considérable, d'une longévité qui
egale au moins celle du chêne; feuilles d'un vert gai,
oblongues - lancéolées, acuminées, fortement dentées en
scie, à dents mucronées, fermes, glabres sur les deux faces,
un peu luisantes en dessus, courtement pétiolées, à nervures
parallèles saillantes en dessous; fleurs mâles agglomérées,
en chatons grêles, axilaires; fleurs femelles sessiles, au
nombre de 2—3 dans un involucre globuleux à 4 lobes,
hérissé à la maturité d'épines rameuses, et renfermant 1—3
noix (*châtaignes*) qui offrent un aliment sain et agréable. ♄
(Mai, juin).

Les bois en montant de Nyon à Saint-Cergue; aux environs de Mon-
tagna-le-Reconduit; de Balanod et de l'Aubepin, canton de Saint-
Amour; au pied des montagnes aux environs de Thoiry. — De Trélex
et de Crans (Gaud.). — A Salève, près de Mornex, etc. (Reut.).

β. *Sativa*. DC. Fl. fr. l. c. — Gaud. Fl. helv. 6. l. c. —
Se distingue de la var. α. par ses fruits plus gros, d'une
saveur plus douce, connus sous le nom de *Marrons*.

Cultivé dans le canton de Saint-Amour, où les habitants de plusieurs
communes en possèdent quelques plantations dont ils vendent les fruits
sur les marchés de Cousance et de Saint-Amour. — Le bois de châtaignier est dur, flexible dans la jeunesse, très fort dans la vieillesse,
et offre un excellent bois de construction : les anciens, qui lui ont
reconnu cette propriété, l'ont souvent employé à cet usage; comme bois

de chauffage, il pétille, brûle mal, étant plus riche en carbone qu'en hydrogène; on en fait des douves de tonneaux, et des cercles avec les jeunes tiges. Le tronc du Châtaignier acquiert quelquefois une grosseur énorme : on cite celui du mont Etna qui a, dit-on, plus de 50 mètres de circonférence.

3. CHÊNE. — *QUERCUS*. Linn.

Fleurs monoïques. *Mâles :* chatons grêles, filiformes, interrompus et pendants; périgone sessile, à 5—9 divisions; étamines 5—9. *Femelles :* axilaires, à périgone supère, petit, à 6 lobes, entourées d'un involucre composé d'un grand nombre d'écailles embriquées, soudées en une *cupule* hémisphérique coriace; ovaire à 3 loges renfermant chacune 2 ovules; style 1; stigmates 3, courts, obtus; noix (*gland*) uniloculaire, ovoïde ou oblong, monosperme, enchâssée dans la cupule.

1. C. à fruits pédonculés. — *Q. pedunculata.*

Ehrhart, Arbor. n. 77. — Gaud. Fl. helv. 6. p. 161. — Koch, Syn. p. 639. —*Q. racemosa.* Lam. Ency. 1. p. 715. — DC. Fl. fr. n. 2116. — Duby, Bot. gall. p. 429. — *Q. robur. α.* Linn. suec. ed. 2. p. 540.

Duch. Cult. des bois, tab. 2. — J. Saint-Hil. Pl. fr. tab. 474. — Lam. illust. tab. 779. fig. 1. — J. Bauh. Hist. 1. p. 2. p. 70. fig. 2. —Tabern. ic. p. 962. fig. 1. — Dalech. Hist. p. 4. fig. 1.

Arbre très élevé et de longue durée, à bois dense très dur, à écorce grise, crevassée et raboteuse dans la vieillesse; feuilles courtement pétiolées ou presque sessiles, entièrement glabres, d'un beau vert en dessus, plus pâles en dessous, oblongues-obovales, échancrées à la base, sinuées-lobées, à lobes obtus, arrondis; chatons de fleurs mâles, grêles, jaunâtres, interrompus, pendants, composés de glomérules pauciflores; fleurs femelles verdâtres, 2—5, sessiles, sur des pédoncules allongés à l'époque de la fructification; cupule à écailles nombreuses, petites, entièrement soudées, renfermant un gland 3 fois au moins aussi long qu'elle. ♄ (Avril, mai).

Commun dans les bois de la plaine et du pied des montagnes : il forme, avec l'espèce suivante, la base de toutes nos forêts et de nos bois de taillis. — Le chêne donne un excellent bois de chauffage, surtout lorsqu'il a crû dans un lieu sec et à une bonne exposition ; sa dureté, sa résistance et sa longue durée le rendent le plus précieux de nos arbres indigènes : il entre dans toutes nos constructions civiles et navales ; il est la base de la charpenterie, de la menuiserie, de la tonnellerie et de beaucoup d'autres arts. Sa propriété de se conserver longtemps sous l'eau le rend très précieux pour former des pilotis, et pour la construction de tous les ouvrages qui doivent rester submergés. Son écorce est extrêmement astringente, et contient une grande quantité de tannin et d'acide gallique, ce qui la rend éminemment propre à la préparation des cuirs par le tannage ; elle est réclamée par la thérapeutique comme un excellent tonique et une succédanée indigène du *Quinquina*, surtout en l'associant à la racine de *Gentiane*. Le fruit du chêne est une excellente nourriture pour le porc et l'engraisse : son lard est ferme et très savoureux lorsqu'il en a été nourri.

2. C. à fruits sessiles. — *Q. sessiliflora.*

Smith, Brit. 3. p. 1026. — DC. Fl. fr. n 2117. β. — Duby, Bot. gall. p. 429. — Gaud. Fl. helv. 6. p. 162. — Koch, Syn. p. 639. — *Q. robur.* α. Lam. Ency. 1. p. 717. — *Q. robur.* Linn. Fl. suec. ed. 2. p. 540.
Duch. Cult. des bois, tab. 1. — J. Saint-Hil. Pl. fr. tab. 473. — Dalech. Hist. p. 2. fig. 2. et p. 5. fig. 1.

Cette espèce, long-temps confondue avec la précédente, en diffère par sa taille moins élevée, son bois moins dur, ses feuilles plus longuement pétiolées et plus larges, moins profondément sinuées, à lobes larges, obtus, arrondis, plus régulièrement opposés, glabres, un peu échancrées à la base ou prolongées sur le pétiole, et surtout par ses fruits presque sessiles, oblongs, agglomérés, au nombre de 2—3, dans l'axe des feuilles, à la partie supérieure des rameaux. ♄ (Avril, mai). Vulg. *Chêne Roure* ou *Rouvre.*

Commun dans les bois où il se trouve mêlé avec l'espèce précédente.

3. C. pubescent. — *Q. pubescens.*

Willd. Sp. 4. p. 450. — DC. Fl. fr. supp. n. 2117ᵃ. —
Duby, Bot. gall. p. 429. — Gaud. Fl. helv. 6. p. 162. —
Poir. Ency. supp. 2. p. 223. — Koch, Syn. p. 659. —
Q. robur. δ. *lanuginosa.* Lam. Ency. 1. p. 717.

Arbre peu élevé, formant quelquefois un simple arbuste
de 3—5 mètres, tortueux, à jeunes rameaux velus-coton-
neux; feuilles pétiolées, oblongues-obovales, plus petites et
plus étroites que dans l'espèce précédente, fermes, inégalement en cœur à la base ou prolongées sur le pétiole,
sinuées-pinnatifides, à lobes étroits, entiers ou anguleux,
obtus, vertes et glabres en dessus, blanchâtres et pubescentes en dessous; fruits presque sessiles, réunis au nombre
de 2—3, comme dans l'espèce précédente, mais plus petits,
à gland égalant environ 2 fois la longueur de la cupule,
hémisphérique, à écailles entièrement soudées. ♄ (Avril,
mai).

Dans les bois chauds et arides des montagnes aux environs de Salins :
dans les bois d'Onay, de Vaugrenans, de Goaille, de Château, de la
Châtelaine, etc. — Bâle, sur le mont Diétisberg; autour d'Olsberg
(Hagenb.). — Au pied de Salève, etc. (Reut.).

4. C. Cerris. — *Q. Cerris.*

Linn. Sp. 1415. — DC. Fl. fr. n. 2118. (*excl. var. α. et β.*) et
ejusd. supp. p. 354. — Duby, Bot. gall. p. 429. — Gaud.
Fl. helv. 6. p. 163. — Koch, Syn. p. 640. — *Q. crinita.*
Lam. Ency. 1. p. 718.
J. Saint-Hil. Pl. fr. tab. 476. — Tabern. ic. p. 965. fig. 1.
— Dalech. Hist. p. 6. fig. 1. — Dod. pempt. p. 831. fig. 2.
— Lob. ic. 2. p. 156. fig. 2. (*ead.*).

Arbre élevé, ressemblant par son port au *Q. pedunculata*,
à rameaux dressés, pubescents sur les jeunes pousses;
feuilles grandes, oblongues, rétrécies à la base, sinuées-
pinnatifides, à lobes oblongs-lancéolés, souvent inégaux,
entiers ou dentés, obtus, mucronés, ordinairement écartés,

à sinus aigus, obtus ou anguleux, vertes et luisantes en dessus, plus pâles et légèrement pubescentes en dessous, un peu ciliées, portées sur des pétioles courts, également pubescents, munis à la base de stipules linéaires-lancéolées, pubescentes; fruits sessiles, à cupule hémisphérique, formée d'écailles nombreuses, soudées à la base, linéaires-subulées, pubescentes, libres et crochues ou tortillées au sommet. ♄ (Mai).

Ce chêne se trouve dans la forêt de Chaux : mes échantillons ont été récoltés le long de la traverse de Cramans à Dole, en passant par la Vieille-Loye. — Besançon (Mut.). — Près de Quingey (DC.). — Bosc cite dans le Jura, comme espèce, sous le nom de Chêne osier (*Q. viminalis*. Mém. sur les Chênes, p. 12), un petit chêne arbuste qui paraît être une variété du *Q. sessiliflora.* Il ne s'élève jamais à plus de 12—15 décim.; son écorce est grise, son bois blanc, et ses rameaux grêles, souples, liants; ses feuilles sont presque semblables à celles du *Q. pedunculata*, mais plus petites, d'un vert plus clair et toujours très glabres; ses glands sont sessiles, presque entièrement cachés dans la cupule. Ses rameaux sont employés à faire des corbeilles, des paniers et des liens, comme avec de gros brins d'osier dont ils ont la souplesse. — Je n'ai aucune connaissance de ce chêne ni de ses usages.

4. COUDRIER. — *CORYLUS*. Linn.

Fleurs monoïques. *Mâles :* chatons cylindriques pendants, à écailles obovales, portant chacune 2 écailles plus petites qu'elles recouvrent; étamines 8, insérées sur l'écaille; anthères à une loge. *Femelles :* plusieurs, renfermées dans un bourgeon écailleux; ovaire enfoncé dans le réceptacle, à 2 stigmates filiformes, saillants, colorés; fruit (*noix*) ovoïde, lisse, à 1—2 graines, entouré d'un involucre foliacé, à bords lobés-laciniés.

1. C. Noisetier. — *C. Avellana.*

Linn. Sp. 1417. — **DC.** Fl. fr. n. 2115. — Duby, Bot. gall. p. 430. — Gaud. Fl. helv. 6. p. 169. — Poir. Ency. 4. p. 495. — Koch, Syn. p. 640.
Duch. Cult. des bois, tab. 46. — J. Saint-Hil. Pl. fr. tab. 491. — Lam. illust. tab. 780. — J. Bauh. Hist. 1. p. 1.

p. 266. fig. 2. — Dalech. Hist. p. 319. fig. 1. — Dod.
pempt. p. 816. fig. 2. — Lob. ic. 2. p. 192. fig. 1.

Arbrisseau de taille moyenne, à rameaux pubescents dans
la jeunesse, à tige droite, flexible, à écorce cendrée-poin-
tillée ; feuilles ovales-arrondies, acuminées, en cœur à la
base, doublement dentées en scie, d'un vert gai, plus pâles
et pubescentes en dessous, un peu rudes ; fleurs mâles en
chatons allongés, cylindriques, jaunes, pendants, au
nombre de 1—3 réunis, paraissant long-temps avant les
feuilles ; fleurs femelles sessiles, renfermées dans un bourgeon écailleux, au nombre de 1—3, à stigmates pourpres,
filiformes, saillants ; fruit généralement connu sous le nom
de *Noisette*. ♄ (Février, mars).

Commun dans les bois de taillis, dans les haies et les buissons. On
cultive plusieurs variétés de cette espèce. — Le bois du Noisetier est
coriace, souple et pliant : il est propre à faire des cerceaux, des échalas, des treillages ; les vanniers s'en servent pour former le canevas de
leurs ouvrages ; il brûle bien et donne un assez bon chauffage ; son
charbon est employé dans la fabrication de la poudre à tirer. Les Noi-
settes sont indigestes : on en retire une huile comestible d'un goût
agréable.

5. CHARME. — *CARPINUS*. Linn.

Fleurs monoïques. *Mâles :* chatons allongés, cylindriques, à écailles ovales, ciliées à la base ; étamines 6—12,
insérées à la base de l'écaille ; anthères à 2 loges séparées,
un peu barbues au sommet. *Femelles :* en chatons lâches,
à écailles ternées, biflores, l'extérieure caduque, les 2 intérieures persistantes, à la fin accrues, foliacées, à 3 lobes ;
ovaire à 2 loges à 1 ovule, couronné par le périgone à 6
dents ; stigmates 2, allongés ; noix osseuse, à une seule loge
monosperme.

1. C. commun. — *C. Betulus.*

Linn. Sp. 1416. — DC. Fl. fr. n. 2112. — Duby, Bot. gall.
p. 430. — Gaud. Fl. helv. 6. p. 179. — Lam. Ency. 1.
p 707. — Koch, Syn. p. 641.

Duch. Cult. des bois, tab. 5. (*fœmina*). — J. Saint-Hil.
Pl. fr. tab. 805. (*mala*). — Lam. illust. tab. 780. —
J. Bauh. Hist. 1. p. 2. p. 146. fig. 1. — Clus. Hist. 1.
p. 55. fig. 2. — Tabern. ic. p. 974. fig. 1. — Dod. pempt.
p. 841. fig. 1. (*ic. Clus.*). — Lob. ic. 2. p. 190. fig. 1.
(*ead.*).

Arbre de hauteur moyenne, à tronc anguleux, à écorce
unie, grisâtre, à bois compacte, tenace, à jeunes rameaux
pubescents ; feuilles ovales-acuminées, doublement dentées
en scie, glabres, d'un vert gai, à nervures saillantes en
dessous, obliques et parallèles, pubescentes et barbues aux
aisselles, plissées dans la jeunesse ; chatons paraissant avec
les feuilles, solitaires, pendants : les mâles sessiles, lâches,
cylindriques, à écailles étalées, ovales, concaves, blanchâtres, ferrugineuses au sommet, ciliées à la base : les femelles
presque terminaux, pauciflores, lâches, formant à la fin des
grappes comme foliacées par le développement des écailles :
celles-ci sont planes, ternées, membraneuses, coriaces,
l'extérieure ovale-oblongue, acuminée, biflore, caduque,
les 2 autres à 3 lobes lancéolés, nerveux, le moyen beaucoup plus long, recouvrant chacune une noix ovoïde, sessile,
dure, un peu comprimée, sillonnée, dentée au sommet. ♄
(Avril, mai). Vulg. *Charmille.*

Commun dans les bois de taillis. — La Charmille a un bois compacte,
dur, pesant ; son grain est blanc, fin ; sa fibre ferme, tenace et très
flexible ; c'est un excellent bois de chauffage, il brûle aisément, donne
une flamme claire, et tient très bien le feu. Il serait propre à un grand
nombre d'usage, s'il n'avait pas l'inconvénient de se tourmenter et de
se fendre.

FAMILLE C.

Salicinées. Richard.

Fleurs unisexuelles, dioïques, en chatons formés d'é-
cailles ; périgone nul, remplacé par une glande quelquefois
double, ou par un urcéole charnu, tronqué obliquement,
situé dans l'axe des écailles, à la base des organes sexuels.

Mâles : étamines 2—24, libres ou monadelphes, sortant de l'aisselle des écailles ou de l'urcéole. *Femelles :* ovaire libre, uniloculaire, à plusieurs ovules pendants; placentas 2, pariétaux; style 1; stigmates 2, souvent bifides; capsule à 2 valves; graines chevelues, dépourvues de périsperme. Embryon droit; radicule tournée vers l'ombilic; cotylédons aplanis. — Arbres ou arbustes à feuilles alternes, munies de stipules souvent caduques.

1. SAULE. — *SALIX*. Linn.

Fleurs dioïques, disposées en chatons (1) oblongs ou cylindriques, composés d'écailles uniflores, embriquées, munies de 1—2 glandes situées à la base des organes sexuels. *Mâles :* étamines 2—10, ordinairement 2, quelquefois soudées ensemble et ayant alors une seule anthère à 4 loges. *Femelles :* ovaire 1; style 1; stigmates 2, filiformes, souvent bifides; capsule uniloculaire, bivalve, à plusieurs graines munies d'une aigrette de poils soyeux.

§ 1. *Écailles du chaton entièrement jaunes-verdâtres, tombant avant la maturité de la capsule; chatons latéraux, contemporains ou tardifs, les femelles fructifères à pédoncule feuillé.* — Fragiles. Koch.

1. S. à cinq étamines. — *S. pentendra.*

Linn. Sp. 1442. — DC. Fl. fr. n. 2079. — Duby, Bot. gall.
   p. 427. — Gaud. Fl. helv. 6. p. 215. — Poir. Ency. 6.
   p. 642. — Seringe, Essai, p. 68. — Koch, Syn. p. 642.
Linn. Fl. lapp. tab. 8. fig. *z.* (*folium*).

Saule ayant quelque ressemblance, par son feuillage, avec un *Laurier,* s'élevant ordinairement à la hauteur de

---

(1) Les chatons sont dits *précoces, contemporains,* ou *tardifs,* selon qu'ils naissent avant, avec, ou après les feuilles.

2—3 mètres, acquérant rarement celle d'un arbre de
moyenne grandeur, à rameaux luisants, comme vernissés,
d'un vert brunâtre ou d'un brun foncé; feuilles ovales-
elliptiques ou ovales-lancéolées, acuminées, finement dentelées-glanduleuses, très glabres, ainsi que le pétiole,
fermes, d'un vert gai et luisant en dessus, un peu plus pâles
et veinées-réticulées en dessous, à glandes des dentelures
petites, jaunâtres, résineuses, odorantes, laissant par la
dessication une empreinte qui dessine le contour des feuilles
sur le papier : les inférieures souvent un peu plus petites;
chatons tardifs, situés aux extrémités de petits rameaux ou
pédoncules latéraux garnis de quelques folioles bractéales :
les mâles cylindriques, obtus, odorants, d'un beau jaune, à
écailles ovales, obtuses, poilues, à la fin de moitié plus
courtes que les étamines au nombre de 5—10 : les femelles
plus grêles, et à la fin un peu plus longs que les mâles, à
écailles jaunâtres, lancéolées, aiguës, presque glabres, caduques, de la longueur de l'ovaire ; capsule glabre, ovoïde-
lancéolée, presque sessile ; style médiocre ; stigmates un peu
épais, bifides. ♄ (Juin , juillet).

Commun dans le vallon au pied du Mont-d'Or, entre les Longevilles
et les Hôpitaux-Neufs, et dans la vallée de Joux ; dans la tourbière de
Pontarlier, et dans celle de Vaux, entre Bonnevaux et Sainte-Marie. —
— Autour de Bière, dans les haies (Gaud.).

2. S. fragile. — *S. fragilis*.

Linn. Sp. 1443. — DC. Fl. fr. n. 2080. — Duby, Bot. gall.
  p. 425. — Gaud. Fl. helv. 6. p. 212. — Poir. Ency. 6.
  p. 646. — Koch , Syn. p. 643. — *S. pendula*. Ser. Ess.
  p. 79.
Hoff. Sal. tab. 31. — Linn. Fl. lapp. tab. 8. fig. b.

Arbre élevé, acquérant quelquefois la hauteur du *S. alba*,
dressé, très rameux, à écorce cendrée, crevassée, à rameaux nombreux, diffus, grêles, à écorce d'un vert cendré
ou brunâtre, souvent purpurescente, très fragiles à leur
aisselle; feuilles alternes, pétiolées, oblongues-lancéolées,

rétrécies à la base, acuminées au sommet, dentées en scie, à dents infléchies, glanduleuses, fermes, glabres sur les deux faces, d'un vert gai et luisant en dessus, plus pâles et un peu glauques en dessous, soyeuses dans la jeunesse; pétiole un peu canaliculé en dessus, ainsi que la nervure moyenne; stipules ovales ou en cœur, crénelées, souvent nulles, étant ordinairement caduques; chatons situés à l'extrémité des jeunes rameaux ou pédoncules latéraux feuillés, pubescents : les mâles contemporains, d'un jaune pâle, un peu lâches, cylindriques, à écailles obovales, d'un jaune verdâtre, velues, à 2 étamines longuement saillantes, à 2 glandes, l'une du côté de l'écaille, l'autre du côté de l'axe : les femelles un peu tardifs, à la fin allongés, lâches, pendants, à écailles lancéolées-linéaires, d'un jaune verdâtre, ciliées; stigmates courts, presque bifides, étalés; capsule pédicellée, ovoïde-conique, allongée, amincie au sommet, glabre, verdâtre, légèrement ridée à la loupe. ♄ (Avril, mai).

Le bord des rivières et des ruisseaux, les lieux humides.

β. *Russeliana*. Koch, Syn. l. c. var. γ. — Hagenb. Fl. basil. 2. p. 459. var. γ. *discolor*. — *S. Russeliana*. Smith, Brit. 3. p. 1043. — Feuilles cendrées ou un peu glauques et soyeuses en dessous.

Aux environs de Bâle (Hagenb.). Cette variété paraît être une hybride de cette espèce et de la suivante.

3. S. blanc. — *S. alba*.

Linn. Sp. 1449. — DC. Fl. fr. n. 2071. — Duby, Bot. gall. p. 425. — Gaud. Fl. helv. 6. p. 205. — Poir. Ency. 6. p. 659. — Ser. Ess. p. 82. — Koch, Syn. p. 643.

Hoff. Sal. tab. 7. 8. et 24. fig. 5. — Lam. illust. tab. 802. fig. 1. et 2. — J. Bauh. Hist. 1. p. 2. p. 212. fig. 1. (*pessima*). — Dalech. Hist. p. 275. fig. 1. (*folia perperàm integerrima*). — Dod. pempt. p. 843. fig. 1. — Lob. ic. 2. p. 156. fig. 2. (*ead.*).

Arbre de 6—12 mètres de hauteur, d'un aspect blanchâtre, à écorce grisâtre, crevassée, à jeunes rameaux soyeux, flexibles, devenant fragiles à leur aisselle dans l'âge adulte, lorsqu'on les plie en dehors ; feuilles alternes, courtement pétiolées, lancéolées, acuminées, dentées en scie, rétrécies et à dentelures infléchies-glanduleuses à la base, soyeuses sur les deux faces, d'un vert pâle en dessus et à la fin presque glabres, d'un blanc satiné luisant en dessous dans la jeunesse, qui devient ensuite mat et un peu glauque ; stipules lancéolées, dentées-glanduleuses, souvent nulles ; chatons contemporains un peu lâches, grêles, cylindriques, étalés, situés à l'extrémité de petits rameaux ou pédoncules latéraux courts, munis de quelques folioles : les mâles odorants, à 2 étamines doubles de la longueur des écailles ovales-lancéolées, d'un jaune verdâtre, velues-pubescentes à la base : les femelles pendants à la maturité, à écailles plus étroites et caduques ; capsule ovoïde-amincie, obtuse, presque sessile, glabre ; style très court, à 2 stigmates épais, bifides ; glandes 2, oblongues, l'une du côté de l'écaille, l'autre du côté de l'axe. ♄ (Avril, mai).

Commun au bord des rivières et des ruisseaux, dans les lieux humides, le long des fossés.

β. *Vitellina*. Gaud. Fl. helv. 6. l. c. — Koch, Syn. l. c. var. γ. — *S. vitellina*. Linn. Sp. 1442. — Hoff. Sal. tab. 11. fig. 1. tab. 12. fig. 2-3. et tab. 24. fig. 1. — Feuilles presque glabres, un peu glauques en dessous ; rameaux annuels ordinairement rameux, à écorce jaune, quelquefois rougeâtre. Vulg. *Osier jaune, Avan jaune.*

On cultive cette variété au bord des vignes où elle ne fleurit jamais, parce que la souche est tondue toutes les années. On se sert de ses jeunes rameaux pour lier la vigne. L'écorce du saule blanc est astringente et fébrifuge, comme celle de la plupart des autres espèces de ce genre.

4. S. pleureur. — *S. Babylonica.*

Linn. Sp. 1443. — DC. Fl. fr. n. 2076. — Duby, Bot. gall. p. 426. — Gaud. Fl. helv. 6. p. 208. — Poir. Ency. 6. p. 647. — *S. propendens.* Ser. Ess. p. 73.

Arbre de 8—12 mètres et plus de hauteur, divisé au sommet en plusieurs branches produisant un grand nombre de rameaux grêles, allongés, arqués-pendants, descendant quelquefois presque jusque sur le sol, à écorce très lisse, luisante, cendrée ou jaunâtre; feuilles lancéolées-linéaires, acuminées, rétrécies à la base, glabres, dentelées en scie, d'un vert un peu jaunâtre en dessus, blanchâtres et un peu glauques en dessous, courtement pétiolées; stipules obliquement lancéolées, acuminées; chatons femelles contemporains, grêles, courts, situés à l'extrémité de petits rameaux ou pédoncules latéraux également courts, munis de quelques folioles, disposés le long des rameaux pendants, et recourbés en arrière en se dirigeant vers le ciel, à écailles lancéolées, aiguës, presque glabres ou un peu velues, d'un vert jaunâtre; ovaire sessile, glabre, oblong-conique; stigmates sessiles, échancrés; axe velu. ♄ (Avril, mai).

Originaire d'Orient; il paraît que l'on ne possède en Europe que l'individu femelle. Cultivé au bord des eaux, dans les bosquets, près des fontaines, et autour des tombeaux, où ses rameaux grêles et pendants, comme de longs cheveux, expriment si bien l'extrême douleur.

§ 2. *Écailles du chaton entièrement jaunes-verdâtres, persistantes; chaton comme dans le paragraphe précédent.* — Amygdalinæ. Koch.*

5. S. à trois étamines. — *S. triandra.*

Linn. Sp. 1442. — DC. Fl. fr. n. 2074. — Duby, Bot. gall. p. 425. — Gaud. Fl. helv. 6. p. 209. — Poir. Ency. 6. p. 645. — Ser. Ess. p. 75. — *S. amygdalina. var. β. concolor.* Koch, Syn. p. 644.
Hoff. Sal. tab. 9. 10. et 25. fig. 2.

Arbrisseau de 2—5 mètres de hauteur, s'élevant rarement en arbre de moyenne grandeur, dressé, à écorce des rameaux lisse, brunâtre ou d'un jaune verdâtre; feuilles alternes, courtement pétiolées, très glabres, fermes, lancéolées ou oblongues, aiguës ou acuminées, dentelées en

scie, veinées-réticulées, d'un vert foncé et luisant en dessus,
ordinairement un peu plus pâles en dessous; chatons contemporains, mais restant encore long-temps avec les feuilles,
situés à l'extrémité de petits rameaux ou pédoncules latéraux munis de quelques folioles : les mâles grêles, cylindriques, un peu lâches, 1—2 fois plus longs que les
femelles, à écailles petites, jaunâtres, ovales, un peu
concaves, à 3 étamines 2 fois plus longues qu'elles et un
peu velues à la base, ainsi que les écailles : les femelles
également grêles, moins lâches, à écailles petites, à peine
plus longues que le pédicelle de la capsule : celle-ci est
conique, un peu obtuse, très glabre, pédicellée; stigmates
presque sessiles, échancrés, divergents. ♄ (Avril, mai).

Commun le long des ruisseaux, des rivières, dans les lieux humides.

β. *Glaucophylla.* Ser. Ess. p. 78. — *S. triandra. var. β.*
Hagenb. Fl. basil. 2. p. 456. — *S. Villarsia.* Willd. Sp. 4.
655. — Feuilles glauques-cendrées en dessous.

γ. *Latifolia.* Hagenb. Fl. basil. 2. l. c. — *S. amygdalina.* Linn. Sp. 1443. — DC. Fl. fr. n. 2075. — Feuilles
oblongues-lancéolées ou ovales-oblongues; stipules très développées.

δ. *Angustifolia.* Hagenb. Fl. basil. 2. l. c. — Hoff. Sal.
tab. 23. fig. 2. *b.* — Feuilles linéaires-lancéolées.

ε. *Androgyna.* Hagenb. Fl. basil. 2. l. c. — *S. Hop-
peana.* Willd. Sp. 4. p. 454. — Feuilles lancéolées; chatons androgynes, mâles à la base.

§ 3. *Écailles du chaton d'une autre couleur au sommet;
chatons latéraux, sessiles, précoces; anthères défleu-
ries jaunes; écorce intérieure jaune en été.* — Prui-
nosæ. Koch.

6. S. daphnoïde. — *S. daphnoïdes.*

Vill. Dauph. 3. p. 765. — DC. Fl. fr. n. 2078. — Duby,
Bot. gall. p. 424. — Gaud. Fl. helv. 6. p. 228. — Hagenb.

Fl. basil. 2. p. 459. — Koch, Syn. p. 646. — *S. præcox* (Hopp.). Ser. Ess. p. 55.

Vill. l. c. tab. 50. (*folia, eaque nimis profundè serrata*).

Arbre de 6—10 mètres de hauteur, croissant promptement, à écorce des rameaux adultes cendrée, celle des plus jeunes lisse, luisante, d'un beau rouge pourpre ou olivâtre, souvent recouverte d'une poussière glauque; jeunes rameaux fragiles à leur insertion, à bourgeons florifères très gros en automne; feuilles grandes, fermes, oblongues-lancéolées, acuminées, dentées en scie, à dents glanduleuses, glabres, vertes et luisantes en dessus, glauques-cendrées en dessous, à nervures et veines blanchâtres, velues dans la jeunesse, ainsi que le pétiole et les jeunes pousses; stipules en demi-cœur, dentées, petites, caduques; chatons précoces, sessiles : les mâles épais, obtus, d'un blanc d'argent, très velus et soyeux avant la fleuraison, ensuite moins velus, allongés, divergents et un peu infléchis, à écailles obtuses, noirâtres, à **2** étamines : chatons femelles plus grêles, un peu plus courts, plus tardifs et moins velus; ovaire glabre, sessile, ovoïde-conique; style allongé; stigmates oblongs, échancrés; capsule d'un vert gai. ♄ (Mars, avril).

Cette belle espèce de Saule se trouve communément à Genève, au bord de l'Arve à la jonction, etc. (Reut.). — Au bord de l'Emme, près de Soleure (Hagenb.).

§ 4. *Écailles du chaton d'une autre couleur au sommet; chatons latéraux, sessiles, précoces; anthères purpurines, noirâtres après l'émission du pollen; écorce intérieure de couleur jaune pendant l'été.* — **Purpureæ.** Koch.

7. S. à une étamine. — *S. monandra.*

Hoff. Sal. 1. p. 18. — DC. Fl. fr. n. 2099. (*excl. var. γ. et δ.*). — Duby, Bot. gall. p. 425. — Gaud. Fl. helv. 6. p. 231. — Poir. Ency. 6. p. 640. — Ser. Ess. p. 5. — *S. purpurea.* Koch, Syn p. 646.

Hoff. Sal. tab. 1. fig. 1–3. tab. 5. fig. 1. et tab. 23. fig. 1.
— J. Bauh. Hist. 1. p. 2. p. 213. fig. 1. (*pessima*).

Arbrisseau de 1—3 mètres de hauteur, à écorce cendrée,
à rameaux nombreux, effilés, allongés, très flexibles, glabres, luisants, d'un pourpre violet, souvent verdâtres ;
feuilles alternes ou opposées, rarement ternées, courtement
pétiolées, lancéolées ou oblancéolées, acuminées, planes,
rétrécies à la base, dentelées en scie à leur partie supérieure,
à dentelures glanduleuses, glabres et un peu luisantes en
dessus, glauques en dessous ; chatons précoces, sessiles,
munis à la base de quelques petites folioles bractéales,
le plus souvent opposés, grêles, cylindriques, obtus, compactes, à écailles d'un brun noirâtre, obovales-arrondies,
concaves, garnies de longs poils ; étamines 2, soudées en
une seule, à anthères à 4 loges, d'un rouge pourpre, noircissant après l'émission du pollen ; capsule ovoïde, sessile,
d'un vert cendré, courtement soyeuse-pubescente ; style
très court, d'abord presque nul, puis un peu développé, à
stigmate en tête à 2 lobes courts, à peine échancrés. ♄
(Mars, avril).

Commun au bord des rivières et des ruisseaux.

α. Purpurea. Hagenb. Fl. basil. 2. p. 446. var. *α.* —
S. purpurea. Linn. Sp. 1442. — Arbrisseau peu élevé, à
rameaux divariqués ; chatons grêles ; style très court.

β. Helix. Hagenb. Fl. basil. 2. l. c. var. *β.*—Koch. Syn.
l. c. var. *γ.*—*S. helix.* Linn. Sp. 1444.—Arbuste plus élevé,
à rameaux dressés-étalés, à feuilles et style plus allongés.

γ. Monadelpha. Koch, Syn. l. c. var. *δ.* — Hagenb.
Fl. basil. 2. l. c. var. *γ.* — Filets des étamines soudés seulement jusque vers le milieu.

δ. Brevifolia. Hagenb. Fl. basil. 2. l. c. — Feuilles elliptiques.

Le Saule à une étamine est cultivé sous le nom d'*Avan rouge*,
d'*Osier rouge*, le long du bord des vignes, pour le même usage que la
var. *β.* du S. *alba*, et on le préfère à ce dernier parce qu'il est plus

raide, toujours lisse et sans rameaux, et qu'on peut le fendre avec la plus grande facilité : ou le tond également tous les ans. Le *S. monandra* est sujet à être piqué par un insecte (*Ptenus fur.* Linn.) qui y dépose ses œufs; lorsque la piqûre a lieu sur les feuilles, il s'y forme une excroissance sphérique glabre et d'un beau rouge; mais si c'est l'extrémité du rameau qui a été piquée, il s'y développe une petite tête foliacée, très serrée, appelée *Rose de Saule*, figurée dans Bauh. Hist. 1. p. 2. p. 213. fig. 2.

8. S. fendu. — *S. fissa.*

Erhr. Arb. déc. 3. n. 29. — DC. Fl. fr. supp. n. 2098[b]. — Duby, Bot. gall. p. 425. — Gaud. Fl. helv. 6. p. 257. — Poir. Ency. 6. p. 641. (*excl. Syn. Scop.*). — Ser. Ess. p. 32. — *S. viminalis.* β. DC. Fl. fr. n. 2098. — *S. rubra* (Huds.). Koch, Syn. p. 647. —*S. virescens.* Vill. Dauph. 3. p. 785.

Hoff. Sal. tab. 13. et 14. — Vill. Dauph. l. c. tab. 51. fig. 50.

Arbuste de 2—3 mètres de hauteur, à écorce cendrée, à rameaux allongés, effilés, très feuillés, flexibles, d'un pourpre sale ou olivâtre; feuilles longuement lancéolées, acuminées, à peine dentelées, un peu roulées en dessous par les bords, courtement pétiolées, vertes sur les deux faces, pubescentes dans la jeunesse, à la fin planes, glabres en dessus, un peu soyeuses en dessous; stipules linéaires, aiguës; chatons précoces ou presque contemporains : les mâles cylindriques, sessiles, très velus, souvent arqués, munis à la base de 4—5 petites folioles bractéales soyeuses en dessous; étamines 2, soudées à la base, à filets allongés, glabres, à anthères pourpres, puis brunes après l'émission du pollen; écailles ovales, obtuses, noires, garnies de longs poils soyeux : les femelles semblables, mais un peu plus longs; capsules sessiles, ovoïdes-coniques, courtement soyeuses; style allongé; stigmates oblongs-linéaires, entiers. ♄ (Mars, avril).

Bâle, le long de la Birse, entre le pont et Hardhübeli (Hagenb.). — Près de Rheimfelden; entre Gibenach et Baselaugst, rare (Muller). — Genève, au confluent de l'Arve et du Rhône (ovaire glabre, Reut.)?

§ 5. *Ecailles du chaton d'une autre couleur au sommet;
chatons latéraux, sessiles, précoces ou presque contemporains; anthères jaunes après l'émission du pollen;
écorce intérieure verdâtre.* — Viminales. Koch.

* *Chatons femelles arqués.*

9. S. à feuilles cotonneuses. — *S. incana.*

Schrank, baier. Fl. 1. p. 230. — DC. Fl. fr. n. 2073. et
ejusd. supp. p. 337. — Duby, Bot. gall. p. 425. — Gaud.
Fl. helv. 6. p. 230. — Koch, Syn. p. 649. — *S. angustifolia.* Poir. Ency. supp. 5. p. 63. — *S. lavendulæfolia.*
Ser. Ess. p. 70.

Arbrisseau de 2—3 mètres de hauteur et quelquefois de
6, à rameaux allongés, non flexibles, très fragiles, à écorce
ordinairement d'un brun noirâtre; feuilles lancéolées-linéaires, acuminées, dentelées-glanduleuses, entières à la
base, à la fin roulées en dessous par les bords, courtement
pétiolées, d'un vert sombre en dessus et plus ou moins
pubescentes dans la jeunesse, puis glabres, blanches cotonneuses en dessous, mais jamais luisantes ni soyeuses
comme dans le *S. viminalis,* dépourvues de stipules, à nervure longitudinale saillante en dessous, jaunâtre et presque
glabre; chatons ordinairement contemporains, cylindriques,
munis à la base de quelques folioles bractéales : les mâles
presque sessiles, un peu recourbés, à écailles ferrugineuses,
arrondies au sommet, ciliées, à 2 étamines ayant les filets
soudés et poilus à la base, atteignant 3—4 fois la longueur
de l'écaille : les femelles un peu lâches, plus grêles, cotonneux, courtement pédonculés, à la fin courbés et pendants,
à écailles oblongues, brunâtres, presque glabres, ciliées;
capsule courtement pédicellée, verdâtre, ovoïde-lancéolée,
glabre, à stigmates bifides portés sur un style allongé. ♄
(Avril, mai).

Le bord des rivières, des lacs et des ruisseaux : au bord du lac de
Joux; au bord du Doubs, à Besançon; de l'Ain, à Champagnole et

Thoirette ; au bord du Rhin à l'embouchure de la Birse , à Bâle ; au bord
de la Bienne , à Saint-Claude ; dans la tourbière du Grand-Chalem ; à
l'embouchure de l'Arve , à Genève ; à Noiraigue , au pied du Creux-du-
Vent ; à Château-Châlon , etc.

β. *Foliis angustioribus.* Feuilles plus étroites et plus
courtes.

Bord du lac de Joux ; bord de la route près de la Faucille ; bord de
l'Ain , à Thoirette ; au-dessus des rochers en face de Cise , près de
Champagnole , etc.

10. S. de Seringe. — *S. Seringeana.*

Gaud. Fl. helv. 6. p. 251. — Koch , Syn. p. 649. — *S. lan-
ceolata.* Ser. Ess. p. 37. — DC. Fl. fr. supp. n. 2097b. —
Duby, Bot. gall. p. 424. — Poir. Ency. 5. p. 66.
Ser. l. c. tab. 1.

Arbuste de 5—6 mètres de hauteur , à rameaux bruns , un
peu pubescents , puis glabres , les plus jeunes blancs-cotonneux ; feuilles longues de 8—10 centim. , larges de 2 environ , oblongues-lancéolées , aiguës , ondulées-crénelées ,
d'un vert foncé et glabres ou à peine pubescentes en dessus ,
nerveuses réticulées en dessous et couvertes d'un coton blanchâtre , fin , ni luisant ni soyeux , à peine roulées par les
bords ; stipules ovales , aiguës , manquant souvent ; chatons
un peu précoces ou contemporains : les femelles cylindriques , courtement pédonculés , munis de quelques folioles
bractéales à la base , un peu lâches , obtus , ordinairement
arqués : les mâles sessiles , un peu plus longs et un peu plus
épais ; écailles oblongues , obtuses , d'un brun rougeâtre ,
garnies de poils soyeux assez longs ; étamines à filets allongés , un peu soudés et poilus à la base ; capsule ovoïde-lancéolée , d'un gris soyeux , courtement pédicellée ; style
grêle , allongé ; stigmates bifides. ♄ (Avril , mai).

Bâle , à Rhénifeld , le long de la rive gauche du Rhin , en petite
quantité (Muller). — Dans la vallée de Joux (Schleich.).

** *Chatons femelles droits.*

11. S. à longues feuilles. — *S. viminalis.*

Linn. Sp. 1448. — **DC.** Fl. fr. n. 2098. (*excl. fortassè Syn. Vill.*). — Duby, Bot. gall. p. 425. — Gaud. Fl. helv. 6. p. 260. — Poir. Ency. 6. p. 658. — Ser. Ess. p. 35. (*excl. Syn. Hall. et Vill.*). — Koch, Syn. p. 648. Hoffm. Sal. tab. 2. fig. 1–2. tab. 5. fig. 2. et tab. 21. fig. *e–g.* — J. Bauh. Hist. 1. p. 2. p. 212. fig. 2. (*ramus sterilis foliosus*).

Arbrisseau de 3—4 mètres de hauteur, à rameaux allongés, effilés, très flexibles, d'un vert jaunâtre ou grisâtre, quelquefois un peu pubescents au sommet ; feuilles alternes, courtement pétiolées, allongées, linéaires-lancéolées, acuminées, entières, un peu ondulées et roulées en dessous par les bords, glabres ou très légèrement pubescentes et d'un vert foncé en dessus, finement soyeuses-argentées et un peu luisantes en dessous ; stipules linéaires, aiguës, ou nulles, plus courtes que le pétiole ; chatons presque contemporains et presque sessiles, munis à la base de quelques petites folioles bractéales caduques, ou nus : les mâles oblongs, obtus, à écailles obovales, d'un brun foncé, garnies de longs poils soyeux ; étamines à filets glabres, très longs, distincts à la base, à anthères jaunes : les femelles plus longs, moins poilus, à écailles brunes-noirâtres, un peu verdâtres à la base, velues ; capsule ovale-lancéolée, presque sessile, d'un blanc grisâtre, soyeuse, à poils courts, style allongé ; stigmates filiformes, divergents, entiers ou fendus, dépassant les poils des écailles. ♄ (Mars, avril). Vulg. *Avan vert, Osier vert.*

Au bord des rivières et des ruisseaux : Salins, le long du ruisseau au-dessus du Gout-de-Conche ; le long de la Cuisance, au-dessous d'Arbois ; au bord du lac, à Yverdon. — Cultivé le long des bords de quelques vignes, mais rarement, parce que ses jeunes rameaux, un peu trop raides, conviennent moins pour lier la vigne que les autres espèces employées.

12. S. à feuilles acuminées. — *S. acuminata.*

Smith, Brit. 1068. — Hagenb. Fl. basil. 2. p. 449. — *S. Smithiana.* Koch, Syn. p. 648. — *S. mollissima.* Smith, Brit. 1070. — *S. holocericea.* Gaud. Fl. helv. 6. p. 243. (*non Willd.*). — Poir. Ency. supp. 5. p. 65.

Arbrisseau ou arbre peu élevé, ayant le port du *S. capræa*, à rameaux pubescents, allongés, presque cylindriques, verdâtres ou purpurescents ; feuilles alternes, pétiolées, ovales-oblongues, acuminées, un peu épaisses, rétrécies à la base, à bords ondulés, légèrement dentées-crénelées, glabres et d'un vert foncé en dessus, cendrées-cotonneuses et veinées en dessous ; stipules petites, presque réniformes, dentées, ou nulles; chatons précoces, sessiles, alternes : les mâles ovoïdes-oblongs, obtus, velus, blanchâtres, à poils soyeux, à écailles ovales, obtuses, noirâtres, à étamines jaunes, assez longues : les femelles plus longs, à la fin cylindriques, moins velus ; ovaire blanchâtre, cotonneux-soyeux, ovoïde-lancéolé, subulé, à style court, terminé par des stigmates simples, plus longs que lui, dressés, filiformes, souvent rapprochés et paraissant former le prolongement simple du style ; capsule très courtement pédicellé, à la fin de couleur cendrée. ♄ (Mars, avril).

Bâle, sur les chaussées entre Olsberg et Gibenach (Mull. in Hagenb.).

§ 6. *Ecailles du chaton d'un autre couleur au sommet ; chatons latéraux, précoces ou contemporains, ordinairement sessiles pendant la fleuraison, pédonculés à la maturité et portant à leur base quelques petites feuilles ; anthères jaunes après l'émission du pollen ; capsule longuement pédicellée.* — Capreæ. Koch.

* *Arbres ou arbustes à feuilles cendrées, cotonneuses en dessous.*

13. S. Marceau. — *S. Caprea.*

Linn. Sp. 1448. — DC. Fl. fr. n. 2084. et supp. p. 340. — Duby, Bot. gall. p. 425. — Gaud. Fl. helv. 6. p. 239. —

Poir. Ency. 6. p. 656. — Koch, Syn. p. 652. — *S. tomen-tosa.* Ser. Ess. p. 14.
Hoff. Sal. tab. 3. tab. 5. fig. 4. et tab. 21. fig. 1. *a-d.* — Linn. Fl. lapp. tab. 8. fig. s. (*folium*).

Arbre ou arbuste de 3—9 mètres de hauteur, à tronc cendré, crevassé, à rameaux allongés, brunâtres ou oli-vâtres, lisses et glabres, couverts dans la jeunesse d'un duvet court, cotonneux; bourgeons ovoïdes, glabres; feuilles variables, ordinairement grandes, alternes, pétio-lées, un peu épaisses, elliptiques ou obovales, ou ovales-arrondies, acuminées, entières ou en cœur ou tronquées à la base, ondulées-crénelées, ridées, presque glabres et d'un vert foncé en dessus, veinées-réticulées et blanchâtres-cotonneuses en dessous, et sur les deux faces dans la jeu-nesse; stipules presque en cœur ou arrondies, dentées-cré-nelées, velues en dessous; chatons précoces, ovoïdes, obtus, épais, ordinairement sessiles, munis à la base de petites bractées très velues : les mâles dressés : les femelles plus longs, à écailles ovales, noirâtres, très velues; étamines jaunes; capsule ovoïde-lancéolée, allongée, ventrue à la base, pédicellée, cotonneuse; style très court; stigmates ovoïdes, bifides ou échancrés. ♄ (Mars, avril).

Commun parmi les buissons et dans les bois de taillis où on le dis-tingue de très loin à l'époque de sa fleuraison, ceux-ci n'étant pas encore feuillés. — Toutes les variétés aux environs de Bâle; α. β. et γ. aux environs de Salins, et ζ. aux environs de Nyon.

β. *Macrostachya.* Hagenb. Fl. basil. 2. p. 448. — Ser. Ess. p. 16. var. F. — Chatons femelles d'une longueur re-marquable.

γ. *Brachystachya.* Hagenb. Fl. basil. 2. l. c. — Ser. Ess. p. 17. var. K. — Chatons femelles très courts, très obtus, à capsules grosses.

δ. *Bi-tristachya.* Hagenb. Fl. basil. 2. l. c. — Ser. Ess. p. 16. var. E. — Chatons femelles géminés, ou ternés.

ε. *Androgyna.* Hagenb. Fl. basil. 2. l. c. — Ser. Ess. p. 16. var. D. — Chatons femelles portant des fleurs mâles au sommet.

ζ. *Angustifolia*. Hagenb. Fl. basil. 2. l. c. — Ser. Ess. p. 17. var. J. — Gaud. Fl. helv. 6. l. c. — Feuilles oblongues-lancéolées, acuminées, à bords ondulés, irrégulièrement dentées en scie.

14. S. à grandes feuilles. — *S. grandifolia.*

Ser. Ess. p. 20. — DC. Fl. fr. supp. n. 2086[a]. — Gaud. Fl helv. 6. p. 247. — Koch, Syn. p. 654. — *S. cinerascens* (Willd.?). Duby, Bot. gall. p. 423. — *S. stipularis.* Poir. Ency. supp. 5. p. 65.

Ce saule, qui atteint quelquefois la hauteur d'un arbre, a beaucoup de rapport avec l'espèce précédente, ainsi qu'avec la suivante : il diffère de la première, dont il est peut-être une variété, particulièrement par ses feuilles oblongues ou oblongues-lancéolées, à la fin presque glabres en dessous, et par ses stipules réniformes, plus grandes que dans aucune autre espèce dans les jets vigoureux : il diffère de la seconde par ses chatons d'abord plus courts et presque ovoïdes, comme dans le *S. caprea;* par ses feuilles beaucoup plus grandes, glabres et d'un vert foncé mais gai en dessus, glauques, cendrées et finement pubescentes en dessous; enfin par ses boutons ou bourgeons à la fin glabres, ainsi que ses rameaux adultes; chatons contemporains sessiles, pédonculés et munis à la base de quelques petites folioles à l'époque de la fructification; capsule ovoïde-lancéolée, allongée, cotonneuse, pédicellée, à style très court, à stigmates ovales, bifides; feuilles oblongues-obovales, planes, acuminées, légèrement ondulées-dentées en scie sur les bords. ♄ (Avril, mai).

Bâle, au pied du rocher de Schavenburg, près de Liestal (Muller). — Sur les monts Wysenfluh; Geissfluh, près du Schaffmatt (Wieland). — Au dessus d'Eptingen (Hagenb.). — Près des mines d'Untervilier (Frisch-Joset). — Sur le mont Feldberg (Spenn.). — A Salève, au-dessus d'Archamp; en montant au Recnlet, à moitié de la hauteur (Reut.).

β. *Lanata*. Gaud. Fl. helv. l. c. — *S. grandifolia.* var. B. *albicans.* Ser. l. c. p. 21. — Feuilles oblancéolées, mollement pubescentes , aiguës aux deux bouts ; pétioles , côtes et jeunes pousses très blancs-cotonneux ; rameaux fleuris pubescents ; capsule ovoïde , très blanche , laineuse.

Derrière le mont Hasenmatt (Sering.).

15. S. cendré. — *S. cinerea.*

Linn. Sp. 1449. — Duby, Bot. gall. p. 423. — Koch, Syn. p. 650. — Gaud. Fl. helv. 6. p. 241. — *S. acuminata.* (Hoff.) DC. Fl. fr. n. 2086. et supp. p. 342. — Poir. Ency. 6. p. 657? — Ser. Ess. p. 12. — *S. rufinervis.* DC. Fl. fr. supp. p. 341.

Hoffm. Sal. tab. 6. fig. 1–2. et tab. 22. fig. 2. — J. Saint-Hil. Pl. fr. tab. 777.

Arbrisseau de 2—3 mètres, s'élevant quelquefois à la hauteur d'un arbre , à écorce cendrée , à jeunes rameaux allongés , très feuillés , long-temps cotonneux ou pubescents ; feuilles elliptiques ou lancéolées-obovales , courtement acuminées , planes , ondulées–dentées sur les bords, d'un vert cendré , pubescentes en dessus , à la fin presque glabres , finement velues-cotonneuses en dessous ; stipules réniformes, dentelées ; boutons ou bourgeons blanchâtres - pubescents ; chatons précoces latéraux : les mâles sessiles , épais, denses , longs de 2—3 centim. , odorants ; étamines 2 , à longs filets ; écailles d'un brun noirâtre au sommet, aiguës ou obtuses, velues : les femelles plus allongés , très velus ; capsule ovoïde-lancéolée , allongée , cotonneuse , pédicellée ; style très court ; stigmates ovales , bifides. ♄ (Mars, avril).

Çà et là dans les bois et parmi les buissons humides : aux environs de Salins ; de Besançon ; de Genève ; de Bâle , etc., assez commun.

β. *Ovalifolia.* Gaud. Fl. helv. 6. l. c. — *S. acuminata.* B. *ovalifolia.* Ser. Ess. p. 13. — Feuilles ovales , plus courtes , presque elliptiques , dentelées , courtement pétiolées.

Tourbières de Pontarlier ; de la Brevine ; au bord du lac de Joux , etc.

γ. *Leiocarpos*. Gaud. Fl. helv. 6. 1. c. — Hagenb. Fl. basil. 2. p. 450. var. β. — Arborescent ; feuilles oblongues-obovales, recourbées au sommet ; ovaire et capsule glabres.

Au bois Bougis, près de Nyon (Gaud.). — Aux environs de Bâle (Hagenb.).

δ. *Androgyna*. Hagenb. Fl. basil. 2. p. 450. var. γ. — DC. Fl. fr. supp. l. c. var. δ. — Chatons androgynes.

Bâle, çà et là dans les bois (Hagenb.).

16. S. à oreillettes. — *S. aurita*.

Linn. Sp. 1446. — DC. Fl. fr. n. 2085. et supp. p. 542. — Duby, Bot. gall. p. 224. — Gaud. Fl. helv. 6. p. 245. — Poir. Ency. 6. p. 651. — Koch, Syn. p. 652. — *S. rugosa*. Ser. Ess. p. 18. (*excl. S. aquatica*. Smith, *a. cl.* Koch, *ad S. cineream relata*).
Hoffm. Sal. tab. 4. tab. 5. fig. 5. et tab. 22. fig. 1. *a–d.* — Linn. Fl. lapp. tab. 8. fig. γ.

Arbrisseau de 1—2 mètres de hauteur, très rameux, à écorce cendrée, à rameaux diffus, allongés, très feuillés, à écorce d'un brun cendré ou un peu rougeâtre, les plus jeunes cotonneux ; feuilles alternes, nombreuses, courtement pétiolées, obovales ou oblongues-obovales, obtuses, ou obliquement mucronées, un peu épaisses, ridées, veinées-réticulées, à bords ondulés, presque entières et molles dans la jeunesse, ensuite fermes et légèrement crénelées-dentées, d'un vert cendré et finement pubescentes en dessus, glauques et velues-cotonneuses en dessous, à veines réticulées saillantes ; bourgeons ovoïdes, glabres ; stipules réniformes, dentées-crénelées, quelquefois entières ; chatons un peu précoces, solitaires : les mâles ovoïdes-oblongs, obtus, presque sessiles, longs de 12—15 millim. , à écailles petites, obovales, d'un brun foncé, velues-soyeuses ; étamines jaunes, très saillantes : les femelles pédonculés, plus allongés, cylindriques, à écailles fauves, plus courtement velues ; capsule ovoïde à la base, longuement lancéolée,

III.   28

pédicellée, soyeuse ; stigmates sessiles, ovales, bruns, en
tiers ou échancrés, rarement bifides. ♄ (Avril, mai).

Commun le long des ruisseaux, dans les lieux humides ou marécageux.

β. *Microphylla*. Gaud. Fl. helv. 6. 1. c. — *S. rugosa*.
B. *mycrophylla*. Ser. Ess. p. 20. — Arbrisseau nain, à
feuilles petites, elliptiques, entières ou dentées, pubescentes
en dessus, velues-cotonneuses et à nervures réticulées très
saillantes en dessous.

Tourbières de Pontarlier; de Noiraigue; de la vallée de Joux, etc.

γ. *Grandifolia*. Gaud. Fl. helv. 6. 1. c. — Ser. Ess.
1. c. var. D. — Feuilles très minces, largement obovales,
à stipules très grandes.

Bois Bougis, près de Nyon (Gaud.).

17. S. à feuilles de Phylica. — *S. phylicifolia*.

Linn. Sp. 1442. — Duby, Bot. gall. p. 424. — Gaud. Fl.
helv. 6. p. 220. — Hagenb. Fl. basil. 2. p. 461.

Arbrisseau plus ou moins élevé, à rameaux cylindriques,
presque droits, assez fragiles, à écorce brunâtre, pubescents dans la jeunesse ; feuilles polymorphes, elliptiques ou
ovales, ou ovales-lancéolées, un peu ondulées-crénelées,
d'un vert foncé en dessus, très glabres, rarement luisantes,
glauques-cendrées en dessous et plus ou moins cotonneuses
ou pubescentes, à la fin glabres ou presque glabres ; stipules
obliquement en demi-cœur, quelquefois nulles ; chatons
contemporains, un peu épais, d'abord courts, les femelles
à la fin plus longs, courtement pédonculés, un peu feuillés
à la base, à écailles lancéolées ou obovales, obtuses, brunes
ou noirâtres, poilues ; étamines 2, plus ou moins velues à
la base, à anthères d'un jaune doré ; capsule pédicellée,
ovoïde-subulée, amincie en un long style, entièrement

soyeuse, ou seulement à la base ou au sommet, ou entièrement glabre; style allongé; stigmates bifides. ♄ (Avril,
mai).

Nous comprenons sous les **deux** variétés suivantes les nombreuses
variations de cette espèce.

α. Stylosa. Duby, Bot. gall. l. c. — *S. phylicifolia. I.
stylosa*. Gaud. Fl. helv. 6. l. c. — *S. phyl. α. leiocarpa*.
Hagenb. Fl. basil. 2. l. c. — *S. stylosa*. DC. Fl. fr. supp.
n. 2077[b]. — *S. stylaris*. Ser. Ess. p. 62. — *S. nigricans*.
Koch, Syn. p. 650. var. *α*. —Hoffm. Sal. tab. 17. fig. 1-2.
— Linn. Fl. lapp. tab. 8 fig. *d*. et *f*. — Capsules lâches,
glabres, ou presque glabres.

Dans la tourbière de Pontarlier ; au bord du lac des Charbonniers,
dans la vallée de Joux. — Au bord de l'Arve, près de Genève, et du
lac à Yverdon. — Nyon, au bord de la Promenthouse et du lac, près de
Promenthou; près de Clarens, au-dessous de Pontfarbé (Gaud.). —
Aux environs de Bâle (Hagenb.).

β. Nigricans. Duby, Bot. gall. l. c. — *S. phylicifolia.
II. nigricans*. Gaud. Fl. helv. 6. l. c. — *S. phyl. β. lasio-
carpa*. Hagenb. Fl. basil. 2. l. c. — *S. nigricans*. DC. Fl.
fr. supp. n. 2090[c]. — Poir. Ency. supp. 5. p. 50. — Ser.
Ess. p. 42. — Linn. Fl. lapp. tab. 8. fig. *c*. — Capsules
moins lâches, cotonneuses; feuilles ordinairement velues.

Sur le Mont-d'Or. — Le Salève ; le Chasseral (Gaud.). — Aux environs de Bâle (Hagenb.).

*** *Arbrisseau rampant ou peu élevé, à feuilles petites, soyeuses
en dessous, à poils appliqués.*

18. S. rampant. — *S. repens.*

Linn. Sp. 1447. — Duby, Bot. gall. p. 424. — Gaud. Fl.
  helv. 6. p. 233. — Hagenb. Fl. basil. 2. p. 454. — Koch,
  Syn. p. 655. — *S. depressa*. DC. Fl. fr. supp. n. 2095.
  — Poir. Ency. 6. p. 634. — Ser. Ess. p. 9.

Hoffm. Salic. tab. 15. fig. 1-2. et tab. 16. fig. 3-4.

Arbrisseau petit, déprimé, à racine et souche rampante ; à rameaux étalés, divariqués, tortueux, glabres, un peu pubescents dans la jeunesse, à écorce brunâtre ou jaunâtre, longs de 1—2 décim. ; feuilles alternes, courtement pétiolées, ordinairement rapprochées, un peu fermes, ovales, elliptiques ou lancéolées, mucronulées, un peu roulées en dessous par les bords, très entières ou munies de quelques dentelures glanduleuses, écartées, vertes et glabres en dessus, ou peu pubescentes, glauques ou cendrées en dessous et garnies de poils soyeux, luisants, appliqués, à la fin souvent presque glabres ; stipules nulles ou petites, lancéolées, aiguës ; chatons courts, pauciflores, nombreux, un peu précoces, à pédoncules courts, garnis de quelques folioles : les mâles ovoïdes-arrondis, à 2 étamines jaunes, à écailles velues, d'un brun rougeâtre, puis noirâtres : les femelles oblongs, obtus ; capsule longuement pédicellée, ovoïde-lancéolée, ordinairement soyeuse-argentée, à poils appliqués ; styles médiocres, à stigmates ovales, bifides. ♄ (Avril , mai).

Commun dans la plupart des tourbières : au bord du lac de Joux, au Sentier et le long de l'Orbe, au-dessus du Brassus, où se trouvent toutes les variétés ; dans les tourbières des Rousses, et de Duilliers ; de Pontarlier ; de Pont-Martel ; de la Chaux-du-Milieu ; de Noiraigue ; de Sainte-Croix ; à côté du lac de la Brevine ; au marais de Saône, près de Besançon. — Cette espèce, comme la précédente, est très variable ; ses principales variétés sont :

β. *Elatior*. Gaud. Fl. helv. 6. l. c. — Ser. Ess. l. c. var. D. — DC. Fl. fr. supp. l. c. var. β. — Feuilles grandes, largement elliptiques, à la fin glabres sur les deux faces.

γ. *Sericea*. Gaud. Fl. helv. 6. l. c. — Ser. Ess. l. c. var. *C. nitida*. — DC. Fl. fr. supp. l. c. var. γ. — Feuilles elliptiques, pubescentes en dessus, à poils plus ou moins soyeux, et recouvertes en dessous de poils soyeux-argentés, appliqués, luisants.

δ. *Microphylla*. Gaud. Fl. helv. 6. l. c. — Ser. Ess. l. c. var. B. — DC. Fl. fr. supp. l. c. var. δ. — Feuilles petites,

rapprochées , linéaires-elliptiques , pubescentes en dessus ,
recouvertes en dessous de poils soyeux , appliqués.

ε. Leiocarpa. Gaud. Fl. helv. 6. 1. c. — Koch, Syn. p.
656. var. *δ*. — Ovaire et capsule glabres.

19. S. à feuilles nerveuses. — *S. versifolia.*

Ser. Ess. p. 40. (*non Wahlenb.*). — DC. Fl. fr. supp. n.
2090[b]. — Duby, Bot. gall. p. 424. — Gaud. Fl. helv. 6.
p. 250. — *S. ambigua* (Ehrh.). Koch , Syn. p. 655. —
S. spathulata. Poir. Ency. supp. 5. p. 64.

Arbrisseau de 6—12 décim. de hauteur, très variable , à
écorce cendrée, à rameaux diffus, tortueux, glabres, brunâtres, d'un blanc soyeux dans la jeunesse ; feuilles courtement pétiolées, de forme variable, longues d'environ 5
centim. , très petites à la base des rameaux, elliptiques,
obovales ou lancéolées, obliquement mucronées, très entières ou garnies de dentelures écartées, planes ou roulées
en dessous par les bords, vertes, courtement pubescentes
en dessus, velues-soyeuses en dessous, à poils appliqués,
nerveuses, à nervures un peu saillantes, à la fin presque
glabres ; stipules demi-ovales, droites, manquant très rarement ; chatons contemporains, rarement tardifs, d'abord
presque sessiles , puis courtement pédonculés , à pédoncules
munis de quelques petites folioles : les femelles d'abord
courts, ensuite cylindriques et plus lâches, à écailles
brunes, puis noirâtres ; capsules longuement pédicellées,
ovoïdes - lancéolées, cotonneuses ; style court ; stigmates
ovales , échancrés. Cette espèce est presque intermédiaire
entre le *S. aurita* et le *S. repens :* elle diffère du premier
par ses feuilles moins ridées, très entières ou légèrement
dentelées, presque soyeuses en dessous , munies de stipules
demi-ovales, à pointe droite , et par sa hauteur beaucoup
moindre ; du second par les nervures des feuilles saillantes
et les stipules plus larges. ♄ (Mai, juin).

Dans les marais tourbeux de la vallée de Joux (Gaud.). — Au pied
de la Dôle , dans la tourbière de la Trélasse, en petite quantité (Reut.).

—Selon Koch, cette espèce est le *S. ambigua*. Ehrh., le *S. incubacea*. Linn. Sp., le *S. plicata*. Fries, le *S. versifolia*. Ser. Ess., mais non le *S. versifolia*. Wahlemb. qui, selon Fries, n'est autre chose que le *S. fusca*. Linn. Suec., que Koch rapporte à sa var. β. *fusca* du *S. repens*. Linn.

§ 7. *Chatons terminant les rameaux ; arbrisseaux très petits, à tige rampante, rameuse, à rameaux ascendants.* — Glaciales. Koch.

20. S. émoussé. — *S. retusa.*

Linn. Sp. 1445. — DC. Fl. fr. n. 2082. — Duby, Bot. gall. p. 427. — Gaud. Fl. helv. 6. p. 218. — Poir. Ency. 6. p. 649. — Ser. Ess. p. 84. — Koch, Syn. p. 660. J. Bauh. Hist. 1. p. 2. p. 217. fig. 1. (*mala*). — Lob. adv. p. 423.

Sous-arbrisseau très petit, à souche déprimée, très rameuse, entièrement étalée sur la terre, couvrant quelquefois des espaces étendus, à rameaux épais, noueux, tortueux, d'un brun rougeâtre, à jeunes rameaux courts, très feuillés, glabres, jaunâtres dans le haut; feuilles courtement pétiolées, obovales ou oblongues-cunéiformes, obtuses, quelquefois rétuses, très entières ou dentelées-glanduleuses à la base, très glabres et vertes sur les deux faces, à nervures presque parallèles; chatons petits, contemporains, situés vers l'extrémité des rameaux : les mâles très lâches, à étamines saillantes, à écailles roussâtres, glabres ou peu velues à la base ainsi que l'axe, obovales-cunéiformes, obtuses ou un peu échancrées et barbues au sommet : les femelles oblongs, lâches, pauciflores, à écailles semblables à celles des mâles; capsule glabre, courtement pédicellée, ovoïde-conique; style médiocre; stigmates bifides. ♄ (Juin, juillet).

Sur le Chasseral ; au pied de la sommité au-dessus de Croset, près du Colombier, et sur le penchant nord de la sommité au-dessus d'Allamogne, près du Reculet, avec le *Juniperus nana*. Willd., l'*Arbutus Uva-ursi.* Linn. et le *Rhododendrum ferrugineum*. Linn. — Sur la Grande-Aine, au-dessus d'Arzier (Gay). — Sur le Chasseron ; Tête-de-Rang (L. Benoît, cat.).

21. S. réticulé. — *S. reticulata.*

Linn. Sp. 1446. — DC. Fl. fr. n. 2085. — Duby, Bot. gall.
p. 426. — Gaud. Fl. helv. 6. p. 256. — Poir. Ency. 6. p.
650. — Ser. Ess. p. 27. — Koch, Syn. p. 660.
Hoffm. Sal. tab. 25. fig. 1. et 2. et tab. 26. et 27. — Linn.
Fl. lapp. tab. 7. fig. 1-2. et tab. 8. fig. *l.* (*folium*). —
J. Bauh. Hist. 1. p. 2. p. 217. fig. 2.

Sous-arbrisseau très petit, de 8—16 centim. de longueur,
étalé, radicant, à rameaux durs, tortueux, noueux, à écorce
brunâtre, feuillés aux extrémités ; feuilles ovales, presque
orbiculaires, longuement pétiolées, fermes, entières, obtuses,
souvent échancrées, roulées en dessous par les bords, garnies dans la jeunesse de longs poils soyeux, à la fin glabres,
d'un vert assez foncé, un peu luisantes et ridées en dessus,
blanches et agréablement veinées-réticulées en dessous, à
veines saillantes, brunâtres, et à nervures latérales parallèles ; chatons terminaux, tardifs, pédonculés, nus : les
mâles un peu lâches, à écailles brunâtres, obovales, cotonneuses à la base ainsi que le pédoncule, à 2 étamines : les
femelles un peu plus courts, à écailles ovales-arrondies,
d'un brun foncé, cotonneuses à la base, glabres et ciliées au
sommet ; capsule presque sessile, ovoïde, cotonneuse, à
style court, à stigmates bifides. ♄ (Juillet, août).

Se rencontre rarement sur les montagnes du Jura (Gaud.). — Sur
les montagnes du Jura (Seringe, Clairville).

2. PEUPLIER. — *POPULUS.* Linn.

Fleurs dioïques ; chatons cylindriques, à écailles déchirées au sommet. *Mâles :* étamines 8—30, sortant d'un
périgone en forme de godet tronqué obliquement, situé à la
base de chaque écaille. *Femelles :* ovaire 1 ; stigmates 4 ;
capsule polysperme à 2 valves, à une seule loge presque
divisée en 2 par les bords rentrants des valves ; graines munies d'une houppe soyeuse.

§ 1. *Jeunes pousses cotonneuses; écailles des chatons ciliées; étamines 8. —* Leuce. Duby.

1. P. blanc. — *P. alba.*

Linn. Sp. 1463. — DC. Fl. fr. n. 2100. — Duby, Bot. gall. p. 427. — Gaud. Fl. helv. 6. p. 286. — Poir. Ency. 5. p. 232. (*excl. var.* A.). — Koch, Syn. p. 661.

Duch. Cult. des bois, tab. 20. — J. Saint-Hil. Pl. fr. tab. 755? — Lam. illust. tab. 819. — J. Bauh. Hist. 1. p. 2. p. 160. fig. 1. — Tabern. ic. p. 977. fig. 1. — Dalech. Hist. p. 86. fig. 1. — Dod. pempt. p. 835. fig. 1. — Lob. ic. 2. p. 195. fig. 1.

Arbrisseau ou arbre élevé, d'un aspect agréable, atteignant déjà sa hauteur à la vingtième année, à écorce grise, lisse, mais crevassée, à rameaux nombreux, étalés, divisés, d'un brun rougeâtre, cendrés-cotonneux dans la jeunesse; feuilles de forme et de grandeur variable, presque triangulaires ou ovales-arrondies dans leur contour, glabres et d'un vert foncé en dessus, excepté dans la jeunesse, entièrement couvertes en dessous d'un coton fin, très fourni et d'un blanc de neige, lobées-anguleuses, dentées, à 3—5—7 lobes obtus, inégaux, légèrement échancrées en cœur à la base, portées sur de longs pétioles cotonneux, munis de 2 glandes au sommet; chatons mâles cylindriques, pendants, à écailles cunéiformes, brunâtres, poilues : les femelles d'abord ovoïdes, puis cylindriques, à écailles crénelées et ciliées au sommet; capsule ovoïde, pédicellée, un peu lâche, à 2 stigmates bifides; graines petites, garnies d'une chevelure soyeuse au sommet. ♄ (Mars, avril).

Les haies le long de la route de Genève à Saint-Genis; au fort de l'Écluse, sur les bord du Rhône; le long des bords de l'Arve, en allant de l'ancien pont de Carouge à son embouchure. — Bâle, le long de la Birse, autour de Neuen-Welt; sur les bords du Rhin, autour de Neudorf et au-dessous (Hagenb.). — Cultivé sur les promenades et dans les bosquets.

2. P. grisâtre. — *P. canescens.*

Smith , Brit. 1080. — **DC**. Fl. fr. n. 2101. — Duby. Bot.
gall. p. 427. — Gaud. Fl. helv. 6. p. 288. — Koch, Syn.
p. 661. — *P. alba. var*. A. Poir. Ency. 5. p. 232.
J. Bauh. Hist. 1. p. 2. p. 160. fig. 2. — Lob. ic. 2. p. 193.
fig. 2.

Cette espèce diffère de la précédente , avec laquelle elle
a beaucoup de rapport , par sa taille moins élevée , ses rameaux ascendants , les plus jeunes cendrés , ainsi que les
pétioles; par ses feuilles plus petites , tronquées à la base ,
point ou peu échancrées en cœur, sinuées - anguleuses,
ovales ou arrondies , jamais lobées , garnies en dessous d'un
coton cendré et non d'un blanc de neige; par ses chatons
plus grêles et plus lâches , ses écailles brunes plus velues ,
et surtout par ses 2 stigmates à 3—4 lobes palmés. ♄ (Mars,
avril).

Bâle , dans les mêmes lieux que le précédent (Hagenb.).

3. P. Tremble. — *P. tremula.*

Linn. Sp. 1464. — **DC**. Fl. fr. n. 2102. — Duby, Bot. gall.
p. 427. — Gaud. Fl. helv. 6. p. 289. — Poir. Ency. 5.
p. 233. — Koch , Syn. p. 661.
Duch. Cult. des bois, tab. 22. — **J. Bauh. Hist. 1.** p. 2. p.
163. fig. 1. — Tabern. ic. p. 978. fig. 1. — Dalech. Hist.
p. 87. fig. 1. — Dod. pempt. p. 836. fig. 2. — Lob. ic.
2. p. 194. fig. 2.

Arbre de 9—12 mètres, à écorce lisse, épaisse, blanchâtre, à bois blanc et fort tendre, à branches étalées, à
rameaux souples, pliants; feuilles presque orbiculaires,
fermes, dentées-anguleuses, glabres sur les deux faces,
nerveuses, vertes en dessus, plus pâles en dessous, ordinairement pubescentes dans la jeunesse, portées sur de longs
pétioles comprimés latéralement et élargis au sommet, ce

qui rend les feuilles vacillantes au moindre mouvement de l'air ; chatons très velus ; les mâles cylindriques, à 8 étamines à anthères rouges : les femelles ovoïdes-oblongs au moment de la fleuraison, ensuite cylindriques, allongés, recourbés et pendants, à écailles brunes, incisées, ciliées ; capsules grisâtres, oblongues, lancéolées, pédicellées, rapprochées, à stigmates un peu épais, orangés. ♄ (Mars, avril).

Commun dans les bois un peu humides.

§ 2. *Jeunes pousses et écailles des chatons glabres ; étamines* 12—30. — Aigeiros. Duby.

4. P. pyramidal. — *P. fastigiata.*

Poir. Ency. 5. p. 235. —DC. Fl. fr. n. 2104. — Duby, Bot. gall. p. 428. — *P. dilatata* (Ait.). Gaud. Fl. helv. 6. p. 291. — Hagenb. Fl. basil. 2. p. 469. — *P. pyramidalis* (Rozier). Koch, Syn. p. 661.
Duch. Cult. des bois, tab. 24. — J. Saint-Hil. Pl. fr. tab. 737.

Racines longues, horizontales, produisant çà et là de nombreux drageons; tige très élevée, atteignant quelquefois 30 mètres et plus de hauteur, d'un accroissement rapide, droite, à écorce lisse, grisâtre, crevassée sur le tronc, à rameaux très cassants, dressés et serrés contre la tige, effilés, formant une pyramide aiguë et élancée; feuilles presque deltoïdes, triangulaires, acuminées, dentées en scie, glabres sur les deux faces; chatons mâles nombreux, presque sessiles, situés vers l'extrémité des rameaux, lâches et pendants à leur entier développement, à écailles petites, caduques, cunéiformes, déchirées-ciliées au sommet; étamines à anthères d'un beau rouge pourpre avant l'émission du pollen. ♄ (Mars, avril). Vulg. *Peuplier d'Italie.*

Originaire d'Orient, cultivé le long des routes et des eaux, ainsi que sur les promenades, quelquefois en longues avenues. On ne possède encore que l'individu mâle, introduit en France il y a environ deux siècles. Son bois est employé à faire des voliges, des caisses d'emballage, etc.

5. P. noir. — *P. nigra.*

Linn. Sp. 1464. — DC. Fl. fr. n. 2103. — Duby, Bot. gall. p. 427. — Gaud. Fl. helv. 6. p. 290. — Poir. Ency. 5. p. 234. — Koch, Syn. p. 661.

Duch. Cult. des bois, tab. 23. — Mill. illust. tab. 90. — J. Bauh. Hist. 1. p. 2. p. 155. fig. 1. — Tabern. ic. p. 977. fig. 2. — Dalech. Hist. p. 86. fig. 2. — Dod. pempt. p. 856. fig. 1. — Lob. ic. p. 194. fig. 1.

Arbre de 13—19 mètres, souvent arbrisseau, à rameaux étalés, à bois blanc, tendre, à écorce grise ou jaunâtre, lisse, crevassée, souvent d'un beau jaune dans les jeunes rameaux, à bourgeons gros, ovoïdes-acuminés, bruns, luisants, visqueux, répandant une odeur balsamique ; feuilles ovales-triangulaires, élargies, acuminées, tantôt tronquées en ligne droite à la base, tantôt un peu cunéiformes, ce qui les rend alors presque rhomboïdales, portées sur de longs pétioles comprimés, plus courts qu'elles, crénelées-dentées en scie, glabres sur les deux faces, d'un vert clair en dessus, plus pâles en dessous, un peu visqueuses dans la jeunesse, à nervures jaunâtres, parallèles ; chatons cylindriques, un peu lâches, courtement pédonculés : les mâles à écailles brunâtres, caduques, glabres ou presque glabres, frangées ; anthères purpurines avant l'émission du pollen : les femelles ordinairement plus longs, à écailles palmées-frangées, presque glabres ; capsules lâches, petites, arrondies, pédicellées ; stigmates 2, bifides. ♄ (Mars).

Bâle, commun dans les bois, et le long des ruisseaux, parmi les Saules (Hagenb.). — Genève, commun dans les lieux humides, au bord des rivières (Reut.). — Cultivé sur les promenades, et en avenue. Les jeunes bourgeons du Peuplier noir contiennent un principe résineux qui entre dans la composition de l'onguent *Populeum.* — On cultive aussi sur les promenades et dans les bosquets, sous de nom de *Peuplier suisse,* le *P. de Virginie, P. Virginiana.* Desf.

FAMILLE CI.

Bétulinées. Richard.

FLEURS monoïques, en chatons formés d'écailles pédicellées. *Mâles :* périgones 3, pédicellés, indivis ou à 4 divisions ; étamines 6—12 (2—4 dans chaque périgone). *Femelles :* écailles sessiles pendant la fleuraison ; périgone nul ; ovaire biloculaire, à 2 ovules ; stigmates 2, filiformes ; noix monosperme, comprimée, indéhiscente, un peu coriace ou membraneuse, quelquefois ailée. Graine dépourvue de périsperme ; radicule tournée vers l'ombilic ; cotylédons aplanis. — Arbres ou arbustes à feuilles alternes.

1. BOULEAU. — *BETULA.* Linn.

Fleurs monoïques. *Mâles :* en chatons cylindriques, à écailles pédicellées uniflores, peltées au sommet et munies en dessous de 2 écailles plus petites ; périgone triphylle, pédicellé ; étamines 6, à filets bifides portant les loges séparées des anthères. *Femelles :* en chaton oblong-cylindrique, à écailles oblongues, dilatées et en coin à la base, à la fin trilobées et caduques, recouvrant 2—3 fleurs ; ovaire comprimé, biloculaire, contenant 2 ovules ; stigmates 2 ; noix monosperme, comprimée, élargie en ailes membraneuses.

1. B. nain. — *B. nana.*

Linn. Sp. 1394. — DC. Fl. fr. n. 2108. — Duby, Bot. gall.
   p. 422. — Gaud. Fl. helv. 6. p. 177. — Lam. Ency. 1.
   p. 454. — Koch, Syn. p. 662.
Linn. Fl. lapp. tab. 6. fig. 4.

Arbrisseau de 3—6 décim., à écorce d'un brun foncé, rameux, à rameaux dressés, feuillés, pubescents à leur partie supérieure ; feuilles petites, alternes, orbiculaires, glabres, fermes, vertes en dessus, plus pâles et veinées-réticulées en dessous, courtement pétiolées, crénelées; chatons mâles solitaires, sessiles, cylindriques, mêlés parmi les chatons femelles, à écailles scarieuses un peu concaves, rousses-brunâtres sur le contour, blanches et ciliées au sommet; chatons femelles verdâtres, solitaires, axilaires, pédicellés, garnis de 1—2 feuilles à la base, un peu plus grêles que les chatons mâles à l'époque de la fleuraison, et un peu plus courts, plus épais, oblongs et obtus à l'époque de la maturité, à écailles verdâtres à 3 lobes profonds; noix ob-ovale, à ailes étroites, scarieuses, indéhiscente (à 2 loges, à 2 graines, Gaud.). ♄ (Mai, juin).

Dans les tourbières des Ponts et de Varode; de la Brevine, près du lac; du Brassus et du Sentier. — De la Chaux-d'Abelle; de la Châtelaz; des Esplatures; de l'Échelette; des Croisettes; aux marais des Pontins (Gaud.). — Les tourbières autour de Bellelay (Frisch-Joset). — Les marais près de Pontarlier (Girod-Chant.).

2. B. pubescent. — *P. pubescens.*

Ehrh. Arb. 67. — DC. Fl. fr. n. 2107. — Duby, Bot. gall.
   p. 422. — Gaud. Fl. helv. 6. p. 173. — Poir. Ency. supp.
   1. p. 687. — Koch, Syn. p. 662. — *B. torfacea* (Schleich).
   Gaud. Fl. helv. 6. p. 175. (*ex Reut.*).
Tabern. ic. p. 982. fig. 2. — Matth. 132. fig. 2. (*ead.*).

Arbrisseau de 2—4 mètres, rameux, à rameaux dressés, plus ou moins pubescents; feuilles éparses, ovales-triangulaires, aiguës, souvent un peu en cœur, quelquefois presque rhomboïdales, d'un vert un peu sombre en dessus, plus pâles et pubescentes en dessous, ainsi que sur le pétiole, surtout dans la jeunesse, à la fin presque glabres, mais un peu barbues dans l'axe des nervures, doublement ou inégalement dentées en scie; écailles des chatons mâles obtuses, ciliées : celles des chatons femelles également ciliées, à 3 lobes, les 2 latéraux plus larges, arrondis, étalés, le moyen oblong, rétréci, un peu plus allongé; noix ovale, comprimée, brunâtre, terminée par 2 styles persistants, garnies sur les côtes de 2 ailes membraneuses de même largeur qu'elle ; graine obovale. ♄ (Avril, mai).

Dans les tourbières de Pontarlier; de Villeneuve, route de Salins à Levier; de Boujaille; de la Brevine, près du lac. — De Bellelay (Hagenbach). — De la Trélasse; des Rousses et de la vallée de Joux (Reut.).

3. B. intermédiaire. — *B. intermedia.*

Thomas. — Gaud. Fl. helv. 6. p. 176. et ejusd. Syn. p. 798.

Arbuste de 2—4 mètres, à écorce grise ou brunâtre, rameux, à rameaux très feuillés, pubescents ; feuilles parsemées dans la jeunesse de petits points résineux blanchâtres, et comme pubescentes, très glabres dans leur entier développement, fermes, longues et larges de 14—20 millim., d'un vert gai en dessus, un peu cendrées et veinées-réticulées en dessous, orbiculaires, souvent rhomboïdales-arrondies, quelquefois un peu aiguës, ordinairement obtuses, mais rarement rétuses, inégalement dentées en scie, à dents mucronées, entières et inégales à la base, portées sur de courts pétioles d'abord un peu pubescents, puis glabres ; chatons femelles oblongs, axilaires, solitaires, courtement pédonculés, à écailles verdâtres, contenant 3 fleurs, à 3 lobes ciliés, les latéraux étalés, presque rhomboïdaux, très obtus, plus courts mais plus larges que le moyen qui est ovale ; noix brunâtre, elliptique, plus ou moins pubescente au sommet, ordinairement moins large que les ailes d'une couleur plus claire. ♄ (Mai, juin).

Au marais de la Chaux-d'Abelle (Em. Thomas). — Cette espèce a beaucoup de rapport avec le *B. nana*, et pourrait être rapportée à la var. *b.* ou plutôt *c.* de cette dernière espèce de Linn. Fl. lapp. tab. 6. fig. 4., si elle ne paraissait en différer par les dents de ses feuilles mucronées au sommet et surtout par ses noix largement ailées (Gaud.). — M. Rapin forme du *B. intermedia* une variété à feuilles ovales-arrondies de l'espèce précédente.

4. B. blanc. — *B. alba.*

Linn. Sp. 1593. — DC. Fl. fr. n. 2106. — Duby, Bot. gall.
  p. 422. — Gaud. Fl. helv. 6. p. 174. — Lam. Ency. 1.
  p. 453. — Koch, Syn. p. 662.

J. Saint-Hil. Pl. fr. tab. 765. — Duch. Cult. des bois, tab.
  10. — Lam. illust. tab. 760. fig. 1. — J. Bauh. Hist. 1.
  p. 2. p. 149. fig. 1. — Dalech. Hist. p. 92. fig. 1. —
  Dod. pempt. p. 839. fig. 2. — Lob. ic. 2. p. 190. fig. 2.
  (*ead.*, *var. pendula*).

Arbre très élégant, s'élevant à la hauteur de 15—20
mètres, à épiderme très blanc, satiné, mince comme du
papier et qui s'enlève facilement, à rameaux grêles, souvent
tombants, glabres, ainsi que les jeunes pousses, à écorce
brune ; feuilles deltoïdes, acuminées, doublement dentées
en scie, glabres, ainsi que les pétioles grêles, allongés ;
chatons mâles 1—3, cylindriques, terminaux, allongés, à
écailles arrondies, ciliées, brunâtres ; chatons femelles plus
courts, très grêles au moment de la fleuraison, axilaires,
pédonculés, à écailles à 3 lobes, les latéraux arrondis, défléchis, le moyen plus petit, presque triangulaire, un peu
étalé au sommet à la maturité ; noix 3, sous chaque écaille,
à ailes membraneuses, demi - transparentes, plus larges
qu'elles. ♄ (Avril, mai).

Dans les bois, aux environs de Poligny ; de Sellières et surtout de
Chaumergy ; de Lombard ; de Fay, où il se trouve en grande quantité ;
dans les bois près d'Anchay, route d'Arinthod à Thoirette. — Il s'élève
dans les Alpes au-dessus de la région des arbres, jusqu'à la hauteur de
13—16 cents mètres au-dessus du niveau de la mer, et il se présente
alors ordinairement sous la forme d'arbuste.

β. *Pendula*. Gaud. Fl. helv. 6. l. c. — *B. pendula*. Roth.
Tent. 1. p. 405. — Rameaux pendants.

Cette variété est cultivée dans les bosquets.

γ. *Verrucosa*. Gaud. l. c. var. ♂. — DC. l. c. var. β —
B. verrucosa. Ehrh. beit. 6. p. 98. — Jeunes rameaux couverts de petites verrues résineuses.

Le Bouleau offre un bon bois de chauffage ; il brûle vite, produit beaucoup de chaleur et donne une flamme claire , c'est pourquoi il est préféré dans la boulangerie pour chauffer les fours ; son écorce est presque incorruptible , et les Lapons s'en servent pour couvrir leurs cabanes ; son bois est employé pour faire des roues , des cerceaux , des sabots ; ses feuilles sont amères , résolutives et détersives ; la liqueur que l'on retire de son tronc par incision est acidule et vantée contre le calcul des reins et de la vessie : on en fait un sirop sucré et une boisson dont on fait usage en Suède et en Russie. On en retire, par la distillation , une huile pyrogénée d'une odeur particulière, qui sert à préparer le cuir de Russie ; les jeunes rameaux servent à faire des balais.

2. AUNE. — ALNUS. Tourn.

Fleurs en chatons monoïques , précoces , à pédoncules rameux. *Mâles :* chatons allongés , cylindriques , à écailles pédicellées , 4 sur chaque pédicelle , l'une terminale plus grande et plus épaisse , les 3 autres plus petites , ayant chacune à leur base un périgone à 4 lobes ou à 3 folioles , renfermant 4 étamines à anthères biloculaires. *Femelles :* en chatons ovoïdes-arrondis , réunis plusieurs en grappe , à la fin ligneux , à écailles coriaces , persistantes , étalées , quadrifides , arrondies-cunéiformes , à 2 fleurs ; ovaire très petit ; stigmates 2 , filiformes ; noix comprimée , ovale , à 2 loges monospermes.

§ 1. *Périgone à 3 folioles distinctes.* — Alnobetula. Koch.

1. A. vert. — A. viridis.

DC. Fl. fr. n. 2111. — Duby, Bot. gall. p. 422. — Koch, Syn. p. 663. — Hagenb. Fl. basil. 2. p. 425. — *Betula viridis* (Chaix), in Vill. Dauph. 3. p. 789. — Gaud. Fl. helv. 6. p. 171. — *B. ovata.* Poir. Ency. supp. 1. p. 689. Bocc. Mus. tab. 96.

Arbrisseau de 1—2 mètres et plus , rameux , à rameaux tortueux , légèrement tétragones , glabres , à jeunes pousses

glutineuses, pubescentes au sommet; feuilles d'un vert gai
sur les deux faces, plus pâles en dessous, glutineuses dans
la jeunesse, ovales ou arrondies, un peu aiguës, doublement
dentées en scie, à dents aiguës, petites, très nombreuses,
pubescentes en dessous sur les nervures et à leurs aisselles,
ainsi que sur les pétioles; chatons mâles 2—5, latéraux et
terminaux vers l'extrémité des jeunes rameaux, sessiles,
nus, un peu épais, allongés, à écailles petites, arrondies,
brunâtres, dures, glabres, glutineuses; chatons femelles
3—4, portés sur des pedoncules rameux, axilaires, poilus,
munis quelquefois de 1—2 folioles, solitaires sur chaque
pédicelle, ellipsoïdes, glutineux, à la fin ovoïdes, brunâtres, à écailles endurcies, cunéiformes, nerveuses, à 3
lobes courts, recourbés; graine ovoïde, glabre, ailée-membraneuse, à ailes diaphanes, presque de même largeur
qu'elle. ♄ (Mai, juin).

Se trouve dans les lieux rocailleux : à Salève du côte de Croseille,
derrière les Pitons (Reut.). — Bâle, dans le bois d'Olsberg et dans le
val de Delémont (Hagenb.).

§ 2. *Périgone à 4 lobes.* — Clethra. Koch.

2. A. blanchâtre. — *A. incana.*

Willd. Sp. 4. p. 535. — DC. Fl. fr. n. 2110. — Duby, Bot.
gall. p. 422. — Gaud. Fl. helv. 6. p. 139. — Koch, Syn.
p. 663. var. *α.* — *Betula alnus. var. β. incana.* Linn.
Sp. 1394. — *B. incana.* Linn. fils, supp. 417. — Lam.
Ency. 1. p. 455.

J. Bauh. Hist. 1. p. 2. p. 154. fig. *superior.* — Clus. Hist.
1. p. 12. fig. 2. (*fol. nimis obtuse serrata*).

Cette espèce diffère de la suivante, avec laquelle elle a
beaucoup de rapport, par son bois moins dur, son écorce cendrée, ses feuilles ovales, elliptiques, aiguës, ou courtement
acuminées, doublement dentées en scie, quelquefois un peu
pubescentes en dessus, glauques, mollement velues, presque

cotonneuses en dessous, ainsi que sur les pétioles et les
jeunes rameaux , presque jamais glutineuses, et dépourvues
de barbes aux aisselles des nervures ; enfin par ses chatons
femelles sessiles ou presque sessiles sur le pédoncule commun : les mâles plus épais et plus denses. ♄ (Mars, avril).

A l'embouchure de l'Arve, à Genève; au bord du Doubs, à Besançon ;
aux environs de la source de la Loue. — Bâle, dans les buissons le long
du Rhin et de la Birse ; entre le pont de Munchenstein et Mutenz ; près
de Bottmingen et d'Olsberg ; sur le mont Bilstein ; le long des ruisseaux
dans le val de Delémont, etc. (Hagenb.). — Aux environs de Montbéliard , et entre cette dernière ville et Porentruy (J. B.). — Aux allées
de Colombier, près du lac de Neuchâtel (Hall.). — Le long des ruisseaux près de Cossonay (Gaud.).

3. A. glutineux. — *A. glutinosa.*

Gaertn. Fruct. 2. p. 154. — DC. Fl. fr. n. 2109. — Duby,
Bot. gall. p. 422. — Gaud. Fl. helv. 6. p. 138. — Koch ,
Syn. p. 663. var. *α.* — *Betula alnus.* Linn. Sp. 1394. —
Betula glutinosa. Lam. Ency. 1. p. 154.

J. Saint-Hil. Pl. fr. tab. 765. — Duch. Cult. des bois, tab.
26. — Lam. illust. tab. 760. fig. 3. — J. Bauh. Hist. 1.
p. 2. p. 151. fig. 1. — Clus. Hist. 1. p. 12. fig. 1. —
Tabern. ic. p. 980. fig. 2. — Dall. Hist. p. 97. fig. 1. (*ead.
ac Clus.*). — Dod. pempt. p. 839. fig. 1. (*ead.*).

Arbre de grandeur médiocre , à tronc droit ou tortueux,
à écorce d'un noir grisâtre , jaunâtre intérieurement , à bois
tendre, cassant et rougeâtre , à rameaux pubescents, presque
trigone au sommet ; feuilles un peu poilues dans la jeunesse,
ensuite glabres , munies seulement de touffes de poils dans
l'axe des nervures, glutineuses, d'un vert triste , ovales,
larges , presque arrondies , très obtuses , souvent même rétuses au sommet , doublement dentées-crénelées sur leur
contour , un peu en coin à la base , pétiolées; chatons mâles
cylindriques , pendants , d'un pourpre noirâtre : les femelles
sur un pédoncule rameux , petits, dressés, à écailles brunes,
réniformes , entières , biflores , devenant , à la maturité des

fruits, épais, ovoïdes, presque ligneux, à écailles étalées, persistant d'une année à l'autre. ♄ (Mars, avril). Vulg. *Verne.*

Commun au bord des eaux, dans les bois humides et marécageux. — Le bois d'Aune est compacte et pesant, d'un bon usage pour le chauffage, il brûle facilement et produit assez de chaleur; on se sert de son charbon dans la fabrication de la poudre. Il est fréquemment employé par les tourneurs, les ébénistes et les sabotiers; comme il pourrit difficilement dans l'eau, on l'emploie avec succès dans les constructions submergées; mais il faut qu'il reste constamment dans l'eau, autrement il est promptement vermoulu et détruit. Son écorce est propre au tannage : elle est astringente, fébrifuge et sert à teindre en noir.

FAMILLE CII.

Platanées. Juss.

FLEURS monoïques, en chatons compactes, globuleux, de sexe distinct. *Mâles :* étamines nombreuses, à anthères à 2 loges séparées, entremêlées d'écailles linéaires petites. *Femelles :* fleurs également entremêlées d'écailles en spatule; carpelles 1—2, oblongs ou presque turbinés, uniloculaires, à une graine, surmontés d'une pointe courbée, un peu coriaces, indéhiscents, soudés avec le périgone; graine pendante, dépourvue de périsperme. Embryon droit; radicule supère; cotylédons aplanis, foliacés. — Arbres à feuilles alternes, pétiolées; bourgeons cachés dans la base du pétiole.

1. PLATANE. — *PLATANUS.* Linn.

Fleurs monoïques, en chatons globuleux : les *mâles* composés d'étamines nombreuses, à anthères à 2 loges distinctes, entremêlées d'écailles linéaires; les *femelles* à écailles en spatule, à ovaires filiformes, épaissis au sommet et terminés par un stigmate court, crochu; carpelle en massue, mucroné, chevelu à la base.

1. P. d'Orient. — *P. Orientalis.*

Linn. Sp. 1417. — DC. Fl. fr. n. 2124. — Duby, Bot. gall.
p. 430. — Gaud. Fl. helv. 6. p. 170. — Poir. Ency. 5.
p. 437.
Duch. Cult. des bois, tab. 36. — J. Saint-Hil. Pl. fr. tab.
771. — Lam. illust. tab. 783. fig. 1. — J. Bauh. Hist. 1.
p. 2. p. 170. fig. 1. — Clus. Hist. 1. p. 9. fig. 1. — Tabern. ic. p. 972. fig. 2. — Dalech. Hist. p. 93. fig. 1. —
Dod. pempt. p. 842. (*ic. Clus.*). — Lob. advers. p. 442
(*ead.*).

Arbre susceptible d'atteindre une grande hauteur, à tronc
droit, cylindrique, revêtu d'une écorce d'un vert grisâtre,
se détachant chaque année par plaques minces, très cas-
santes, de sorte que le tronc est toujours lisse; branches
et rameaux étalés; feuilles très grandes, coriaces, alternes,
longuement pétiolées, palmées, à 5—7 lobes lancéolés;
dentés, aigus; fleurs petites, verdâtres, réunies en chatons
globuleux très serrés, au nombre de 5—6, l'un terminal,
les autres latéraux sessiles, portés sur un pédoncule commun, nu, allongé, pendant. ♄ (Mai, juin).

Cet arbre, originaire d'Orient, est cultivé sur les promenades; il fut
introduit en Angleterre en 1561; le premier pied que l'on ait vu à
Paris fut planté par Buffon, en 1750, au Jardin-du-Roi. — Le bois de
Platane est blanchâtre, assez dur, pesant, ayant quelque ressemblance
avec celui du hêtre; mais il a l'inconvénient de se fendre à l'air et d'être
facilement attaqué par les insectes, aussi est-il peu recherché; il donne
un bon bois de chauffage. Le Platane peut acquérir une grosseur
énorme; tel était celui qui, au rapport de Pline, existait de son temps
en Lycie, et dont le tronc, creusé par le temps, formait une espèce de
grotte d'environ 25 mètres de circonférence.

2. P. d'Occident. — *P. Occidentalis.*

Linn. Sp. 1418. — Duby, Bot. gall. p. 430. — Gaud. Fl.
helv. 6. p. 171. — Poir. Ency. 5. p. 438.
Duch. Cult. des bois, tab. 37.

Cet arbre a le même port et peut acquérir les mêmes dimensions que le précédent; il en diffère par ses feuilles cunéiformes à la base, palmées, à 5 angles aigus, peu sensiblement lobées, grossièrement et inégalement dentées, un peu pubescentes en dessous, particulièrement sur les bords et les nervures. ♄ (Mai, juin).

Apporté de Virginie en 1640, cultivé comme le précédent, mais beaucoup plus rarement : on en voit de très belles avenues le long du canal à Dole ; je l'ai trouvé à l'embouchure de l'Arve à Genève, sous forme d'arbuste, croissant spontanément.

FAMILLE CIII.

Conifères. Juss.

Fleurs unisexuelles. *Mâles :* en chatons formés de bractées squamiformes ou peltées ; anthères à une ou deux loges, adhérentes à la bractée, ou portées sur des filets axilaires monadelphes. *Femelles :* également en chatons, sessiles à la base des bractées squamiformes, ou adhérentes à la base d'un involucre squamiforme sortant de l'axe des bractées, ou terminales, ternées, géminées ou solitaires. Ovaire supère, renfermé dans un périgone urcéolé, percé d'un trou au sommet ; stigmate sessile, petit, ponctiforme, à style nul, ou style filiforme et stigmate simple ; utricule monosperme, recouverte par le périgone persistant nucamentacé : graine dressée, spermoderme mince, membraneux. Périsperme charnu ; embryon inverse, situé au centre du périsperme. — Arbres ou arbrisseaux à feuilles toujours vertes, à suc résineux.

TRIBU I. — TAXINÉES. Rich.

Fleurs *mâles* en chatons, à écailles peltées, orbiculaires, recouvrant les anthères à une loge. Fleurs *femelles* terminales, solitaires ; ovaire dressé ; stigmate sessile, ponctiforme.

1. IF. — *TAXUS*. Linn.

Fleurs dioïques. *Mâles :* chatons à écailles peltées, recouvrant les anthères uniloculaires fixées circulairement en dessous. *Femelles :* solitaires, portées sur un involucre entier, d'abord très petit et en forme d'anneau (provenant des écailles soudées devenues charnues?); utricule renfermée dans un périgone nucamentacé, entouré par l'involucre transformé à la fin en une cupule entière et charnue qui lui donne l'apparence d'une baie.

1. I. commun. — *T. baccata.*

Linn. Sp. 1472. — **DC.** Fl. fr. n. 2069. — Duby, Bot. gall.
  p. 432. — Gaud. Fl. helv. 6. p. 302. — Lam. Ency. 5.
  p. 228. — Koch, Syn. p. 665.
Bull. Herb. tab. 156. — Lam. illust. tab. 829. fig. 1. —
  J. Bauh. Hist. 1. p. 2. p. 241. fig. 2. et 5. — Dalech.
  Hist. p. 78. fig. 1. ♀. — Dod. pempt. p. 859. fig. 1. ♀. —
  Lob. ic. 2. p. 232. fig. 1. (*ead.*).
Arbre de 5—10 mètres, toujours vert, dont le feuillage approche de celui du *Sapin en peigne*, très rameux, croissant très lentement, à bois très dur, rougeâtre, serré, très lourd, presque incorruptible, vivant très long-temps, à écorce brune, s'enlevant facilement par plaques; feuilles distiques, éparses, rapprochées, presque sessiles, linéaires, aiguës, coriaces, persistantes, planes ou convexes, d'un vert sombre; fleurs axilaires, sessiles, entourées d'écailles à la base : les mâles en chaton ovoïde, composé d'écailles discoïdes, jaunâtres, peltées, ombiliquées, lobées dans leur contour, sous lesquelles se trouvent les anthères uniloculaires, s'ouvrant par un sillon longitudinal, adhérentes au pivot de l'écaille par leur côté interne; les femelles solitaires, portées sur un petit disque orbiculaire peu saillant, mais qui plus tard s'accroît et forme une enveloppe charnue, ouverte au sommet, donnant au fruit l'apparence d'une baie d'un rouge

écarlate, renfermant le véritable fruit qui est une noix dure, coriace, ovoïde, indéhiscente. ♃ (Mars, avril).

Çà et là dans les bois des montagnes, surtout parmi les rochers : il n'est pas rare aux environs de Salins, où j'ai mesuré un tronc de cet arbre qui avait près de 3 mètres de circonférence. — Çà et là dans les bois montagneux des environs de Bâle (Hagenb.). — Genève, à Salève; au bois de la Bâtie (Reut.). — Les rochers au-dessus d'Orbe (Monnard). — Autour de Valangin; de Saint-Imier; de Moutiers-Granval, etc. (Hall.). — Aux environs de Porentruy, etc. (J. Bauh.). — Entre Besançon et Roulans, etc. (Girod-Chant.). — L'If a été connu des anciens qui le considéraient comme un arbre très vénéneux; son fruit, d'une saveur douce et agréable, n'a cependant aucune qualité vénéneuse, et on peut en manger sans éprouver le moindre accident. Son bois rougeâtre est extrêmement dur et fait sauter l'acier de la hache qui le coupe; il est presque incorruptible, ce qui le rend très propre à la fabrication des pieux que l'on enfonce dans la terre lorsque l'on construit des treilles ou des palissades. Le bois d'If est estimé pour les ouvrages de tour et d'ébénisterie. Immergé dans l'eau pendant quelques mois, il acquiert une couleur pourpre-violette. On le cultivait beaucoup autrefois dans les jardins, parce qu'il se prête à toutes les formes imaginables qu'on veut lui donner par la taille.

TRIBU II. — CUPRESSINÉES. Rich.

Fleurs *mâles* en chatons; anthères $4-7$, uniloculaires, fixées sous le bord des écailles peltées. Fleurs *femelles* sessiles dans l'axe des écailles du chaton, ou terminales et entourées d'un involucre trifide. Ovaire dressé, entouré d'un périgone; réceptacle propre nul; stigmate sessile, ponctiforme.

α. Écailles de l'involucre devenant charnues et formant, en se soudant, une fausse-baie.

2. GENEVRIER. — *JUNIPERUS.* Linn.

Fleurs dioïques. *Mâles :* en chatons; anthères $4-7$, uniloculaires, fixées sous le bord de chaque écaille ovale, peltée. *Femelles :* ternées, libres, dressées, terminales,

entourées d'un involucre charnu, trifide, formé par les 3
écailles du chaton globuleux, concaves, uniflores, d'abord
rapprochées, à la fin charnues et soudées en forme de baie,
renfermant 3 noix osseuses.

1. G. commun. — *J. communis.*

Linn. Sp. 1470. — DC. Fl. fr. n. 2065. — Duby, Bot. gall.
   p. 432. — Gaud. Fl. helv. 6. p. 300. — Lam. Ency. 2.
   p. 625. — Koch, Syn. p. 665.
Duch. Cult. des bois, tab. 45. —J. Saint-Hil. Pl. fr. tab. 610.
   — Lam. illust. tab. 829. — Mill. illust. tab. 95. —
   J. Bauh. Hist. 1. p. 2. p. 293. fig. 1. — Tabern. ic.
   p. 948. fig. 1. et 2. —Dalech. Hist. p. 67. fig. 1.

Arbrisseau toujours vert, de 6—26 décim., à rameaux
nombreux, diffus, ascendants, très feuillés, restant dans les
pâturages en buissons déprimés, à écorce d'un brun rougeâtre, s'enlevant par écailles, à bois assez dur, un peu
rougeâtre, d'une odeur agréable ; feuilles ternées, étalées,
sessiles, raides, linéaires-subulées, aiguës, piquantes, d'un
vert glauque, un peu canaliculées en dessus, ce qui les
rend carénées en dessous ; chatons mâles axilaires, solitaires,
oblongs, jaunes, presque sessiles, entourées à la base d'é-
cailles ovales - acuminées ; baies également axilaires et
écailleuses à la base, globuleuses, d'abord vertes, à la fin
d'un noir bleuâtre et recouvertes d'une poussière glauque,
à pulpe sèche, d'une saveur aromatique, renfermant 3 noix
oblongues, osseuses, anguleuses. ♄ (Avril, mai).

Commun dans les pâturages, sur les collines, dans les bois arides de
la plaine et des montagnes. — Les baies de Genevrier ont une saveur
très chaude et aromatique, elles sont employées comme assaisonnement
dans plusieurs mets, particulièrement dans la *Choucroûte.* On en retire
par la fermentation une sorte de liqueur alcoholique appelée *Genevrette ;*
distillées avec de l'eau-de-vie, on obtient l'eau-de-vie de *Genièvre :*
elles sont employées en médecine comme toniques, stimulantes, et
comme diurétiques ou emménagogues; on en prépare une infusion
aqueuse ou vineuse employée comme stomachique. L'extrait est une
préparation fort énergique qui doit être prise à très petite dose.

2. G. nain. — *J. nana.*

Willd. Arb. 159. — Koch, Syn. p. 665. — *J. communis.*
Linn. Sp. 1470. var. γ. — Ait. Kew. 3. p. 414. var. γ.
montana. — Gaud. Fl. helv. 6. p. 300. var. γ. *Alpina.*
J. Bauh. Hist. 1. p. 2. p. 302. fig. 1.

Arbrisseau déprimé, haut de 3—4 décim. , largement
étalé, à rameaux allongés, tombants, couchés sur la terre ;
feuilles ternées, rapprochées, un peu infléchies et non étalées comme dans l'espèce précédente, lancéolées-linéaires,
acuminées en pointe piquante, légèrement canaliculées en
dessus et couvertes d'une poussière glauque, obtusément
carénées en dessous ; baies ovoïdes-globuleuses, plus grosses
que dans l'espèce précédente, recouvertes d'une poussière
glauque. ♄ (Juillet, août).

Sur les sommités entre le Colombier et le Reculet, et sur la Dôle. —
On cultive encore, mais rarement, dans quelques jardins, la Sabine ,
Juniperus Sabina. Linn. Sp. 147. — DC. Fl. fr. n. 2067. — Bull.
Herb. tab. 159. — Arbrisseau de 1—2 mètres dans les Alpes, à feuilles
petites, rhomboïdales, aiguës, dressées, appliquées, embriquées sur
4 rangs, décurrentes, plus allongées et plus écartées sur les jeunes
rameaux, à baies d'un noir bleuâtre, solitaires, globuleuses, renfermant
2—3 noix. — La Sabine offre un remède très énergique et qui ne doit
être employé que par des mains prudentes : à la dose de 2—6 grains,
elle active et favorise la menstruation ; mais à dose plus forte , elle occa-
sionne des accidents extrêmement graves, tels que l'inflammation et
l'ulcération des intestins, l'inflammation de l'utérus et par suite l'avortement.

β. Écailles de l'involucre à la fin sèches et séparées.

3. THUYA. — *THUYA.* Linn.

Fleurs monoïques. *Mâles :* en chatons ovoïdes, à écailles
obtuses ; anthères 4, sessiles sous chaque écaille. *Femelles :*
en cône presque ovoïde, à longues écailles épaissies au sommet et conniventes ; ovaires très petits, 2 par écaille, à style

court, à stigmate concave; fruit sec, lâchement écailleux; noix 2, monospermes, quelquefois ailées.

1. T. d'Orient. — *T. Orientalis.*

Linn. Sp. 1422. — Desf. Arb. et Arbust. 2. p. 575. — Mill. Dict. 7. p. 361. n. 2. — Poir. Ency. 7. p. 640. — Balb. Fl. lyon. 673.

J. Saint-Hil. Pl. fr. tab. 799. — Lam. illust. tab. 787. fig. 2.

Arbre de 5—6 mètres, dressé, à écorce brune, à rameaux redressés, aplanis; feuilles nombreuses, embriquées sur 4 rangs, très glabres, d'un vert luisant, surtout pendant l'hiver, en forme d'écailles ovales-rhomboïdales, à peine aiguës au sommet, appliquées, souvent un peu sillonnées sur la carène; fruit en cône arrondi, à écailles rudes, obtuses, épaissies, recourbées et mucronées au sommet, renfermant chacune 2 noix ovoïdes, nues, monospermes, un peu anguleuses, d'un brun rougeâtre. ♄ (Mai).

Originaire de la Chine; cultivé depuis long-temps dans les parcs et les jardins. — On cultive aussi le *Thuya Occidentalis.* Linn. Sp. p. 1421. — Desf. Arb. et Arbust. 2. p. 575. — Poir. Ency. 7. p. 639. — Lam. illust. tab. 787. fig. 1. — J. Bauh. Hist. 1. p. 2. p. 286. fig. 1. — Il diffère du précédent par ses rameaux étalés, aplanis, garnis de feuilles ovales-rhomboïdales, appliquées, relevées en bosse sur le dos, embriquées sur 4 rangs; et surtout par ses cônes ovoïdes élargis au sommet, à écailles oblongues, très lisses, obtuses, à noix ailées-membraneuses. — Originaire de l'Amérique septentrionale. C'est du *T. articulata.* Desf. que l'on obtient la résine connue sous le nom de *Sandaraque.*

4. CYPRÈS. — *CUPRESSUS.* Linn.

Fleurs monoïques en chatons. *Mâles :* 4 anthères uniloculaires, sessiles, insérées sous le bord de chaque écaille ovale, peltée. *Femelles :* 8 et plus, dressées et sessiles à la base des écailles du chaton; fruit sec, globuleux, compacte, composé d'écailles ligneuses, peltées, anguleuses, épaissies au milieu, recouvrant les noix.

1. C. pyramidal. — *C. sempervirens.*

Linn. Sp. 1422. — **Lam. Ency.** 2. p. 241. — **Koch**, Syn. p.
666. — *C. fastigiata.* **DC.** Fl. fr. supp. n. 2064ᵃ. —
Duby, Bot. gall. p. 433.

J. Saint-Hil. Pl. fr. tab. 455. — **Lam.** illust. tab. 787. fig. 1.
— **J. Bauh.** Hist. 1. p. 2. p. 28. fig. 1. — **Tabern.** ic. p.
944. fig. 1. — **Dalech.** Hist. p. 58. fig. 1. — **Dod.** pempt.
p. 856. fig. 2. — **Lob.** ic. 2. p. 222. fig. 1.

Arbre toujours vert, à tronc droit, s'élevant à la hauteur
de 15—20 mètres, à branches raides, dressées et serrées
contre le tronc, à jeunes rameaux quadrangulaires ; feuilles
obtuses, convexes, appliquées, embriquées sur 4 rangs ;
fruit presque globuleux, épars, à écailles anguleuses, épaissies au milieu et mutiques. ♄ (Février, mars).

Originaire d'Orient : cultivé dans les parcs et les jardins paysagers,
où il fait très bon effet dans les lointains ; sa verdure sombre lui donne
un aspect triste, et c'est sans doute pour cela que les anciens l'avaient
consacré aux funérailles, et qu'il est encore chez les modernes l'em-
blème de la douleur : on le voit autour des ruines, des tombeaux, et
dans tous les lieux où l'on veut produire des scènes mélancoliques et
réveiller des idées funèbres. Le bois de Cyprès est d'une grande dureté
et se conserve long-temps.

TRIBU III. — ABIETINÉES. Rich.

Fleurs en chatons. *Mâles :* 2 anthères uniloculaires, sessiles, fixées sous chaque écaille du chaton. *Femelles :*
écailles embriquées en cône, munies à leur aisselle de 2
fleurs renversées, à stigmate ponctiforme.

3. PIN. — *PINUS.* Linn.

Fleurs monoïques. *Mâles :* en chatons allongés, terminaux, disposés en grappe compacte, composés d'écailles
portant 2 étamines à anthères uniloculaires. *Femelles :* en
cônes à écailles embriquées, ayant chacune 2 ovaires à l'ais-

selle ; fruit en cône ligneux, à écailles oblongues, épaissies, anguleuses et ombiliquées au sommet ; noix ovoïde,
monosperme, ailée au sommet. Cotylédons palmés. —
Feuilles 2 ou 5 dans la même gaîne.

1. P. sauvage. — *P. sylvestris.*

Linn. Sp. 1418. — DC. Fl. fr. n. 2054. — Duby, Bot. gall.
   p. 433. — Gaud. Fl. helv. 6. p. 182. — Poir. Ency. 5.
   p. 335. — Koch , Syn. p. 666.
Duch. Cult. des bois, tab. 11. — J. Saint-Hil. Pl. fr. tab.
   991. et 992. — Chaum. Fl. méd. tab. 272. — Lam. illust.
   tab. 786. fig. 1. — Mill. illust. tab. 82. — J. Bauh. Hist.
   1. p. 2. p. 255. fig. 1. — Barr. ic. fig. 729. — Tabern.
   ic. p. 942. fig. 1. — Dalech. Hist. p. 44. fig. 2.

Arbre élevé, à écorce du tronc raboteuse, crevassée, à
rameaux ascendants, verticillés ; feuilles géminées, sortant
d'une gaîne courte, scarieuses sur les bords , laissant après
leur chute une empreinte qui rend les rameaux rudes, toujours vertes , un peu glauques , linéaires-mucronées , dures ,
étroites , convexes sur le dos et canaliculées sur la face opposée , un peu rudes sur les bords qui sont finement dentelés
en scie ; chatons mâles ovoïdes ou oblongs, nombreux,
réunis en grappe serrée , allongée , presque sessile et terminale , surmontée d'un bourgeon non encore développé ; chatons femelles ovoïdes , petits, dressés , rougeâtres, pédicellés ,
situés au-dessous des mâles , simples ou géminés, penchés
après la fleuraison ; cônes pédonculés, pendants à la maturité,
ovoïdes-coniques, d'un gris cendré, à écailles épaisses,
ligneuses, s'ouvrant aisément, cunéiformes, planes ou un
peu canaliculées en dessus, carénées en dessous, épaissies au
sommet et rhomboïdales-quadrangulaires , à ombilic central
formant une pyramide quadrangulaire très courte ; noix petite, 5 fois plus courte que l'aile oblongue, obtuse, membraneuse, qui la termine. ђ (Mai). Vulg. *Pin de Genève,*
Pinéastre, Pinasse.

Le Pin n'est pas commun dans les montagnes du Jura ; il forme çà et là quelques bois peu étendus : en montant d'Orbe à Jougne ; près de Bâle, en suivant le vallon de la Birse et ailleurs. — Aux environs de Montbéliard ; de Porentruy ; de Béfort, etc. (J. Bauh.).

2. P. nain. — *P. pumilio.*

Haenke, Reisen nach dem riesengeb. p. 86. — Koch , Syn. p. 666. — Waldst et Kit. Pl. hung. 2. p. 160 — Poir. Ency. supp. 4. p. 417. — *Pinaster pumilio.* Clus. Hist. 1. p. 32. — *P. mughus.* Scop. Carn. 2. p. 247.

Clus. Hist. 1. p. 32. fig. 2.

Pin rabougri , dépassant peu la hauteur d'un homme , à tige ascendante, rameuse presque dès la base , à rameaux étalés , allongés , tortueux , traînant souvent sur les rochers , et plus longs que la tige ; feuilles géminées , dressées , raides , un peu plus courtes que dans l'espèce précédente et plus rapprochées , demi-cylindriques , un peu courbées en faux et infléchies ; cônes sessiles , ovoïdes, dressés , à écailles épaissies au sommet et déjetées en arrière , ce qui les rend crochues ; noix 2 fois plus courte seulement que l'aile qui la termine. ♄ (Juillet , août).

Sur les hautes sommités au-dessus d'Allamogne , au nord du Reculet.

β. *Torfacea. P. pumilio.* DC Fl. fr. supp. n. 2056ᵃ. — Duby, Bot. gall. p. 453. — *P. sylvestris.* γ. *pumilio.* Gaud. Fl. helv. 6. l. c. — Hagenb. Fl. basil 2. p. 441. var. β. *palustris.* — Arbrisseau de 15—20 décim. , à rameaux étalés , moins longs que la tige , à feuilles infléchies un peu courbées en faux , raides et plus courtes que dans le *P. syl-vestris*, à cône sessile , ovoïde , dressé , à écailles épaissies et crochues au sommet.

Dans la tourbière des Rousses; de la Trélasse ; de Pont-Martel ; de la Chaux-d'Abelle ; du Sentier ; dans la vallée de Joux ; de Boujaille, etc.

5. P. à crochets. — *P. uncinata.*

Ramond, in DC. Fl. fr. add. p. 726. n. 2055*. et ejusd. supp.
p. 334. — Duby, Bot. gall. p. 443. — Gaud. Fl. helv. 6.
p. 185. — Poir. Ency. supp. 4. p. 417. — Desf. Arb. et
Arbust. p. 610. — *P. sanguinea.* Lapey. Hist. abr. Pyr.
p. 587. et supp. p. 143. et 145.

Arbre de grandeur médiocre, d'un aspect très sombre,
pyramidal, à bourgeons d'un rouge noirâtre ; feuilles dressées, raides, rapprochées, un peu glauques et courbées en
faux, géminées, plus longues que dans le *P. sylvestris;*
chatons oblongs, en grappe serrée ; cônes situés au-dessous
des chatons, d'un brun noirâtre à la maturité, sessiles,
ovoïdes-oblongs, obtus, plus courts que les feuilles, un peu
pendants, solitaires, à écailles en massue, rhomboïdales
au sommet, à ombilic central, puis latéral, se déjetant en
avant de manière à rendre les écailles crochues au sommet.
♄ (Juin, juillet).

Se trouve dans le Jura (DC.). — Je ne connais point cette espèce
du Jura, qui n'est vraisemblablement que la précédente, que l'on aura
prise pour le *P. uncinata* de Ramond.

6. SAPIN. — *ABIES.* DC.

Fleurs monoïques. *Mâles :* chatons ovoïdes-oblongs,
simples, non en grappes, à écailles portant 2 étamines à
anthères sessiles, uniloculaires. *Femelles :* chatons simples,
à écailles embriquées, ayant chacune 2 ovaires à l'aisselle ;
fruit en cône à écailles lisses, amincies et arrondies au sommet, jamais épaissies-anguleuses, ni ombiliquées. Cotylédons
lobés. —Feuilles solitaires, dépourvues de gaînes à la base.

§ 1. *Feuilles éparses; cônes pendants.* — Epicea. DC.

1. S. élevé. — *A. excelsa.*

DC. Fl. fr. n. 2062. — Duby, Bot. gall. p. 434. — Poir.
Ency. 6. p. 518. — Koch, Syn. p. 667. — *Pinus abies.*
Linn. Sp. 1421. — Gaud. Fl. helv. 6. p. 191.

J. Bauh. Hist. 1. p. 2. p. 258. fig. 1. (*mala*). — Tabern.
ic. p. 939. fig. 2. — Dalech. Hist. p. 50. fig. 1. — Dod.
pempt. p. 866. fig. 1. — Lob. obs. p. 633. fig. 3. (*ead.*).

Grand et bel arbre, s'élevant jusqu'à près de 50 mètres
de hauteur, à tronc nu, lisse et sans nœud, très allongé, à
écorce brune, terminé par une tête pyramidale, à rameaux
étalés ou un peu pendants; feuilles d'un vert foncé, nombreuses, éparses, solitaires, comprimées, presque tétragones, mucronées, entières, se détachant facilement en
séchant; chatons mâles axilaires, ovoïdes ou oblongs, épars
le long des rameaux, à écailles presque réniformes, crénelées; cônes axilaires, pourpres et ovoïdes dans la jeunesse,
allongés, cylindracés et pendants à la maturité, à écailles
planes, embriquées, appliquées, oblongues, brunâtres, à
bords minces, souvent déchirés-dentelés. ♄ (Mai). Vulg.
Pesse, *Faux-Sapin*, *Picea*, *Epicea*, *Fue* ou *Fuve*.

Ce sapin forme à lui seul presque toutes les forêts du haut Jura : il
s'élève dans les Alpes jusqu'à près de 1800 mètres. — Les jeunes pousses
de cette espèce et de la suivante, ainsi que celles du *Pinus sylvestris*,
sont employées comme antiscorbutiques.

§ 2. *Feuilles sur 2 rangs ; cônes dressés.* — Abies nobilis.
Koch.

2. S. en peigne. — *A. pectinata.*

DC. Fl. fr. n. 2063. — Duby, Bot. gall. p. 434. — Koch,
Syn. p. 667. — *A. vulgaris*. Poir. Ency. 6. p. 514. —
Pinus picea. Linn. Sp. 1420. — Gaud. Fl. helv. 6. p.
190.

Lam. illust. tab. 785. fig. 1. — J. Bauh. Hist. 1. p. 2. p.
231. fig. 1. — Clus. Hist. 1. p. 34. fig. 1. — Tabern. ic.
p. 940. fig. 1. — Dalech. Hist. p. 53. fig. 1. (*ramus sine
fruct.*). — Dod. pempt. p. 866. fig. 2.

Arbre très élevé, au moins autant que le précédent, à
écorce blanchâtre, crevassée, à branches et rameaux très
étalés, opposés en croix; feuilles sessiles, planes, solitaires,

rapprochées, distiques ou sur 2 rangs opposés le long des rameaux, linéaires, obtuses, ordinairement échancrées au sommet, vertes, luisantes et légèrement sillonnées en dessus, et à 2 sillons glauques et blanchâtres en dessous, formés par la nervure saillante et les bords légèrement réfléchis; chatons mâles simples, axilaires, jaunâtres, oblongs, presque cylindriques, plus courts que les feuilles; cônes cylindracés, sessiles, axilaires ou terminaux, dressés, à écailles appliquées, minces, embriquées, très obtuses, arrondies et un peu lâches au sommet. ♄ (Mai).

Cette espèce forme de vastes forêts qui occupent la région moyenne du Jura et constitue la première ligne de nos sapins : il s'élève dans les Alpes jusqu'à plus de 1400 mètres. — L'*Abies pectinata*, ou le Sapin proprement dit, est l'objet d'une exploitation très active dans le Jura : on en expédie, par le flottage de l'Ain et de la Loue, une grande quantité sur Lyon, dont une bonne partie se rend par le Rhône dans les provinces du Midi. Il fournit des bois de charpente de la plus grande dimension ; on le débite en chevrons et en planches dont on fait un grand usage dans la menuiserie et dans toutes sortes de constructions civiles. La fibre du Sapin est beaucoup moins serrée que celle de l'espèce précédente ou de la Fue, aussi son bois qui est moins blanc et moins dur est beaucoup moins estimé. On préfère toujours cette dernière espèce pour tous les ouvrages délicats de menuiserie, de tonnellerie, de layeterie, et pour la fabrication des *échalas* et des *ancelles* ou bardeaux (petites lames minces destinées à couvrir les maisons). Son écorce remplace celle du chêne dans les tanneries des hautes montagnes ; c'est de la *Fue* que l'on obtient la poix grasse connue sous le nom de *poix de Bourgogne* ; et c'est du Sapin que l'on retire cette résine claire et liquide connue sous le nom de *térébenthine*. Le Sapin offre un bon bois de chauffage, mais il pétille et a l'inconvénient de lancer, quelquefois fort loin, des étincelles ; on ne brûle ordinairement que les branches ou les troncs noueux qui ne sauraient avoir d'autres usages. Le sol de nos forêts de Sapins étant léger et peu profond, les arbres qui les composent, dont les racines sont courtes, peu nombreuses et étalées, n'y trouvent pas toujours une force suffisante pour résister aux vents ; ils en renversent quelquefois plusieurs centaines d'un seul coup, comme cela est arrivé, il y a quelques années, près de Chappois, et chaque jour on en trouve quelques-uns d'étalés çà et là sur le sol, par la même cause. C'est surtout dans les forêts où les coupes n'ont pas été ménagées avec prudence, et qui se trouvent trop éclaircies, que ces accidents arrivent. Un inconvénient plus grand encore qui se manifeste alors, c'est que les sapins ne s'om--

brageant plus suffisamment, le sol se dessèche, et les arbres, après avoir
langui quelque temps, dépérissent et meurent. C'est là précisément ce
qui a lieu actuellement dans nos forêts, et ce que j'ai eu occasion de
remarquer depuis plus de trente ans que je les parcours. Si l'adminis-
tration n'apporte un prompt remède à ces désastres, bientôt le mal
sera irréparable. Déjà une grande partie des bois que l'on voit sur nos
chantiers ne sont que des *séchons*, et peut-être avant un demi-siècle nos
belles forêts de sapins n'offriront plus qu'une vaste ruine.

7. MÉLÈZE. — *LARIX*. DC.

Ce genre diffère du précédent par ses cônes tous latéraux,
dressés, ovoïdes, par ses cotylédons opposés, toujours simples, et par ses feuilles caduques, lâches, fasciculées,
éparses et solitaires sur les jeunes rameaux.

1. M. d'Europe. — *L. Europæa.*

DC. Fl. fr. n. 2064. — Duby, Bot. gall. p. 434. — *Abies
larix.* Poir. Ency. 6. p. 511. — Koch, Syn. p. 667. —
Pinus larix. Linn. Sp. 1420. — Gaud. Fl. helv. 6. p.
188.
Duch. Cult. des bois, tab. 14. — J. Saint-Hil. Pl. fr. tab.
770. — Lam. illust. tab. 785. fig. 2. — Barr. ic. fig. 500.
— J. Bauh. Hist. 1. p. 2. p. 265. fig. 2. — Tabern. ic.
p. 940. fig. 2. et p. 941. fig. 1. — Dalech. Hist. p. 55.
fig. 1. — Dod. pempt. p. 868. et 869. fig. 1. — Lob.
advers. p. 449.
Arbre de 20—25 mètres et plus, dressé, pyramidal, à
écorce cendrée, crevassée, à bois rouge compacte, à
branches horizontales, à jeunes rameaux grêles et pendants;
feuilles linéaires-subulées, d'abord molles et d'un vert gai,
ensuite un peu raides, réunies par petits faisceaux qui ne
sont que des rameaux courts, non encore développés, renfermées à la base dans une gaîne écailleuse : éparses et solitaires sur les jeunes rameaux; chatons mâles solitaires,
latéraux, sessiles, ovoïdes, jaunâtres, dressés, sortant d'é-
cailles barbues; cônes également latéraux, solitaires et
ovoïdes, réfléchis, entourés de feuilles naissantes, à écailles

d'un beau rouge pourpre dans la jeunesse, à nervure verte
prolongée en pointe aiguë : brunâtres à l'époque de la matu
rité, dressés-étalés, à écailles concaves, très obtuses, coriaces, amincies et un peu lâches au sommet; noix ovales,
pubescentes, ailées, au nombre de 2 dans l'axe de chaque
écaille. ♄ (Avril, mai).

Ce bel arbre est actuellement cultivé dans presque tous les bosquets
et les jardins paysagers; il s'élève dans les Alpes jusqu'à une grande
hauteur, mais il dépasse peu la ligne des sapins.

CLASSE DEUXIÈME.

PLANTES MONOCOTYLÉDONÉES OU ENDOGÈNES,
PHANÉROGAMES.

Tige composée de fibres éparses, entourées de tissus cel-
lulaires, dépourvue de moelle centrale, de rayons médu-
laires, de zones concentriques et de véritable écorce, plus
endurcie à la circonférence qu'au centre, quelquefois avortée, souterraine et radiciforme, croissant seulement au
sommet par un bourgeon terminal; feuilles souvent engaînantes, entières, à nervures simples ordinairement parallèles, ou lobées, à nervures rameuses, mais jamais vrai-
ment composées. Fleurs à organes sexuels distincts, munis
de 2 enveloppes, chacune à 3 divisions, ou plutôt munis
d'une seule enveloppe (périgone), ordinairement à 6 divisions sur 2 rangs, les extérieures alternes. Embryon à un
seul cotylédon, ou plutôt à cotylédons alternes.

FAMILLE CIV.

Hydrocharidées. DC.

Fleurs dioïques, rarement hermaphrodites; périgone
adhérent à l'ovaire dans les fleurs femelles, à 6 divisions, 3

externes herbacées, 3 internes pétaloïdes ; étamines plusieurs, libres, insérées sur l'ovaire dans les fleurs hermaphrodites et à sa place dans les fleurs mâles, à anthères à 2 loges; ovaire infère, à 1—plusieurs loges, à plusieurs ovules ; placentas pariétaux ou soudés aux cloisons; styles 3—6, ordinairement bifides; fruit oblong, indéhiscent, couronné quelquefois par le limbe du calice persistant, charnu, pulpeux intérieurement. Embryon droit, cylindracé; périsperme nul. — Plantes aquatiques.

1. MORÈNE. — *HYDROCHARIS*. Linn.

Fleurs dioïques. *Mâles :* 3 sortant d'une spathe à 2 lobes ; périgone à 6 divisions, les 3 intérieures plus grandes, pétaloïdes ; étamines 9, disposées sur 3 rangs ; pistils 3, avortés. *Femelles :* solitaires dans une spathe sessile ; périgone comme dans les fleurs mâles, adhérent à l'ovaire entouré de 3 appendices filiformes, et de 3 écailles nectarifères charnues ; styles 6; stigmates bifides ; capsule ovoïde, coriace, à 6 loges, à graines nombreuses.

1. M. aquatique. — *H. morsus ranæ.*

Linn. Sp. 1466. — DC. Fl. fr. n. 2051. — Duby, Bot. gall. p. 456. — Gaud. Fl. helv. 6. p. 297. — Poir. Ency. 4. p. 509. — Koch, Syn. p. 668.

J. Saint-Hil. Pl. fr. tab. 679. — Lam. illust. tab. 820. — Tabern. ic. p. 752. fig. 2. — Dalech. Hist. p. 1010. fig. 1. — Dod. pempt. p. 585. fig. 1. et 2. — Lob. ic. p. 596. fig. 1.

Racine produisant sous l'eau des jets traçants allongés, cylindriques, donnant naissance au-dessus des nœuds à de petits faisceaux de feuilles et de fleurs; feuilles longuement pétiolées, flottantes, orbiculaires-réniformes, entières, coriaces, lisses, d'un beau vert en dessus, marquées en dessous de nervures arquées peu apparentes, à oreillettes arrondies et rapprochées, munies à la base du pétiole de stipules assez grandes; fleurs blanches, les mâles plus grandes que les femelles, à divisions intérieures du périgone arrondies, assez grandes, à onglet jaune, les extérieures ovales, verdâtres : les mâles portées sur une hampe axilaire, munie au sommet d'une spathe membraneuse à 2 lobes oblongs, renfermant 3—4 fleurs à pédoncule ordinairement plus long que la hampe : les femelles à spathe sessile à'une seule fleur pédonculée; capsule ovoïde-oblongue, verdâtre, à plusieurs loges; graines petites, presque globuleuses. ♃ (Juillet, août).

Les eaux dormantes (Girod-Chant.). — Les fossés près de Landeron (Depierre, cat.). — Bâle, à Michelfeld (C. Bauh.). — Dans les eaux stagnantes au bord du Rhin, et près de Weiherfeld (Hagenb.). — A Yvonand (Monnard). — A Bienne, Nidau (Hall.).

FAMILLE CV.

Alismacées. Juss.

Périgone libre, à 6 divisions, les 3 intérieures souvent colorées; étamines 6—9, rarement davantage, hypogynes, libres; ovaires 3—6 ou plus, supères, libres ou soudés entre eux par la base, quelquefois aussi soudés en un seul ovaire à 3—6 loges qui se séparent à la maturité; capsules indéhiscentes, monospermes, ou à 2 valves et polyspermes. Embryon droit ou courbé; périsperme nul. — Herbes aquatiques, à feuilles radicales alternes, engaînantes; fleurs en épi ou en ombelle, hermaphrodites, rarement monoïques.

TRIBU I. — BUTOMÉES. Rich.

Périgone à 6 divisions, les 3 intérieures pétaloïdes; graines plusieurs, ascendantes, attachées aux parois internes de la capsule sur toute leur surface. Embryon dans la direction de la graine.

1. BUTOME. — *BUTOMUS*. Linn.

Périgone à 6 divisions colorées, les 3 intérieures plus grandes ; étamines 9, dont 3 intérieures ; ovaires 6, portant chacun un style à bec courbé ; capsules 6, soudées à la base, s'ouvrant en dedans ; graines linéaires-oblongues, droites, striées en long.

1. B. en ombelle. — *B. umbellatus.*

Linn. Sp. 532. — DC. Fl. fr. n. 1890. — Duby. Bot. gall.
  p. 437. — Gaud. Fl. helv. 3. p. 59. — Lam. Ency. 1.
  p. 521. — Koch, Syn. p. 670.
J. Saint-Hil. Pl. fr. tab. 66. — Lam. illust. tab. 324. —
  Mill. illust. tab. 31. — Moris. sect. 12. tab. 5. fig. 1.
  (*series* 5.). — J. Bauh. Hist. 2. p. 524. fig. 1. — Tabern.
  ic. p. 250. fig. 2. — Dalech. Hist. p. 989. fig. 1. — Dod.
  pempt. p. 600. fig. 1. — Lob. ic. p. 86. fig. 2. (*ead.*).

Racine horizontale produisant un grand nombre de tiges ou hampes rapprochées, dressées, nues, cylindriques, hautes de 9—12 décim., terminées par une ombelle simple, composée de 15—30 fleurs, garnie à la base d'une collerette à 3 folioles inégales, membraneuses, ovales-lancéolées, acuminées ; feuilles un peu moins grandes que les hampes, fasciculées, ensiformes, linéaires, étroites, planes au sommet, triquètres à la base ; fleurs grandes, purpurines ou rosées, portées sur de longs pédoncules inégaux, munis à la base de bractées lancéolés-acuminées ; périgone à 6 divisions ouvertes, les 3 extérieures une peu plus épaisses et moins grandes que les autres ; étamines plus courtes que le périgone à filets subulés, dilatée à la base ; styles courts ; stigmates spatulés, pubescents sur la face interne ; capsules polyspermes, s'ouvrant intérieurement par une suture longitudinale. ♃ (Juin, juillet).

Le long du ruisseau au-dessous de Chavanne et aux environs de Colonne, près de Sellières ; au bord de l'Ognon, près de Marnay. — Au bord de l'Ognon et du Doubs (Girod-Chant.).

TRIBU II. — ALISMÉES. Bartling.

Périgone à 6 divisions, les 3 intérieures pétaloïdes; capsules indéhiscentes, distinctes, portant sur la suture 1—2 graines dressées ou ascendantes. Embryon courbé; radicule dirigée vers l'ombilic.

2. FLUTEAU. — *ALISMA.* Linn.

Périgone à 6 divisions, les 3 extérieures vertes, les intérieures colorées; étamines 6; capsules 6 ou plus, distinctes, ordinairement monospermes, indéhiscentes.

1. F. Plantain-d'eau. — *A. Plantago.*

Linn. Sp. 486. — DC. Fl. fr. u. 1885. — Duby, Bot. gall. p. 437. — Gaud. Fl. helv. 2. p. 602. — Lam. Ency. 2. p. 514. — Koch, Syn. p. 669.

J. Saint-Hil. Pl. fr. tab. 673. — Lam. illust. tab. 272. — J. Bauh. Hist. 3. p. 2. p. 787. fig. 3. — Tabern. ic. p. 734. fig. 1. — Dalech. Hist. p. 1057. fig. 1.

Racine épaisse, bulbiforme, garnie de fibres blanchâtres; hampe nue, haute de 3—9 décim., dressée, presque triangulaire, à angles arrondis, rameuse-paniculée au sommet, à rameaux verticillés, munis à la base de stipules membraneuses, lancéolées; feuilles en cœur, ovales ou lancéolées, aiguës, à 5—7 nervures, longuement pétiolées; fleurs portées sur des pédoncules grêles, allongés, disposés en verticilles composés formant une panicule terminale étalée; divisions intérieures du périgone arrondies, blanches ou purpurines, jaunâtres à la base, plus grandes que les extérieures verdâtres; capsules petites, obtusément trigones, disposées en cercle. ⚥ (Juillet, août).

Commun dans les fossés et les mares d'eau.

β. *Lanceolatum*. Koch, Syn. p. 669. — *A. Plantago.*
var. β. *angustifolium*. Gaud. Fl. helv. 2. 1. c. — DC. Fl.
fr. l. c. — Barr. ic. fig. 1157. — Tabern. ic. p. 734. fig. 2.
— Dod. pempt. p. 606. fig. 1. — Lob. ic. p. 300. fig. 1.
(*ead.*). — Feuilles étroites, lancéolées, rétrécies à la base.

Bord de l'étang de Chavanne, près de Sellières, et ailleurs.

2. F. Renoncule. — *A. ranunculoïdes.*

Linn. Sp. 487. — DC. Fl. fr. n. 1888. — Duby, Bot. gall.
   p. 437. — Gaud. Fl. helv. 2. p. 603. — Lam. Ency. 2. p.
   514. — Koch, Syn. p. 670.
— J. Bauh. Hist. 3. p. 2. p. 788. fig. 1. — Lob. ic. p.
   300. fig. 2.

Racine composée de fibres capillaires blanchâtres ; hampes
1 – 3, simples, inclinées, longues de 1—2 décim., terminée
par une ombelle simple, quelquefois 2 superposées, pauciflores ; feuilles étroites, linéaires-lancéolées, un peu obtuses,
calleuses au sommet, à 3 nervures longitudinales, séparées
par des veines transversales, rétrécies en pétiole allongé,
dilaté à la base ; fleurs blanches ou légèrement purpurines,
jaunâtres dans le centre ; capsules petites, nombreuses,
obliquement elliptiques, aiguës, irrégulièrement pentagones,
embriquées, ridées, en tête globuleuse, comme dans les
Renoncules. ♃ (Juin, juillet).

Yverdon, au petit marais (Ducros). — Au bord du lac de Neuchâtel ;
au bord de l'Aar à Wangen, un peu au-dessous de Soleure (Gaud.).

3. SAGITTAIRE. — *SAGITTARIA.* Linn.

Fleurs monoïques. Périgone à 6 divisions, 3 extérieures
calicinales concaves, persistantes, 3 intérieures colorées,
pétaloïdes. *Mâles :* étamines nombreuses, environ 24. *Femelles :* ovaire nombreux, placés sur un réceptacle globuleux ; capsules comprimées, bordées, monospermes.

1. S. flèche-d'eau. — *S. sagittæfolia.*

Linn. Sp. 1410. — DC. Fl. fr. n. 1889. — Duby, Bot. gall.
    p. 458. — Gaud. Fl. helv. 6. p. 156. — Lam. Ency. 2. p.
    503. — Koch, Syn. p. 670.

Lam. illust. tab. 776. — J. Bauh. Hist. 3. p. 2. p. 789. fig.
    1. et 790. fig. 1. — Tabern. ic. p. 743. fig. 1. et 2. —
    Dalech. Hist. p. 1016. fig. 2. et 5. — Dod. pempt. p. 588.
    fig. 1. et 2. — Lob. ic. p. 301. fig. 1. et 2. (*ead.*).

Racine garnie de fibres blanchâtres ; hampe spongieuse ,
nue , dressée , triangulaire , à une des faces convexes et les
deux autres planes , s'élevant de 2—3 décim. au-dessus de
l'eau ; feuilles toutes radicales , longuement pétiolées , à pétiole triquètre , membraneux et engaînant à la base , lancéolées , aiguës , longuement sagittées , à oreillettes également
lancéolées et aiguës , rapprochées ou très divergentes : les
submergées simples , linéaires ou linéaires-oblongues ; fleurs
en grappe terminale verticillée , à verticilles écartés , ordinairement triflores , portées sur des pédoncules munis à la
base de bractées ovales-membraneuses : les supérieures
mâles plus grandes , plus nombreuses , à divisions extérieures
du périgone presque semblables aux bractées , les intérieures
beaucoup plus grandes , ovales , arrondies , pétaloïdes , blanches , un peu rosées à la base : les femelles semblables ,
plus petites , situées dans le bas de la grappe ; capsules nombreuses , en tête globuleuse dense , verdâtres , comprimées ,
aiguës , à une graine membraneuse. ♃ (Juin , juillet).

Les eaux stagnantes : à Aumont, près de Poligny ; à Vaudrey, dans
le fossé le long du chemin, près du village ; à Dole, dans le canal ; à
Chavanne, près de Sellières ; à Besançon, au bord du Doubs ; dans les
fossés au Landeron ; à Saint-Blaise ; dans le canal de l'Isle-Saint-
Pierre, dans le lac de Bienne ; à Yverdon ; Bâle, à Michelfeld, etc.

β. *Angustifolia.* Gaud. Fl. helv. 6. l. c. — J. Saint-Hil.
Pl. fr. tab. 841. — J. Bauh. Hist. 3. p. 2. p. 790. fig. 2. —
Tabern. ic. p. 741. fig. 1. — Dal. Hist. p. 1016. fig. 1. —

Feuilles et oreillettes des feuilles très étroites, linéaires-lancéolées, aiguës.

Aux environs de Sellières et ailleurs.

TRIBU III. — JONCAGINÉES. Rich.

Périgone infère, à 6 divisions vertes ou un peu colorées; étamines 6, hypogynes; ovaires 3—6, réunis entre eux par la base, ou soudés en un seul à 3—6 loges qui se séparent, à la maturité, en autant de capsules à 1—2 graines dressées; embryon droit; radicule dirigée vers l'ombilic.

4. SCHEUCHZÉRIE. — *SCHEUCHZERIA*. Linn.

Périgone à 6 divisions égales; étamines 6, à filets grêles : ovaires 3—6, à 2 ovules; style nul; stigmate obliquement soudé au sommet de l'ovaire; capsules 3—6, renflées, divergentes, réunies par la base, un peu comprimées, à 2 valves, à 1—2 graines.

1. S. des marais. — *S. palustris.*

Linn. Sp. 482. — DC. Fl. fr. n. 1891. — Duby, Bot. gall. p. 438. — Gaud. Fl. helv. 2. p. 597. — Poir. Ency. 6. p. 729. — Koch, Syn. p. 671.

Lam. illust. tab. 268. — Linn. Fl. lapp. tab. 10. fig. 1. .

Racine rampante, blanchâtre, garnie de fibres, entourée au collet d'écailles blanchâtres déchirées, qui sont les restes des anciennes feuilles, produisant une ou plusieurs tiges simples, dressées, feuillées, presque cylindriques, quelquefois un peu fléchies aux articulations, hautes de 1—2 décim.; feuilles peu nombreuses, demi-cylindriques, caniculées, sessiles, alternes, courtes, demi-dressées, linéaires-acuminées, striées, obliquement engaînantes à la base, à gaînes un peu renflées, membraneuses sur les bords; fleurs en épi terminal peu garni (3—10), un peu flexueux, écartées, portées sur des pédoncules courts, alternes, munis à la base de bractées lancéolées, allant en diminuant de longueur, semblables aux feuilles caulinaires dans le bas de l'épi; divisions du périgone d'un jaune verdâtre, étroites, lancéolées, aiguës, caduques; capsules 3—6, divergentes, renflées, aiguës, libres, à bec recourbé, renfermant 1—2, rarement 3 graines grosses, ovoïdes, d'un blanc sale ou brunâtres, lisses et un peu luisantes, carénées d'un côté. ♃ (Mai, juin).

J'ai trouvé cette plante rare au marais des Ponts, et dans les marécages au bord d'un petit lac, près de la Chapelle-des-Bois. — Autour du lac des Rousses (de Saussure). — Au bord des lacs Saint-Point et Sainte-Marie (Girod-Chant.).

5. TROSCART. — *TRIGLOCHIN.* Linn.

Périgone caduc, à 6 divisions; étamines 6, très courtes, à anthères presque sessiles, extrorses; ovaires 3—6, à un seul ovule, surmontés de stigmates sessiles, plumeux; capsules 3—6, monospermes, fixées à un axe anguleux, se séparant à la fin par la base et s'ouvrant longitudinalement par l'angle interne.

1. T. des marais. — *T. palustre.*

Linn. Sp. 482. — DC. Fl. fr. n. 1892. — Duby, Bot. gall. p. 438. — Gaud. Fl. helv. 2. p. 598. — Poir. Ency. 8. p. 89. — Koch, Syn. p. 671.
Lam. illust. tab. 270. fig. 1. — Leers, Herb. tab. 12. fig. 5. — Micheli, Nov. Gen. tab. 31. AF. (*Juncago*). — Moris. sect. 8. tab. 2. fig. 18. — J. Bauh. Hist. 2. p. 508. fig. 2. — Tabern. ic. p. 224. fig. 2. — Dalech. Hist. p. 1006. fig. 3.

Racine fibreuse, blanchâtre, un peu épaissie au collet; hampe grêle, dressée, simple, cylindrique, fistuleuse, glabre comme toutes les autres parties de la plante, haute de 2—3 décim.; feuilles graminiformes, allongées, linéaires, un peu épaisses, plus courtes que les hampes, demi-cylindriques, canaliculées, élargies en gaîne membraneuse à la base, se recouvrant de manière à former au collet de la racine une sorte de bulbe un peu épaisse ; fleurs nombreuses , petites , verdâtres , disposées en épi allongé , grêle , terminal , un peu serré à l'époque de la fleuraison , très allongé et lâche à l'époque de la maturité , d'abord presque sessiles , ensuite courtement pédicellées ; fruits linéaires anguleux , aminçis à la base , dressés , serrés contre l'axe de l'épi , composés de 3 capsules linéaires monospermes , se séparant par la base en forme d'hameçon ; graine allongée triangulaire , amincie à la base. ♃ (Mai , juin).

Les prés humides et les lieux fangeux : dans le marais de Vaucy, près d'Arbois ; dans les prés fangeux de Pontamougear, et entre le Paquier et Vannoz par la traverse ; dans les marais de Marigny et de la Chapelle-des-Bois ; dans le Val-Travers, près de Noiraigue ; au bord du lac , à Yverdon , etc. — Nyon, autour de Longirod (Gaud.). — Genève , au bord de l'Arve , près d'Arta ; au pied de Salève, au-dessus d'Archamp ; au marais de Divonne (Reut.). — Aux environs de Bâle (Hagenb.).

FAMILLE CVI.

Potamées. Juss.

FLEURS hermaphrodites ou unisexuelles. Périgone infère , ordinairement à 4 divisions ou remplacé par une spathe ; étamines 1—4, insérées sur le réceptacle ou sur l'axe de l'épi ; style 1 ou nul ; stigmate simple ; capsules indéhiscentes, uniloculaires, monospermes, à graine pendante. Périsperme nul ; embryon droit ou courbé. — Herbes aquatiques, à feuilles toutes submergées, ou les supérieures nageantes.

1. POTAMOT. — *POTAMOGETON.* Linn.

Fleurs hermaphrodites, disposées en épi ou en tête , insérées sur un axe muni à la base d'une spathe en 2 parties ; périgone à 4 divisions ; anthères 4 , sessiles, insérées à la base du périgone et alternes avec ses lobes ; ovaire 4 ; stigmate simple, sessile ; fruit composé de 4 noix monospermes,

sessiles , comprimées, terminées par une petite pointe qui
se prolonge quelquefois en bec.

§ I. *Feuilles diaphanes, toutes opposées, uniformes et
submergées, les épis seuls sortant de l'eau pendant la
fleuraison.*

1.ᵉ P. serré. — *P. densus.*

Linn. Sp. 182. — DC. Fl. fr. n. 1877. — Duby, Bot. gall.
p. 439. — Gaud. Fl. helv. 1. p. 464. — Poir. Ency. 5.
p. 580. — Koch , Syn. p. 678.
J. Bauh. Hist. 3. p. 2. p. 777. fig. 2.

Tiges grêles , assez longues, rameuses-dichotomes à leur
partie supérieure , à entre-nœuds très courts ; feuilles toutes
opposées, sur 2 rangs, très rapprochées à l'extrémité des
rameaux, submergées, ovales-lancéolées, sessiles, demi-embrassantes , membraneuses, diaphanes, finement dentelées
en scie à la loupe , à 3—5 nervures ; fleurs peu nombreuses
(4—6) , en têtes arrondies petites, portées sur de courts
pédoncules naissant dans la dichotomie des rameaux supérieurs , réfléchis après la fleuraison ; fruits ovoïdes, un peu
obliques et comprimés , largement carénés , terminé par un
petit bec crochu. ♃ (Juillet , août).

Commun dans les fossés pleins d'eau , dans les mares et les anses au
bord des rivières : aux environs de Salins ; de Besançon ; de Sellières ;
de Genève ; de Nyon ; de Bâle ; de Dole, etc.

β. *Lanceolatus.* Gaud. Fl. helv. 1. l. c. et ejusd. Syn. p.
121. — *P. serratum.* Linn. Sp. 183. — *P. oppositifolium.*
DC. Fl. fr. n. 1879. — *P. densus. var. β. lancifolius.*
Koch , Syn. p. 678. — Feuilles plus écartées , plus
étroites , linéaires lancéolées, un peu obtuses , longues d'environ 3 centim. , larges de 6—8 millim. , à peine dentelées.

Les mêmes lieux que la var. α. : aux environs de Salins, de Genève , etc.

§ 2. *Feuilles la plupart alternes, les florales seulement opposées.*

* *Feuilles supérieures émergées ou flottantes, ordinairement un peu coriaces, les autres submergées, membraneuses, plus ou moins diaphanes.*

2. P. nageant. — *P. natans.*

Linn. Sp. 182. — DC. Fl. fr. n. 1871. — Duby, Bot. gall. p. 439. — Poir. Ency. 5. p. 578. — *P. natans. I. vulgaris.* Gaud. Fl. helv. 1. p. 465. — Koch, Syn. p. 672.

Lam. illust. tab. 89. — Moris. sect. 5. tab. 29. fig. 1. — Tabern. ic. p. 739. fig. 2. — Dalech. Hist. p. 1007. fig. 2.

Tiges cylindriques, articulées, rameuses, variant de longueur selon la profondeur des eaux où elle croît; feuilles supérieures opposées, flottantes, ovales-elliptiques ou oblongues, coriaces, un peu échancrées en cœur à la base, à 7 nervures principales entre lesquelles on en voit de plus fines, toutes conniventes au sommet, portées sur de longs pétioles aplanis et légèrement canaliculés en dessus, convexes en dessous : les submergées plus étroites, d'un vert plus gai, alternes, allongées, linéaires-lancéolées, ou réduites à un simple pétiole; stipules amples, très longues, mais moins que les pétioles, lancéolées-aiguës, embrassantes, membraneuses sur les bords; fleurs en épis cylindriques, longs de 3—5 centim., portés sur des pédoncules axilaires, de la longueur du pétiole, dressés au-dessus de l'eau; fruits obliquement arrondis, un peu comprimés, à carène obtuse ou arrondie, terminés par une petite pointe oblique. ♃ (Juillet, août).

Les étangs, les fossés, les eaux stagnantes : Salins, dans les mares de la tuilerie de Clucy; dans les anses et les flaques d'eau au bord de la Loue et du Doubs; dans le canal, à Dole, à Montbéliard; au bord des étangs aux environs de Sellière; au bord du lac, à Yverdon. — Genève, dans les étangs au bord de la route d'Aïre (Reut.). — Les eaux stagnantes aux environs de Bâle (Hagenb.).

β. *Pygmæus*. Gaud. Fl. helv. 1. 1. c. — Feuilles amples, toutes flottantes, enroulées dans la jeunesse, à limbe dépassant de beaucoup la tige ; épi grêle, continu.

Dans une mare desséchée, à gauche de la route entre Saint-Cergue et les Rousses (Monnard).

γ. *Ellipticus*. *P. natans II. ellipticus*. Gaud. Fl. helv. 1. 1. c. — Feuilles flottantes oblongues-elliptiques, presque arrondies aux deux bouts, à peine échancrées à la base, enroulées dans la jeunesse : les submergées opaques, lancéolées, aiguës, rétrécies aux deux bouts : les inférieures à pétiole sans limbe.

Marais des Ponts (Chaillet). — Canal d'Entreroche (Monnard).

3. P. flottant. — *P. fluitans*.

Roth. teutam. Fl. germ. 1. p. 72. et 2. p. 202. — DC. Fl. fr. supp. n. 1871[a]. — Koch, Syn. p. 673. — *P. natans. III. fluitans*. Gaud. Fl. helv. 1. p. 467. — Duby, Bot. gall. p. 439. var. β.

J. Bauh. Hist. 3. p. 2. p. 777. fig. 1. (*excl. descript.*).

Tiges grêles, allongées, feuillées dès la base ; feuilles toutes longuement pétiolées : les submergées alternes, écartées, allongées, lancéolées, membraneuses, diaphanes : les flottantes oblongues-lancéolées ou ovales, opposées, légèrement coriaces, rétrécies en pointe et non échancrées à la base, comme dans l'espèce précédente, ordinairement enroulées dans la jeunesse, portées sur des pétioles convexes en dessus et non canaliculés ; stipules blanchâtres, lancéolées, plus courtes que le pétiole ; pédoncules axilaires, épais, émergés, plus longs que les fenilles, terminés par un épi long de 3—4 centim. ; fruits verts, un peu comprimés, à carène un peu aiguë, plus petits que dans l'espèce précédente, à laquelle plusieurs botanistes réunissent celle-ci comme variété. ♃ (Juillet, août).

Les eaux coulant lentement : dans le ruisseau entre Montbéliard et le canal ; et dans celui des Ponts, comté de Neuchâtel. — Commun aux environs de Nyon, à l'embouchure du Boiron (Gaud.). — Dans les mares au bord du lac entre Genthoud et Versoix (Reut.). — Les ruisseaux aux environs de Bâle, plus rare (Hagenb.).

4. P. roussâtre. — *P. rufescens.*

Schrader, in Chamiss. adnot. ad Kunt. Fl. berol. p. 5. — Koch, Syn. p. 674. — *P. obscurum.* DC. Fl. fr. supp. n. 1179a. — Duby. Bot. gall. p. 459. — Poir. Ency. supp. 4. p. 534. — *P. obtusus* (Ducros). Gaud. Fl. helv. 1. p. 468.

Gaud. Fl. helv. 1. tab. 4.

Plante presque entièrement submergée, à tiges allongées, presque recouvertes par les stipules lancéolées au moins aussi longues que les entre-nœuds; feuilles toutes roussâtres : les submergées sessiles, membraneuses, diaphanes, lancéolées, rétrécies à la base et au sommet, un peu obtuses, à bords lisses : les flottantes coriaces, obovales, obtuses, rétrécies en un pétiole plus court que le limbe; pédoncules alternes, axilaires, épais, roux, presque de la longueur des feuilles, terminés par un épi cylindrique, dense, souvent courbé, ainsi que le pédoncule; fruits récents lenticulaires-comprimés, à carène aiguë. ♃ (Juillet, août).

Les eaux stagnantes, et les ruisseaux des montagnes : entre Saint-Cergue et les Rousses, dans une mare d'eau au bord de la route (Monnard). — Montbéliard (Mut.).

5. P. hétérophylle. — *P. heterophyllus.*

Screb. Spic. p. 21. — DC. Fl. fr. n. 1873. — Duby, Bot. gall. p. 440. — Gaud. Fl. helv. 1. p. 470. — Poir. Ency. 5. p. 579. — *P. gramineus.* Koch, Syn. p. 674. — *P. hybridum.* Thuill. Fl. par. ed. 2. p. 86.

Racine rampante, stolonifère; tiges allongées, grêles, cylindriques, très rameuses, à rameaux divariqués, presque dichotomes, très feuillées, les stériles submergées; feuilles ordinairement de deux sortes : les supérieures pétiolées, flottantes, elliptiques ou oblongues, mucronées, un peu coriaces, plus petites que celles du *P. natans*, luisantes, un peu prolongées sur le pétiole, marquées de 15—17 nervures conniventes : les submergées membraneuses, sessiles, d'un vert gai, lancéolées-linéaires, rétrécies aux deux bouts, entières, diaphanes; stipules lancéolées, nerveuses, striées, blanchâtres, plus étroites dans les feuilles submergées; épis cylindriques, courts, denses, portés sur des pédoncules épaissis, ordinairement plus gros que la tige; fruits arrondis, un peu comprimés, à carène obtuse, terminés par un bec court, oblique. ♃ (Juillet, août).

Dans les étangs et les fossés pleins d'eau : Nyon, au-dessous de Bossey (Ducros). — Dans les étangs à l'embouchure du Boiron (Gaud.). — Et le long du lac jusqu'au-delà de Morges (Rapin). — Bâle, dans l'étang de Gundeldingen et de Michelfeld (Hagenb.). — A la pointe de Bellerive, entre Genthod et Versoix, dans les flaques d'eau au bord du lac (Reut.). — Entre le lac de Joux et le lac Brenet (Leresche). — Cette espèce, quoique en fructification, manque souvent de feuilles flottantes, comme je le vois dans plusieurs échantillons des mares de la forêt de Sénart, près de Paris, que je tiens de M. Pailloux et d'autres botanistes : la plante alors a beaucoup de rapport avec le *P. gramineus*. Linn. auquel Fries et Koch rapportent l'espèce ci-dessus.

6. P. Plantain. — *P. plantagineus.*

Ducros, in Rœm. et Schult. Syst. 3. p. 504. — Gaud. Fl. helv. 1. p. 471. — Mert. et Koch, Deuts. Fl. 1. p. 842. — *P. coloratus.* Hornem. Fl. dan. tab. 1449. — *P. Hornemanni* (Meyer). Koch, Syn. p. 674.
Gaud. Fl. helv. 1. tab. 3.

Tiges cylindriques, lisses, rameuses au sommet; feuilles toutes pétiolées, membraneuses, diaphanes, lisses sur les bords, d'un vert foncé, alternes, excepté celles du sommet, larges, à peine mucronées, à 19—25 nervures saillantes : les submergées lancéolées ou oblongues-elliptiques : les flottantes ovales, plus longues que le pétiole, réticulées par des veines transversales entre les nervures, arrondies et un peu en cœur à la base, subitement rétrécies sur le pétiole élargi au sommet; pédoncules plus longs que les feuilles, dressés ou un peu courbés, terminés par un épi grêle, cylindrique, long de 3—4 centim.; fruits petits, ovoïdes ou arrondis, un peu comprimés, à carène obtuse. ♃ (Juillet, août).

Dans les fossés pleins d'une eau peu profonde : aux environs de Nyon, près de Coinsins (Gaud. et Monnard). — De Duilliers (Leresche).

** *Feuilles toutes submergées et uniformes, les épis seuls sortant de l'eau pendant la fleuraison.*

a. Feuilles lancéolées, elliptiques, ovales ou en cœur, diaphanes.

7. P. luisant. — *P. lucens.*

Linn. Sp. 183. — DC. Fl. fr. n. 1875. — Duby, Bot. gall. p. 459. — Poir. Ency. 5. p. 580. — Gaud. Fl. helv. 1. p. 472. — Koch. Syn. p. 675.
J. Saint-Hil. Pl. fr. tab. 944.

Tiges longues, articulées, rameuses dans le haut; feuilles toutes submergées, membraneuses, diaphanes, ovales-oblongues ou lancéolées, luisantes, à 7—9 nervures, la moyenne plus épaisse et plus large, séparées par des veines transversales, réticulées, légèrement ondulées, acuminées-mucronées, dentelées-rudes sur les bords, rétrécies à la base en un court pétiole, de longueur et de largeur très variable; stipules lancéolées, fort grandes, égalant presque les entre-nœuds; fleurs en épis serrés, cylindriques, longs de 3—6 centim., portés sur des pédoncules axilaires longs, épais; fruits comprimés, à bord obtus, légèrement caréné. ♃ (Juillet, août).

Dans les eaux stagnantes et courantes : dans l'étang près de Froide-Ville, et dans le ruisseau de Brenne, aux environs de Sellières. — Nyon, autour de Promenthou (Gaud.). — Genève, dans les fossés pleins d'eau un peu courante : au marais de Sionet, etc. (Reut.). — Bâle, à Michelfeld, et près de Rheinfelden (Hagenb.).

β. *Longifolius*. *P. longifolius*. Gay, in Poir. Ency. supp. 4. p. 535. — Gaud. Fl. helv. 1. p. 473. — Feuilles très longues, lancéolées ou lancéolées-linéaires, atteignant 20 — 25 centim. de longueur sur 2 de largeur, rétrécies aux deux bouts, à bords lisses, un peu ondulés.

Salins, au bord de la Loue, à Port-Lesney; au bord du Doubs, à Besançon.

8. P. à feuilles embrassantes. — *P. perfoliatus*.

Linn. Sp. 182. — DC. Fl. fr. n. 1876. — Duby, Bot. gall. p. 459. — Gaud. Fl. helv. 1. p. 475. — Poir. Ency. 5. p. 579. — Koch, Syn. p. 676.
Moris. sect. 5. tab. 29. fig. 5. (*mala*). — J. Bauh. Hist. 3. p. 2. p. 778. fig. 2. — Dod. pempt. p. 582. fig. 5.

Tiges allongées, très feuillées, cylindriques, rameuses; feuilles toutes submergées, membraneuses, diaphanes, ovales ou ovales-lancéolées, en cœur à la base, embrassantes, obtuses, un peu rudes et ondulées sur les bords, presque de la longueur des entre-nœuds, à nervures convergentes, séparées par des veines transversales; stipules membraneuses, ovales-lancéolées, beaucoup plus courtes que les feuilles; épis longs d'environ 5 centim., à fleurs un peu écartées, portés sur des pédoncules axilaires, épais, ordinairement plus longs que les feuilles; fruits comprimés, obliquement arrondis, non carénés. ⚥ (Juillet, août).

Commun dans les étangs, au bord des rivières, dans les eaux stagnantes.

β. *Loeselii*. Gaud. Fl. helv. 1. l. c. — Feuilles arrondies, en cœur à la base; épis longuement pédonculés.

Salins, au bord de la Loue, à Villers-Farlay. — Nyon, au marais de Promenthou (Gaud.).

9. P. crépu. — *P. crispus*.

Linn. Sp. 183. — DC. Fl. fr. n. 1878. — Duby, Bot. gall. p. 459. — Gaud. Fl. helv. 1. p. 476. — Poir. Ency. 5. p. 581. — Koch, Syn. p. 676.

J. Bauh. Hist. 3. p. 2. p. 778. fig. 1. — Clus. Hist. 2. p.
252. fig. 2. — Lob. ic. p. 286. fig. 2.

Tiges un peu comprimées, longues, rameuses dans le
haut; feuilles alternes, excepté celles du sommet, sessiles,
presque embrassantes, toutes submergées, membraneuses,
diaphanes, linéaires-oblongues, obtuses, souvent un peu
mucronées, ondulées-crépues, dentelées en scie sur les
bords, à 3—5 nervures, la moyenne plus large, séparées
par des veines transversales obliques peu nombreuses;
stipules courtes, blanchâtres, rongées au sommet; épis
courts, un peu lâches, pauciflores, portés sur des pédoncules longs de 3—6 centim., axilaires vers l'extrémité des
rameaux; fruits comprimés, à peine carénés, elliptiques,
terminés par un long bec. ♃ (Juin, juillet).

Commun dans les eaux stagnantes ou un peu courantes : Salins, dans
un petit ruisseau au bord de la route au-dessous de Saint-Joseph, et
dans les prés à la Chapelle; les bords de la Loue à Cramans; à Villers-
Farlay; à Port-Lesney; dans le ruisseau de Chavanne, aux environs de
Sellières, etc.

b. Feuilles linéaires, très étroites, alternes, sessiles, plus ou moins
diaphanes.

10. P. comprimé. — *P. compressus.*

Linn. Sp. 183. — Hagenb. Fl. basil. 1. p. 163. — Koch,
Syn. p. 676. — *P. Zosteræfolius.* Schumacher, En. 1. p.
50. — Mert. et Koch, Fl. Deuts. 1. p. 855.

Tiges très longues, filiformes, ailées-aplanies, rameuses-
dichotomes, un peu fléchies aux articulations; feuilles toutes
submergées, membraneuses, diaphanes, sessiles, linéaires,
obtuses, courtement mucronées, étroites, à 3—5 nervures
un peu plus marquées, longues d'environ 8 centim.; fleurs
(10—15) en épis cylindriques, un peu interrompus, portés
sur des pédoncules longs de 3—4 centim.; fruits ovoïdes,
élargis au sommet, obtusément carénés. ♃ (Juillet, août).

Bâle, à Michelfeld; autour de Neudorf; de Friedlingen, dans les
ruisseaux près de Mutenz; entre Rheinfelden et Augts (Hagenb.). —

N'ayant pas d'échantillon des localités citées ci-dessus, j'ignore si la plante des environs de Bâle appartient réellement à cette espèce ou à la suivante, car ces deux espèces ont été souvent confondues, et la description d'Hagenbach laisse beaucoup d'incertitude à cet égard.

11. P. à feuilles acuminées. — *P. acutifolius.*

Linck, ap. Rœm. et Schult. Syst. veg. 3. p. 513. — Koch, Syn. p. 676. — *P. compressum.* DC. Fl. fr. n. 1880. — Duby, Bot. gall. p. 440. var. β.

Tiges ailées-aplanies, très rameuses-dichotomes, souvent un peu fléchies aux articulations ; feuilles toutes submergées, sessiles, linéaires, longues de 5—8 centim., à 3—5 nervures, diaphanes, alternes, arrondies-acuminées au sommet ; fleurs (3—5) en épis ovoïdes, portés sur des pédoncules courts, un peu épais, à peine longs de 8—12 millim. ; fruits réniformes, à carène presque aiguë. ♃ (Juillet, août).

Les eaux stagnantes ou peu courantes : Salins, dans les flaques d'eau au bord de la Loue, entre Ounans et Mont-sous-Vaudrey. — Rennes (Mut.).

12. P. à feuilles obtuses. — *P. obtusifolius.*

Mert. et Koch, Deuts. Fl. 1. p. 855. — Koch, Syn. p. 677. — *P. gramineus* (Smith). Gaud. Fl. helv. 1. p. 477. — *P. compressus.* Roth. Germ. 1. p. 73. et 2. p. 205.

Tiges grêles, comprimées, non ailées, |très rameuses ; feuilles toutes submergées, sessiles, membraneuses, diaphanes, linéaires, obtuses, courtement mucronées, longues de 5—8 centim., larges de 2—4 millim., rétrécies à la base, à 3, rarement 5 nervures ; fleurs (6—8) disposées en épis ovoïdes, continus, longs de 12 millim., portés sur des pédoncules de même longueur ; fruits ovoïdes, comprimés-lenticulaires, à bord en carène, terminés par un bec court, obtus. ♃ (Juillet, août).

Dans les eaux courantes ou stagnantes : Besançon (Mut.).

13. P. fluet. — *P. pusillus.*

Linn. Sp. 184. — DC. Fl. fr. n. 1885. — Duby, Bot. gall. p. 440. — Gaud. Fl. helv. 1. 178. — Poir. Ency. 5. p. 582. — Koch, Syn. p. 677.
J. Saint-Hil. Pl. fr. tab. 945. fig. 2. — Vaill. Bot. par. tab. 52. fig. 4.

Tiges un peu comprimées, grèles, striées, très rameuses, presque dichotomes; feuilles menues, à 1—5 nervures, linéaires, très étroites, larges d'environ 1—2 millim., aiguës, sessiles, non engaînantes, alternes et opposées, divergentes; stipules tubuleuses, enveloppant la tige, ou libres, mais peu divergentes, tronquées, mucronées : les florales renflées, elliptiques, blanchâtres; fleurs (4—6) en épis ovoïdes, nombreux, souvent interrompus, portés sur des pédoncules grèles, souvent infléchis, égalant 2 – 3 fois leur longueur; fruits obliquement ellipsoïdes, carénés, à bec court. ♃ (Juin—août).

Cette espèce n'est pas rare dans les eaux stagnantes, et dans les anses au bord des ruisseaux et des rivières.

α. Vulgaris. Koch, Syn. l. c. var. *β.* — Feuilles larges d'environ un millim.

Salins, dans les marnières à Ivory; dans les flaques d'eau du bord de la Furieuse, à la Chapelle; et de la Loue, près de Villers-Farlay; dans les mares d'eau de la tuilerie de Clucy; dans le petit ruisseau de Chavanne, près de Sellières; dans la tourbière de Pontarlier; sur les bords du Doubs, à Besançon, et du canal à Dole, etc. — Autour de Promenthou, et dans le canal du bois de Prangins (Gaud.). — Dans la petite rivière entre Moniaz et Saint-Cergue (Reut.). — Dans les fossés autour de Delémont, et à Michelfeld (Hagenb.).

β. Major. Koch, Syn. l. c. var. *α.* — *P. compressum.* Smith, Brit. 195. — Mert. et Koch, Deuts. Fl. 1. p. 856. — Gaud. Fl. helv. 1. p. 477. (*ob Syn. Smith., et Mert. et Koch*). — Feuilles plus larges, ayant presque 2 millim. de largeur.

Dans le petit ruisseau de Chavanne, près de Sellières.

γ. *Tenuissimus*. Koch, Syn. l. c. — *P. pusillus. var.*
β. *Capillaris*. Gaud. Fl. helv. 1. l. c. — Feuilles très
étroites, presque capillaires, atteignant à peine un demi-
millim. de largeur.

Nyon, autour de Promenthou, et dans le canal du bois de Prangins
(Gaud.).

c. Feuilles linéaires, très étroites, alternes, engainantes à la base,
à gaine soudée avec les stipules.

14. P. en dents de peigne. — *P. pectinatus.*

Linn. Sp. 185. — DC. Fl. fr. n. 1881. — Duby, Bot. gall.
p. 440. — Gaud. Fl. helv. 1. p. 480. — Poir. Ency. 5.
p. 583. — Koch, Syn. p. 677.
J. Saint-Hil. Pl. fr. tab. 945. fig. 1. — Vaill. Bot. par. tab.
32. fig. 5.

Tiges longues, grêles, cylindriques, rameuses-dichotomes, blanchâtres, souvent rougeâtres au sommet ; feuilles
toutes submergées, membraneuses, diaphanes, presque
distiques, engaînantes à la base, linéaires ou linéaires-
sétacées, aiguës, à une seule nervure, à veines transversales très marquées, alternes, écartées, à angle droit sur la
nervure ; fleurs agglomérées en épis à la fin allongés et interrompus, en tête au sommet, portés sur des pédoncules
filiformes, allongés, dépassant les feuilles ; fruits gros,
obliquement obovoïdes, presque demi-orbiculaires, un peu
comprimés, carénés sur le sec. ♃ (Juin, juillet).

Les eaux courantes ou stagnantes : sur le bord du Doubs, à Besançon ;
du canal à Dole ; au bord du lac des Rousses, etc. — Nyon, à Promenthou, et près de l'embouchure du Boiron ; dans l'Orbe, et près du
Sentier, au bord du lac de Joux (Gaud.). — Les flaques d'eau au bord
du lac, entre Genthod et Versoix (Reut.). — Aux environs de Bâle
(Hagenbach).

2. ZANICHELLE. — *ZANICHELLIA*. Linn.

Fleurs monoïques ; mâle et femelle dans la même gaîne.
Mâle : périgone nul ; une seule étamine. *Femelle :* péri-

gone en cloche; style persistant, à stigmate obliquement pelté; noix 3 – 5 ou plus, monospermes, courtement pédicellées.

1. Z. des marais. — *Z. palustris.*

Linn. Sp. 1375. — DC. Fl. fr. n. 1869. — Duby, Bot. gall. p. 441. — Gaud. Fl. helv. 6. p. 10. — Poir. Ency. 8. p. 856. — Koch, Syn. p. 679.

J. Saint-Hil. Pl. fr. tab. 953. — Lam. illust. tab. 741. — Mill. illust. tab. 77. — Mich. Nov. Gen. tab. 31. fig. 1.

Plante ayant le port et la grandeur du *Potamogeton pusillus*, à tige très grêle, filiforme, d'un vert pâle, très rameuse, rampante ou flottante, souvent radicante; feuilles alternes dans le bas de la plante, opposées et presque verticillées dans le haut, linéaires, allongées, planes, presque capillaires, diaphanes, à une seule nervure; fleurs petites, presque sessiles, axilaires dans une gaîne membraneuse caduque; étamine 1, située à la base de la fleur femelle, à anthère jaune, ovoïde, à 4 loges, portée sur un long filet; noix 3—5, assez grosses, presque sessiles, rétrécies aux deux bouts, lisses, brunâtres, comprimées, presque en faux, à dos convexe, aminci, légèrement crénelé, à style droit, persistant, allongé, plus court que la noix. ⚥ (Juillet—septembre).

Dans les fossés et les eaux stagnantes : Salins, dans les mares et les flaques d'eau au bord de la Loue, à Villers-Farlay et ailleurs; Genève, abondamment au bord du Rhône, le long des jardins. — Aux environs de Bâle (Hagenb.).

3. NAÏADE. — *NAIAS.* Linn.

Fleurs monoïques ou dioïques. *Mâle :* spathe monophylle à 2 pointes au sommet, renfermant étroitement l'anthère sessile. *Femelle :* périgone nul; ovaire sessile, à une seule loge, à 1 ovule dressé; style court; stigmates 2 ou 5; fruit (cariopse) ovoïde, monosperme.

1. N. majeure. — *N. major.*

Roth. Fl. germ. 2. p. 2. p. 409. — DC. Fl. fr. n. 1466. —
Duby, Bot. gall. p. 441. — Koch, Syn. p. 679. — *N. flu-
vialis*. Poir. Ency. 4. p. 416. —*N. marina. α.* Linn. Sp.
1441. — *N. monosperma.* Willd. Sp. 4. p. 331.

Lam. illust. tab. 799. fig. 1. — Mich. Nov. Gen. tab. 8.
fig. 1. (*ead.*) et fig. 2.

Tige dressée, rameuse - dichotome, diaphane, lissé ou
garnie de pointes épineuses, longue de 3—5 décim. et souvent davantage ; feuilles opposées et ternées, engaînantes à
la base, à gaînes entières, linéaires, sinuées-dentées-épi-
neuses, raides, dépourvues de nervures, d'un vert foncé ;
fleurs axilaires, verdâtres : les mâles en spathe monophylle
ovoïde, renfermant une anthère portée sur un filet d'abord
très court, mais qui s'allonge et se recourbe lorsque la
spathe est rompue ; cette anthère est ovoïde, allongée, à 4
loges s'ouvrant au sommet par 4 valves qui se roulent vers
la partie inférieure de l'anthère : les femelles nues, distinctes
des mâles dans les aisselles supérieures, sessiles, à 2—3
stigmates ; cariopse ovoïde, de la grosseur d'un grain de fro-
ment, à une seule graine adhérente à la paroi interne. ④
(Août, septembre).

Le long du canal, à Dole. — Bâle (Lachenal).

2. N. fluette. — *N. minor.*

All. Fl. ped. 2. p. 221. — DC. Fl. fr. n. 1467. — Duby, Bot.
gall. p. 441. — Koch, Syn. p. 679. — *Caulinia fragilis*
(Willd.). Poir. Ency. supp. 3. p. 213.

Lam. illust. tab. 799. fig. 2. — Mich. Nov. Gen. tab. 8.
fig. 3. (*ead.*).

Plante de moitié plus petite que la précédente, à tige
beaucoup plus grêle, lisse, diffuse ou nageante, dichotome ;
feuilles étroites, linéaires-subulées, recourbées, sinuées-

dentées-épineuses, engaînantes à la base, à gaîne dentelée-
ciliée : celles de la tige opposées et celles des rameaux ternées : les supérieures fasciculées ; fleurs petites, verdâtres,
sessiles, axilaires ; anthères à une loge ; style à 1—3 stigmates ; cariopse étroit, surmonté par le style filiforme, allongé. ① (Août, septembre).

Dans une mare d'eau, à côté du chemin, entre Froide-Ville et la
Chaux, aux environs de Sellières ; et le long du canal, à Dole, mais
plus rare que l'espèce précédente. — Nyon, à l'embouchure du Boiron
(Rapin).

FAMILLE CVII.

Lemnacées. Link.

FLEURS renfermées dans une spathe (*périgone*) monophylle, comprimée, membraneuse, entières ou crénelées
sur le bord ; étamines 2, hypogynes, dont une se développe
plus tard, à anthères didymes, biloculaires, extrorses ;
ovaire libre, à 2—6 ovules dressés ; style court ; stigmate
obtus ; fruit utriculaire, diaphane ; graine dépourvue de
périsperme. Embryon renversé, courtement arqué ; radicule
supère, tournée vers la chalaze occupant le sommet de la
graine ; cotylédons s'étendant, pendant la germination, en
un corps semblable à une petite foliole de laquelle plus tard
partent, en dessous de la nervure moyenne, des fibres radicales simples. — Plantes très petites, annuelles, en forme
de folioles lenticulaires flottantes sur l'eau, adhérentes ensemble, et se multipliant latéralement par le développement
de petites folioles semblables, munies à leur face inférieure
de radicules, d'abord courtes et renfermées dans une gaîne,
s'allongeant ensuite et emportant au sommet les débris de
la gaîne en forme de coiffe ou de petit cône renversé. — On
prétend que ces plantes, vulgairement appelées *Lentilles
d'eau*, assainissent les eaux stagnantes qu'elles habitent, en
absorbant beaucoup d'hydrogène et en dégageant beaucoup
d'oxygène.

1. LENTICULE. — *LEMNA*. Linn.

Mêmes caractères que ceux de la famille.

1. L. mineure. — *L. minor*.

Linn. Sp. 1376. — DC. Fl. fr. n. 1469. — Duby, Bot. gall.
p. 552. — Gaud. Fl. helv. 6. p. 12. — Koch, Syn. p.
681. — *L. vulgaris*. α. Lam. Ency. 3. p. 464.
Lam. illust. tab. 747. fig. 4. — Vaill. Bot. par. tab. 20. fig.
3. — Mich. Nov. Gen. tab. 11. fig. 3. — J. Bauh. Hist. 3.
p. 2. p. 773. fig. 2. — Tabern. ic. p. 504. fig. 1. — Dod.
pempt. p. 587. fig. 1.

Frondes ou folioles petites, obovales, à peine longues de
4 millim., presque planes sur les deux faces, ordinairement au nombre de 3, cohérentes par la base, d'un vert
gai, opaques, réticulées-celluleuses, à fleurs marginales, à
radicules solitaires, allongées, capillaires, sortant du centre
de la face inférieure des folioles. ① (Mai, juin).

Cette espèce, la plus commune de toutes, couvre quelquefois entièrement la surface des eaux stagnantes, une grande partie de l'année.

2. L. gonflée. — *L. gibba*.

Linn. Sp. 1377. — DC. Fl. fr. n. 1470. — Duby, Bot. gall.
p. 552. — Gaud. Fl. helv. 6. p. 13. — Koch, Syn. p. 681.
— *L. vulgaris*. β. Lam. Ency. 3. p. 464.
Lam. illust. tab. 747. fig. 3. — Mich. Nov. Gen. tab. 11.
fig. 2.

Folioles petites, obovales, disposées comme dans l'espèce
précédente, mais un peu plus grandes, opaques, un peu
convexes et vertes en dessus, ou quelquefois rougeâtres,
presque hémisphériques et plus pâles en dessous, spon-
gieuses, succulentes, réticulées-celluleuses; radicules solitaires, allongées, diaphanes, partant de la base de la face
inférieure des folioles. ① (Mai, juin).

Plus rare que l'espèce précédente, avec laquelle elle se trouve quelquefois mélangée : dans les mares et les fossés pleins d'eau, aux environs de Salins; de Besançon. — De Promenthou (Gaud.). — De Genève (Vaucher). — De Bâle (Hagenb.). — Neuchâtel, à l'embouchure de la Reuse (L. Benoit, cat.).

3. L. à plusieurs racines. — *L. polyrhiza.*

Linn. Sp. 1577. — DC. Fl. fr. n. 1471. — Duby, Bot. gall. p. 532. — Gaud. Fl. helv. 6. p. 15. — Lam. Ency. 3. p. 644. — Koch, Syn. p. 680.
Lam. illust. tab. 747. fig. 1. — Vaill. Bot. par. tab. 20. fig. 2. — Mich. Nov. Gen. tab. 11. fig. 1.
Folioles ovales-arrondies, disposées comme dans le *L. minor*, mais 3—4 fois plus grandes, ayant 4—6 millim. de diamètre, presque planes et d'un vert un peu pâle en dessus, un peu convexes et rougeâtres en dessous, finement réticulées-celluleuses; radicules nombreuses, fasciculées, divergentes, partant d'un même point au-dessous des folioles. ④ (Mai, juin).

Les eaux stagnantes, les mares et les fossés : aux environs de Besançon. — De Promenthou (Gaud.). — Les fossés autour de Genève, en sortant de la porte de Rive, près de la fontaine (Vaucher). — Aux environs de Bâle (Hagenb.). — Dans le bassin du lac appelé le Port, à Neuchâtel (L. Benoit, cat.).

4. L. à trois lobes. — *L. trisulca.*

Linn. Sp. 1576. — DC. Fl. fr. n. 1468. — Duby, Bot. gall. p. 532. — Gaud. Fl. helv. 6. p. 11. — Lam. Ency. 3. p. 463. — Koch, Syn. p. 680.
Lam. illust. tab. 747. fig. 2. — Mich. Nov. Gen. tab. 11. fig. 5. (*ead.*). — J. Bauh. Hist. 3. p. 2. p. 786. fig. 1 — Lob. ic. 2. p. 36. fig. 1.
Folioles elliptiques-lancéolées, diaphanes, submergées, pétiolées, émettant latéralement des folioles semblables dis-

posées en croix, vertes, minces, longues d'environ 8 millim. et larges de 2--4, munies à la commissure de racines
solitaires, capillaires, allongées. Cette espèce diffère de ses
congénères, parce qu'elle croît en touffe submergée, et non
flottante à la surface des eaux. ① (Mai , juin).

Les eaux stagnantes, les fossés pleins d'eau, aux environs de Besançon. — Nyon, près de Promenthou (Gaud.). — Genève, dans les fossés
de Cornavin (Vaucher). — Commune dans les eaux stagnantes aux
environs de Bâle (Hagenb.). — Neuchâtel, dans les fossés près du pont
de la Thièle (L. Benoît, cat.).

FAMILLE CVIII.

Typhacées. Juss.

FLEURS monoïques, réunies en chatons unisexuels, compactes, cylindriques ou globuleux, les supérieurs mâles, les
inférieurs femelles; périgone formé de 3 ou plusieurs
écailles, ou de soies. *Mâles :* étamines 3 ou plus, libres ou
soudées par les filets, ou plutôt anthères 3 ou plus, portées
sur un filet simple. *Femelles :* ovaire libre, à un seul ovule
pendant; style 1 ; stigmate simple ; fruit sec, indéhiscent,
à une seule graine. Embryon droit au centre d'un périsperme charnu ou farineux ; radicule infère. —Herbes croiss-
sant dans l'eau ou sur les rivages, à tige sans nœuds, à
feuilles alternes, linéaires, ensiformes, engaînantes.

1. MASSETTE. — *TYPHA.* Linn.

Fleurs disposées en deux chatons cylindriques ou ellipsoïdes, unisexuels, placés au-dessus l'un de l'autre au sommet de la tige, le mâle terminal. *Mâles :* anthères 3 ou
plus sur un seul filet entouré de soies. *Femelles :* ovaire
monosperme, entouré de soies à la base, à la fin pédicellé;
fruit (*utricule*) couronné par le style persistant.

1. M. à larges feuilles. — *T. latifolia*.

Linn. Sp. 1377. — DC. Fl. fr. n. 1805. — Duby, Bot. gall.
p. 482. — Gaud. Fl. helv. 6. p. 20. — Desrouss. Ency.
3. p. 722. — Koch, Syn. p. 681.

Lam. illust. tab. 748. fig. 1. — Moris. sect. 8. tab. 13. fig.
1. — J. Bauh. Hist. 2. p. 559. fig. 1. 2. et 3. — Clus.
Hist. 2. p. 215. fig. 1. — Tabern. ic. p. 246. fig. 1. —
Dalech. Hist. p. 994. fig. 1. — Dod. pempt. p. 604. fig.
1. — Lob. ic. p. 81. fig. 1. (*ead.*).

Racine rampante, épaisse, articulée ; tige cylindrique,
lisse, striée, spongieuse intérieurement, feuillée à sa partie
inférieure, haute de 12—18 décim. ; feuilles linéaires,
planes, larges de 15—20 millim., allongées, dressées,
presque de la longueur de la tige qu'elles embrassent à la
base par une gaîne membraneuse sur les bords; chatons
mâles et femelles cylindriques, contigus, rarement un peu
séparés : le supérieur mâle long de 10—15 cent., jaunâtre,
caduc, grêle, aigu : l'inférieur femelle long de 15—25 centim., plus épais, obtus, compacte, devenant d'un brun
marron, persistant; spathes minces, blanchâtres, mono-
phylles, caduques, situées à la base de chacun des chatons ;
anthères jaunâtres, à 2 loges cylindriques s'ouvrant au
sommet; pollen polyédrique ; fruit oblong-aigu, longuement
pédicellé. ♃ (Juin, juillet).

Salins, dans les mares à Ivory, et à la tuilerie de Clucy ; dans le
marais de Vaucy, près d'Arbois ; dans la tourbière de Boulieu, canton des Petites-Chiettes, etc. — Les marais et les étangs aux environs
de Genève; de Bâle, etc. — Dans les anses du Doubs et de l'Ognon
(Girod-Chant.).

2. M. à feuilles étroites. — *T. angustifolia*.

Linn. Sp. 1377. (*excl. var. β.*). — DC. Fl. fr. n. 1806. —
Duby, Bot. gall. p. 482. — Gaud. Fl. helv. 6. p. 20. —
Desrouss. Ency. 3. p. 723. — Koch, Syn. p. 681.

Lam. illust. tab. 748. fig. 2. — Moris. sect. 8. tab. 13.
fig. 2.

Tige haute de 8 - 12 décim.; feuilles linéaires, convexes
sur le dos, surtout dans le bas, 2—3 fois plus étroites que
celles de l'espèce précédente, avec laquelle elle a beaucoup de rapport, plus aiguës, dépassant la tige; chatons
mâles et femelles un peu plus grêles, cylindriques, écartés
de 3—5 centim. et non contigus; grains de pollen sphériques. ♃ (Juin, juillet).

Dans une mare près du pont de Morges (Murith, ex Gaud.).

3. M. naine. — *T. minima*.

Hoppe, Pl. exsic. cent. 3. — DC. Fl. fr. n. 1807. — Duby,
Bot. gall. p. 482. — Gaud. Fl. helv. 6. p. 22. — Poir.
Ency. supp. 3. p. 596. — Koch, Syn. p. 681. — *T. angustifolia. var. β.* Linn. Sp. 1378.
Moris. sect. 8. tab. 13. fig. 5. — J. Bauh. Hist. 2. p. 540.
fig. 1. — Dalech. Hist. p. 995. fig. 1. — Lob. advers. p.
41. fig. 1.

Racine rampante, stolonifère, produisant des tiges écartées, dressées, cylindriques, très grêles, hautes de 3—6
décim., garnies à la base de gaînes foliacées amples,
glauques et lancéolées au sommet; feuilles dressées, fermes,
linéaires, très étroites, en gouttière, convexes sur le dos,
élargies et engaînantes à la base, presque de la longueur du
chaume; chatons un peu écartés, le mâle grêle, un peu
aigu, muni à la base d'une spathe allongée, aiguë; chaton
femelle ordinairement un peu plus court, cylindrique pendant la fleuraison, à la fin en massue, ellipsoïde ou arrondi,
d'un brun foncé. ♃ (Avril, mai).

Genève, au bord de l'Arve à son embouchure, où j'ai récolté les
échantillons de mon herbier. — Au bord de l'Arve, près de Veirier et
de Gaillard (Reut.). — A Genthod (Rapin). — Bâle, dans les sables
au bord du Rhin et dans les îles, au-dessous de la ville (Hagenb.).

2. RUBANIER. — *SPARGANIUM*. Linn.

Fleurs en chatons globuleux latéraux, unisexuels; périgone à 3 divisions squamiformes, caduques. *Mâles :* supérieures, à 3 étamines. *Femelles :* style 1, allongé; stigmate simple; ovaire devenant un fruit sec, sessile, turbiné, non entouré de soies à la base, à 1, rarement 2 loges monospermes.

1. R. rameux. — *S. ramosum*.

Huds. Angl. 401. — DC. Fl. fr. n. 1809. — Duby, Bot. gall. p. 482. — Gaud. Fl. helv. 6. p. 16. — Poir. Ency. 6. p. 525. — Koch, Syn. p. 682. — *S. erectum. α.* Linn. Sp. 1378.

J. Saint-Hil. Pl. fr. tab. 823. — Moris. sect. 8. tab. 13. fig. 1. — J. Bauh. Hist. 2. p. 544. fig. 1. (*pessima*). — Tabern. ic. p. 246. fig. 2. (*Spica simplicior*). — Dalech. Hist. p. 1617. (*mala*). — Dod. pempt. p. 601. fig. 1. — Lob. ic. p. 80. fig. 1. (*ead.*).

Racine rampante; tige dressée, ferme, un peu anguleuse et flexueuse, feuillée, haute de 4—6 décim.; feuilles lisses, épaisses, carénées : les radicales dressées, ensiformes, de la longueur de la tige, larges d'environ 1 centim., triquètres à la base, planes en dessus, à faces latérales extérieures un peu concaves : les caulinaires plus courtes : les supérieures planes; fleurs herbacées, en chatons globuleux, sessiles, au nombre de 10—15, formant une grappe rameuse, terminale, très lâche; chatons mâles plus petits, rapprochés, terminant les rameaux : les femelles moins nombreux (2—5), plus écartés, denses, l'inférieur plus longuement pédonculé; stigmate linéaire. ♃ (Juin, juillet).

Cette plante n'est pas rare dans les fossés, au bord des mares et des eaux tranquilles.

2. R. simple. — *S. simplex.*

Huds. Angl. 401. — DC. Fl. fr. n. 1809. — Duby, Bot. gall. p. 482. — Gaud. Fl. helv. 6. p. 18. — Koch, Syn. p. 682. — *S. erectum.* β. Linn. Sp. 1378. Poir. Ency. 6. p. 323. var. β.

J. Saint-Hil. Pl. fr. tab. 826. — Lam. illust. tab. 748. — Moris. sect. 8. tab. 13. fig. 3. — J. Bauh. Hist. 2. p. 541. fig. 2. —Tabern. ic. p. 247. fig. 1. — Dalech. Hist. p. 1019. fig. 1. (*bené*). — Dod. pempt. p. 601. fig. 3. — Lob. ic. p. 80. fig. 2. (*ead.*).

Cette espèce ressemble beaucoup à la précédente, dont elle diffère surtout par ses chatons disposés le long d'un axe simple et non rameux; par sa tige moins élevée, haute de 3—5 décim.; par ses feuilles plus étroites, triquètres dans le bas et planes sur les deux faces latérales extérieures; chatons femelles 2—3, axilaires, sessiles, l'inférieur souvent pédonculé; stigmate linéaire. ♃ (Juin, juillet).

Se trouve dans les mêmes lieux que l'espèce précédente, mais beaucoup plus rarement : au bord de l'étang de Vaudrey; dans le marais de Chaux, près de Sellières; au bord de la Reuse dans le Val-Travers; dans le marais des Ponts; près de Noiraigue; dans une tourbière près de Sainte-Croix; dans un marais à côté du pont de Pontamougear, près de Salins; dans un marais au bord de la forêt de Chaux, en allant de Dole à la Grande-Loye, etc. — Genève, rare : dans l'étang du Drezon, près de Confignon et près de Satigny (Reut.). — Aux environs de Nyon (Gaud.). — De Bâle (Hagenb.).

3. R. flottant. — *S. natans.*

Linn. Sp. 1378. — DC. Fl. fr. n. 1810 — Duby, Bot. gall. p. 482. — Gaud. Fl. helv. 6. p. 18. — Poir. Ency. 6. p. 324. — Koch, Syn. p. 682.

Racine rampante, garnie de fibres allongées; tige faible, tombante ou ascendante, souvent radicante aux nœuds inférieurs, longue de 2—4 décim. et même davantage lors-

qu'elle est flottante, grêle, cylindrique, feuillée, très
simple, un peu flexueuse ; feuilles couchées ou flottantes,
planes, molles, larges de 4—6 millim., demi-transparentes
en réseau, obtuses, munies à la base d'une gaîne courte,
membraneuses sur les bords ; fleurs en chatons sphériques,
petits, disposés en grappe simple : les femelles au nombre
de 2—4, axilaires, écartés, l'inférieur pédonculé, à stigmate
oblong : le mâle ordinairement solitaire, terminal, à étamines allongées. ♃ (Juin, juillet).

Nyon, dans un petit marais du bois Bougis ; au Landeron (Gaud.).
— A la sortie de l'étang d'Arnex près d'Orbe (Monnard). — Au marais
de Colonge au-dessous de Salève (L. Thomas). — Au bois de Chênes
près de Genollier, au pied du Jura au-dessous d'Arzier (Ducros). —
Bâle, dans les fossés à Michelfeld (Mieg.).

FAMILLE CIX.

Aroïdées. Juss.

FLEURS unisexuelles et nues, ou hermaphrodites et entourées d'un périgone à 4—6 divisions en forme d'écailles,
disposées autour d'un spadice simple, ordinairement en-
veloppé d'une spathe monophylle ; étamines à filets très
courts dans les fleurs unisexuelles, placées au-dessus des
ovaires ou entremêlées avec eux : de la longueur du périgone et opposées à ses divisions dans les fleurs hermaphrodites ; ovaires libres, à 1—3 loges, à plusieurs ovules ;
style ou stigmate 1 ; fruit indéhiscent, en baie ou en capsule,
à une ou plusieurs graines. Embryon droit au centre d'un
périsperme charnu ou farineux, cylindrique, muni d'un
sillon dans lequel est placé la plumule ; radicule infère. —
Herbes à feuilles alternes ou radicales.

TRIBU I. — AROÏDES VRAIES. Brown.

Fleurs dépourvues de périgone ; fruit en baie.

1. GOUET. — *ARUM*. Linn.

Fleurs monoïques. Spathe monophylle, roulée en cornet renflé à la base, entourant un spadice allongé, nu et terminé en massue au sommet, chargé au milieu de plusieurs rangées d'anthères sessiles, et au-dessus de 2—3 rangées de glandes aristées (étamines ou ovaires avortés); ovaires placés à la base du spadice; stigmate 1, velu; baie uniloculaire, monosperme.

1. G. commun. — *A. maculatum.*

Linn. Sp. 1370. — Gaud. Fl. helv. 6. p. 159. — Koch, Syn. p. 682. — *A. vulgare.* Lam. Fl. fr. 3. p. 537. et Ency. 3. p. 8. — DC. Fl. fr. n. 1812. — Duby, Bot. gall. p. 481.

J. Saint-Hil. Pl. fr. tab. 174. — Chaum. Fl. méd. tab. 41. — Bull. Herb. tab. 25. — Lam. illust. tab. 740. fig. 1. — Moris. sect. 13. tab. 5. fig. 1. — J. Bauh. Hist. 2. p. 784. fig. 1. (*mala*). — Tabern. ic. p. 746. fig. 2. — Dalech. Hist. p. 1087. fig. 2. — Dod. pempt. p. 328. fig. 1. — Lob. ic. p. 597. fig. 2. (*ead.*).

Racine tubéreuse, charnue, garnie de fibres; hampe de 15—20 centim. de hauteur, glabre, cylindrique; feuilles toutes radicales, portées sur de longs pétioles engaînants à la base, très entières, hastées-sagittées, à oreillettes divergentes, glabres, tachées de brun ou de noir dans la var. β; spathe d'un blanc verdâtre, aiguë, en cornet renflé à la base, non carénée, plus longue que le spadice terminé en massue caduque d'un pourpre violet, n'existant plus à la maturité; anthères sessiles, tétragones, rouges ou brunâtres, disposées en anneaux, situées au-dessus des ovaires sessiles, blanchâtres; baie globuleuse, uniloculaire, monosperme, d'un beau rouge éclatant à la maturité. ♃ (Avril, mai). Vulg. *Pied-de-veau.*

Commun dans les haies et les buissons.

β. *Maculatum*. Gaud. Fl. helv. 6. l. c. — Feuilles tachées de noir ou de brun ; spathe souvent bordée de rouge, carénée ; fleurs plus précoces.

Çà et là dans les mêmes lieux que la var. α., mais plus rare. — Toute la plante étant fraîche a une saveur âcre et brûlante, dont l'effet dure plusieurs heures, mais qui cesse à l'instant, dit-on, en mâchant de la *Millefeuille*. La racine fraîche est un purgatif violent; elle sert dans quelque pays à blanchir le linge; on l'emploie pour faire disparaître les taches de rousseur en se lavant le visage avec sa solution. On peut en retirer une fécule amilacée nutritive, propre à faire du pain, des bouillies, de la colle et de l'amidon. Le spadice des *Arum* acquiert une chaleur remarquable à une certaine époque de la fleuraison.

2. CALLE. — *CALLA*. Linn.

Spathe monophylle aplanie; spadice oblong, entièrement recouvert de fleurs hermaphrodites, hexandres ou heptandres? périgone nul ; anthères petites, didymes, portées sur des filets de la longueur du pistil; ovaire gros, ovoïde; style nul ; stigmate petit, en tête; fruit en baie, à plusieurs graines.

1. C. des marais. — *C. palustris.*

Linn. Sp. 1373. — DC. Fl. fr. n. 1816. — Duby, Bot. gall. p. 481. — Gaud. Fl. helv. 7. p. 665. (in addend.) et in Syn. p. 795. — Lam. Ency. 1. p. 561. — Koch, Syn. p. 683.

J. Saint-Hil. Pl. fr. tab. 451. — Lam. illust. tab. 739. fig. 1. — Moris. sect. 13. tab. 5. fig. 23. — Barr. ic. fig. 574. — J. Bauh. Hist. 2. p. 789. fig. 2. (*pessima*). — Tabern. ic. p. 745. fig. 2. — Dalech. Hist p. 1603. fig. 2. — Dod. pempt. p. 331. fig. 1. — Lob. ic. p. 600. fig. 2. (*ead.*).

Racine en souche épaisse, rampante, fibreuse aux articulations; hampe de 1—2 décim., dressée ou ascendante, épaisse, cylindrique; feuilles toutes radicales, dressées, fermes, d'un beau vert, en cœur, terminées par une pointe

courte , à oreillettes grandes , arrondies , souvent infléchies ,
portées sur de longs pétioles entourés à la base , ainsi que la
hampe , d'écailles membraneuses ovales-lancéolées ; spathe
ovale , plus petite que les feuilles , plane , un peu épaisse ,
acuminée , verdâtre en dehors , blanchâtre en dedans , placée
à la base d'un spadice court entièrement garni de fleurs ;
étamines blanchâtres , à anthères didymes ; ovaires gros
disposés en quinconce , souvent avortés dans les fleurs supérieures ; baies rouges , arrondies , à 4 graines brunâtres ,
oblongues-cylindriques , comme tronquées aux deux bouts ,
légèrement striées , ponctuées sur la moitié de leur longueur ,
illonnées d'un côté ! ⚇ (Juillet, août).

Sur le Noirmont, au-dessus du village de Bois-d'Amont, à la limite
du canton de Vaud (Lips, 1830 , in Gaud. l. c.).

TRIBU II. — ORONTIACÉES. Brown.

Fleurs munies d'un périgone ; fruit capsulaire.

3. ACORE. — *ACORUS*. Linn.

Spathe nul ; spadice latéral , très garni de fleurs hermaphrodites ; périgone persistant , à 6 divisions ; étamines 6 ,
filiformes , insérées sur le réceptacle , opposées aux divisions
du périgone ; stigmate obtus , sessile ; ovaire globuleux ;
capsule indéhiscente , à 3 loges monospermes.

1. O. odorant. — *A. Calamus.*

Linn. Sp. 462. — DC. Fl. fr. n. 1820. — Duby, Bot. gall.
p. 481. — Gaud. Fl. helv. 2. p. 559. — Lam. Ency. 1.
p. 34. — Koch , Syn. p. 683.
Chaum. Fl. méd. tab. 303. —Lam. illust. tab. 252. —Leers,
Herb. tab. 13. fig. 2. — Mich. Nov. Gen. tab. 31. fig. 6.
— Moris. sect. 8. tab. 13. fig. 4. — J. Bauh. Hist. 2. p.
734. — Clus. Hist. 1. p. 231. fig. 1. et 2. — Tabern. ic.
p. 642. fig. 1. et 2. — Dalech. Hist. p. 1618. fig. 1. et

2. — Dod. pempt. p. 249. fig. 1. et 2. — Lob. ic. p. 57. fig. 1. et 2. (*ead.*).

Racine en souche épaisse, rampante, charnue, fibreuse, blanche intérieurement et d'une odeur aromatique agréable ; hampe comprimée, à 2 tranchants, haute de 9—12 décim., se terminant au-dessus du spadice en feuille ensiforme ; feuilles larges de 9—12 millim., dressées, ensiformes, à peu près de la hauteur de la hampe, engaînantes à la base, à la manière des *Iris ;* spadice nu, compacte, jaunâtre, cylindrique, long de 6—9 centim., légèrement courbé-ascendant, sortant latéralement vers le milieu de la hampe, entièrement garni de fleurs sessiles, jaunâtres, très serrées ; périgone à 6 divisions scarieuses, oblongues, concaves, obtuses, un peu infléchies au sommet, renfermant 6 étamines un peu plus courtes que ses divisions, contre lesquelles elles sont couchées, à anthères didymes ; capsules petites, serrées, trigones, à 3 loges monospermes. ♃ (Juin, juillet).

Les bords du Doubs, sur la rive gauche, un peu au-dessus de Pontarlier ; aux environs de Quingey ? — Les étangs autour de Longirod, et près d'Orbe ?(Gaud.). — Bâle, autour de Brüglingen et de Saint-Jacob ; autour de Gundeldingen et à Michelfeld (Hagenb.). — Porentruy, à Bonfol (Thurm.).

Obs. La racine de cette plante, connue sous le nom de *Calamus aromaticus*, répand, ainsi que la hampe et les feuilles, une odeur aromatique forte, mais agréable, lorsqu'on les froisse ; cette racine est employée comme stomachique, carminative, histérique et diurétique ; elle donne à l'eau-de-vie de grains, connue sous le nom d'eau-de-vie de Dantzick, le goût aromatique qui la distingue : on la mange confite.

FIN DU TOME TROISIÈME.